SEO 搜索引擎优化

原理 + 方法 + 实战

郑杰 / 编著

E-Marketing

人民邮电出版社

北 京

图书在版编目（CIP）数据

SEO搜索引擎优化：原理+方法+实战 / 郑杰编著
. -- 北京：人民邮电出版社，2017.1
ISBN 978-7-115-44155-3

Ⅰ．①S… Ⅱ．①郑… Ⅲ．①搜索引擎—程序设计
Ⅳ．①TP391.3

中国版本图书馆CIP数据核字（2016）第296827号

内 容 提 要

在 SEO 的发展历史上曾有"内容为王，外链为皇"的说法，但百度等搜索引擎的算法几经调整，使得前者更为强化，后者则变得相对不那么重要。本书也将重点放在内容上，讲解如何做好站内优化，使得网站在上线之前就具备了天生的排名优势。

本书包括 11 章，首先介绍了 SEO 的基础和各种概念；其次介绍了搜索引擎爬取、收录、索引的原因；接着介绍了网站结构分析与优化；紧接着介绍了关键词优化分析，使读者了解关键词选词、拓词、布词相关的专业知识；再接着介绍了网站各个页面、内容链接的优化分析；然后介绍了 SEO 的一些工具和赚钱方法；最后以一个具体的初创网站为例详细地再现了 SEO 实践的方方面面。

本书内容简约而不简单，虽然都是常见的 SEO 概念、知识，但每个概念、知识下又有一些鲜为人知的技巧。本书既适合所有刚接触网站运营的站长和公司网站运营的新人，也适合作为高等院校电子商务或者计算机相关专业的教材。

◆ 编　著　郑　杰
　　责任编辑　刘　博
　　责任印制　沈　蓉　彭志环

◆ 人民邮电出版社出版发行　　北京市丰台区成寿寺路 11 号
　　邮编　100164　　电子邮件　315@ptpress.com.cn
　　网址　http://www.ptpress.com.cn
　　北京鑫正大印刷有限公司印刷

◆ 开本：700×1000　1/16
　　印张：24.25　　　　　　　　　2017 年 1 月第 1 版
　　字数：491 千字　　　　　　　2017 年 1 月北京第 1 次印刷

定价：59.80 元
读者服务热线：**(010) 81055256**　印装质量热线：**(010) 81055316**
反盗版热线：**(010) 81055315**

随着互联网的迅速发展，网络信息越来越多，搜索引擎作为信息查询工具应用越来越广泛，其商业价值越来越大。而搜索引擎优化（SEO）是主要的搜索引擎营销方式，目前正被广泛应用。

SEO 是每个网站站长必须知道的技术，SEO 的目的就是让更多的人知道或者看到我们的网站、品牌、服务或产品。

关于 SEO 的文章很多，但大多零散，不够系统，有些甚至掺杂着不少的错误。本书的目的则是系统地介绍 SEO。就算读者之前完全不懂 SEO，也能从此入门，懂得域名、空间等站点知识；掌握如何拓词选词、布词，如何优化站点结构，如何创作符合搜索引擎胃口的内容；了解一些提升网站权重中的重要细节，避免出错；学习如何进行内外链建设，更重要的是明白什么样的流量是自已网站需要的，哪些是不需要的，能够掌控全站流量，让一个网站拥有健康的流量结构，并得到关键词排名，获取精准流量；学习如何读懂网站数据，做好持续优化。

本书的特点

- 给初学者运营网站指明方向：涉及网站站内优化和部分站外优化的方法和技巧，是运营网站的入门指导书。

- 给网站运营人员降低门槛：白话入门，案例解析，适合所有初学站长，即使是非专业网站主也能轻松看懂。

- 找到搜索优化切入点：在搜索引擎如何搜索，有什么规则，既说出原理又给出操作方法，让初学站长知其所以然。

- 抓住 SEO 的技巧：各种 SEO 的细节手段，包括在用的或不知道的，本书逐一介绍。

- 站内站外两手抓：SEO 不仅针对站外进行 SEO 优化，在搜索引擎越发重视站点质量的大环境下，更重要的是站内各种细节的优化，两手都要抓两手都要硬是本书的理念。

本书的内容安排

第1章　SEO入门

本章将全景式地介绍一些SEO（搜索引擎优化）的入门知识，包括SEO的定义、SEO的基础步骤等，读者在学习本章后，应该了解为什么需要SEO。

第2章　搜索引擎原理

本章讲解的是比较枯燥的搜索引擎后台工作的一些原理，如果不知道这些，那么就不能了解SEO真正的工作是什么。所以本章的知识很关键，读者可以不是很透彻地理解，但必须简单地了解，尤其是一些专业概念，如IP、PV、PR。

第3章　网站架构分析与优化

一个好的网站天然具有较强的排名能力。如果可以让网站开发者用更少的工作获得更大的网络排名，那他们一开始就要对网站架构进行分析与优化，本章教给读者的就是如何去做这些工作。

第4章　关键词分析与优化

本章首先让读者了解关键词的定义，然后重点介绍关键词的分析、拓展与优化。读者通过本章的学习会对如何选择合适的关键词，如何拓展关键词，以及如何在网站中使用关键词有一个细致的了解。

第5章　网站的各个页面分析与优化

网站页面的优化是SEO的重点工作之一，读者应该对如何优化每个网站页面有全面的认识。本章的目的就是帮助读者提高这类技能。

第6章　内容和链接的分析与优化

在SEO业界有"内容为王，外链为皇"的说法，本章的目的就是让读者认清内链和外链，然后学习如何对网站的链接进行优化。

第7章　SEO效果分析

分析SEO效果的目的，就是看网站是否达到了预期的目标。如果没有达到目标就要分析有什么问题，并要有针对性地进行下一步优化。本章的主要内容是对SEO的效果进行分析。

第8章　SEO工具

当下在互联网上活动，少不了各种工具，SEO的工具也很多，本章将对常用的SEO工具做详细介绍。

第 9 章　完整的 SEO 策略实战

本章将前 8 章的内容进行整理，模拟一个完整的 SEO 策略实战流程。使读者从实战的角度来学习一个网站从建站初期到建站过程等方面内容。本章会使读者对 SEO 策略有一个系统性的认识。

第 10 章　利用 SEO 赚钱

很多站长建站的目的就是盈利，本章介绍 4 种 SEO 赚钱的方式，这些赚钱方式一般是通过强强联合来实现的，所以要求站长有很强的个人能力和运营能力。

第 11 章　SEO 实战：大型网站发展初期的 SEO

本章模拟一个大型网站发展初期的环境来引导读者一步步对网站进行 SEO 操作，这是一个 SEO 的完整过程，也是一个可实施性强的 SEO 方案。希望读者能从中真正学到东西。

适合阅读本书的读者

本书由浅入深，由理论到操作，阅读本书不需要具备程序开发的知识，非常适合独立运营网站的站长、品牌企业的电商部门人员、公司 SEO 专员、互联网运营专员、网站编辑、初级产品经理或者进入 SEO 行业的初学者。本书也可作为各高等院校电子商务或者计算机相关专业的教材。为方便教学本书还专门配备了 PPT 课件等丰富的教学资源。

本书作者

本书由郑杰编写，感谢江天对本书的统一整理。

编者

Contents 目录

第1章
SEO 入门

作为本书第 1 章，本章将全景式地介绍一些搜索引擎优化（Search Engine Optimization，SEO）的入门知识，包括如下内容。

- 网络营销的发展史、搜索引擎营销（Search Engine Marketing，SEM）与网络营销的关系、关键字广告、竞价排名及联盟广告。
- SEO 对提高 SEM 转化率的作用、SEO 定义及 SEO 发展史、SEO 与网站收录、SEO 与搜索引擎排名、SEO 人员的工作内容及 SEO 的应用领域、SEO 与 SEM 的关系、SEO 的优缺点。
- SEO 如何产生经济价值及 SEO 人员的职责，对 SEO 的效果评估指标。
- SEO 工作的基本步骤，如关键词分析、网站架构分析、网站的各个页面优化、内容发布和链接设置、排名报告和分析、网站流量分析等。

1.1 网络营销的发展

在深入了解 SEO 之前，我们有必要先来了解一下网络营销的发展史，还有关键字广告（包括付费关键字广告，即竞价排名和关键字自然排名）、联盟广告等营销方式。

1.1.1 网络营销伴随着网络产生

在介绍什么是网络营销之前，先来说一个读者可能都熟知的例子。早几年，曾经在某视频网站上有一个引发无数人吐槽的广告 "有你的世界在哪"（http://v.ku6.com/show/1ryp6yAsQUwyzHdh8u3YqA...html），后来被人恶搞为 "油腻的湿姐"。虽然从大众的角度来看，广告是失败的，但从经营商角度来看，这无疑是一次成功的营销案例，通过网络使其产品达到了病毒式的传播效果。

　　网络营销（On-line Marketing 或 E-Marketing）就是使潜在的客户通过互联网，找到某网站、商铺，查看商品或服务的信息，或通过电话、邮件、QQ、微信等方式联系到卖家、厂家或服务商，将潜在客户变成有效客户的过程（见图 1.1）。也可以理解成：网络营销就是以企业实际经营为背景，以网络营销实践应用为基础，从而达到一定营销目的的营销活动。其中可以利用多种手段，如 E-mail 营销、博客与微博营销、网络广告营销、视频营销以及搜索引擎营销等（见图 1.2）。

客户　互联网　网站、商铺等　电话、邮件、QQ、微信　卖家、厂商、服务商

图 1.1　网络营销 SMART 流程图

　　注：目标管理中，有一项原则叫做「SMART」，分别由 Specific、Measurable、Attainable、Relevant、Time-based 五个词组组成。这是制订工作目标时必须谨记的五项要点。

图 1.2　网络营销的分支

　　注：EDM 营销（Email Direct Marketing）也叫 Email 营销、电子邮件营销。SEM 就是根据用户使用搜索引擎的方式，利用用户检索信息的机会尽可能将营销信息传递给目标用户。

　　总体来说，凡是以互联网或移动互联为主要平台开展的各种营销活动都可以称为整合网络营销。简单地说，网络营销就是以互联网为主要平台进行的，为达到一定营销目的的营销活动。

　　从上面对网络营销的定义不难看出：网络营销的载体是互联网，一切网络营销活动都建立在互联网这个平台之下。互联网的产生为网络营销提供了必要的条件，所以也可以说网络营销是伴随着网络而产生的。

1.1.2　搜索引擎营销是网络营销的直接来源

　　从 1.1.1 节的介绍中我们可以发现，网络营销包括电子邮件营销、微博微信营销、视频营销等多种形式，其中搜索引擎营销则是网络营销的直接来源。目前的消费环境下，大多数消费者想要获取某一个商品的相关信息最便捷的途径不是去关注一个微信公众号或者去观看相关视频，而是直接在百度上输入相关内容单击搜索即可。所以说，搜索引擎营销是网络营销的直接来源（见图 1.3）。

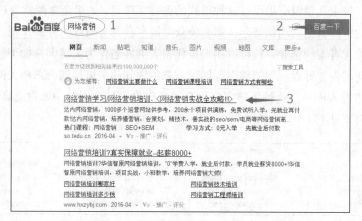

图 1.3　关键字搜索直达商家示意图

SEM 是网络营销的最常用方法之一，也是网络营销最有用的手段之一，因而成为网络营销的重要构成部分。从网络营销市场来看，搜索引擎市场是现在最有吸引力的范畴，其远景非常辽阔。

1.1.3　搜索引擎中的关键字广告

关键字广告（Keyword）是一种文字链接型网络广告，通过对文字进行超级链接，让感兴趣的网民单击进入公司网站、网页或公司其他相关网页，实现广告目的。链接的关键字既可以是关键词，也可以是语句。目前关键字广告主要有五类，分别是公司关键字、公众关键字、语句广告、搜索关键字和竞价排名。

（1）公司关键字，即网页中凡涉及公司名称、产品或服务品牌的都以超级链接方式链接到公司相关的主页或网站。这种形式是网络广告的早期形式，目前这种广告在导航网站中普遍采用，网站联盟文字广告或其他网站也会使用，买卖链接中以品牌词、公司名字作为关键词锚文本的也算在其中，如新浪、腾讯等（见图 1.4）。

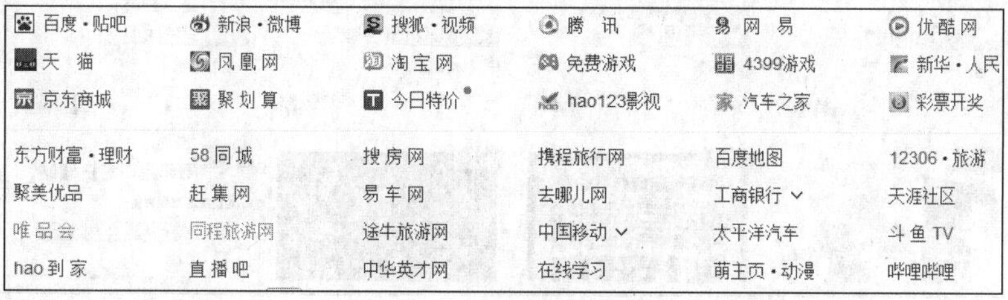

图 1.4　公司关键字

（2）公众关键字，即将网页中出现的公众感兴趣的非商业性关键字链接到公司（产品）相关网站或主页，如"空气""俄罗斯"等，当然更多的主要还是影视明星、体育明星、歌星、社会名流等公众人物，或类似今天百度热搜榜"因长得帅遭暴打"这样的公众事件。目前我国的广告主几乎没有采用过这种形式的关键字广告。如果企业经营与这些关键字相关并与企业的整体营销活动相结合，那么公众关键字会具有较好的补缺作用。例如，有公司或产品形象代言人的企业，就可以用形象代言人的姓名作为关键词，如李健。

（3）语句广告，即以一句能够引起网民注意的语句超级链接到公司相关网站或主页，吸引网民单击进入浏览。这种关键字广告是目前广告主最常用的，如香港高端稳定机房/买一台送一台（见图1.5）。

图 1.5　语句广告示例

（4）搜索关键字，即公司预先向搜索引擎网站购买与企业、产品和服务相关的关键字，在网民使用搜索引擎，用到公司所购买的关键字搜索其所想找的信息时，与公司网站或网页超级链接的相关信息就出现在搜索结果页面突出位置的一种关键字广告形式。例如。在猪八戒网输入"网站建设"前7位就是购买了关键词后的展示结果（年费5万～15万元不等，见图1.6）。

图 1.6　猪八戒网搜索关键词示例

（5）竞价排名，这种形式的广告在当前的搜索引擎展示广告中最为常见、运用最为广泛，可以说是主流的广告形式（见图 1.7）。竞价排名精准、见效快、操作简单方便，为各企业所欢迎。但随着大量的企业涌入竞价排名，点击单价越来越高，让很多企业不堪重负。因此就产生了为降低成本而存在的专业竞价师。11.4 节我们将介绍具体的搜索引擎竞价排名。

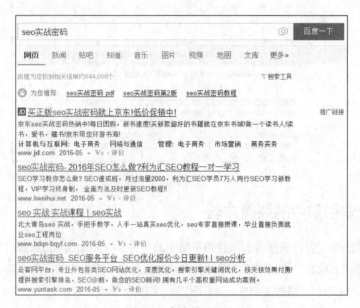

图 1.7　竞价排名广告

1.1.4　搜索引擎中的竞价排名

竞价排名是搜索引擎营销中的一种广告形式，这种形式的广告是企业注册属于自己的"产品关键字"，这些"产品关键字"可以是产品或服务的具体名称，也可以是与产品或服务相关的关键词。当潜在客户通过搜索引擎寻找相应产品信息时，企业网站或网页信息就出现在搜索引擎的搜索结果页面或合作网站页面醒目位置的一种广告形式（见图 1.8）。

图 1.8　"偶买噶"产品品牌名

由于搜索结果的排名或在页面中出现的位置是根据客户出价的多少进行排列的，因此称为竞价排名广告。这种广告按点击次数收费，企业可以根据实际出价自由选择竞价广告所在的页面位置（见图1.9），能够将自己的广告链接更加有的放矢地发布到某一页面，而只有对该内容感兴趣的网民才会单击进入，因此广告的针对性很强。

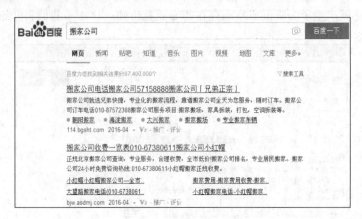

图1.9　按点击付费示意图

1.1.5　搜索引擎中的联盟广告

搜索引擎联盟广告也是搜索引擎营销策略中的一种，与普通的网站联盟广告类似。合作网站在自身网站上放置广告代码后，即可向网站访问者显示广告主的广告内容，然后通过统计用户的点击（CPC）、销售（CPS）、特定行为（CPA）等方式与广告平台进行费用分成。

注意： CPC（Cost Per Click），按点击付费；CPS（Cost Per Sale），按销售付费，即获取事先约定额度佣金；CPA（Cost Per Action），按行动付费，一般行动包括注册、下载、投票、安装等，销售也可算广义CPA。

搜索引擎联盟广告（见图1.10）与普通联盟广告最大的区别在于搜索引擎联盟广告基于用户的历史搜索、访问行为而在联盟网站上向特定的用户展示其关注的广告内容。所以搜索引擎联盟广告的精准性是其他联盟广告所不具备的。

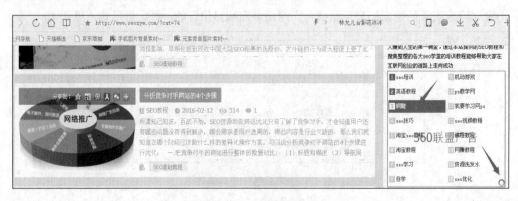

图1.10　360搜索联盟广告

1.2 搜索引擎优化提高搜索引擎营销转化率

通过 1.1 节的介绍我们了解到搜索引擎营销其实是网络营销的一种，归根结底属于一种营销活动，既然是营销活动就要考虑实施后所带来的效果。要将搜索引擎营销的营销效果达到最大，就需要通过 SEO 来实现。本节将了解什么是 SEO、SEO 的发展史、SEO 与搜索引擎收录及排名的关系、SEO 应该做的主要工作、适用领域及有哪些优缺点等方面，让读者对 SEO 有一个初步认识。

1.2.1 SEO 的定义

在介绍 SEO 的定义之前我们先来看一个案例。

有一个全球知名的跨国牛奶品牌在搜索引擎上有一些负面报道和信息，为了达到减少企业负面信息、提升企业正面形象、提升用户品牌信任度、持续提升品牌的网络美誉度的目的，企业开始有针对性地采取了以下措施（见图 1.11）。

- 关键词选择依据&推荐。
- 正面信息建设平台。
- 负面信息预警与监测。
- 项目目标&建议预算。
- SEO 与其他工作的配合。

经过努力，企业实现了以下两个优化。

- 一个月短期优化：TOP10 负面数量减少 50%。
- 七个月长期优化：网页：TOP10 负面数量减少 88%，90%关键词有正面信息；新闻页 TOP20 负面数量减少 82.5%。

最终提升了企业的品牌知名度，减少了负面信息对企业的影响。

这个例子形象地展示了 SEO 对提升品牌形象方面的正面作用：第一是在品牌知名度较低的时候通过品牌词霸屏、品牌词与行业词相关搜索、外部品牌传播达到广泛、持续的品牌曝光，从而树立企业在搜索引擎用户心目中的品牌形象；第二是在具有一定的品牌知名度后，较好地利用 SEO 做好危机公关，通过提升正面信息的排名来抑制负面信息（见图 1.12）的广泛传播。

三聚氰胺的最新相关信息:
4月29日三聚氰胺商品指数为61.78-中国化工网 中国化工网   2天前
4月29日三聚氰胺商品指数为61.78,较昨日下降了0.05点,较周期内最高点100.00点(2011... 4
月29日三聚氰胺商品指数为61.78,较昨日下降0.05点,较周期...
4月28日三聚氰胺商品指数为61.83 生意社   2天前
三聚氰胺树脂合成试验探索 建德新闻网   4月20日
剥肉富心曲验店美耐皿 2件筷子三聚氰胺超标 NOWnews   4月19日
乳业因三聚氰胺检测数据存疑被食药监局通告 搜狐   4月18日

图 1.11 某企业采用 SEO 危机公关措施   图 1.12 某企业的负面信息

那么什么是 SEO 呢？SEO 可简称为"网站优化"，是一种利用搜索引擎的搜索规则来提高目的网站在有关搜索引擎内排名的方式。SEO 是指为了从搜索引擎中获得更多的免费流量，从网站结构、内容建设方案、用户互动传播、页面等角度进行合理规划，使网站更适合搜索引擎的检索原则的行为。SEO 的目的是为网站提供生态式的自我营销解决方案，让网站在行业内占据领先地位，从而获得品牌收益。

例如，某网站初始流量为 1000+IP 每日，经过一个月的站内结构、内链等的优化调整，并整理出一批在行业中极具竞争力且有较好搜索指数的长尾关键词，由编辑整理内容发布，到 2016 年 4 月流量发生大幅提升，达到 10 万+IP 每日（见图 1.13）。

2016-04-04	7	110002	1507	949	3,389,353	--	--	--
2016-04-03	7	109596	1514	983	3,389,353	--	--	--
2016-04-02	7	109596	1514	983	3,384,021	--	--	--
2016-04-01	7	114289	1517	938	3,384,021	--	--	--
2016-03-31	7	114517	1520	37102	3,384,021	--	--	--
2016-03-30	4	1176	205	37102		--	--	--
2016-03-29	4	1496	203	31496		--	--	--
2016-03-28	4	1496	203	31496		--	--	--
2016-03-27	4	1327	206	34342		--	--	--
2016-03-26	4	1332	206	34317		--	--	--

图 1.13　经过优化后收录及流量大幅提升

1.2.2　SEO 的发展历史

搜索引擎营销是伴随网络，特别是搜索引擎的出现产生的。在早期的互联网上，专门针对搜索引擎的营销做得并不普及。SEO 在国内的发展大事年历大致如下。

2002 年，国内陆陆续续有人涉足 SEO 这一领域。

2004 年，国内潜伏的 SEO 开始浮出水面，SEO 队伍逐步壮大。SEO 市场处于混乱无序、违规操作、恶性竞争的状态。大多数 SEO 优化采取个人作坊式经营，公司性运作规模小。SEO 培训市场诞生。

2006 年，随着网络市场竞争白热化，企业对网络公司的所为和网络产品有了新的认识，企业开始理智对待网络营销市场，随着百度竞价的盛行，企业也认识到了搜索引擎的重要性，同时也伴随着诞生了很多 SEO 服务公司。

2007 年，随着 SEO 信息的普及、网络公司技术的上升，部分公司推出了按效果付费的 SEO 服务项目，从网站建设，到关键词定位，到搜索引擎优化全方位服务以及整体 SEM 网络营销方案的推出和实施。

2008 年，随着 SEO 服务公司的技术和理念逐渐成熟，部分公司推出了网站策划服务，服务以效益型网站建设（更加注重网站用户体验）和网站用户转化率为目的，更加注重营销成效。

2009 年，SEO 进入白热化的发展阶段，不论是个人、团队还是公司或者培训机构，都大力宣传和使用 SEO 技术来运营网站，使网站的关键词得到更快的排名和收录。

2012 年，SEO 行业进入调整，原来的服务模式已经很难实现双赢，很多公司缩小规模，一些公司开始寻求新的服务模式。

2012 年 2 月 15 日，在百度搜索 SEO 相关词汇时，"百度提示您：不要轻信 SEO 公司的说辞和案例，不正当的 SEO 可能会给您的站点造成风险。建议广大站长对站点进行 SEO 之前，参考阅读百度的官方网站优化指南。"此举被认为是百度打击 SEO 的一个重要举措。

2012 年 3 月 8 日，搜索和 SEO 相关的词汇时，"百度提示您：SEO 是一项非常重要的工作，请参考百度关于 SEO 的建议。"此举被认为是百度迫于压力做出的一种妥协，有可能是为了避免类似行业垄断行为的规避，认可 SEO 的存在并变相压制 SEO 发展。

2012 年 5 月，百度推出百度站长平台，站长平台发布《Web 2.0 反垃圾详细攻略》和《知名站点 SEO 注意事项》，对站点的合理优化、远离作弊提出了一些有价值的建议。

2012 年 6 月，百度更新反作弊策略，大面积网站被 K，百度声称《针对低质量站点的措施已经生效》，后导致站长联合发起大规模点击百度竞价事件！其中，由于此事件直接受害且受害最大的便是医疗竞价。

2012 年 10 月 23 日，百度反作弊算法升级，打击网站超链接，作弊方式和买卖链接行为。但实际调查发现，此次升级造成真正参与作弊网站被 K 的现象微乎其微。

2012 年 11—12 月，百度站长平台推出一系列站长工具（搜索关键词、百度索引量、外链分析、网站改版等），第三方站长工具受到有力冲击。

2013 年，百度推出绿萝算法打击各种超链中介；拒绝外链工具 beta 版全面开放使用；《谈外链判断》一文在站长社区发布，引起 SEO 行业的密切关注；百度网页搜索反作弊团队在百度站长平台发布公告称，将于一星期后正式推出新的算法——石榴算法。新算法前期将重点整顿含有大量妨碍用户正常浏览的恶劣广告的页面，尤其是以弹出大量低质弹窗广告、混淆页面主体内容的垃圾广告页面；百度绿萝算法 2.0 更新公告，加大了过滤软文外链的力度，还加大了对目标站点的惩罚力度，对承载发布软文的站点进行适当的惩罚，降低其在搜索引擎中的评价，同时，针对百度新闻源站点将其清理出新闻源；百度网页搜索反作弊团队发表声明打击大量的高价收购二级域名或目录的信息，这些域名或目录绝大部分被用于作弊，对于此类出售二级域名二级目录的站点，百度将进行严厉的惩罚，这会株连整个站点，直接屏蔽并清理出百度新闻源。

2014 年，百度除由技术层面规范 SEO 发展外，开始不断完善站长社区（zhanzhang.baidu.com）及参与站长大会，更深入了解站长需求。加大原创支持，给予原创富摘要展现形式（见图 1.14）。搜索结果展现形式更加丰富化，结构化图文并茂的展示结果，更加注重外链质量，打击急功近利的批量增加外链的做法。对官方认证进行普及，比如官网认证（见图 1.15）、加 V 百度信誉认证等，从多层面提高网站的质量。2014 年年底百度推出基于 LBS 的白杨算法

图 1.14　原创图文富摘要展示　　　　　图 1.15　官网认证

　　2015 年，搜索引擎更加注重用户体验、外链质量，并且随着移动互联网的发展，搜索引擎对移动搜索的流量倾斜更加明显，排名融入更多社会化分享因素。搜索引擎对内容的丰富度要求提高，不单单是文字，对图片、视频的收录及排名更为重视。

　　2016 年，移动化趋势加剧，60%甚至更高流量来自移动端，搜索引擎在工具提供及流量倾斜方面更加倾向移动端，语音搜索更加适应移动端。结构化、语义化文档成为趋势，HTML5 推出后这种趋势更为明显，具有语意标记的网站将更可以被搜索引擎演进后的算法理解而获得更多好处。使用者因素对排名影响越来越大，以关键词为核心的算法朝以分析语义的算法演进。

1.2.3　SEO 与网站的收录

　　对于搜索引擎来讲，不管是百度还是 360 等，其共同点都是喜欢收录高质量的页面/文章，尤其是内容丰富、主题突出、独创性的能较好满足搜索用户需求的页面或文章，另外良好的内链路径也是促进收录的一个有效手段，且搜索引擎对定期规律更新的网站更具友好性，所以针对搜索引擎的这一特点，提高收录应做好以下 3 点。

1. 创建符合用户需求的内容

　　符合用户需求的内容正是搜索引擎喜欢的内容，因此容易被收录。内容创造分两步：第一步，围绕网站主关键词挖掘可用于内容组织的短尾词或长尾关键词；第二步，可承载较多内容的短尾词，用于栏目、专题等的建设，如朝阳房产中介（见图 1.16），它涵盖的内容可能是所有朝阳区房产中介的列表介绍，用于满足用户了解所有朝阳房产中介的需求。若朝阳房产中介过多，无法在一个页面上呈现，则可将各个街区独立成栏目或专题，用于更为细致的信息呈现，而容纳较少信息的长尾关键词则用于布局站内文章，比如 2016 北京公租房申请条件（见图 1.17），相对承载信息少，需求可在一个独立的文章页被满足。

图 1.16　朝阳房产中介列表

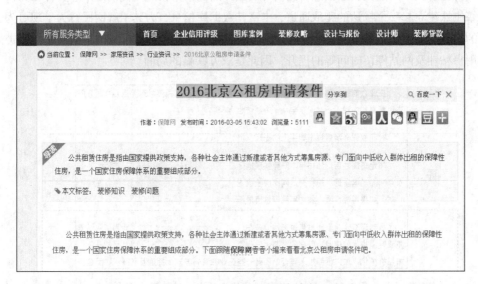

图 1.17　2016北京公租房申请条件

SEO 从业者通常喜欢谈原创及伪原创，站在用户及搜索引擎角度，并无原创及伪原创之分，只有能否满足需求的内容，因此如果能比其他的原创内容更好地满足需求，即便是对原创内容的二次编辑和组织后的发布（所谓的伪原创）也是搜索引擎友好及符合用户体验的 SEO 行为。如深圳新闻网发布的一篇新闻《Papi 酱 2200 万广告受质疑 投资人罗振宇暴怒回应》，其来源是环球网，已被新蓝网、中国青年网多次转发，但对深圳新闻网的网友来说，仍然是满足需求的内容提供，因此也是搜索引擎友好地符合 SEO 的行为（见图 1.18）。

图 1.18 被多次转载的新闻（伪原创）依旧符合 SEO

2. 内部链接及外部链接合理布置

合理的内部、外部链接，比如文中嵌入的某股票的超链接锚文本，或者某明星的微博，可以为查看文章的网民获取信息，提供可供选择的更为丰富及便捷的通道；另外也为搜索引擎蜘蛛建立起一个畅达的爬取通道，丰富其数据库信息，为其了解网民行为呈现更为合理的搜索结果提供依据（见图 1.19）。当然从客观上满足用户需求的链接给网站自身带来了用户粘性及网站停留时间等的提升，因此是三方共赢的局面。

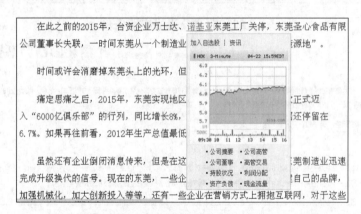

图 1.19 内部、外部链接的目的在于满足用户需求

3. 丰富网站内容，定期规律更新

例如，一个以提升夫妻感情质量为主题的情感类网站，要能够充分满足各类潜在用户的需求，就需对网民多样化的需求做了解后提供内容，有偏重解决家庭矛盾的，有对提升夫妻情趣有需求的，也有在夫妻生活方面需要更多知识案例的等，因此对网站内容的丰富是 SEO 工作的一个重心，丰富的内容本身就意味着是否能充分满足用户需求，也就意味着是否对搜索引擎友好（见图 1.20）。另外，定期规律更新有两层含义：一是网站被良好地管理及维护；二是紧跟潮流，提供的内容具有更好的时效性及参考价值。

图 1.20　凤凰情感频道

通过上述三点优化措施，能在一定程度上提高网站收录率。

1.2.4　SEO 与搜索引擎的排名

搜索引擎在为浏览者提供搜索结果时会通过多重排名算法的过滤，尽最大可能符合用户需求，而其排名则直接影响着搜索结果网站的显示位次。假如一个网站被搜索引擎收录，而其排位在前三页之后，那么其通过搜索引擎被访问的概率就接近于 0。反之，如果其排名在首页，那么其访问概率就接近 100%。所以如果能更好地针对搜索引擎的排名算法做好网站的 SEO，就会提高网站的搜索排名。例如，一个搜索"新疆大枣"的网民，呈现的搜索结果如图 1.21～图 1.23 所示。

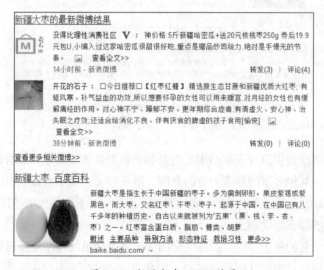

图 1.21　新疆大枣 SERP 结果

图 1.22 新疆大枣 SERP 结果

图 1.23 新疆大枣 SERP 结果

注：SERP 是 Search Engine Results Page 的首字母缩写，可译为搜索引擎搜索结果。

从中可以看出搜索引擎首先试图满足的是搜索者对新疆大枣是什么样的需求，其次新疆大枣长什么样，其他名字的新疆大枣的介绍，哪里售卖，关于新疆大枣的疑问，如何去等。如果搜索引擎没有刻意人工干预，那么从这三张图可以看出网民的整体搜索需求趋势，对了解这种东西的需求帮助很大。

接下来是关注它的样子、同类产品的介绍等。这个结果的排序是经过多重算法之后的呈现，排名结果是在试图读懂网民的内心，即并非单一的因素可以决定排名，权威站点、历史排名及表现良好的站点、外部推荐稳定可靠的站点、知名品牌站点、提供内容丰富而切合需求的站点及基于机器学习的需求排序等都是决定 SERP 排名的因素。

1.2.5　SEO 的主要工作

从前面内容的描述可以发现，SEO 对一个网站的生存来说至关重要。归纳起来，SEO 的主要内容有 3 个方面，如图 1.24 所示。

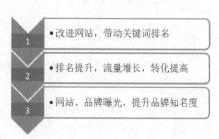

- 提升网站各方面的综合素质，从而带动网站关键词在搜索引擎的排名。

- 通过关键词排名，提升网站访问流量，促进转化。

图 1.24　SEO 的主要工作图

- 通过网站曝光度、产品的推广宣传，提升品牌知名度。

1.2.6　SEO 的应用领域

搜索引擎优化对于任何网站都是至关重要的，所以 SEO 自从诞生以来其应用领域不断地扩大，目前已应用到各行各业的网站中。通常以下 3 类网站都会用到 SEO（见图 1.25）。

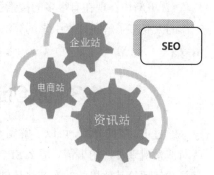

- 企业网站。企业网站通过优化后，可以大大增加向目标客户展示产品或者服务的机会，从而增强企业的影响力，提升品牌知名度。

- 电子商务类网站。经过优化后可以通过搜索引擎向更多的潜在消费者推销自身的产品，从而节省巨额的广告费用，提高产品销量。

图 1.25　SEO 应用领域

- 内容型网站。资讯内容类网站经过优化后，可以大大提高网站的流量，从而进一步蚕食强者的市场，最终实现后来者居上，成为行业领先者。

1.2.7　SEO 与 SEM 的关系

SEM 与 SEO 既有一定关联，又有一定区别。SEM 是指在搜索引擎上推广网站、提高网站可见度，从而带来流量的网络营销活动。SEM 包括 SEO、按点击付费（Pay Per Click，PPC（如百度竞价排名等），精准广告、付费收录等形式（见图 1.26），其中以 SEO 和 PPC 最为常见。

SEO 和 SEM 两者的目的相同，都是为了网站销售和品

图 1.26　SEM 与 SEO 的关系

牌建设；不同的是实现方式，SEO是通过技术手段使企业或者品牌获得好的自然排名，SEM是通过技术手段（SEO）和付费手段（PPC）等提高网站可见度，从而带来网络营销活动，总的来说SEM包含SEO。

注意： SEO可以看作是从技术层面来实现SEM。

1.2.8　SEO的优缺点

通过前面的内容介绍，相信读者已经对SEO有一个清晰的认识，下面介绍SEO的优缺点。

（1）SEO的优点主要包括成本低廉、组织架构简单、平台通用、用户随意选择、稳定性强等。

（2）虽然SEO有上述明显的优点，但其缺点也显而易见。

* 周期长：付费点击可以通过广告直观的传播很快见到成效，但成本高，通过SEO优化虽然成本会低，但是需要一个比较长的周期才能体现出来，主要看关键词的简易度，有的可能需要两个月左右，而难一点的可能要半年左右。

* 更新快：现在有很多的搜索引擎，并且算法不一，更新速度很快，所以从事SEO工作的人要多了解各搜索引擎的算法，让自己的网站主动去适应算法，从而达到更好的营销效果。

1.3　从创造价值的角度看SEO

通过1.2节的介绍，可以了解到SEO是一种在熟悉搜索引擎的搜索规则的基础上做一些对搜索引擎友好的事情。那么SEO是如何创造经济价值，SEO人员的工作职责有哪些，又是如何评价其效果的？本节将从创造价值的角度来介绍SEO。

1.3.1　SEO的经济价值

从表面来看，SEO并不会直接创造经济价值，但这并不等于说SEO就可有可无了。正相反，通过SEO，可以为网站带来大量、稳定的客户群（稳定的客户群是一个企业发展的动力），可以为企业带来直接的经济价值。

SEO创造价值的过程如图1.27所示。

图1.27　SEO创造经济价值的一般过程

1.3.2 SEO 人员的工作职责

要实现 SEO，就需要从业者做大量的基础工作，这些工作可以概括为以下 12 个方面。

- 负责所有网站内容针对搜索引擎的优化工作。
- 负责以搜索引擎优化为主的网络营销研究、分析与服务工作。
- 网站的结构优化和流程优化。
- 提高网站在各大搜索引擎的排名。
- 培训网站其他部门遵循统一的搜索引擎友好规范。
- 负责网站的搜索引擎友好规范的制定与实施。
- 从事以搜索引擎优化为主的研究、分析工作。
- 使用 SEO/SEM 的方法提升和改进网络流量。
- 通过对网站的分析，提出前台页面和系统架构等网站排名及优化的整体解决方案。
- 监控网站关键字，监控和研究其他网站相关做法，并围绕优化提出合理的网站调整建议。
- 分析、建议网站及各频道的关键词解决方案并组织实施达到效果；帮助 SEO 优化，优化网页代码，在同等更新量下提升网站流量。
- 对网站数据进行分析，根据网站实际情况制订推广实施方案等。

1.3.3 SEO 的效果指标

判断一项 SEO 是否成功是有指标的，通用的指标主要包含以下 5 类（见图 1.28）。

- 排名报告：通常情况下，客户会列出他们想要在一个特定关键词中实现一定的排名。现在市场上发售的很多产品能帮你设置和监控排名。此外，排名数据波动的原因很多，包括你用了什么类型的搜索引擎的服务器为你的搜索结果服务等原因，这不是判定 SEO 成败的决定性因素。

图 1.28　SEO 的效果指标

- 新增链接的数量：很多时候，潜在客户会问每个月能替他们增加多少新链接。但是这个其实取决于他们需要多少链接。可以把新增链接数量作为链接建设活动的评价标准，而不是作为一个成功的界定指标。

- 非品牌搜索流量：这是很关键的评估指标，要着眼于日常的访问量和长期的流量图表变化。这是因为链接到网站首页的锚文本最为常用的形式就是组织名称。有时会发现各种不相干的流量、无价值的流量来到网站，这些对于网站实现更多的转化没有任何帮助。所以，不要忘了区别对待。

- 访问者参与：访问者的参与包含了跳出率、在网站停留的时间和每位访问者浏览的次数，这些都是有用的追踪指标。很明显访问者参与情况应该包含在 SEO 成败评价的各种综合衡量指标之中。高于平均值的跳出率或者每个访客在浏览网站页面时停留的时间下降，可能意味着你开始获得更少的相关流量。这也意味着网站本身出现了某些方面的问题。

- 转化：这是效果评估中最为重要的指标。人人都希望流量能转换成业务量。对于很多公司来说，最基本的衡量标准是产品的销售。不过，转化还可以包括"联系我们"的需求、填妥的注册表格、白皮书或者 Widget 下载，某一特定页面的访客和其他类型的目标。

注意： Web Widget（微件）是一小块可以在任意一个基于 HTML 的 Web 页面上执行的代码，表现形式可能是视频、地图、新闻、小游戏等。它的根本思想来源于代码复用，通常情况下，Widget 的代码形式包含 DHTML、JavaScript 以及 Adobe Flash。

1.4　SEO 的基本步骤

SEO 是通过一定的手段使网站对用户和搜索引擎更友好，从而更容易被搜索引擎收录及优先排序。SEO 是一种搜索引擎营销指导思想，而不仅仅是对百度和 Google 等的排名。SEO 工作贯穿网站策划、建设、维护全过程的每个细节，本节将介绍 SEO 最关键的几个步骤。

1.4.1　关键词分析

关键词分析也叫关键词定位，这是 SEO 工作中最重要的一个环节，以后的工作都是围绕选定的关键词进行的，选择好的关键词能让你获得更好的流量。当然选择关键词时并不是搜索的人越多越好，那样意味着更多的竞争。要根据公司情况选择符合公司实际情况的关键词。关键词的分析包括关键词关注度（热度）分析、关键词与网站相关性分析、关键词布置、竞争对手分析。

（1）关键词关注度分析：可通过百度指数、360 指数、收录结果数、首页主域名数、知名网站数、竞价结果数等维度判断关键词热度，在第 4 章将有详细论述。

（2）关键词与网站相关性分析：网站的定位决定了关键词的选择，关键词越紧扣网站及栏目、专题、内容详情页的主题，排名能力越强（见图 1.29）。

（3）关键词布置：传统的关键词布置讲究"四处一词"，即 TDK 和正文内容各出现关键词若干次，当前因为算法调整，弱化了 TDK 的作用，因此在布词的时候更讲究符合用户体验，自然融入关键词。图 1.30 同时也是一个关键词布词很好的例子，除了页面 Title 中出现了关键词外，Description 和 Keywords 并未布词，这反应了该站 SEO 对 TDK 的态度，当然还有一些 SEOer（搜索引擎优化专员）会对 TDK 有一定偏重。在页面主体内容中自然地融入了 Title 中的两个关键词孕期检查和准备怀孕。

图 1.29　关键词与网站相关性分析

```
<meta content="育儿,育儿知识,妈妈,儿歌,取名,婴儿,喂养,孕期,营养,常见病,怀孕,分娩
<meta name="description" content="育儿网为父母提供怀孕分娩,胎教,育儿,保健,喂养,
面的一站式育儿服务"/>
<meta http-equiv="pragma" content="no-cache">
<meta http-equiv="Cache-Control" content="no-cache, must-revalidate">
<meta http-equiv="expires" content="0">
<title>孕期检查 - 准备怀孕 - 全程呵护文摘 - 育儿网</title>
```

图 1.30　育儿网 TDK 布词截图

（4）竞争对手分析：分析竞争对手的目的在于了解竞争对手的网站实力、所处的 SEO 时期、内外优化的策略手段、关键词策略等，进而知己知彼，确定自己网站的关键词及优化策略，以最小的成本获得最大的成效。

1.4.2　网站架构分析

分析自己的网站结构是不是符合蜘蛛的爬行习惯，这就是我们经常听说的扁平结构与树形结构，关于网站结构将在第 3 章详细论述，这里只简单分析一下网站结构对 SEO 的影响因素，重点有以下四点。

1. 网站结构需符合扁平结构或树形结构设计

对于小企业网站，目录、内容较少，易采用扁平结构，即所有页面皆可 1～2 次点击到达。物理结构上所有用户访问文件置于根目录下，而逻辑结构上点击次数在 2 次内即可获取所需信息。对于电商或资讯类网站，由于内容繁多，很显然不可能达到此要求，因此多采用树形结构，即主→干→枝→分枝→叶，层级越深内容越多，相关联内容之间一定会彼此联系，形成枝繁叶茂的网状结构。树形结构最好也只采用 4 次点击即可得到所需信息，否则访客容易跳出。

2. 主导航清晰

小企业网站可以全站使用一个导航，通过导航抵达所有栏目。对于大型电商站和资讯门户来说，在主导航下的某一门类的内容也足够多的时候，该门类又会独立设置导航，以方便用户获取资讯，如新浪首页主导航（见图 1.31）和新浪读书频道导航（见图 1.32）。此时通常采用的策略是次级导航独立成二级频道，新浪就是这样的架构。切记导航尽量使用文字链，对 SEO 最为有利。

图 1.31　新浪首页主导航

图 1.32　新浪读书频道导航

3. 面包屑导航不可或缺

面包屑导航在网站中所起的作用是告知访客其正访问的页面在这个网站中所处的逻辑位置，以对其访问提供清晰路径，防止迷失在网站中，这是对访客友好的一个极为重要的标志（见图 1.33）。

图 1.33　新浪读书的面包屑导航

4. 相关页面内链的合理设置

一个网站的建立初衷即在用户获得满意信息的同时实现网站的主盈利，最理想的情况是从外部一次点击直达落地页即满足，但多数情况下一个页面难以承载一个人或者多人搜索同一个或同一类关键词的所有需求，因此就出现了通过聚合页尽可能穷尽所有需求，或者内容页满足某一需求后去相关联页面实现更多需求满足的网站架构策略。通常页面的相关阅读或者推荐阅读都是基于这个目的而设置的（见图 1.34）。

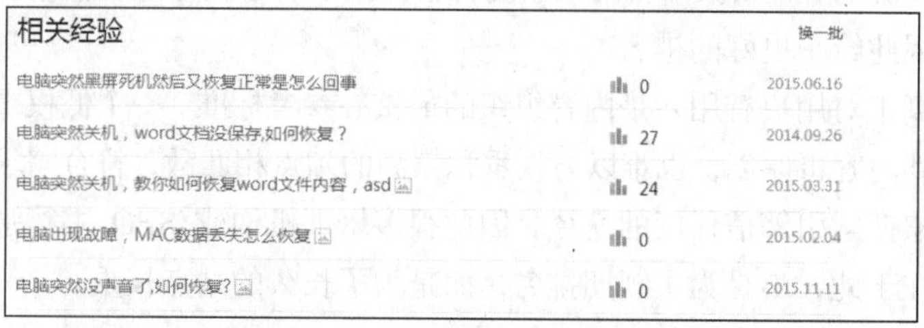

图 1.34　相关页面内链的合理设置

1.4.3　网站的各个页面优化

很多人对网站进行优化，只对首页进行了大量的优化，使首页获得了很好的排名和较好的 PR，但是其他的页面根本没获得好的排名或者甚至根本就没被收录。网站的优化要针对各个页面进行逐个优化，这样才能达到整站优化的目的。

注意：PR 全称为 PageRank（网页级别），2001 年 9 月被授予美国专利，专利人是 Google 创始人之一拉里·佩奇（Larry Page）。因此，PageRank 里的 Page 不是指网页，而是指佩奇，即这个等级方法是以佩奇的名字来命名的。

网站的首页优化跟其他页面的优化步骤是一样的。一般网站页面类型大体可分为首页、栏目页（专题页）、内容详情页。在网站各页面优化的时候，将栏目页（专题页）、内容详情页像对待首页一样去优化，以便实现整站优化目的。由于搜索引擎跟访客的关注还是有所不同，因此在访客眼里的权重页面未必可用来排名，比如企业站中必不可少的"关于我们"页面，一般不方便布词，但是对于给访客树立品牌形象、加深信任等是非常必要的。因此在内容页优化上肯定会有所偏重，而栏目页一般是比较固定的，因此可参照首页来做优化，而专题页的时效性、针对性更强，因此需在优化计划中有所体现。整站优化除了可仿照首页进行常规优化外，更多地体现在根据市场环境等确定合理的优化次序、权重分配、内容组织、内容重利用及流量引导、营销转化等，这是体现一个 SEO 优化负责人能力的最佳地方。

1.4.4　内容发布和链接设置

搜索引擎喜欢有规律的网站内容更新，所以合理安排网站内容发布日程是 SEO 优化的重要技巧之一。链接布置则把整个网站有机地串联起来，让搜索引擎明白每个网页的重要性和关键词，实施的参考是第一点的关键词布置。友情链接战役也是这个时候展开的。

内容发布需要重点注意两点：一是内容更新是否具有持续性及规律性，这是搜索引擎判断一个站点是否认真经营的重要参考因素，且有助于增进蜘蛛爬取和收录，进而对网站积累权重有帮助；二是组织的内容是否对用户有帮助，原创跟伪原创不是首要评判标准，比如新浪转载的一篇新鲜度高的文章对于它旗下的用户来说是有帮助的，那么这个转载也是对搜索引擎友好的，且新浪平台的权威度背书让搜索引擎更愿意相信来源于此平台的信息的可靠性，因此给予更好的排名。

因此是否真正对用户有用才是内容组织的最核心参考标准。一个低权重的站点天生具有排名劣势，其内容再原创，也难以与权重积累高的站点相匹敌，符合需求的原创内容创造是最佳的积累搜索引擎信任度的途径。因此很多培训机构或 SEO 书籍强调原创的重要性，其原因就在于此，不是为了短期排名，而是为了长久的站点权重。

1.4.5 排名报告和分析

观察搜索引擎排名是最激动的事情，看到自己的排名在上升的时候欣喜若狂，看到自己的排名下降的时候情绪低落，这成了专注于自己网站 SEO 人员的生活，因此应随时观察搜索引擎的排名，根据排名的变化去调整自己的网站等。

对于专注百度排名的 SEO 人员来说，排名报告的查看有以下 3 个途径。

- 百度统计后台（见图 1.35）。

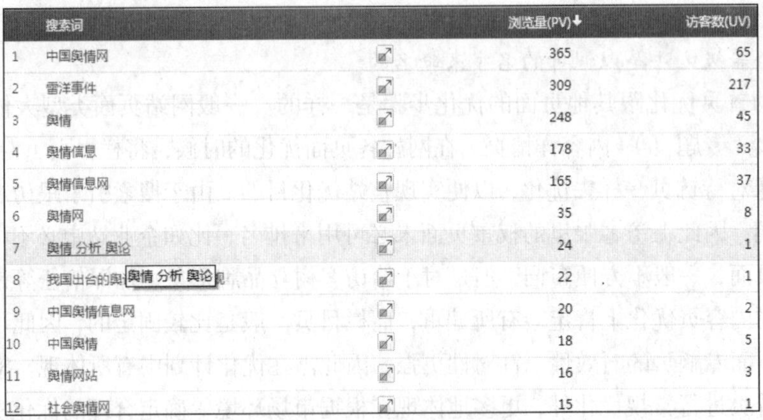

	搜索词	浏览量(PV)↓	访客数(UV)
1	中国舆情网	365	65
2	雷洋事件	309	217
3	舆情	248	45
4	舆情信息	178	33
5	舆情信息网	165	37
6	舆情网	35	8
7	舆情 分析 舆论	24	1
8	我国出台的舆 舆情 分析 舆论	22	1
9	中国舆情信息网	20	2
10	中国舆情	18	5
11	舆情网站	16	3
12	社会舆情网	15	1

图 1.35 百度统计后台

- 百度站长工具（见图 1.36）。
- 第三方站长工具（见图 1.37）或统计工具。

一般来说，百度产品更具权威性和准确度，但是第三方工具会提供一些百度工具所不具备的参考数据，对于 SEO 调整工作方向等也是有一定参考价值的。查看排名报告的目的在于清晰地了解自己所做工作的成效、不足，同时对搜索引擎的算法调整、更新等有一个更为直观的观察和了解。把握搜索引擎脾性，才能更高效地开展 SEO 工作。具体的 SEO 分析内容将在第 7 章论述。

关键词	点击量	展现量	点击率	排名
"当时敢吹o2o颠覆线下,是一件很大的好事。许多机构回过头去...	1	1	100.00%	2
全国政协社法委 江西	1	1	100.00%	4
site:www.xinhuapo.com	0	260	0.00%	5.5
site:xinhuapo.com	0	33	0.00%	7.5
site:(xinhuapo.com) -(姝剧抄)	0	14	0.00%	5.3
深念远虑,胜乃可必	0	5	0.00%	8
穆广态	0	4	0.00%	19.8

图 1.36　百度站长工具

关键字	整体指数 ▼	PC指数	移动指数	百度排名
新浪	261780	46847	214933	第1
新浪网	43452	3248	40204	第1
sina	37804	18496	19308	第1
新浪网首页	6359	863	5496	第1
www.sina.com.cn	3095	839	2256	第1
sina 新浪首页	2804	361	2443	第1
新浪首页	2376	811	1565	第1
xinlang	1939	1031	908	第1

图 1.37　第三方站长工具

1.4.6　网站流量分析

网站流量分析是必需的，只有对网站的流量进行分析，才能找到网站在搜索引擎中的重要程度，并且可以从中得到很多技术数据，对网站以后的优化有很大的帮助。具体的流量分析数据来源于 1.4.5 节提到的百度统计工具、百度站长工具及第三方站长工具。

流量分析的维度在百度统计工具中被细分到搜索引擎来源、直接来源、外部链接来源，而对流量的落地则细分到受访页面、受访域名、入口页面、页面点击图、页面上下游，流量的访客属性包括了地域分布、系统环境、新老访客、自身属性、忠诚度，因此流量分析的多重细分维度对评定一个网站的 SEO 工作是非常重要且高度依赖的手段。细节分析我们将在第 7 章呈现。

要永远树立一个原则，那就是做 SEO 绝不可能是一步到位的，它需要一个过程，有了过程才能有结果。没有过程的 SEO 只能是作弊，那些作弊的手段会导致网站受到惩罚，甚至被剔除出搜索引擎。

1.5 习题

一、填空题

1. 网络营销英文简写 SEO 是指_____，而 SEM 是指_____。

2. 网络营销的常用方法有_____、_____、_____、_____ 等。

二、选择题

1. （　　）不属于搜索引擎营销范畴。

（A）关键字广告　　（B）竞价排名　　（C）联盟广告　　（D）E-mail 营销

2. （　　）不属于 SEO 的主要工作。

（A）提升网站在搜索引擎的排名，提升网站各方面的综合素质

（B）维护网站服务器与数据库，修复网站 BUG

（C）通过关键词排名，提升网站访问流量，促进销售转化

（D）通过网站曝光度，产品的推广宣传，提升品牌知名度

三、简述题

1. 简述 SEO 的优点与缺点。

2. 简述 SEO 人员的职责。

3. 简述 SEO 的基本步骤。

第 2 章
搜索引擎原理

通过第 1 章读者了解了一些 SEO 的入门知识。本章将学习搜索引擎原理，让读者对搜索引擎有一个更为深层的认识，了解搜索引擎是如何在茫茫网海中高效地找到信息，如何抓取信息并存入索引库，并最终在用户查询时给出合适的排序结果。

本章主要内容：

- 搜索引擎的作用
- 搜索引擎的工作原理
- 搜索引擎的分类
- 用户的搜索习惯与搜索结果（SERP）
- 收录原理
- 流量（IP/UV/PV）
- PR（PageRank）
- Alexa 排名（网站世界排名）

2.1 搜索引擎的作用

在巨大的互联网海洋中，用户已经无法轻松地找到需要的网络资源，搜索引擎的出现使得网络资源与用户的联系变得紧密起来，是整个互联网技术发展的必然结果。

要了解搜索引擎的作用，应先来认识搜索引擎到底连接了什么（见图 2.1）。

- 信息来源，提供信息的组织、机构、企业或个人。
- 信息本身。
- 信息载体，即以 Web 页面形式存在的各种网络资源。
- 信息受众，即信息的需求者。

了解搜索引擎连接的 4 个对象后，下面逐一谈谈它对每个对象所起的作用。

（1）对于信息源，即信息的创造者或发布者来说，二者可能同为一个主体也可能不同，一般存在形式是政府组织、社会组织、企业组织或个人。对于他们来说，搜索引擎提供了一个精准的直面受众的信息出口，形象地比喻为一个两头宽中间窄的漏斗（见图 2.2）。毋庸赘言，搜索引擎对于这个群体来说，其意义就在于定向传播，相较于其他渠道具有了更强的针对性和更高的效率，而且随着搜索引擎技术的成熟，对信息及受众的持续跟踪也越来越充分，大大提高了对传播过程及目的的完整高效把控。

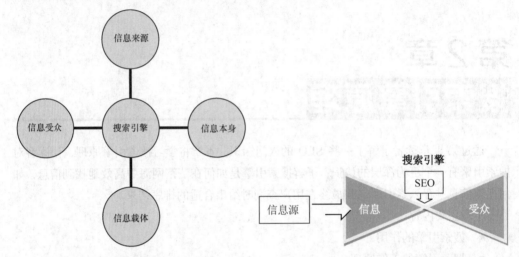

图 2.1　搜索引擎连接的 4 个对象　　　　图 2.2　搜索引擎扼信息之咽喉

比如搜索"四川旅游"的人，一定是对四川旅游感兴趣的，信息的提供者们可通过搜索引擎这个出口精准定向到那个群体，并对传播出去的信息及受众的行为进行有效监测，实现他们的既定目的，反馈回来的数据又可以帮助他们更有效地组织信息及传播。

（2）对于信息本身来说，就是依据信息源的意图实现信息的传递并影响到受众，搜索引擎起到了一个通道的作用，即便没有搜索引擎也会有其他的渠道被传递出去，只不过缺少了搜索引擎传播具有的定向、广泛度及高效跟踪的优势。而作为载体的 Web 页面本身跟信息一样，只是经由搜索引擎这个渠道进行了位置转移。

（3）对于用户（受众）来说，搜索引擎是用户使用网络获取信息的重要工具，对用户寻找网络资源有巨大帮助。在互联网发展初期，网站数量十分少，只有重要部门以及大学才有，并不需要搜索引擎。互联网逐渐普及，网站数量剧增，用户需要通过一个检索工具来寻找网页。搜索引擎的出现使用户可以更轻松地找到需要的信息，也就成了用户使用网络、寻找网络资源的重要工具。

例如，在搜索引擎出现之前，用户要找到"大学语言文学论文"的文章，需要到处了解相关的论文网站，然后进行浏览，十分繁琐。而搜索引擎的出现，让用户能在一秒钟内找到无数的相关内容，是用户使用网络的重要工具。在搜索引擎还未出现时，用户与互联网联系，是纯粹通过对网站的记忆或者类似 hao123 的网址目录来找到网站，没有搜索引擎的参与。而搜索引擎普及后，用户养成了不记忆网址的习惯，相当一部分用户都是通过搜索引擎进行互联网交互，搜索引擎就成了互联网与用户的重要接口。

（4）对网络营销或 SEO 行业，即处在漏斗中间帮助搜索引擎更好地定向传播内容或帮助用户高效获取信息的这群人来说，搜索引擎是 SEO 的基础，这个行业的存在多数是为企业服务的，对企业以低成本推广网站及品牌有着巨大的作用。SEO 行业的诞生得益于搜索引擎的发展，是搜索引擎大量被使用的结果。另外，在 SEO 中，最重要的技巧就是掌握搜索引擎的规则，这就要求 SEO 人员更好地关注搜索引擎的发展。

以上四点作用是基于搜索引擎连接的对象而做的分析，基本讲清楚了搜索引擎的作用，但就本书来说，我们重点把握搜索引擎对企业、对用户及对 SEO 的作用。这是我们 SEO 从业者必须要掌握的，只有深刻了解它在这三者当中承担的重要角色，在开展 SEO 工作的时候才能有的放矢，实现最大的搜索引擎营销效果，为企业创造价值。

2.2　搜索引擎的工作原理

搜索引擎是一套放在几十几百万台服务器上运行的、基于各种程序算法的、复杂的检索系统，基本工作原理（以中文搜索引擎百度为例说明）如下。

（1）正向工作：从种子 URL（网络定位资源符）出发沿着超链接对全网 Web 资源进行爬行、抓取或更新（链接存储系统、链接选取系统、DNS 解析服务系统、抓取调度系统、网页分析系统、链接提取系统、链接分析系统、网页存储系统多系统通力合作）（见图2.3）→重复度初筛→原始数据存储→预处理、页面分析（提取文字、中文切词分词、去停止词、消除噪声、正向索引、倒排索引、链接关系计算、特殊文件处理、其他权重数据计算）→建库（文档映射部件基于网页的等级将数据库中的网页映射到多个分层中，通常分为重要索引库、普通库及低级库）→等待查询。

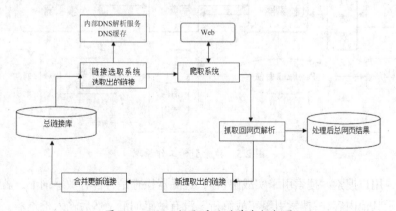

图 2.3　Spider 抓取系统的基本框架图

（2）逆向工作：用户输入查询词→中文分词→分词结果对应的文档集合（倒排索引）→求交→敏感词过滤→排序输出（见图2.4）。

图2.4　搜索引擎查询检索

对于普通用户而言，他们并不用了解搜索引擎的工作原理，而作为SEO人员，了解搜索引擎的原理是做好SEO的基础，了解其原理能有针对性地对网站进行优化，让网站优化工作更为科学合理。虽然各个搜索引擎的工作细节有所不同，但是总的原理是大致相同的。

本节介绍的搜索引擎工作原理就是搜索引擎共同的特点，其中包括3个部分。

（1）利用漫游机器人在互联网中发现、搜集网页信息，即爬取Web资源。

（2）对信息进行提取和组织，建立索引库，并对排名进行预处理。

（3）根据用户输入的查询关键字，检索器在索引库中快速检出文档，进行文档与查询的相关度评价，以获得最终排序，并将查询结果返回给用户。

图2.5是搜索引擎的主要工作原理，而在每个部分又含有多个流程。

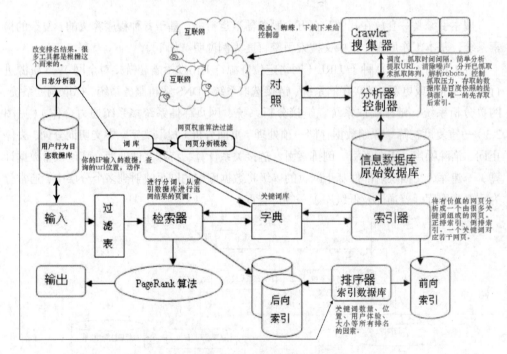

图2.5　搜索引擎工作原理

例如，用户搜索"搜索引擎实战解析"，过滤器检查是否含有敏感词汇，若有则屏蔽词汇，显示其他内容，"搜索引擎实战解析"没有敏感词汇，然后输入检索器。检索器对该词进行分词处理，通常分为"搜索引擎""实战""解析"这三个词。然后通过索引器调用信息数据库中与这三个词全部相关或分别相关的网页数据，利用排序器中预处理的排序进行求交，并利用网页加权算法获得关键词"搜索引擎实战解析"的最终排名输出给用户。另外，存储于信息数据库中的网页数据是通过 Crawler（漫游器）进行网络信息的爬行和抓取，然后利用分析器对网页质量进行评估，如果网络信息与已有信息高度重复或者质量不高，都不能被搜索引擎存入信息数据库中，也就是常说的未被收录。

下面从搜索引擎的蜘蛛爬行抓取网页、服务器处理网页、检索服务三个部分具体介绍搜索引擎的工作原理。

2.2.1　蜘蛛爬行、抓取网页

搜索引擎的基础是有大量网页的信息数据库，这是决定搜索引擎整体质量的一个重要指标。如果搜索引擎的网页信息量小，那么供用户选择的搜索结果就会少，而大量的网页信息能更好地满足用户的搜索需求。

要获得大量网页信息的数据库，搜索引擎就必须收集网络资源，可以通过搜索引擎的网络漫游器（Crawler）在互联网中各个网页爬行并抓取信息。这是一种爬行并收集信息的程序，通常搜索引擎称为蜘蛛（Spider）或者机器人（Bot）。

每个搜索引擎的蜘蛛或者机器人都有不同的 IP，并有自己的代理名称。通常在网络日志中可以看到不同 IP 及代理名称的搜索引擎蜘蛛。在如下代码中，220.181.108.89 就是搜索引擎蜘蛛的 IP，BaiduSpider、Sogou+Web+Spider、Googlebot、SosoSpider、bingbot 分别表示百度蜘蛛、搜狗蜘蛛、谷歌机器人、搜搜蜘蛛、Bing 机器人。这些都是各个搜索引擎蜘蛛的代理名称，是区分搜索引擎的重要标志。

```
   220.181.108.89
Mozilla/5.0+(compatible;+BaiduSpider/2.0;++http://www.baidu.com/search/
Spider.html)
   220.181.89.182
Sogou+Web+Spider/4.0(+http://www.sogou.com/docs/help/Webmasters.htm#07)
   66.249.73.103
Mozilla/5.0+(compatible;+Googlebot/2.1;++http://www.Google.com/bot.html)
   124.115.0.108
Mozilla/5.0(compatible;+SosoSpider/2.0;++http://help.soso.com/WebSpider
.htm)
   65.55.52.97
Mozilla/5.0+(compatible;+bingbot/2.0;++http://www.bing.com/bingbot.htm)
   110.75.172.113 Yahoo!+Slurp+China
```

搜索引擎蜘蛛虽然名称不同，但是其爬行和抓取的规则大致相同。

（1）搜索引擎在抓取网页时会同时运行很多蜘蛛程序，根据搜索引擎地址库中的网址对网站进行浏览抓取。地址库中的网址包含用户提交的网址、大型导航站的网址、人工收录的网址、蜘蛛爬行到的新网址等。

（2）搜索引擎蜘蛛爬行到网站，首先会检查网站的根目录下是否有 Robots.txt 文件，若有 Robots 文件，则根据其中的约定不抓取被禁止的网页。如果网站整体禁止某搜索引擎抓取，那么该搜索引擎将不再抓取网站内容，如果不小心把 Robots 文件设置错误，就可能会造成网站内容不能被收录。

（3）进入允许抓取的网站，搜索引擎蜘蛛一般会采取深度优先、宽度优先和最佳优先三种策略进行爬行遍历，以有序地抓取到网站的更多内容。

深度优先的爬行策略是搜索引擎蜘蛛在一个网页发现一个链接，顺着这个链接爬到下一个网页，在这个网页中又沿一个链接爬下去，直到没有未爬行的链接，然后回到第一个网页，沿另一个链接一直爬下去。

图 2.6 所示为深度优先的爬行策略，搜索引擎蜘蛛进入网站首页，沿着链接爬行到网页 A1，在 A1 中找到链接爬行到网页 A2，再沿着 A2 中的链接爬行到 A3，然后依次爬行到 A4、A5……直到没有满足爬行条件的网页时，搜索引擎蜘蛛再回到首页。回到首页的蜘蛛按照同样的方式继续爬行网页 B1 及更深层的网页，爬行完同样再回到首页爬行下一个链接，最后爬行完所有的页面。

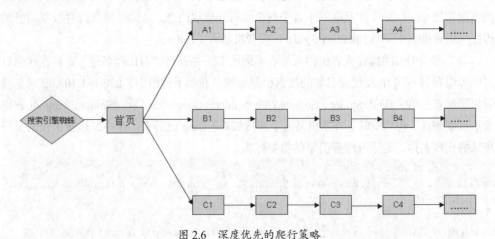

图 2.6　深度优先的爬行策略

宽度优先的爬行策略是搜索引擎蜘蛛来到一个网页后不会沿着一个链接一直爬行下去，而是每层的链接爬行完后再爬行下一层网页的链接。图 2.7 所示为宽度优先的爬行策略。

在图 2.7 中，搜索引擎蜘蛛来到网站首页，在首页中发现第一层网页 A、B、C 的链接并爬行完，再依次爬行网页 A、B、C 的下一层网页 A1、A2、A3、B1、B2、B3……爬行完第二层的网页后，再爬行第三层网页 A4、A5、A6……，最后爬行完所有的网页层。

最佳优先爬行策略是按照一定的算法划分网页的重要等级，主要通过 PageRank、网站规模、反应速度等来判断网页重要等级，搜索引擎对等级较高的进行优先爬行和抓取。PageRank 等级达到一定程度时才能被爬行和抓取。实际蜘蛛在爬行网页时会将页面所有的链接收集到地址库中，并对其进行分析，筛选出 PR 较高的链接进行爬行抓取。在网站规模方面，通常大网站能获得搜索引擎更多的信任，而且大网站更新频率快，蜘蛛会优先爬行。网站的反应速度也是影响蜘蛛爬行的重要因素，在最佳优先爬行策略中，网站的反应速度快，能提高蜘蛛的工作效率，因此蜘蛛也会优先爬行反应快的网站。

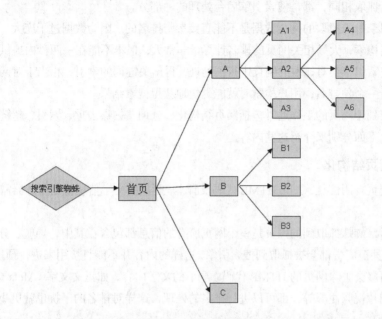

图 2.7　宽度优先的爬行策略

这三种爬行策略都有优点，也有一定的缺点。例如，深度优先一般会选择一个合适的深度，以避免陷入巨大数据量中，也就使得抓取的网页量受到了限制；宽度优先随着抓取网页的增多，搜索引擎要排除大量的无关网页链接，爬行的效率将变低；最佳优先会忽视很多小网站的网页，影响了互联网信息差异化的发展，流量几乎进入大网站，小网站难以发展。

在搜索引擎蜘蛛的实际爬行中，一般同时利用这三种爬行策略，经过一段时间的爬行，搜索引擎蜘蛛能爬行完互联网的所有网页。但是由于互联网资源庞大，搜索引擎的资源有限，通常只爬行抓取互联网中的一部分网页。

（4）蜘蛛爬行了网页后，会进行一个检测，以判断网页的价值是否达到抓取标准。搜索引擎爬行到网页后，会判断网页中的信息是否是垃圾信息，如大量重复文字的内容、乱码、与已收录内容高度重复等。这些垃圾信息蜘蛛不会抓取，仅仅是爬行而已。

（5）搜索引擎判断完网页的价值后，会对有价值的网页进行收录。这个收录过程就是将网页的抓取信息存入到信息数据库中，并按一定的特征对网页信息分类，以 URL 为单位存储。

搜索引擎的爬行和抓取是提供搜索服务的基础条件，有了大量的网页数据，搜索引擎才能更好地满足用户的查询需求。

2.2.2　服务器处理网页

服务器处理是对蜘蛛抓取的网页进行处理，是提高搜索准确度和用户体验的重要环节，和爬行抓取相同，都是搜索引擎后台处理的一部分。

搜索引擎蜘蛛抓取的网页数据是不能直接参与排名的。因为数据过于庞大，如果直接利用检索器检索，大量相关网页的排名计算量非常大，根本不能在一两秒内提供给用户答案，所以搜索引擎会对抓取的网页进行预处理，得出关键词的索引，相当于对网页上各个关键词进行一个预排名，用户检索时就能更快地获得搜索结果。

服务器处理网页的工作通常包括网页结构化、分词、去噪去重、索引、超链分析、数据整合等，下面分别来介绍这些内容。

1.　网页结构化

提取网页有用信息，去除 HTML 代码及脚本，剩下的文字信息就是服务器需要分析处理的数据。

搜索引擎蜘蛛抓取到的网页是整个网页所有的信息都包含在其中，导航、分类列表、友情链接，甚至广告都会被抓取到搜索引擎，这样的内容并不能直接用来进行预排名处理。所以搜索引擎会去除网页的 HTML 代码，剩下的文字内容，如正文文字、Meta 标签文字、锚文本、图片视频注释等，都可以进行排名的处理，这样对排名的干扰也就更小了。

```
<div class="headlinetop">
<a href="http://www.chinaz.com/news/2013/0312/295377.shtml" target="_
blank">
<h3>苹果全球十四大最著名零售店</h3>
<p>腾讯科技讯（云松）北京时间 3 月 12 日消息，据国外媒体报道，近日，全球著名杂志《福
布斯》发布了苹果公司在……</p>
</a> </div>
```

以上代码经过服务器网页结构化后就剩下："苹果全球十四大最著名零售店 腾讯科技讯（云松）北京时间 3 月 12 日消息，据国外媒体报道，近日，全球著名杂志《福布斯》发布了苹果公司在……"。

2.　分词

通常在中文搜索引擎中使用，由于中文和英文语系的意义表达不同，中文的意思表达一般是词汇，有的一个字为一个词汇，也可以多个字组成一个词汇，而且中文词汇之间是没有间隔做区分的。因此在中文搜索引擎中，需要根据词典或者日常使用习惯对语句按词汇进行划分，以建立以词汇为索引的信息数据库。

例如，上面的网页"苹果全球十四大最著名零售店"，搜索引擎调用词典分词为"苹果""全球""十四""大""最""著名""零售店"，然后根据一定的条件，建立由这些词为索引的网页数据，再进行一系列的排名程序。但在实际应用中，不只会用词典为依据，还会加入日常搜索的统计数据和该网页自身词汇组成来分词。

因为中文词汇非常多，所以搜索引擎在判断网页词汇的时候需要借用词典进行分词，而搜索引擎分词的准确性取决于词典的准确性和完整性。主要搜索引擎都会建立独立的词典，这个词典不是一成不变的，会不断加入新词汇，也会将常用的词汇进行靠前排列，在调用时也就更快捷。调用的过程就是将抓取到的网页文字逐一按词到词典中去匹配，也就相当于我们查词典的过程。

需要注意的是服务器分词的时候，用正向和逆向两种顺序扫描网页中的文字，以词典中含有的长短词对网页文字进行多次分词。例如，"中国地图"在按词典分词时，服务器正向扫描分为"中国""地图"，这是最短的词汇，如果按照最大匹配可以分为"中国地图"，然后建立与词对应索引项。图 2.8 和图 2.9 所示为"中国地图"百度分词的两种结果。

图 2.8 "中国地图"百度分词结果 1

图 2.9 "中国地图"百度分词结果 2

依据统计数据的分词是对词典分词的一种补充和优化。由于词典对新词的匹配度很低，搜索引擎不能很好地对新关键词的网页进行分词并建立索引，这就大大降低了搜索引擎搜索新关键词的能力。作为对词典分词的补充，服务器能根据网页中每个字的前后字出现频率（频率越高说明这几个字成词）形成词汇的统计数据库，分词时调用并进行匹配。例如，搜索"鞋子理论是什么"，由于习近平主席提出的"鞋子理论"近日受到广泛关注，网页中"鞋子理论"四个字出现在一起的频率非常高，因此在统计数据库中就形成了一个词条，用以网页分词的匹配。图 2.10 所示为"鞋子理论是什么"的百度分词结果。

图 2.10 "鞋子理论是什么"百度分词结果

值得注意的是每种搜索引擎分词的结果并不完全相同，满足用户需求的能力也有所不同，这主要取决于搜索引擎的词典的丰富程度与准确度。因此网页在不同搜索引擎的分词结果并不完全相同，也是影响搜索结果的一个因素。SEO 人员在针对分词上所能做的就是尽量使常用搜索词组合在一起，这样在搜索引擎分词时就可以将常用词化为同一个词建立索引，也就能获得更高的匹配度。

3. 降噪去重

去除影响网页主要信息的无意义以及重复的内容。由于网页信息中通常含有较多的重复内容，如广告、头部和底部信息等；以及文字内容中无意义的符号、字词等，这极大地浪费了搜索引擎资源，所以服务器会去除网页中这些无意义的内容。

在以文字为主的网页中，很多无意义的文字，如"的""了""啊""of""a""the"等，这些字占了大量的篇幅，但是却几乎没有人会搜索这些字词。搜索引擎为了降低无意义内容干扰，会去除这些内容，就是这些内容不会作为网页关键词建立索引。

互联网资源庞大，网站之间相互转载内容，所以会产生很多重复内容；在相同网站中，相同的模板，让很多网页中含有相同的内容，有的甚至占据了大量的篇幅。所以搜索引擎在爬行网页后，会检测是否是重复网页，如果是通常不会收录；而相同网站中也有较多网页含有重复的内容，如相同的列表、广告、版权说明等。搜索引擎对于这些网页的做法就是筛选，将抓取的内容与数据库中的内容进行对比，如果相似度太高会不予收录，或去除相同的部分进行收录。

但是由于互联网中的网页数量十分庞大，搜索引擎并不能对每个网页进行全面的检测，另外很多内容是允许转载的，因此用户仍能搜索到很多相同的结果。但是对网页的降噪是必须的流程，不仅可以减少资源浪费，还可以提高排名的准确性。

4. 索引

搜索引擎以网页中的词语为关键词，建立的便于查询的有序文件条目存储于搜索引擎索引库中，索引通常分为正排索引和倒排索引两种。

正排索引是搜索引擎将抓取的网页经过分词、去噪等操作后以网页文件为单位，对网页文件中关键词的映射。简单地说就是，正排索引是将网页文件的各个关键词信息存为一个项，包括关键词的次数、频率、加粗加黑、出现的位置等信息，并按照重要程度对关键词进行有序排列。图 2.11 为搜索引擎索引库正排索引的简化表，其中每个网页的所有关键词都进行了排序，更重要的关键词被排在更靠前的位置。需要注意的是网页文件和关键词都有各自的编号，在检索时速度就更快，这与倒排索引中是相同的。

倒排索引是搜索引擎以关键词为单位对不同网页文件的映射。也就是搜索引擎以关键词为条目名，内容是含有相同关键词的网页文件排序，用户常用的关键词搜索就是调用倒排索引。因为正排索引并不能直接获得搜索结果排名，所以倒排索引是对正排索引的补充，也是用户搜索调用的关键索引。当用户搜索某个具体关键词时，如"SEO"，搜索引擎调用以"SEO"为条目名的索引项，然后将其中按相关度排列的网页文件经过处理的结果返回给查询用户。图 2.12 所示为搜索引擎索引库倒排索引的简化表，从中可以看到每个关键词对应了很多含有这个关键词的网页，这些网页都是经过排序的，极大地提高了搜索引擎的查询速度。

搜索引擎索引库正排索引

文件 / 关键词	网页1	网页2	网页3	网页4	网页5	网页6	......
网页中关键词的重要程度排序	关键词1	关键词1	关键词3	关键词2	关键词4	关键词9	......
	关键词2	关键词3	关键词4	关键词5	关键词5	关键词13	......
	关键词3	关键词4	关键词7	关键词9	关键词8	关键词17	......
	关键词4	关键词6	关键词9	关键词13	关键词11	关键词21	......
	关键词5	关键词7	关键词10	关键词21	关键词12	关键词33	......
	......	......	......	......	......	......	......

图 2.11　搜索引擎索引库正排索引简化表

搜索引擎索引库倒排索引

关键词 / 文件	关键词1	关键词2	关键词3	关键词4	关键词5	关键词6	......
含该关键词的网页按重要程度排序	网页1	网页1	网页3	网页2	网页4	网页9	......
	网页2	网页3	网页4	网页5	网页5	网页13	......
	网页3	网页4	网页7	网页9	网页8	网页17	......
	网页4	网页6	网页9	网页13	网页11	网页21	......
	网页5	网页7	网页10	网页21	网页12	网页33	......
	......	......	......	......	......	......	......

图 2.12　搜索引擎索引库倒排索引简化表

搜索引擎索引库是整个搜索过程的基础，没有索引搜索引擎很难查找到相应的内容。倒排索引则更好地降低了关键词搜索网页的难度，使搜索引擎返回结果的速度大大提升。

5. 超链分析

搜索引擎通过对网页链接的分析，得出网页相关度的计算。就像卖东西一样，所有卖东西的都会夸自己的东西好，网页也是一样，如果只通过网页自身表现的情况来判断网页排名，肯定不能十分准确。因此搜索引擎希望通过网页以外的标准来衡量网页，而网页以外的标准中，最利于搜索引擎掌握的就是超链接，每个网页的外部超链接数量质量以及网页导出链接情况都反应网页的质量和关键词的相关度。这样的链接分析技术在所有的搜索引擎中都存在，其中最为知名的超链分析就是谷歌的 PR 技术，国内的百度李彦宏提出的超链分析技术，其他搜索引擎也都有自己的超链分析技术，只是在具体侧重方向有些许差别。

具体的超链分析技术是十分复杂的，但是最主要的原则有导入链接数量、导入链接网页质量、导入链接锚文本等。例如,网页 A 有导入链接 40 个,其中以 "SEO" 为锚文本的链接 30 个;而网页 B 有导入链接 30 个,以 "SEO" 为锚文本的链接 20 个,一般情况下,网页 A 在关键词 "SEO" 的排名结果中更理想。

由于超链分析的计算量非常庞大、计算时间很长,因此在建立倒排索引时,超链分析已经完成,并对索引结果的排名产生影响,这样也可以提高搜索引擎返回结果的速度。

6. 数据整合

搜索引擎经过处理网页文件将各种格式的文件数据进行整理,然后进行分类存储。由于网络文件的类型有很多种,如 html、PPT、Word、Txt、Jpg、Bmp、Swf、Mp3 等格式,其中文字格式的网页文件能很好地被搜索引擎识别处理。但其他富媒体格式的文件,如视频、音乐、图片等往往只能通过其说明性文字进行处理,然后整合各种类型的数据,存于搜索引擎的数据库中。

不同的数据格式被分别存储,但是在建立索引以及排序时,往往又会联系到与数据相关的内容,以判断其相关性与重要性,然后形成最终的一个有利于搜索排名的数据库。

2.2.3 检索服务

经过搜索引擎的抓取和预处理,形成基础的检索数据库,但是还要经过一系列的检索过程才能返回符合用户需求的结果。这就是搜索引擎工作与用户交互的重要流程,用户在搜索引擎的界面输入需要查找的关键词,搜索引擎会对关键词进行过滤和拆分,并查找各词的网页文件,找出其中的交集,确定最低排名权重值,对达到标准的网页文件进行排名计算,并加入影响排名的特殊条件,如惩罚和人工加权等,获得最终的排名结果返回用户。这就是完整的检索过程,检索完成后,搜索引擎还会继续工作,那就是利用用户搜索习惯优化检索服务。图 2.13 所示为一般搜索引擎检索服务的流程。

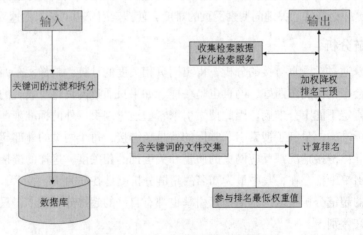

图 2.13 搜索引擎检索服务流程

1. 处理搜索词

对用户输入的搜索词进行拆分、去噪、调用方式选择等操作，以确定检索命令。

当搜索引擎接收到用户提交的搜索词后，搜索引擎首先会对搜索词进行拆分（主要是在汉字中），因为这是和网页拆分想对应的，所以拆分方式相同。拆分成最优词组后，过滤掉搜索词中对搜索结果意义不大的词，如"啊""哈""了"等，以提高搜索结果的准确率，降低检索时间。一般情况下，这些经过拆分去噪的词组会使用逻辑"与"，即"+"类型，就是一个网页中同时含有这些拆分的关键词才是更符合条件的网页，如"网站优化"的搜索命令就是，调用含有"网站"和"优化"两个词的网页；另外，搜索引擎中还有其他逻辑类型，如逻辑"或""非"等，"或"就是网页含有其中一个词，"非"就是网页中不含有某词。搜索引擎能判断不同组合的搜索词，确定搜索命令，用于提取出数据库中符合条件的网页文件。

例如，用户搜索"电脑无法启动了"，搜索引擎就将其拆分为"电脑""无法""启动""了"，其中"了"并没有实际意义，或者说对搜索结果的影响不大，而且含有"了"的网页文件太多，再做筛选的意义不大，因此"了"就会在搜索命令中去掉，但是有时候我们也能看到有"了"的结果，那是因为搜索引擎把"了"和其他词作为一个词，而且数据库中也有此索引。经过过滤形成"电脑"+"无法"+"启动"的搜索命令，以查询同时含有这几个词的网页文件。图 2.14 所示为百度搜索"电脑无法启动了"的结果，从结果第 3位看出，搜索词"了"并不单独作为搜索命令中的一部分，所以过滤单独筛选命令，另外结果中同时含有"电脑""无法""启动"三个词。

电脑开不开机的一些常用解决方法 百度经验
1.方法1: 开机如无报警声，无电脑启动自检现象。确实很难判断。但一般都和主板. CPU...
2.方法2: 风扇能够启动，说明主板供电正常。 系统不能启动，首先检查一下CPU是否正...
3.方法3: 1、电源开关故障 当电源开关按键因为老化而导致电源开关按钮按下后不能及...
4.解决1: 正常情况下开机会有"滴"一声短响，是内存自检声音，接着就会有启动画面...
jingyan.baidu.com/arti... ▾ - 百度快照 - 1243条评价

电脑无法开机怎么办 百度经验

| 1 | 2 | 3 | 4 |
| 拆开主机机箱主机机箱的打开的方法不一... | 找到主板上的电池纽扣在主板上有一个很... | 释放电池上的静电将电池取下后，用手将... | 如果你按照上面的方法还是无法开机的话... |

显示全部 ⌄

jingyan.baidu.com ▾

电脑无法启动怎么办 电脑启动不了的原因与解决办法 -... 电脑百事网
一、提示"CMOS Battery State Low" 原因:CMOS参数丢失，有时可以启动，使用一段时间...
二、提示"CMOS Checksum Failure" CMOS中的BIOS检验和读出错误...
三、提示"Keyboard Interface Error"后死机 原因:主板上键盘接口不能使用，拔下键...

图 2.14　百度搜索"电脑无法启动了"结果

2. 匹配文件范围

经过处理的搜索命令会在搜索引擎数据库中进行检索，并确定符合命令要求的文件，并按照搜索引擎结果显示规则确定最低权重值，达到最低权重值符合搜索命令的网页文件就是全部的显示结果，但是还未排名。

搜索引擎根据搜索命令单个查询拆分词的网页文件，由于是逻辑 "+"，因此只有共同含有各个拆分词的网页文件会被提取出来，经过第一层筛选出的网页文件还不能直接参与排名。因为一般用户搜索的结果至少有几十万甚至几千万的结果，全部计算排名的话，计算量就非常大，而用户并不需要查看全部的结果，通常只会浏览几页的结果，所以搜索引擎一般显示 100 页以内的结果。图 2.15～图 2.17 所示分别为百度、谷歌、搜狗的搜索结果页数，并且都不超过 100 页。

图 2.15　百度搜索结果页数

图 2.16　谷歌搜索结果页数

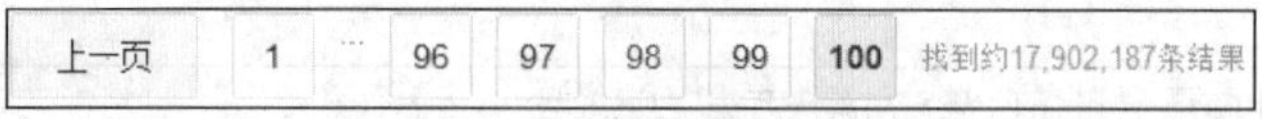

图 2.17　搜狗搜索结果页数

由于这个规则，搜索引擎只需要计算出 100 页，即最多 1000 个结果排名就可以了，这样大大降低了搜索引擎的工作负担，提高了搜索引擎的反应速度。这时候搜索引擎就需要利用网页的权重值判断网页的重要性，也就是将网页权重值排名前 1000 位或更多一点的网页作为最后参与计算排名的基础范围。

3. 排名结果

搜索引擎对确定参与排名的网页文件进行相关性计算，以获得最终返回给用户的搜索结果。

搜索结果的排名是搜索引擎工作中最受 SEO 人员关注的搜索引擎工作原理，因为直接影响网页的排名次序。影响排名的因素非常多，后面还会具体进行讲解，这里只概况搜索引擎大致排名过程。

在搜索结果中，影响网页排名的有两个主要因素，内在网页自身质量因素和外在网页记录因素。通常内在网页质量的判断多是分析网页与搜索词的相关性，如关键词的完全匹配度、关键词出现的位置、关键词的频率密度、关键词的形式、网页权重值等。而外在网页记录因素多是对网页外链和网页浏览记录的分析，如外链数量、外链广泛度、关键词外链、网页在搜索引擎的单击记录等。

通过对网页排名的计算，已经大致确定了搜索结果的排名，这时候搜索引擎还会对网页进行惩罚和人工置前。惩罚是通过算法将有作弊嫌疑的网页进行固定位置的做法，百度的11位惩罚、谷歌负6位惩罚等；而人工置前是对有特殊需求的网页进行一定的人工排名提高，如官方网站、特殊通道等。经过干预和过滤后，排名结果就会返回给搜索者。

4．检索优化

通过收集用户搜索的数据，优化检索服务，使搜索准确化、个性化、效率化。

在返回搜索结果后，搜索引擎与用户会继续进行交互，搜索引擎会提取用户的 IP、搜索时间、搜索词、浏览的网页等。通过 IP 搜索引擎能获取用户的地区，根据各地区用户搜索的内容差别，返回用户特定地域的排名结果，以及用户的搜索习惯，返回用户经常单击的网页等；另外根据用户的单击记录，对网页的排名优化也有一定帮助，用户单击更多的搜索结果能得到更好的排名；一般情况下，搜索引擎还会将用户经常搜索的关键词结果进行缓存，以便其他用户在搜索时提高结果返回的速度。

搜索引擎主要通过以上 4 个方面对搜索的结果进行优化，以达到更快更准确地返回结果给用户，提升用户体验。

2.3　搜索引擎的分类

随着互联网和搜索引擎技术的发展，搜索引擎的种类也越来越丰富。按其工作方式划分，主要可分为 3 种，分别是全文搜索引擎、目录索引搜索引擎和元搜索引擎。按搜索引擎的搜索内容，可分为通用搜索引擎和垂直搜索引擎。搜索引擎还有很多划分，本节就将对一些不同的搜索引擎进行大致的介绍。

2.3.1　全文搜索引擎

全文搜索引擎（Full Text Search Engine）是目前使用最广泛的搜索引擎。它的工作原理是计算机索引程序，通过扫描文章中的每一个词，对每一个词建立一个索引，注明该词在文章中出现的次数和位置，并对它进行预排名处理。当用户查询关键词时，检索程序会根据事先建立的索引进行查找，并将查找的结果反馈给用户，检索过程类似于通过字典中的检索字表查字的过程。

简单地说，全文搜索引擎就是用户最常用的，使用关键词进行网页搜索的搜索引擎（如 Google、百度等）都属于全文搜索引擎。图 2.18 所示为 Google 全文搜索引擎。

图 2.18　Google 全文搜索引擎

全文搜索引擎的检索方式通常分为按字检索和按词检索两种。按字检索是指对文章中的每一个字都建立索引，检索时将词分解为字的组合；按词检索指对文章中的词（语义单位）建立索引，检索时按词检索，并且可以处理同义项等。英文搜索引擎按字检索和按词检索时都有空格区分，切分词就非常轻松；中文搜索引擎则是按字检索和按词检索完全不一样。按词检索中文词时，需要以词义和语义切分字词，才能正确建立词的索引，难度比英文搜索引擎大很多，这是拥有对中文优势的百度能战胜国际搜索巨头 Google 最重要的原因之一。图 2.19 所示为全文搜索引擎检索方式。

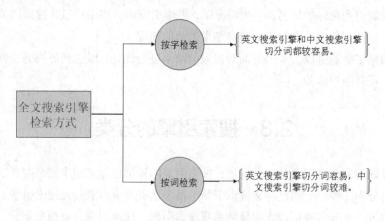

图 2.19　全文搜索引擎检索方式

根据搜索结果来源的不同，全文搜索引擎可以分为两类：一类拥有自己的检索程序（Indexer），俗称"蜘蛛"（Spider）程序或"机器人"（Robot）程序，能自建网页数据库，搜索结果直接从自身的数据库中调用，上面提到的 Google、百度就属于此类；另一类则是租用其他搜索引擎的数据库，并按自定的格式排列搜索结果，如 Lycos 搜索引擎，目前 Lycos 主要是通过与雅虎合作，以交易的方式提供给用户。

从全文搜索引擎的抓取和检索方式可以看出，全文搜索引擎的信息量巨大，也是用户需求最大的搜索引擎，占据了绝大部分的搜索市场。这也使全文搜索引擎成为 SEO 主要针对的搜索引擎类型，不过全文搜索引擎也并非 SEO 的全部，目录索引和元搜索引擎对网站优化也有很大的帮助。

2.3.2　目录索引

　　目录索引（Search Index/Directory）是搜索引擎按照各个网站的性质把其网址分门别类收集起来，既可以是网站自己提交，也可以是搜索引擎自己提取。通常目录索引有几级分类，然后是各个网站的详细地址，一般还会提供各个网站的内容简介，就像一个电话号码簿。

　　用户在目录索引中查找网站时，既可以使用关键字进行查询，也可以根据相关目录逐级查询，还能找到相关的网站。但在目录查询时，只能够按照网站的名称、网址、简介等内容进行查询，所以它的查询结果也只是网站的 URL 地址，不能查到具体的网站页面。所以从严格意义上来说，目录索引并不是真正的搜索引擎，如国内的搜狐目录、hao123、1234 网址导航等及国际的 Dmoz 等。图 2.20 所示为 hao123 网址导航，下面的各种菜单就是目录的各级分类。

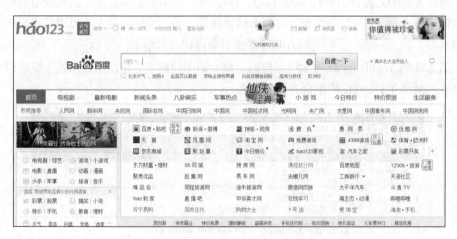

图 2.20　hao123 网址导航

　　目录索引和全文搜索引擎有着很大的区别，主要体现在以下 3 个方面。

　　（1）目录索引通常是用户提交，或者网站自己进行人工添加。在添加时，目录索引工作人员会根据收录规则对网站进行检查，然后判断是否进行收录。全文搜索引擎是通过蜘蛛程序进行互联网爬行，对网站进行收录。

　　（2）目录索引收录的内容通常只有网站的名称、网址、简介等网站主体外的内容，而网站内各网页的内容是没有的；而全文搜索引擎是通过蜘蛛爬行抓取的，所以会抓取网站内所有可以抓取的网页内容。

　　（3）目录索引收录对网站要求更高，评判标准十分严格，一般要求网站质量高的大网站才能被收录。全文搜索引擎通常在收录网站时要求不高，收录的网站数量更多。

　　目录索引严格意义上说并不是现代搜索引擎，因为通过搜索得到的网站全是通过人工编辑的，而不是搜索引擎自动抓取的，而且信息量和现代搜索引擎相比更是远远不及。所以目录索引在搜索引擎发展初期能算作搜索引擎，现在已经远远不能满足大部分人的需求了，像 Yahoo 等目录索引，也开始了与全文搜索引擎合作，和 Bing 搜索的合作就是体现。但是在目录索引已经快没有市场，与全文搜索引擎合作的情况下，很多全文搜索引擎却加入了目录索引的搜索形式，例如 Google 就使用 ODP 数据库提供分类查询。

目录索引虽然不能算严格意义上的搜索引擎，也不是我们所要关注的主要优化搜索引擎，但是目录索引却是一个很好的外链优化平台。

2.3.3　元搜索引擎

元搜索引擎（Meta Search Engine）是建立在独立搜索引擎之上的搜索引擎。它利用下层的若干个独立搜索引擎提供的服务集中提供统一的检索服务。元搜索引擎在接受到用户查询请求时，同时在其他多个引擎上进行搜索，并将结果按照一定的规则排名返回给用户。

国际著名的元搜索引擎有 InfoSpace、Dogpile、Vivisimo 等，中文元搜索引擎中具有代表性的有 Jopee 元搜搜索引擎。在搜索结果排列方面，有的按自定的规则重新排列组合返回结果，如 Vivisimo；有的则直接按来源引擎排列搜索结果，如 Dogpile、MetaCrawler 等。图 2.21 所示为 Dogpile 搜索结果排列，都有调用的搜索引擎说明，在各个搜索引擎排名都好的网页在 Dogpile 中也会有好的排名。

图 2.21　Dogpile 搜索结果排列

通常元搜索引擎主要由 3 个部分组成：请求提交代理、检索接口代理及结果显示代理。

（1）请求提交代理负责选择调用哪些独立搜索引擎，检索返回结果数量限制等。

（2）检索接口代理将用户的检索请求按不同的格式发送到各个独立搜索引擎。

（3）结果显示代理负责各个独立搜索引擎检索结果的去重、合并及显示。

现在由于元搜索引擎技术得到高度的发展，已经能在一定程度上智能化处理用户的搜索请求。用户的行为信息是提高元搜索引擎用户体验的基础。图 2.22 所示为元搜索引擎用户行为搜索模型，在用户的搜索时，元搜索引擎会调用搜集的用户行为信息等控制选择的独立搜索引擎，然后将该搜索引擎结果返回给用户。

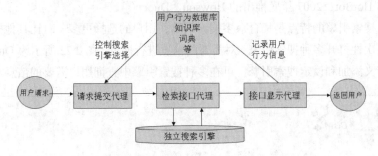

图 2.22　元搜索引擎用户行为搜索模型

元搜索引擎一般有两种分类方法，分别是按功能划分与按运行方式的差异划分。

（1）按功能划分，元搜索引擎包括多线索式搜索引擎和 All-in-One 式搜索引擎。多线索式搜索引擎是指利用同一个检索界面，对多个独立搜索引擎数据库进行检索，然后返回统一格式的结果，如 Metacrawler 等。All-in-One 式搜索引擎是指将各个搜索引擎的查询结果分开展示，如 Albany 等。

（2）按运行方式的差异划分，可分为在线搜索引擎和桌面搜索引擎。在线搜索引擎是以网页形式进行搜索操作，而桌面搜索引擎则是以桌面工具软件的形式进行搜索操作。

元搜索引擎和全文搜索引擎有一定不同，主要体现在以下两个方面。

（1）全文搜索引擎都拥有索引数据库，索引数据库中的文件是通过蜘蛛机器人爬行抓取的；而元搜索引擎是调用其他独立搜索引擎的数据，更不可能有蜘蛛机器人爬行网络。

（2）全文搜索引擎的数据只来自一个搜索引擎数据库；元搜索引擎本身的特点就是多种搜索引擎数据的集合，所以搜索结果通常来自于多个独立搜索引擎。

元搜索引擎结果是多个搜索引擎的数据，所以结果更丰富；而全文搜索引擎之间的算法不同，收录的网页内容也可能有差别，内容就没有元搜索引擎结果丰富。

元搜索引擎是为弥补传统搜索引擎的不足而出现的一种辅助检索工具。元搜索引擎有很多传统搜索引擎所不具备的优势，但是元搜索引擎依赖于数据库选择技术、文本选择技术、查询分派技术和结果综合技术等。用户界面的改进、调用策略的完善、返回信息的整合以及最终检索结果的排序仍然是未来元搜索引擎不断进步的方向。

由于元搜索引擎并没有自己的索引数据库，查询的结果是调用其他搜索引擎数据，所以并不能成为网站 SEO 的优化方向。但是由于有些元搜索引擎有一定用户量，也有的元搜索引擎有自己的排名规则，因此可以做一些了解。

2.3.4　集合式搜索引擎

集合式搜索引擎类似于元搜索引擎，都没有自己的索引数据库。但是也有区别，集合式搜索引擎并非同时调用多个搜索引擎进行搜索，而是由用户从提供的若干搜索引擎中选择，然后搜索用户需要的内容，形式更像是集合几种搜索引擎供用户使用。例如，2002年底推出的 HotBot、2007 年底推出的 Howsou、Duoci 等。

集合式搜索引擎的特点是集合众多搜索引擎，用户的选择更多。对比其他搜索引擎，用户可以一次性打开多种搜索引擎，对需要的信息进行搜索。图 2.23 所示为 Duoci 搜索引擎，可自定义添加和设定搜索引擎，可在多种搜索引擎中查询用户需要的信息。

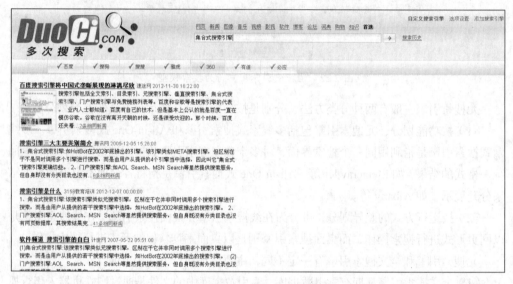

图 2.23　Duoci 搜索引擎

集合式搜索引擎和独立搜索引擎有一定区别，具体如下。

（1）可选择多种搜索引擎查询，但是和元搜索引擎不同，集合式搜索引擎只是将独立搜索引擎集合到一起，用户可以选择使用的搜索引擎。

（2）没有独立搜索引擎的特征，无论是数据库、蜘蛛、检索程序都没有，所以说集合式搜索引擎并不是真正的搜索引擎，只是独立搜索引擎的集合。

从集合式搜索引擎的区别可以看出，集合式搜索引擎并不能代替独立搜索引擎，而且随着独立搜索引擎的发展，集合式搜索引擎的市场越来越小。2012 年 360 综合搜索推出的时候集合了几种搜索引擎，也是集合式搜索引擎，但是当 360 搜索正式独立域名运行后，也就不再采用集合式类型。

集合式搜索引擎不是真正的搜索引擎，不属于 SEO 的优化范畴，所以只需要了解这只是一种搜索引擎的表现形式，本书就不做重点介绍了。

2.3.5　垂直搜索引擎

垂直搜索引擎（Vertical Search Engines）是针对某一个行业、事物等进行专业搜索的搜索引擎，是对通用搜索内容的细分。垂直搜索引擎对网页库中某类专门的信息进行整合，定向分字段抽取出需要的数据，经过处理后以某种形式返回给用户。

简单地说，通用搜索引擎是搜索所有类型的信息，垂直搜索引擎只搜索某一部分内容，如图片、视频、新闻、法律、专利等一类信息。

垂直搜索引擎的出现是由于通用搜索引擎的信息不准、范围过大、深度不够，不能满足特殊搜索需求的用户。而垂直搜索引擎的内容都是经过分类的，针对性更强，更能满足用户的需求。例如，印搜、爱搜书、海峡农搜、百度法律、百度专利、Google 学术等都是满足特殊需求的垂直搜索引擎。图 2.24 是 Google 学术搜索结果，从中可以看出结果中全是对"搜索引擎"的研究。

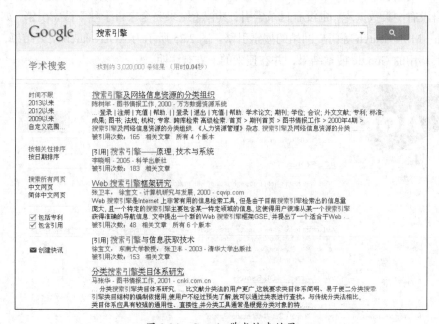

图 2.24　Google 学术搜索结果

垂直搜索引擎是相对于通用搜索引擎而言的，垂直搜索引擎和通用搜索引擎是有一定区别的。

（1）垂直搜索引擎信息准确、专业性更强、更有深度，通用搜索引擎由于要满足大多数用户的需求，搜索结果的内容范围更广，而垂直搜索引擎是满足特定需求的用户，例如搜索法律信息，显然使用通用搜索引擎不能达到相同的信息精度。

（2）垂直搜索引擎抓取互联网内容时已经对内容进行了一次筛选，通常是经过关键词的过滤，获得准确的垂直内容。而通用搜索引擎抓取网页时没有筛选过程，所有的内容都会被收录。

垂直搜索引擎是对行业及专业内容的整合，是为满足特定需求的用户而存在的。在通用搜索引擎垄断的搜索引擎行业，起到一个辅助的作用。目前通用搜索引擎中已经融合了垂直搜索引擎,如 Google、百度等著名通用搜索引擎,这是通用搜索引擎用户体验的提高。这也使垂直搜索引擎的市场被挤占,专业的垂直搜索引擎越来越少,但是垂直搜索引擎的作用却依然明显。

相对于通用搜索引擎来说,垂直搜索引擎的使用量并不大,所以不能作为重点的 SEO 优化对象。对于要挤占专业市场的网站来说,垂直搜索引擎也是推广行业知名度的重要途径,比如化工方面的垂直搜索引擎就能使化工类的企业网站获得行业内的品牌知名度。

2.3.6 门户搜索引擎

门户搜索引擎(Portal Search Engines)就是门户网站中的搜索引擎,通常门户搜索引擎自身没有网页数据库,也没有目录索引,其搜索结果完全来自于独立搜索引擎,如 AOL Search、MSN Search 等门户网站的搜索引擎。图 2.25 所示为 AOL Search 搜索结果,可以看出其调用的 Google 搜索结果,并在搜索的下方有注明。

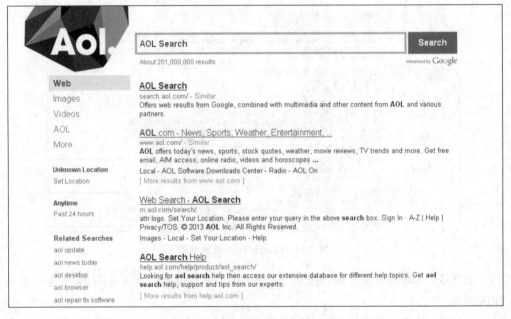

图 2.25　AOL Search 搜索结果

门户搜索引擎通常是调用独立搜索引擎的数据,并没有搜索引擎应有的蜘蛛程序、数据库、检索系统,只有搜索引擎的界面。一般门户搜索引擎的用户界面都是经过自身设计和优化的,从界面看并不能知道门户搜索引擎的实质是调用独立搜索引擎数据。

门户网站利用本身巨大的用户量建立自己的搜索引擎,但是这并不能算真正的搜索引擎,只是为了提高网站对用户需求的满足,因此对网站的 SEO 用处不大。所以在做网站 SEO 时,并不考虑门户搜索引擎的针对优化。

2.4　用户的搜索习惯与搜索结果

　　搜索引擎是互联网用户使用最多的网络工具，但是每个用户使用搜索引擎的目的并不是一样的。虽然都是通过搜索引擎查询需要的信息，但是用户的意图却不完全相同，搜索引擎所体现的作用也是不同的。

　　● 搜索"淘宝网"，通常以这种方式进行搜索的用户，通常是认识淘宝网，也都知道是什么用途，只是通过搜索引擎找到网站而已，也就是常说的导航型搜索。由于用户已经知道目标网站，搜索引擎在搜索过程中所扮演的角色就是导航仪，将用户引导到淘宝网。

　　● 搜索"阿迪达斯"，此类用户搜索时通常有很多种意图，但以寻找关于阿迪达斯的信息为主，包括希望进入阿迪达斯官网的、了解阿迪达斯的品牌信息和产品信息、寻找阿迪达斯的相关图片和视频等。这些搜索是以信息需求为主，所以我们常称这种类型的搜索为信息型搜索。

　　● 搜索"阿迪达斯商城"，用户搜索商城一般都是为了购买，所以称为交易性搜索。这类搜索意图在所有搜索中占了很大的比例。与之相似的如"阿迪达斯板鞋""阿迪达斯最新款"等，都是用户表明有购买意向的搜索。

　　了解用户的搜索意图，对于网站关键词的选择、网站定位都有一定的指导作用。如果网站仅需要流量，那么选择关键词时就可以偏向信息型搜索，因为信息型搜索所占的比例最大。而如果网站需要销售公司的产品，那么有转化的关键词都常是教育型的关键词。如果网站兼顾品牌，就需要在导航型搜索的关键词上做一些有针对性的优化。

2.4.1　导航型搜索

　　导航型搜索是用户搜索意图的一种，指用户搜索的关键词是网站具有排他性特征的关键词。这样的搜索是已经知道要查找的网站，以方便进入为目的的搜索。

　　导航型搜索在用户搜索类型中所占的比例非常大，尤其对于那些有品牌知名度的网站。导航型搜索是网站流量的重要组成部分。例如，7k7k 小游戏网站，导航型搜索的用户占很大的比例，利用站长工具的权重查询功能，我们可以看到 7k7k 小游戏的关键词排名（见图 2.26），其中包含 7k7k 的关键词占了绝大部分。用户搜索这些关键词，只是为了找到 7k7k 的网站，因此搜索行为的导航意义明显，这就是典型的导航型搜索。

　　导航型搜索是所有搜索类型中重要的一部分，也是品牌用户十分关注的搜索类型，具有如下区别于其他搜索类型的特点。

　　（1）搜索目标明确，导航型搜索的用户对要搜索的网站已经有认识，使用搜索引擎的目标也只是为了找个特定网站，通常比其他搜索类型目标更明确。

　　（2）目标网站排名靠前，在导航型搜索中，目标网站通常能获得较好的排名，得益于目标网站有较多的锚文本外链，使用户能快速找到目标网站。

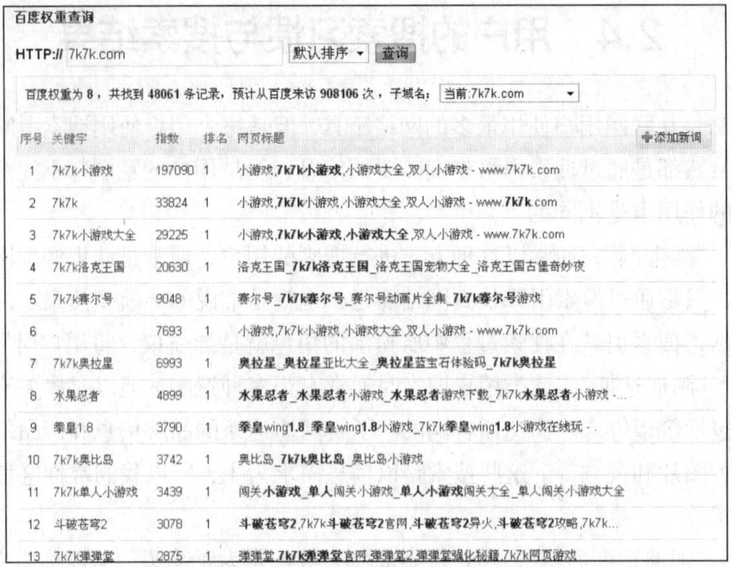

百度权重查询

HTTP:// 7k7k.com 默认排序 查询

百度权重为 8，共找到 48061 条记录，预计从百度来访 908106 次，子域名：当前:7k7k.com

序号	关键字	指数	排名	网页标题
1	7k7k小游戏	197090	1	小游戏,7k7k小游戏,小游戏大全,双人小游戏 - www.7k7k.com
2	7k7k	33824	1	小游戏,7k7k小游戏,小游戏大全,双人小游戏 - www.7k7k.com
3	7k7k小游戏大全	29225	1	小游戏,7k7k小游戏,小游戏大全,双人小游戏 - www.7k7k.com
4	7k7k洛克王国	20630	1	洛克王国_7k7k洛克王国_洛克王国宠物大全_洛克王国古堡奇妙夜
5	7k7k赛尔号	9048	1	赛尔号_7k7k赛尔号_赛尔号动画片全集_7k7k赛尔号游戏
6	.	7693	1	小游戏,7k7k小游戏,小游戏大全,双人小游戏 - www.7k7k.com
7	7k7k奥拉星	6993	1	奥拉星_奥拉星亚比大全_奥拉星蓝宝石体验码_7k7k奥拉星
8	水果忍者	4899	1	水果忍者_水果忍者小游戏_水果忍者游戏下载_7k7k水果忍者小游戏 -...
9	拳皇1.8	3790	1	拳皇wing1.8_拳皇wing1.8小游戏_7k7k拳皇wing1.8小游戏在线玩 - .
10	7k7k奥比岛	3742	1	奥比岛_7k7k奥比岛_奥比岛小游戏
11	7k7k单人小游戏	3439	1	闯关小游戏_单人闯关小游戏_单人小游戏闯关大全_单人闯关小游戏大全
12	斗破苍穹2	3078	1	斗破苍穹2,7k7k斗破苍穹2官网,斗破苍穹2异火,斗破苍穹2攻略,7k7k...
13	7k7k弹弹堂	2875	1	弹弹堂,7k7k弹弹堂官网,弹弹堂2,弹弹堂强化秘籍,7k7k网页游戏

图 2.26　7k7k 小游戏的关键词排名

（3）单击次数更少，由于导航型搜索中用户的目标明确，目标网站的排名又较好，因此客观的表现就是用户单击次数更少。

导航型搜索对于品牌网站来说是十分重要的流量来源，品牌网站主要指网站知名度较高，或者特定部分企业的网站。

（1）在企事业单位的网站中，品牌关键词比其他任何关键词都重要，如学校银行政府机构等。例如，西华师范大学的网站，其针对的应该是导航型搜索的用户，即搜索“西华师范大学”的用户，而不是搜索“大学”“本科”等关键词的用户。如果使用这类非品牌关键词，首先关键词竞争大，网站排名难以提升；另外这些关键词范围过大，并不是这些网站所需要的。所以网站优化时，网页标题及内容中关键词应以品牌名为关键词。图 2.27 所示为西华师范大学关键词排名。另外，银行也是一样，如中国农业银行，其用户通常也是通过导航型搜索进入网站的，如果网站以“信用卡办理”为主要关键词，那就是丢了西瓜捡芝麻。

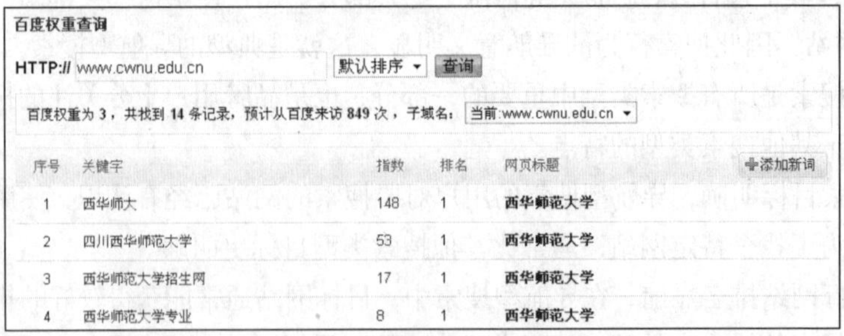

百度权重查询

HTTP:// www.cwnu.edu.cn 默认排序 查询

百度权重为 3，共找到 14 条记录，预计从百度来访 849 次，子域名：当前:www.cwnu.edu.cn

序号	关键字	指数	排名	网页标题
1	西华师大	148	1	西华师范大学
2	四川西华师范大学	53	1	西华师范大学
3	西华师范大学招生网	17	1	西华师范大学
4	西华师范大学专业	8	1	西华师范大学

图 2.27　西华师范大学关键词排名

（2）品牌企业的网站中，导航型搜索为主的也占有很大比例，不但以导航型搜索的网站比较多，而且网站中导航型搜索关键词的流量比例也高。比如淘宝网，通过导航型搜索关键词进入网站的数量几乎占了搜索引擎流量的全部。图 2.28 所示为淘宝网关键词排名。所以淘宝网的 SEO 过程中，根本不用优化其他关键词。很多人说淘宝根本不用做 SEO，这种说法是错误的，任何网站都可以做 SEO，只是 SEO 在网站的重要程度不同而已。

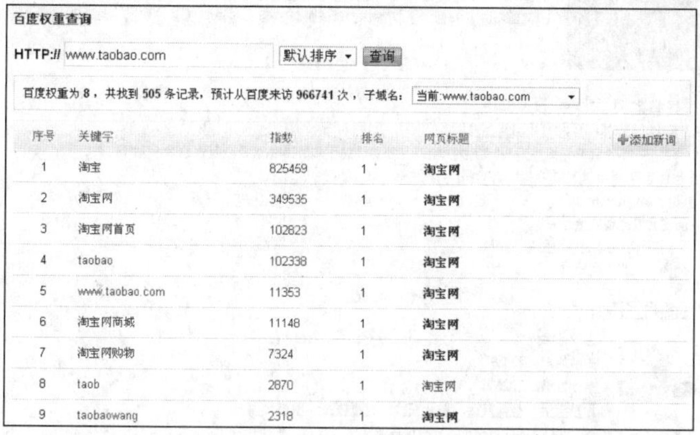

序号	关键字	指数	排名	网页标题
1	淘宝	825459	1	淘宝网
2	淘宝网	349535	1	淘宝网
3	淘宝网首页	102823	1	淘宝网
4	taobao	102338	1	淘宝网
5	www.taobao.com	11353	1	淘宝网
6	淘宝网商城	11148	1	淘宝网
7	淘宝网购物	7324	1	淘宝网
8	taob	2870	1	淘宝网
9	taobaowang	2318	1	淘宝网

图 2.28　淘宝网关键词排名

从上面的一些例子可以看出，导航型搜索是搜索类型中品牌意识最强的一种搜索类型，也是 SEO 建立品牌所要关注的一种搜索类型。在网站的优化中，研究品牌关键词是从导航型搜索开始的，因为导航型搜索是由品牌关键词、特殊关键词等共同构成的。在具体操作中，导航型搜索可以帮助 SEO 人员确立网站的关键词方向，即网站要选择哪些利于品牌推广的关键词；还可以辅助监督网站品牌的推广情况，调整品牌推广的策略。

2.4.2　信息型搜索

信息型搜索是用户搜索意图中的一种，也是最常见的用户搜索类型，还是用户搜索量最大的类型，SEO 人员对信息型搜索的关注度非常高。

信息型搜索就是用户使用搜索引擎以寻找问题的答案或者关键词相关消息为意图所进行的搜索类型。一般信息型搜索是用户并不清楚搜索结果，也没有明确的搜索目标，可能有多种符合要求的结果，也使用户的单击不止一次。

例如，在百度搜索“笑话”（见图 2.29），结果非常丰富，并且都可能是对用户有用的信息。但是用户并不知道需要的结果，通常也不是一个结果就能满足用户需求，用户会单击多个结果，甚至多页结果。像这种以寻找相关信息为目的的搜索类型就是信息型搜索。

以信息型关键词为主的网站一般都含有大量的长尾关键词，这些关键词是其搜索引擎流量的主要组成部分，这是有别于以导航型搜索网站的。例如，图 2.29 中第一个网站 www.jokeji.cn，它的品牌名是笑话集，但是优化重点并不在品牌名上，而是在其他信息类的关键词上。图 2.30 所示为笑话集网站关键词排名，信息型关键词如“笑话大全”等流量大，而品牌关键词流量较低，指数排名很靠后。

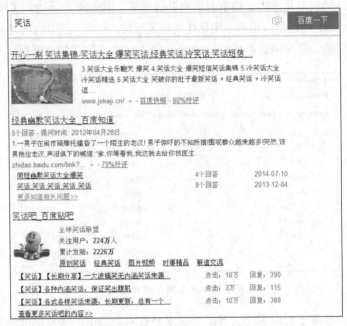

图 2.29　百度搜索“笑话”结果

HTTP:// www.jokeji.cn　默认排序　查询

百度权重为 6，共找到 931 条记录，预计从百度来访 31450 次，子域名：当前:www.jokeji.cn

序号	关键字	指数	排名	网页标题
1	笑话大全 爆笑	10846	1	开心一刻 笑话集锦-笑话大全,爆笑笑话,经典笑话,冷笑话,笑话短...
2	冷笑话大全 爆笑	1193	1	开心一刻 笑话集锦-笑话大全,爆笑笑话,经典笑话,冷笑话,笑话短信,...
3	爆笑笑话	940	1	开心一刻 笑话集锦-笑话大全,爆笑笑话,经典笑话,冷笑话,笑话短信,...
4	xiaohua	833	1	开心一刻 笑话集锦-笑话大全,爆笑笑话,经典笑话,冷笑话,笑话短信,...
5	幽默笑话	810	1	开心一刻 笑话集锦-笑话大全,爆笑笑话,经典笑话,冷笑话,笑话短信,...
6	幽默笑话大全	723	1	开心一刻 笑话集锦-笑话大全,爆笑笑话,经典笑话,冷笑话,笑话短信,...
7	经典笑话大全 爆笑	673	1	开心一刻 笑话集锦-笑话大全,爆笑笑话,经典笑话,冷笑话,笑话短信,...
8	搞笑笑话	520	1	开心一刻 笑话集锦-笑话大全,爆笑笑话,经典笑话,冷笑话,笑话短信,...

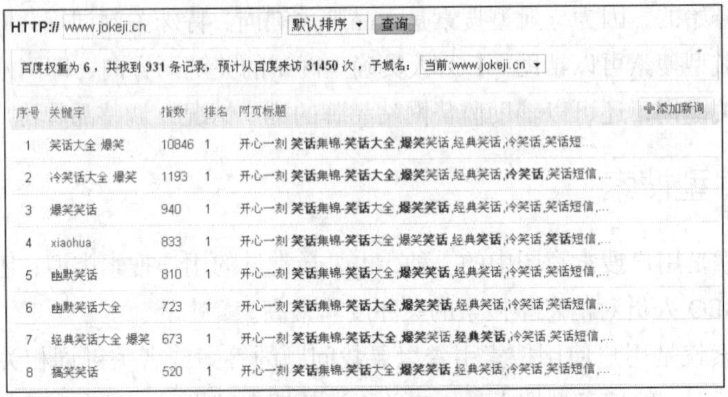

图 2.30　笑话集网站关键词排名

从上面的示例可以看出，以信息型关键词为目标的网站，普通长尾关键词的重要性比品牌关键词更大。

很多中小网站并不需要建立庞大的网站品牌，他们在乎的是网站的流量，所以无论哪种类型的关键词，都可以成为网站的优化关键词。而数量庞大的信息型关键词在优化中就显得尤为重要，这类关键词非常普遍，选择时也不用刻意筛选，只要能获得较好排名的关键词即可。

2.4.3　交易型搜索

交易型搜索是用户搜索意图中最有利于网站出售商品和服务的搜索类型，也是用户最直接获得商品和服务的搜索类型。

交易型搜索就是以购买为主要目的的搜索，关键词都能传达出用户的购买倾向，与网站产生交易的概率也更高。例如，"三星手机商城""三星手机购买""三星手机报价"等，从这些词可以看出用户搜索的目的，通常都是为了购买三星手机。图2.31所示为三星商城关键词排名，其中有很多交易型关键词，如"三星手机专卖店""三星网上商城""三星液晶电视价格"等。三星商城是以销售产品为目标的网站，所以其关键词优化也是针对产品交易的，即针对交易型搜索做的优化。

HTTP:// shop.samsung.com.cn		默认排序 ▾ 查询		
百度权重为 5，共找到 221 条记录，预计从百度来访 5103 次，子域名：	当前:shop.samsung.com.cn ▾			
序号	关键字	指数	排名	网页标题
1	三星商城	194	1	三星**商城** - 三星官方网上专卖店｜正品行货 官方保证 机打发票
2	三星手机专卖店	147	1	三星商城 - 三星官方网上专卖店｜正品行货 官方保证 机打发票
3	三星网上商城	103	1	三星商城 - 三星官方网上专卖店｜正品行货 官方保证 机打发票
4	三星mp3官网	80	1	三星商城 - 三星官方网上专卖店｜正品行货 官方保证 机打发票
5	三星手机专卖	80	1	三星商城 - 三星官方网上专卖店｜正品行货 官方保证 机打发票
6	三星家庭影院	69	1	三星音频产品/**家庭影院**_报价 价格 图片 参数｜三星商城 - 三星
7	三星液晶电视官网	62	1	三星**电视**_报价 价格 图片 参数｜三星商城 - 三星官方网上专卖店
8	三星家电	37	1	三星**家电**_报价 价格 图片 参数｜三星商城 - 三星官方网上专卖店
9	三星液晶电视价格	26	1	三星**电视**_报价 **价格** 图片 参数｜三星商城 - 三星官方网上专卖店
10	三星官网网站	4	1	三星商城 - 三星官方网上专卖店｜正品行货 官方保证 机打发票

图2.31　三星商城关键词排名

从交易型搜索的关键词来看，用户是希望通过搜索找到需要购买的产品的交易信息，如产品的型号、价格、销售商等，也直接体现出用户的购买欲望。反之，有购买欲望的关键词搜索就是交易型搜索。总而言之，这就是交易型搜索的特点，也是辨别交易型搜索的方法。

大部分产品销售的网站（如各种商城、企业网站等）都能从搜索引擎中获得大量流量。但是绝大部分搜索流量都不能带来产品销售，只有少量的目标用户会购买。例如，上例的三星商城网站流量中，通过关键词"三星手机图片"来到网站的用户都不会购买产品，所以这样的流量作用并不是很大，但利用"三星手机报价"来到网站的用户购买量远远大于搜索"三星手机图片"的。

由此可以看出，直接销售产品的网站，与交易型搜索有着巨大的联系。交易型搜索能给网站带来准确的目标用户，这类用户的购买欲望很高，对促成网站产品交易有直接作用。所以对这类网站进行优化时，主要筛选有交易欲望的关键词，然后进行针对性的优化，以提高网站的交易率和交易量。

2.5 收录原理

网页在互联网中是如何被搜索引擎蜘蛛爬取，然后又如何进入搜索引擎的索引库并在前端被用户搜索到，按一定的规律进行结果排序的呢？其中，非常受 SEO 关注的是页面被收录的整个过程。了解搜索引擎的收录原理，对 SEO 人员更好地优化页面是不可或缺的，充分地掌握收录原理对实现网站页面被收录的比例提高大有裨益。

2.5.1 搜索引擎 Spider 的工作原理

收录的第一个环节就是抓取，即搜索引擎的蜘蛛（Spider）到互联网去抓取网页的过程。抓取网页是收录工作的上游，通过搜索引擎蜘蛛的抓取、保存和持续的更新，实现对互联网网页的动态更新。每个互联网公司都有自己的抓取蜘蛛，比如百度蜘蛛、谷歌蜘蛛、搜狗蜘蛛等。对于百度来说，常见的蜘蛛如表 2-1 所示。

表 2-1　百度常见蜘蛛类型

产品名称	对应 user-agent
无线搜索	BaiduSpider
图片搜索	BaiduSpider-image
视频搜索	BaiduSpider-video
新闻搜索	BaiduSpider-news
百度搜藏	BaiduSpider-favo
百度联盟	BaiduSpider-cpro
商务搜索	BaiduSpider-ads
网页以及其他搜索	BaiduSpider

蜘蛛通过对页面的抓取和更新，实现对互联网所有页面进行 URL+页面库的维护。Spider 抓取系统包括链接存储系统、链接选取系统、DNS 解析服务系统、抓取调度系统、网页分析系统、链接提取系统、链接分析系统、网页存储系统。BaiduSpider 就是通过这种系统的通力合作完成对互联网页面的抓取工作。

百度蜘蛛的运行原理分为以下两个部分。

（1）通过百度蜘蛛下载回来的网页放到补充数据区，通过各种程序计算过后才放到检索区，才会形成稳定的排名，所以说只要下载回来的东西都可以通过指令找到，补充数据是不稳定的，有可能在各种计算的过程中被删除掉，检索区的数据排名是相对比较稳定的，百度目前是缓存机制和补充数据相结合的，正在向补充数据转变，这也是目前百度收录困难的原因，也是很多站点今天被删除了明天又放出来的原因。

（2）百度深度优先和权重优先，百度蜘蛛抓取页面的时候从起始站点（种子站点指的是一些门户站点）开始，广度优先是为了抓取更多的网址，深度优先是为了抓取高质量的网页，这个策略是由调度来计算和分配的，百度蜘蛛只负责抓取，权重优先是指反向连接较多的页面的优先抓取，这也是调度的一种策略，一般情况下网页抓取抓到 40% 是正常范围，60% 算很好，100% 是不可能的，当然抓取的越多越好。

在蜘蛛的实际抓取过程中，因为网页内容的复杂性（文本、Flash、视频等）和技术实现的多样性（纯静态、动态加载等），为了更高效地利用 Spider 资源，搜索引擎公司会采用不同的抓取策略。作为 SEO 人员，可以参考搜索引擎公司抓取测略的描述，采用最大化的 SEO 优化方法。

2.5.2　页面收录工作列表

为了提高网页的收录，需要做如下的工作。

1. 设置站点 Sitemap，提交给搜索引擎，监控网页的收录进展

有些读者会有一种错误的认识，可能觉得做百度排名的没有必要去别的搜索引擎提交网站地图。这是一种错误的观点，因为搜索引擎许多因素都是互相借鉴的，网站在某一个搜索引擎当中获得较好排名后，一般情况下也会在别的搜索引擎当中慢慢地得到相应的体现，所以要重视各大搜索引擎的优化，首先就是要设置并提交网站地图 Sitemap。

除了百度以外，谷歌、搜狗（包括必应）等都有 Sitemap 的网站地图提交渠道，甚至还有指定蜘蛛爬行某个页面的工具。但是 Sitemap 并不是一交了之的，其提交过程中也有策略规划。

首先要了解网站地图。网站地图分很多类型，严格地说只要符合 Sitemap.0.90 规范的都可以称为 Sitemap 网站地图，其中又分以下 3 种常见格式。

- Sitemap.xml 是最常见的格式，也是谷歌最喜欢的格式。
- rss.xml 或者 atom.xml。
- 纯文本的 urllist.txt。

了解网站地图种类之后，我们还要知道网站地图提交的主要目的，即指引搜索引擎蜘蛛顺利爬行网站，提高收录速度和网站收录率。

所以，在网站地图建立前，SEO 人员必须要先按照网站框架做好规划，将各页面的重要性和更新频率决定好，将不太更新的主要页面分割出来，编写成 Sitemap.xml 类型的网站地图；将更新度比较频繁的页面，比如新闻、动态、评论等编写成 rss.xml 或者 atom.xml 类型的网站地图。在提交的时候分别提交这两个地图，这样搜索引擎会按照提交的网站地图类型准确地判断包含地图的网页类型，并且合理安排蜘蛛来网站定期进行爬行。

2. 设置良好的站内链接

站内链接的合理建设是 SEO 的重要技术之一，站内链接的优化能使网站整体获得搜索引擎的价值认可。网站可以从以下五个方面来优化站内链接。

（1）制作网站导航。制作网站导航栏的注意事项有：第一，尽量使用文字链接；第二，不要使用 JavaScript 调用方式，尽量使用 CSS 特效方式；第三，图片导航的 ALT 一定要加入说明；第四，导航名称一定要通俗易懂。

（2）制作面包屑导航。所谓面包屑导航就是"您当前的位置：主页>SEO 资源>>友情链接交换"这种形式。面包屑导航的架构使用户对所访问的页面与其他页面在层次结构上的关系一目了然，这种网站结构最明显的特性体现在返回导航功能。此外，良好的网站导航还应对访问者透明，即访问者能够在网站中来去自如，但又无需经过层层顺序，这样就会将主动控制权交给网站的访问者而非设计者。

（3）制作网站地图。Sitemap 在前面介绍设置站点网站地图时已经提及，网站地图其实就是一个页面，上面放了很多本网站的链接。网站地图对提高用户体验很有好处，它为网站访问者指明方向，还可以为"蜘蛛"提供可以浏览整个网站的链接，并指向一些比较难到达的页面。

（4）制作相关性链接。在用户阅读完某一篇文章后，会看到文章下面有一些关键词相关的文章列表，用户很可能通过相关文章进行深入挖掘，直到用户对该主题兴趣消失。而这种方式可以使用户达到最大满意度，因为内容是关联性的。

（5）制作内文链接。这里所介绍的内文链接是在文章内容中出现的链接，如果在文章中出现陌生术语或相关关键词，这时应当将这个词语链接到相应的页面。这样做不单是为用户考虑，更重要的意义是对网站的文章做一个连接载体。如果网站多数文章都有内文链接，将会形成一个非常复杂的内链网络，这样的优化传递对于整个网站权重的提高有很多好处，是制作站内链接的重中之重。制作内文链接的方法可以分为自动和手动添加两种。前面介绍的四个是固定模式，所有网站都可以有的功能。而内文链接就需要下功夫了，不是每个网站都能把内文链接做好的。

坚持做好以上五点方法基本就可以了。一个网站站内链接设置不合理的话，搜索引擎就很难在所提交的网站更深入地爬行，这样不但收录得不到增加，而且会减少搜索引擎对网站的权重。

3. 监控网站爬取异常提示，确保网页的正常访问

页面被搜索引擎收录之后并不是万事大吉，还需要时刻监控网站的爬取异常提示，并要着重注意以下 8 个方面的异常情况。

（1）检查程序最大线程数是否足够。

（2）程序代码是否不够优化，如出现死循环、死锁。

（3）Web 配置文件的参数是否不够优化。

（4）查看 Web 和系统日志是否有访问异常。

（5）网站是否被盗链。

（6）是否有搜索引擎爬虫大面积爬取网站。

（7）是否受到了小型网络攻击，进程是否有异常。

（8）检查机器是否中毒或中木马。

根据不同的服务器类型可以选择不同的方式来获取异常信息。Linux 服务器可以通过系统日志、Web 日志和一些 top、free、uptime、sar、ps 命令查询原因，Windows 服务器可以通过资源监控器分析。

2.5.3 页面收录分析

收录分析是对网站的页面收录进行一个系统的分析，通过分析收录比例，可以看到 SEO 优化的空间，分析可以按照 URL 的层级来进行，如表 2-2 所示。

表 2-2 网站页面收录情况列表

URL 类型	页面总数	收录页面	收录占比	问题描述
URL 类型	XXX	YYY	Z%	
URL 类型	XXX	YYY	Z%	
URL 类型	XXX	YYY	Z%	
URL 类型	XXX	YYY	Z%	

2.5.4 蜘蛛抓取分析

蜘蛛抓取分析是对蜘蛛爬取网站的页面的行为进行分析，目的是看看蜘蛛爬取的网页占网页实际数量的百分比，用于分析网站内链的联通性和蜘蛛的爬取规律。分析可以按照 URL 的层级来进行，如表 2-3 所示。

表 2-3 网站页面蜘蛛抓取情况列表

URL 类型	页面总数	爬取页面	爬取占比	问题描述
URL 类型	XXX	YYY	Z%	
URL 类型	XXX	YYY	Z%	
URL 类型	XXX	YYY	Z%	

2.6 流量

网站流量（Traffic）是指网站的访问量，用来描述访问一个网站的用户数量以及用户所浏览的网页数量等指标。对于虚拟空间商来说流量是指用户在访问流量过程中产生的数据量大小，有的虚拟空间商限制了流量的大小，当超过这个量该网站就不能访问了。网站流量统计主要指标包括独立访问者数量（Unique Visitors）、重复访问者数量（Repeat Visitors）、页面浏览数（Page Views）和每个访问者的页面浏览数（Page Views Per User），以及某些具体文件、页面的统计指标，如页面显示次数、文件下载次数等。

2.6.1 IP和PV

IP 这个大家都知道，是通过互联网分配给每一台机器的一个独立的识别号，比如192.168.1.1。

PV 全称是 PageView，即页面的访问量。例如，一个用户在自己的计算机上上网，访问了网站 www.no1v.com 10 个页面，则 IP 为 1，PV 为 10。

IP 可理解为独立 IP 的访问用户，如果是局域网多台电脑使用同一个 IP，那么访问的时候只能当作一个 IP 来计算。

PV 是指页面访问量，比如，一个人逛商场，他进商场算一个 IP，每看一件商品就算有一个 PV，商品看得越多，说明商场越受欢迎。

如果一个网站的 PV 值与 IP 的差别很大，如 PV 是 100，而 IP 是 10，则说明平均一个 IP 来到这个网站可能阅读了 10 篇文章。所以 PV/IP 的倍数越大，说明网站的内容越受欢迎。反之，一个网站的 PV 和 IP 很接近，说明这个网站的 IP 质量很差。

PV 还有一个功能，可以用来判断一个网站是否收到攻击，正常情况下 PV 与 IP 比是10:1，如果发现 IP 没有变化，而 PV 却高出 IP 几百倍，就可以判断该网站可能收到刷新攻击，目的是造成数据库繁忙，使系统崩溃。

2.6.2 Visit

Visit 的中文意思就是访问。当用户访问到一个网站时，就是一个访问。用户可能只访问了网站中的 1 个页面，也可能浏览了很多个页面。那么当用户完成浏览这个网站的行为并最终关掉这个网站所有页面离开时，用户就对这个网站完成了一次访问。

Visit 的定义其实很容易理解，但在实际的网站分析工具统计中却并不容易分辨。比如，用户在网站上连续看了 5 分钟，然后突然有其他情况，于是用户离开了 20 分钟，回来后又继续在这个网站上浏览。那么这样的一个行为到底算 1 次 Visit 还是 2 次 Visit？如果算 1 次 Visit，那么其实用户中间已经有 20 分钟的间隔离开了电脑，并非连续的访问行为了；但如果计算 2 次 Visit，用户在离开前后确实没有关闭这个页面，又是同一个人，这种情况该如何处理呢？

这种情况的处理通常取决于网站分析工具对 Visit 的定义。通常如果定义 1 个 Visit 是一系列在网站上浏览点动鼠标的动作，且两个点击网站页面超链接的时间间隔不超过 30

分钟。如果按这个标准来分类，如上面例子所陈述的情况，那么用户如果只离开了 20 分钟，仍然会算做 1 个 Visit。如果网站分析工具对 Visit 的定义中两个点击网站页面链接的间隔为 10 分钟，那么上述情况就会被算为 2 个 Visit。所以，如何确定关键取决于网站分析工具的定义标准。

2.7 PR

做 Google 优化，特别是外贸网站的 SEO 都会特别关注网站 PR 这个参数。PR 的全称为 PageRank，取名自 Google 的创始人 Larry Page。不过谷歌工程师 John Mueller 表示，谷歌未来没有更新 PR（PageRank）的计划了，这也意味着 PR 的作用在逐渐被弱化，但是作为 Google 排名的一个重要因素，还是有必要做下介绍的。

网页排名（PageRank，PR）或者叫作网页级别，是一种根据网页之间相互的超链接计算的技术。而作为网页排名的要素之一，以 Google 公司创办人拉里·佩奇（Larry Page）之姓来命名。Google 用它来体现网页的相关性和重要性，在搜索引擎优化操作中是经常被用来评估网页优化的成效因素之一。Google 的创始人拉里·佩奇和谢尔盖·布林于 1998 年在斯坦福大学发明了这项技术。

PR 值目前是 Google 排名运算法则（排名公式）的一个重要参数，主要依据它来标识网页的等级/重要性。PR 分 10 个级别，即 0～10 级，10 级为满分。

刚启用的网站 PR 是 0，随着网站权重的增加，PR 会有所变化，PR 值越高说明网页越受欢迎。PR 值 4 是判断一个网站质量的明显分界线，一般来说，PR 高于 4 就算是一个不错的网站了。目前部分大公司网站的 PR 已达到 7 左右，属于非常受欢迎的网站，比如微软的官方网站。

2.7.1 PR 值的算法

PR 的级别数据每隔一段时间更新一次，更新周期比较长。PR 更新一般是逐步往上，但是如果网站作弊，也可能被清除 PR 信息，属于往下更新了。

在 PR 的算法上，Google 提供了一个简单的公式：$PR(A) = (1-d) + d(PR(t_1)/C(t_1) + \cdots + PR(t_n)/C(t_n))$。

其中，$PR(A)$是要计算 Pr 值的 A 页面，d 为阻尼系数，一般为 0.85，$PR(t_1)$，$\cdots$，$PR(t_n)$分别是各个链接到你的网站的 PR 值，$C(t_1)$，$\cdots$，$C(t_n)$分别是各个链接到你的网站的外部链接数量。

由此可以看出对方给你做链接时并不只是对方网站的 PR 越高越好，对方网站链出的外部链接数量也很重要。

要查询网站的 PR，可以直接下载和安装 Google 工具条，也可以利用很多现成的 PR 查询网站提供的服务。

2.7.2　提升 PR 值的方法

PR 的提升对搜索排名具有很大的好处，那么，如何才能提高 PR 呢？一般来说，可以通过以下方法来完成。

（1）与 PR 高的网站做链接，这样能确保获得高 PR 网站的 PR 分流。

（2）内容质量高的网站链接，理由同上。

（3）加入搜索引擎分类目录，理由同上。

（4）加入免费开源目录，理由同上。

（5）你的链接出现在流量大、知名度高、频繁更新的重要网站上，增加了链接的广泛性。

（6）Google 对 PDF 格式的文件比较看重，可以在网站上多提供一些 PDF 文档。

（7）域名和 Title 标题出现关键词与 Meta 标签等，确保网站的相关性。

（8）让 Google 抓取网站的更多页面，提高网站权重。

（9）适当建设一些链接到外部高质量、高 PR 的同类网站，Google 会把网站和外部这些好的网站放到一个接线组（Link Group）里面，有利于对网页的评级。

但是 PR 的提升不是立即见效，需要有一个比较长的过程，因此，可以通过持之以恒的努力来获取 PR 值的提升。

2.7.3　自己网站 PR 值输出计算公式

通过友情链接交换等，网站会生成一些导出链接，外部网站会得到部分 PR 值的分流。但是到底外部网站会得到多少 PR 分流呢？这需要一个计算公式：

$$(1 - 0.85) + 0.85 * (PR 值 / 外链数)$$

这里把上面公式中的 0.85 当成是 1，则公式可以简化为：PR 输出值=PR 值/外链数。所以，当网站 PR 一定时，外链数越多，输出 PR 值则越小。

大型网站的首页 PR 很高，可以给站内的频道页面分流 PR 值，如果导出链接太多，分给站内的 PR 值就少了。在和别人交互链接的基础上，为了不分流 PR，会把友情链接设置为 Nofollow，或者采取跳转的方式，比如"？URL="这种样式，实际上这对链接的友情网站不公平。很多网站 SEO 由于不仔细或者自身比较弱，获得门户的链接可以应付一下上级的要求，因此经常要求修改为正规锚文本的很少。如果是自己做 SEO，和门户交换链接的时候，可以注意这个问题。

2.8　Alexa

前面两节分别介绍了流量以及 PR（PageRank），本节来介绍同样对搜索引擎的收录较为重要的内容 Alexa（网站世界排名），主要介绍 Alexa 的含义、Alexa 的排名提升关键参

数、Alexa 算法以及 Alexa 的排名算法。

2.8.1　Alexa 的含义

　　Alexa（官网为 www.Alexa.com）是一家专门发布网站世界排名的网站。以搜索引擎起家的 Alexa 创建于 1996 年 4 月（美国），目的是让互联网网友在分享虚拟世界资源的同时，更多地参与互联网资源的组织。Alexa 每天在网上搜集超过 1000GB 的信息，不仅给出多达几十亿的网址链接，还为其中的每一个网站进行了排名。可以说，Alexa 是当前拥有 URL 数量最庞大、排名信息发布最详尽的网站。Alexa 中国免费提供 Alexa 中文排名官方数据查询、网站访问量查询、网站浏览量查询、排名变化趋势数据查询。

　　Alexa 排名是互联网网站一种重要的排名，主要反应网站的流行程度。Alexa 是一种全球排名，网站排名数值代表你的网站在全世界网站的位置。查看 Alexa 排名，可以直接到其官网查询。

　　对于中文网站，Alexa 专门有一个中文网站排名 cn.Alexa.com，衡量的是在所有中文网站中的位置。

　　Alexa 排名提供三个月的平均排名数据，同时在 cn.Alexa.com 网站，还可以查看最近 7 天的排名。

2.8.2　Alexa 的排名提升关键参数

　　Alexa 排名是根据对用户下载并安装了 Alexa Tools Bar 嵌入到 IE、FireFox 等浏览器，从而监控其访问的网站数据进行统计的，通过分析数以百万的匿名 Alexa 工具栏用户数据，以及其他数据来计算网站流量排名。因此，其排名数据并不具有绝对的权威性。但由于其提供了包括综合排名、到访量排名、页面访问量排名等多个评价指标信息，且目前尚没有而且也很难有更科学、合理的评价参考，大多数人还是把它当作当前较为权威的网站访问量评价指标。特别是国内的大型门户网站，希望融资或者卖出广告位，提升 Alexa 排名是很重要的工作，因此，就国内来说，大型门户网站操纵 Alexa 排名的现象非常普遍。

　　Alexa 网站流量排名的计算来自综合分析网站最近三个月的日均访问人次和页面访问量。排名第一的网站拥有最高的综合访问人数和页面访问量。Alexa 中国网站提供最近一周的 Alexa 排名数据，具体可以查看 http://cn.Alexa.com。

　　Alexa 提供的排名数据只是针对顶级域名，顶级域名下的子域名 PV 和 Reach 数据都是为顶级域名服务的。

2.8.3　Alexa 算法

　　尽管知道影响 Alexa 的关键词参数，但是，Alexa 这个指标是如何计算出来的呢？想必大家不是都很熟悉。下面是整理的一个 Alexa 计算算法，可供参考。

（1）某个特定网站被排名时，依据的浏览率数据是基于该网站三个月访问量记录的累积。也就是说 Alexa 每三个月发布一次排名结果，即通常说的名次。它的计算主要取决于访问用户数（Users Reach）和页面浏览数（Page Views）。Alexa 系统每天对每个网站的访问用户数和页面浏览数进行统计，通过这两个量的三个月累积值的几何平均得出当前名次。

（2）访问用户数（Users Reach），是指通过 Internet 访问某个特定网站的人数。用访问某个特定网站的人数占所有 Internet 用户数的比例来表示，即访问用户数 =（访问人数/全部 Alexa 用户数）* 100%，Alexa 以每百万人作为计数单位。

（3）页面浏览数（Page Views），是指用户访问了某个特定网站的多少个页面，是所有访问该网站的用户浏览的页面数之和。每个用户浏览的页面数取平均值，是所有访问该网站的用户每天每人浏览的独立页面数的平均。同一人、同一天、对同一页面的多次浏览只记一次。

Alexa 排名=Reach * PV * x，这里 x 表示未知的算法或者参数，所以只要能提高 Reach 和 PV 中的一个或者两个，就能提高排名。提升 Reach 值即提升用户访问数。提升 PV 即提升 Alexa 用户访问的页面数。

2.8.4 Alexa 排名操纵

在大致了解 Alexa 的排名和计算基础上，操作 Alexa 成为一些网站的习惯，常见的操纵方式有以下两种。

1. 购买 PV

因为 PV 是 Alexa 排名里面的一个重要因子，因此操作 PV 就成了操纵 Alexa 排名的一个常见方式。但是，这种方式会导致这个网站的跳出率（Bounce Rate）大大提高，对 SEO 不好。

操作 PV 的方式在大公司更常见，特别是门户大网站，为了达到上市融资、卖广告位的目的，经常有购买 PV 的冲动，目的是提升 Alexa 排名。

国内提供 Alexa 刷 PV 的服务商很多，刷 PV 的价格为 5～50 元/1000IP 不等，主要取决于服务商所能提供的网站质量。

刷 PV 的流程一般是这样：网站方提供目的网站和广告素材，刷 PV 服务商把这些广告放到联盟网站，一般是小说站、地方站、游戏类网站等，通过点击广告把流量吸引到目标网站，产生 PV。

因为刷 PV 的服务商一般需要承诺每天必须完成多少 PV 的任务，因此大部分的 PV 服务商都有一个专门刷 PV 的组织，通过点击利润分享的方式在全国组织了很多会员，每次接到任务的时候，通知会员参加点击任务，从而确保 PV 的完成。

因为购买 PV 的一般是大型正规门户，而投放刷 PV 广告的网站都是小网站，同时，存在大量的会员点击，点击质量普遍非常差，所带来的访客跳出率非常高，因此，在 Alexa

PV 快速提升的时候，可以看到 SEO 排名等指标反而是下降的。鱼与熊掌，这就是 Alexa 和 SEO 排名需要选择的。

2. 通过调整引流网站来提高 Reach 比例

Alexa 的排名实际是通过安装客户端来获取数据的，因此，安装 Alexa 客户端的人群对 Alexa 的排名影响很大。我们知道，IT 用户或者互联网应用类用户聚集网站无疑安装 Alexa 客户端的比例要高一些，因此，如果能从这些网站引流，Reach 的值就会高很多，在实践中确实是这样的。

通过设计 Iframe 框来刷 PV。其操作方法为：做两个页面 a.html 和 b.html，在 a.html 通过 Iframe 调入 b.html，这样，访问 a 页面就相当于产生了两个 PV。但是，目前这种方法已经行不通了，Alexa 会自动过滤这种方式，甚至有可能会对网站进行惩罚。

Alexa 互刷联盟。网络上有很多 Alexa 互刷平台，一种方式是 QQ 群，群里面很多站长，彼此通过交换点击的方式获得 PV；另外一种方式就是通过互刷平台，很多站长集中在一起，各自提交自己的站点到这个平台，联盟提供一个程序，每个站长开一台或者多台电脑来运行这个程序，这个程序的作用就是自动控制电脑打开和关闭网站的网页，一般可以同时打开十几个页面，而这些电脑全部安装 Alexa 工具条，一个安装有 Alexa 工具条的电脑访问了某一个站，则这个站的 Alexa 统计数据里将增加 Reach 值，如果同时打开这个站的好几个页面，则能增加 PV 值，通过这个办法来互相提高站点的 Alexa 排名。

Alexa 互刷联盟的本质就是：你帮大家刷页面，别人也帮你刷页面；优点就是能把 Reach 提高，因为访问站点的 IP 都分布在不同地方的电脑上，缺点就是需要非常大数量的站长加入，才能提高有限的排名名次。

Alexa 互刷对 SEO 也是利弊兼具，在提高 PV 的同时大大提高了 Bounce Rate（跳出率）。Alexa 经常大幅度波动，排名 10 万名到 2 万名之间的网站经常上下能波动几万名，而几千名之内的网站也是波动很大，比如最好的时候是两千多名，但是到了周末，可能波动到三千多名甚至四千多名，原因主要有以下两点。

（1）Alexa 是全球排名，有时候我们这边放假或者是周末，但是西方国家还在上班，所以西方网站的 PV 就会相对中文网站高很多，因此，他们的 PV 就会前进很多，我们的下降。

（2）如果光看中文 Alexa 排名，其实也是有很大波动的，因为有的网站集中促销等，也会造成这样的结果，可以这么说，进入几千名，竞争对手的活动是会对网站的 Alexa 排名造成影响的。但是进入几百名后，可能波动就会小很多，因为大家都很强大，促销等波动无法影响太多。

因此，如果发现 Alexa 波动很大，可以先排除一下节假日，然后再结合竞争对手来分析网站，这样才能找到真正的波动原因。

2.9 习题

一、填空题

1. 搜索引擎的作用主要体现在_____、_____ 以及_____行业三个方面。

2. 搜索引擎按其不同标准分类可分为全文搜索引擎、_____、元搜索引擎、集合搜索引擎、垂直搜索引擎以及_____等。

二、选择题

1. （   ）不属导航型搜索的特点。

  （A）搜索目标明确　　　　　　（B）用户搜索量大

  （C）目标网站排名靠前　　　　（D）单击次数更

2. （   ）不属于 Sitemap 常用格式。

  （A）index.html　　　　　　　（B）Sitemap.xml

  （C）urllist.txt　　　　　　　（D）rss.xml 或者 atom.xml

三、简述题

1. 简述 IP 与 PV 的关系。

2. 简述 Visit。

3. 简述提高网站 PR 值的常用方法。

第 3 章
网站架构分析与优化

在 SEO 工作中，Web 站点无疑是最重要的元素。对一个架构良好的站点进行优化相对容易，并且好站点具有天然较强的排名能力，而结构差的 Web 站点不易优化，往往 SEO 的投入与产出很难成正比。因此在实施 SEO 优化步骤之前，准备一个良好结构的 Web 站点是非常重要的。一个架构良好的 Web 站点，包括站点定位、目标关键词分析、主机和域名的选择、物理结构、链接结构等，需充分融入 SEO 的知识及理念。

本章主要内容：

- 网站结构的定义
- 利于 SEO 的网站结构
- 构建良好结构的 Web 站点
- 网站主题与互联网趋势
- 网站主机
- 主机服务商
- 域名
- 兼容性
- 新站上线必做的 SEO

3.1 网站结构的定义

一个结构良好的网站利于 SEO。那什么是网站结构呢？网站结构指的是网站中页面间的层级关系，可分为物理结构和逻辑结构。网站结构对搜索引擎的友好性及用户体验度有着非常重要的影响。

3.2 网站的结构与 SEO 的关系

网站结构与 SEO 的关系大致体现在以下 3 个方面。

（1）网站结构在决定页面重要性（即页面权重）方面起着非常关键的作用。优化良好的网站结构可以大大提高网页的页面权重。

（2）网站结构是衡量网站用户体验好坏的重要指标之一。清晰的网站结构可以帮助用户快速获取所需信息；相反，一个结构糟糕的网站，用户在访问时就犹如走进了一座迷宫，最后只会选择放弃浏览。

（3）网站结构还直接影响搜索引擎对页面的收录。一个合理的网站结构可以引导搜索引擎从中抓取更多有价值的页面，从而提高搜索引擎对网站页面的收录。

3.3 构建良好结构的网站

从前面两节的介绍可以发现，网站的结构对于网站的友好度、页面权重、搜索引擎收录率都有举足轻重的作用。本节来介绍在构建网站的结构时，为了使网站结构清晰、方便地为用户提供更多信息需要注意的一些要点。

3.3.1 网站定位及以访客需求为导向的网站结构

在构建一个网站之初，需要明确整个网站的访客群体，提供的信息、功能等，即网站定位。它与建立网站的目的密切挂钩，关系到网站的长期运营、生存和发展。

网站定位就是确定网站的特征、特定的使用场合及其特殊的使用群体和其特征带来的利益，即网站在网络上的特殊位置，包括核心概念、目标用户群、核心作用等。网站定位实质是对用户、市场、产品、价格以及广告诉求的重新细分与定位，预设网站在用户心中的形象地位。网站定位的核心在于寻找或打造网站的核心差异点，然后在这个差异点的基础上在消费者的心智模式中树立一个品牌形象、一个差异化概念。

网站的定位一定是基于用户及其需求的。在下面的章节将会讲到利用工具对特定访客进行需求画像并反馈到网站构建中。

站点访问者的需求在设计站点、构建站点、添加内容以及搜索引擎优化的每个环节都将是核心考量因素。站长必须要了解 Web 访问者的需求，包括他们与站点的交互方式、路径等。这些信息能够帮助站长确定最佳站点结构和所要使用的内容。

3.3.2 确定站点类型

1. 区分专业型站点和通用型站点

互联网上通常存在 2 种类型的站点：专注于某一领域的专业型站点和内容丰富的通用

型站点。

（1）专业型的站点基于特定主题，比如 iPhone（http://iPhone.91.com/）或者汽车用品（http://www.chepin88.com/）。这种类型的 Web 站点容易组织内容及设计结构，对 SEO 有利。但该类型的站点内容集中，分类较少，分类间的耦合度高，在长尾词排名上难以充分发挥作用，会使其排名及流量风险增大。简单来说，耦合度高的分类对主题集中及 SEO 都是有利的，但在面对行业风险、搜索引擎算法调整、进行去重算法定向实施的时候，有较大的排名及流量波动的风险；而因长尾词库在单一细分行业具有严重局限性，难以达到门户级网站海量长尾页面的量级，因此在长尾排名及流量获取上先天存在劣势。

（2）通用型的站点，电商类（如天猫商城）、门户网站（如新浪、网易）包含大量不同来源的内容，主题分散，较难设计结构和组织内容。但相对专注型网站，由于分类分散，内容丰富，比专注型的网站抗风险能力就要高了很多，其流量获取能力也是专业型网站的指数倍级。

不过与专业型站点相比，通用型站点流量的精准性会差一些，考虑变现，其转化率会更有优势。

2. 产品型网站

通用电子商务网站和售卖特定产品的专注型电商网站布局是需要特别优化考虑的，原因在于建站目的十分直接，即排名、点击、咨询、成交。当用户输入特定的产品名、品牌名、型号等，或搜索领域相关词的时候，需要集中所有的 SEO 策略，以帮助相应网站页面出现在搜索引擎结果的顶部，达到既有转化销售目的。良好的网站布局在以上四个步骤中都起着至关重要的作用，因此紧密跟踪及关注终端用户的需求及行为是此类网站布局的重中之重。

3.3.3 目标关键词及长尾词的拓展及分析

网站定位、类型及访客需求确定后，紧接着是目标关键词的分析和选择，这是对网站定位的具体化，同时也体现了对访客需求的精准把握，这是排名跟流量的基础。

目标关键词分析的工具将在以后的章节逐步讲到，常用的工具包括百度指数、好搜指数、搜狗指数、百度下拉框、百度相关搜索、爱站 SEO 工具、金花站长工具等。

1. 目标关键词的选择

对于目标关键词，一般来说我们要选择的除了行业词、品牌词外，需要根据自己的网站定位、访客需求及竞争度选择合适的词。例如，一个是做无框画销售的，首先要选取的关键词就是无框画，可以选取的拓展关键词是"无框画加盟""无框画批发"等。结合图 3.1、图 3.2 来看。首页栏目页目标关键词必须行业相关，也是搜索较多的，只是因为搜索习惯和叫法的不同而出现不同的关键词。

图 3.1　百度下拉框联想拓词

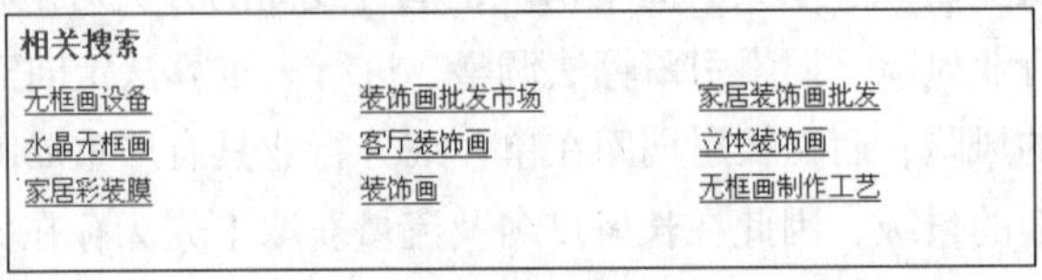

相关搜索

无框画设备	装饰画批发市场	家居装饰画批发
水晶无框画	客厅装饰画	立体装饰画
家居彩装膜	装饰画	无框画制作工艺

图 3.2　百度相关搜索拓词

2. 目标关键词的选择方法

百度指数能给我们非常详细的搜索指数分析，可分为 7 天、30 天、90 天及全部，并能细分出 PC 指数及移动指数，在 3.4 节将做详细介绍，并从趋势研究、需求图谱、舆情洞察、人群画像几个维度为关键词选择提供准确参考依据。

百度下拉框、底部相关搜索如图 3.1 和图 3.2 所示。我们去百度下拉框进行搜索"无框画"，可以看到的下拉框搜索词有"无框画制作工艺""无框画加盟""无框画批发"，看百度底部相关搜索是"无框画设备""装饰画批发市场""家居装饰画批发""水晶无框画""客厅装饰画""立体装饰画""家居彩装膜""装饰画""无框画制作工艺"，单击每个词又可以进行二次挖掘，当然也可以使用工具进行相关、相近、相似拓词，然后从这些关键词中选取合适的 3～5 个做目标关键词。

一般靠以上方法就可以找到我们的目标关键词。如果需要更加精准细化，可以再结合好搜、搜狗下拉框及竞争对手来选词。结合竞争对手选词，如搜索"无框画"，可以看到很多网站二级目录或独立网站，这些网站设定的关键词也是我们站点目标关键词的可选对象，一般来说搜索"无框画"前五个站就可以很好地作为我们的参考对象。

选择目标关键词还需根据自身及排名前 20 的站点实力进行评估后确定恰当的词，选择合适的竞争策略。如果自身实力较弱，避开竞争度高的词做差异化竞争将是最佳选择。

3. 短尾词及长尾关键词的拓展

拓展短尾词的目的在于为各栏目及专题确定栏目词或专题词，利用栏目页和专题页本身的较高权重从搜索引擎充分获取流量。而选择长尾关键词是非常简单的，因为长尾关键词的量很大，可选余地多，如果能选取足够多的精准长尾关键词，就会为网站带来更多精准流量和潜在客户。下面介绍一些简单的方法。

利用选目标关键词的方法。我们在选择目标关键词的时候，很多工作涵盖了长尾关键词挖掘，比如相关搜索中的二次、三次甚至更多次的相关搜索词挖掘，无框画的相关搜索词中有"无框画设备"，选中后如图 3.3、图 3.4 所示。

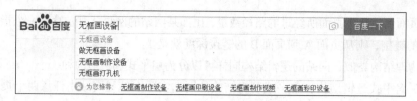

图 3.3 百度下拉框拓词

相关搜索		
无框画制作设备	无框画	玻璃喷绘机
书画装裱机	无框画打印机	无框画制作工艺
客厅无框画	水晶无框画	无框画彩印设备

图 3.4 百度相关搜索拓词

长尾关键词挖掘工具包括爱站或者金花站长工具、站长伯乐等。在长尾词挖掘建表的基础上，参考竞争对手的选词策略，挖掘出其忽视的高价值长尾词，进行高效精准引流。

3.3.4 确定网站物理结构、逻辑结构

1. 认识网站物理结构

网站物理结构指的是网站目录及包含文件所存储的真实位置所表现出来的结构，物理结构一般包含两种不同的表现形式：扁平式物理结构（见图 3.5）和树形物理结构（见图 3.6）。只有静态网站存在物理结构，动态网站或伪静态网站不存在。小型站点适用扁平结构，而大型站点页面及分类众多，退而求其次，采用树形结构。

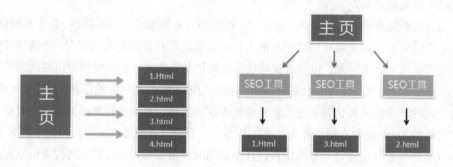

图 3.5 扁平式网站结构图　　　图 3.6 树形结构网站结构图

2. 认识网站逻辑结构（链接结构）

简单来说，逻辑结构就是访客或者蜘蛛的访问路径（锚文本超链或文本链接路径）。百度百科任何一个词条页面上"飘蓝"锚文本超链接都是一个可用的逻辑链接路径。逻辑结构由网站页面的相互链接关系决定，而物理结构则由网站页面的物理存放位置决定。在网站的逻辑结构中，通常采用"链接深度"来描述页面之间的逻辑关系。"链接深度"是

指从源页面到达目标页面所经过的路径数量，比如某网站的网页 A 中，存在一个指向目标页面 B 的链接，则从页面 A 到页面 B 的链接深度就是 1。

与物理结构类似，网站的逻辑结构同样可以分为扁平式和树形两种。

（1）扁平式逻辑结构：扁平式逻辑结构的网站实际上就是网站中任意两个页面之间都可以相互链接，也就是说，网站中任意一个页面都包含其他所有页面的链接，网页之间的链接深度都是 1。现实的网络上，很少有单纯采用扁平式逻辑结构作为整站结构的网站。

（2）树形逻辑结构：用分类、频道等页面对同类属性的页面进行链接地址组织的网站结构。在树形逻辑结构网站中，链接深度大多大于 1。

注意：此段改编自百度百科网站物理结构、逻辑结构词条。

3. 构建基于良好物理结构及逻辑结构的易用网站

良好的物理结构及逻辑结构是一个易用网站的基础，具体来说一个 Web 站点的访问及搜索引擎蜘蛛抓取的友好度在结构上体现在结构的易访问性、获取资讯的高效性、页面的低噪度、链接通达度、各页面的高相关性及需求被满足充分性上。下面我们将从六个方面来确定网站的物理结构、逻辑结构及链接结构。

（1）结构的易访问性

简单来说，结构的易访问性即对访客和搜索引擎蜘蛛来说没有死链，左右上下通达，页面打开速度快，一次访问对服务器的请求频次适中，交互迅速无卡顿，获取信息高效，访问深度适中（尤其重要信息应放在最易访问到的地方），导航及栏目设计重点突出，噪声少。

（2）获取资讯的高效性

这是站在访客的角度来说的，对于一个进站用户来说他的目的很简单，获取某种资讯。所以应在最短的时间及最短的路径上最大程度地满足其对资讯获取的要求，否则很可能用户会选择跳出，永不再来，也就意味着这一次转化是失败的。高效提供资讯的网站结构必然是重点突出且符合人性的，比如在左上部位置应该放置最为重要的信息，并按从上到下、从左到右的顺序依次按访客关注的重要度放置信息，并对页面进行降噪处理，放置在其他地方显眼的 Flash 动画有可能夺走访客的注意力。下面以百度搜索结果页为例（见图 3.7）。

百度自身的网页设计是其他站长设计网站的时候最需参考的，它是对搜索引擎友好的网页设计风向标。左上角是百度 LOGO，无限次强化品牌。正中一个显眼的搜索框体现网站核心业务及核心服务，且是使用频次最高的控件。搜索框中嵌入的上传图片用以相似图片搜索的控件体现了用户在文本搜索外对图片搜索的巨大需求。接下来是按重要度及关注度排序的导航，由此细节不仅可以看出网民的搜索行为，还可以看出百度对自家不同产品的重视度排序。再接着是百度搜索词推荐，这个人性化的设计解决了许多对自己需求不明的搜索行为。紧接着是百度的商业区，也是网站得以立足、发展的重点位置，即竞价广告区。其他站长可以参考，放置最重要的信息在此位置。

图 3.7　百度搜索结果页（SERP）

（3）页面的低噪度

低噪，即非必要信息尽量剔除，以方便用户或搜索引擎蜘蛛高效提取信息。

（4）链接通达度

因特网的存在基础即超链接，信息的互相链接是因特网的最大优势之一，如果死链或者无意义链接、非相关链接过多，必然会造成访客或蜘蛛过多的时间、资源浪费，极度伤害用户体验，伤害搜索引擎友好度。因此链接通达度势必成为良好站内结构的一个重要衡量指标。

（5）各页面的高相关性

高相关的目的在于将一个承载有限信息的页面关联到其他具有信息补充作用的多个页面上去，以提高访客及蜘蛛获取信息的充分性及快捷性。站在这个角度的信息完善及补充将是对访客体验及搜索引擎友好度最有益的。

（6）需求被满足的充分性

访客的需求五花八门，一个页面显然很难充分满足，因此多页面的横向、纵向、交叉甚至站外链接，形成一个综合的信息网络，且恰如其分地呈现，将是最好的用户体验。例如百度百科，在任何的重要信息节点都会有链接指向对应的百科词条（见图3.8）。

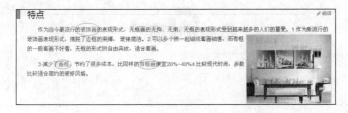

图 3.8　百度百科重点信息节点

3.3.5　基于用户需求及中心突出的内容

网站的内容根据站点的目的和商业目标而有所不同。例如，在电子商务网站上的内容侧重于产品的信息、评论以及产品的图片预览，而教程和培训网站则包括文章、图片等，诸如优酷这样的视频网站则主要集中在视频内容上。这是初步符合用户需求的内容创造、选择、组织、编辑。

其次是在细致分析用户需求点、痛点的基础上使用具有共性搜索习惯的长尾词作为标题及文章核心关键词来创造和组织内容。比如一个搜索"私家侦探收费的标准是怎么样的？"的用户，其需求点在哪呢？他可能正遭遇某种比如婚姻、债务等相关的困扰，急需了解真相，或者取证以获得有力的诉讼证据支持，但是对此行业价格不了解，或者害怕上当受骗，基于此需求分析的文章应该是这样的：第一，告诉他请私人侦探是否是合适的选择；第二，站在中立的立场剖析行业均价及收费依据；第三，给予寻找合适公司的合理建议（参考：http://www.no1v.com/zhentanxinwen/142.html）。紧扣需求点产出的文章才是真正有价值的。

3.4　优质站点与互联网趋势

运营一个优质网站要时刻关注互联网的趋势，并且根据互联网的趋势更新网站的内容，使网站始终紧随互联网的趋势。对于综合性网站来说，做到这一点至关重要。如何把握互联网趋势来规划和创造站点内容？这里介绍两个重要的工具，分别是百度指数与360指数。另外，百度热搜榜及微博热搜榜也是观察互联网趋势很有用的窗口。

3.4.1　百度指数

为了准确把握不同的主题和互联网前沿趋势，需要研究每种主题对应的相关人群的兴趣。一个被广泛使用的分析工具是百度官方出品的百度指数。使用这个工具可以输入任何想要在站点中使用的主题或关键字，以获取相关主题的详细信息，比如全球利益、最感兴趣的主题以及与此主题或趋势相关的关键词。下面学习如何使用百度指数。

在浏览器的地址栏中输入 index.baidu.com，按 Enter 键，将进入百度指数页面，如图3.9所示。

图 3.9　百度指数页面

打开百度指数页面之后，就可以通过该页面来分析各种流行趋势报告。假定要查询关键词"变形金刚5"的搜索趋势以及搜索人群，可以在输入框中输入"变形金刚5"，然后单击查询指数按钮，如图 3.10 所示。

图 3.10　百度指数页面

指数探索可以探索"变形金刚5"在最近 7 天或最近 30 天、90 天、半年及全部的搜索趋势图。由此可观察出互联网用户在某个时间段或周期内对该产品或服务的需求变动，以此来对自己的市场策略、站点内容运营策略进行调整。

单击需求图谱页面，可以看到与"变形金刚5"相关的用户搜索需求分布。这里展示了最近 8 个月的用户搜索词变迁以及相关词的搜索来源及去路、相关词的搜索频次变迁，这对站点组织内容是一个极大的参考，如图 3.11 所示。

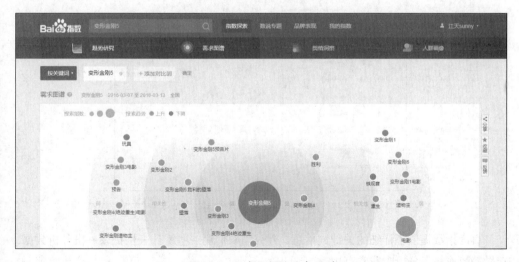

图 3.11　百度指数的需求图谱

单击舆情洞察页，可以了解到现今网络上有关"变形金刚5"关键词的新闻及百度知道趋势，呈现出媒体及普通网民的关注在何处，如图3.12所示。

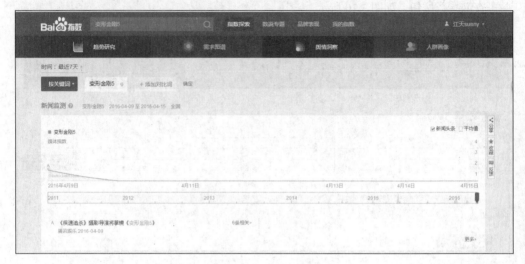

图3.12　舆情管家页面

单击人群画像页，人群画像帮助用户精准定位人群地域分布及属性（如性别和年龄），如图3.13所示。

图3.13　人群画像页面

百度指数提供了详细的关键词信息，建议站长们用一些统计表格记录一份分析数据，在做趋势或热点分析时非常有用。

如果要在百度指数上同时比较多个关键词，就可以单击左侧的"添加关键词"按钮，比如输入"大黄蜂"，就可以在百度指数页面对两个关键词的指数进行比较，如图 3.14 所示。

图 3.14　多个关键词的指数比较

在需求图谱的热门搜索中提供了与输入的关键词相关的热门关键词，是一个站长们选择网站关键词非常好的工具。

3.4.2　360 指数

360 搜索在当今中国搜索引擎市场占据将近 30% 的份额，因此其数据也代表了相当一部分网民的搜索习惯及趋势。

同样 360 指数也给出了 3 个维度，从趋势可看出 7 天、30 天和任意时间段的搜索趋势（见图 3.15），这对预判热点及搜索规律是个很有用的工具，用户搜索行为的变迁在趋势分析图上也体现得很明显。

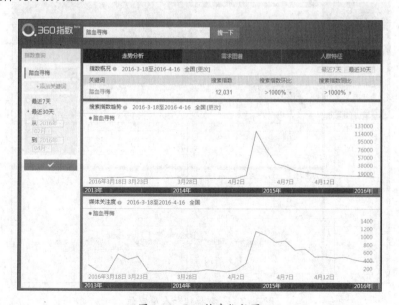

图 3.15　360 搜索指数图

需求图谱（图3.16）给出了网民基于搜索词的上下游相关搜索，这对选词上避开竞争对手有极大的参考价值。360指数还对查询词"踏血寻梅"给出了人物关系图，这个举动非常友好（见图3.17）。而需求图谱的下半部分则汇聚当前媒体及微博的相关热点（见图3.18），媒体及微博在当前社会环境中是事件发酵的极好风向标，因此作为网站主去密切跟踪网站核心词的媒体及微博动向对经营网站流量是很有利的。

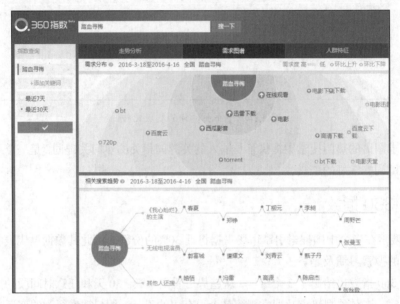

图3.16　需求图谱

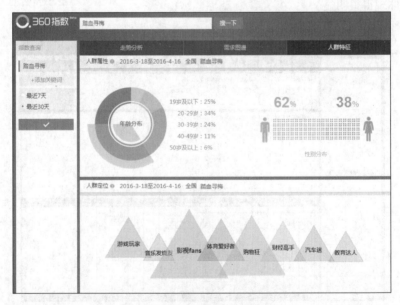

图3.17　人群属性和人群定位

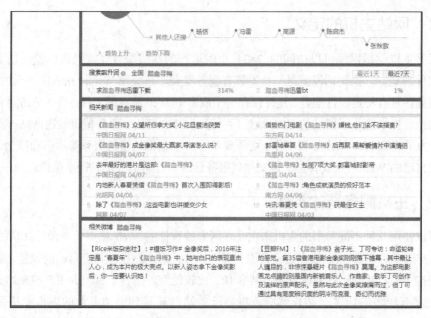

图 3.18 相关新闻和微博

360 指数的人群画像不仅定位出年龄、性别及地域（见图 3.19），还对相关人群进行了关键词分群及画像，这更加有利于网站主在现实中将他们区分出来，进而更精准地把握网站用户。

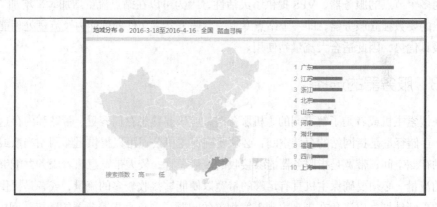

图 3.19 地域分布

3.5 网站主机

网站要运行不管是租用虚拟主机、独立服务器还是自己架设服务器，都离不开主机。在日常工作中经常会提到虚拟空间、网站服务器等名词，那到底什么是主机，它又是如何配置的呢？这一节将介绍一下有关网站主机的内容。

3.5.1　网站主机的定义

网站主机就是网民可以访问的 7×24 小时运行的在线服务器或者是放置站长上传的 Web 文件的地方，换句话说就是一台安装有服务器操作系统及 Web 应用程序平台的 PC。这台服务器具有特定硬件配置，允许保存一个或多个 Web 站点的文件。当一个访问者在浏览器的地址栏中输入了网站的 URL 地址后，通过 DNS 解析，服务器将发送网站首页给访问者。为了理解 Web 站点如何工作，必须要学习一些基本的主机服务器术语和概念，因为在创建自己的 Web 站点或者是上传文件到服务器时，经常需要用到网站主机。

3.5.2　主机服务器的类型

可以使用几种不同类型的主机来在互联网上放置你的 Web 站点。一种是共享的 Web 主机，有很多的 Web 站点放在这一台服务器上，并且每个站点都具有自己的位置，这类主机是虚拟主机，共享操作系统资源，共享 IP，比较便宜，适合于有较少用户的新站点。一旦站点具有较多的访客，站长就应该将自己的站点迁移到更加专业的虚拟专用服务器（VPS）上。VPS 是在一台服务器上通过虚拟技术分割出多个具有独立操作系统及 Web 程序平台的虚拟空间，其中一个空间被完全专用于一个 Web 站点，它可以独享操作系统及提供独享及共享 IP 的选择，要求站长应具有较强的网络知识来管理服务器，而且价钱比较昂贵，这类服务器能够处理较大流量以及较多的文件。虚拟专用服务器（VPS）是一台被分割为多个节点的服务器，VPS 提供了灵活性，因为可以在站点流量增加时来增加节点。最昂贵的要数独立服务器，即一个站点专享一台服务器，文件处理能力及流量处理能力等方面最具优势，因此适合大流量站使用。

3.5.3　服务器的选择

在搜索主机或者是了解不同的主机服务时，应该要熟悉存储容量、带宽和内存这几个术语。存储容量是指网站的存储空间，必须要确保主机公司可以提供足够网站当前或未来发展的存储空间；带宽是指服务器能够接收的流量总计；较大带宽意味着服务器能够接收更多的流量。必须要确保主机具有足够的带宽以便能够接收较多的流量，或者是提供一个较好的更新计划，以避免在未来出现带宽相关的问题。内存是指服务器的随机访问内存，用来处理不同的网站文件，比如 JavaScript 文件和 PHP 程序语言文件等。

3.5.4　服务器速度对 SEO 的影响

网站速度是指服务器对网站服务请求者通过单击链接或直接访问、刷新重加载页面、页面动态交互的响应能力。当访问者来到网站发现加载速度很慢时，他们可能离开后从此再不会回访了，而对于快速的站点来说，通常能吸引到访问者再次访问。服务器加载速度除了影响到访问者之外，还影响到搜索引擎爬虫抓取网站的内容。搜索引擎爬虫在非常短的时间内爬取网站内容，如果服务器响应缓慢，爬虫将在几秒之后离开站点，而不会抓取所有的页面，因此服务器速度对于网站优化来说是非常重要的。

3.5.5 服务器安全与 SEO

很多站长并不会特别关注服务器的安全，这可能导致网站被侵入，被挂黑链、挂马或者变成"肉鸡"（一台被控制的服务器）。比如用户访问某域名时，网站页面被重定向到了恶意网页。利于 SEO 的网站必定是相对稳定和安全的，因此选择一台安全的服务器很有必要，且使用复杂的密码、选择漏洞较少的网站程序，并确保服务器位于防火墙后面，避免对服务器的攻击造成网站被黑或瘫痪。因此在选择主机时，必须要同客服沟通，了解清楚服务器的安全性。

3.5.6 服务器的 FTP 支持设置

FTP（文件传输协议）是站长们在本地机与服务器间上传下载文件或者是管理服务器上的文件所用到的通信协议技术和工具软件。可以使用多种不同的 FTP 客户端来使用 FTP，例如 FireFTP 和 FileZilla（见图 3.20）。为了访问服务器的 FTP，主机提供商应该提供一个 FTP 的 URL 以及 FTP 的用户名和密码，这个 URL 会连到主机上的网站文件夹。通常 FTP 允许站长访问特定的文件夹或者是服务器的主文件夹，这个主文件夹包含了网站文件，也被称为根文件夹。有多种命名方式来命名根文件夹，比如 public_html 和 home。根命名因依赖于服务器控制面板而具有不同的名称。

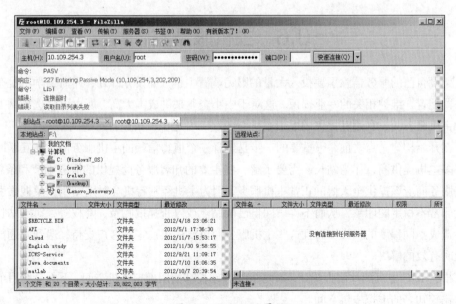

图 3.20　FileZilla 界面

3.5.7　服务器的管理

为了帮助站长管理主机，主机服务商会提供一个基于 Web 的控制面板，在这个面板上可以创建电子邮件、数据库、保存站点信息和内容，甚至有的还可以创建不同的 FTP 账号。目前比较常用的控制面板是 CPanel，这是一个图形界面的主机控制面板，如图 3.21 所示，用它可以让网站管理更容易。

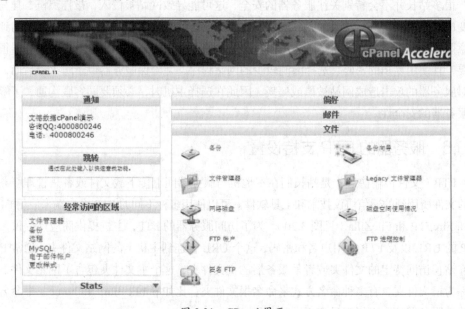

图 3.21　CPanel 界面

3.6　主机服务商

架设自己的服务器除了要投入大量的财力购置主机、铺设光纤外，还需要学习复杂的服务器配置、维护相关的专业知识。这对于中小企业来讲成本太高，所以可以选择网上的各种主机服务商，利用其提供的虚拟主机服务、VPS 服务来搭建自己的网站。

在开始构建站点之前，很重要的一步是选择一个值得信赖的主机服务商。在互联网上有很多主机提供商，作为站长，需要了解一些主要的知名服务商提供的服务细节和条款。这些服务商应该提供全天候的正常主机服务，因为主机经常宕机会对网站用户及搜索引擎造成非常不稳定的印象，从而不再访问自己的站点或停止抓取收录、降权等，对于站长来说将造成不同程度的损失。而且这些主机服务商也要提供稳定的客户支持，遇到问题能得到及时有效的解决。

根据 IDC 主机测评调查统计，国内 70% 的站长都使用虚拟主机空间，下面介绍目前在国内比较知名的虚拟主机空间。

3.6.1 中国万网

万网是国内比较知名的主机空间、域名提供商,在 2012 年被阿里巴巴集团纳入旗下,万网名气大、代理商多,适合有经济实力的大型企事业单位使用。中国万网的域名为 http://www.net.cn/。万网首页如图 3.22 所示。

图 3.22　中国万网首页

3.6.2　新网

新网是老牌的空间商,服务的种类很丰富,涉及网络的各个方面。新网在全国的代理非常多,服务也因地而异,是国内比较有名的主机空间商之一。新网的域名为 http://www.xinnet.com/,首页如图 3.23 所示。

3.6.3　18 互联

作为虚拟主机服务商,18 互联具有资源丰富、稳定性比较高、性价比较高的特点。用过的站长都反映不错,18 互联是不少个人站长的选择。18 互联网络域名为 http://www.18inter.com/,其首页如图 3.24 所示。

图 3.23　新网首页

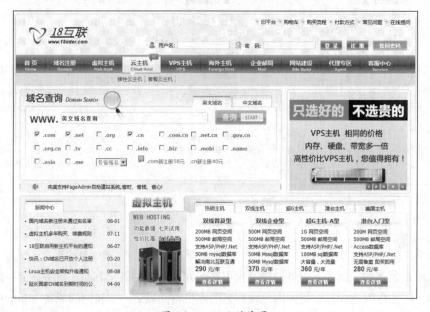

图 3.24　18 互联首页

　　互联网上经常会有一些域名主机提供商排名的列表，站长可以参考其中的信息，或者是参加各种站长论坛、站长群之类的社群组织，了解到空间的品牌、空间访问的速度、主机的相关带宽、可同时在线人数以及广大站长对售后服务的反馈等信息，然后决定购买一款合适的主机。

　　注意：如果想购买中国大陆外的免备案主机，可以参考 http://www.hostucan.cn/这个网

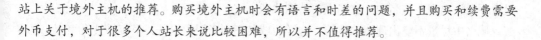

站上关于境外主机的推荐。购买境外主机时会有语言和时差的问题，并且购买和续费需要外币支付，对于很多个人站长来说比较困难，所以并不值得推荐。

3.7　域名

在确定好主机与服务商之后，建设网站还需要选择一个合适的域名。那么什么是域名？一个好的域名该如何选择？本节将分别介绍这些内容。

3.7.1　域名的定义

域名就是人们用来访问到自己站点的 URL（俗称网址），这也是搜索引擎机器人在访问站点时首先要检查的内容。选择一个好的域名是一件非常重要的事情，因为域名一旦选定就最好不要再更改，否则非常不利于 SEO。因此站长必须慎重选择一个能代表网站主题且简短易记的，最好包含了站点重要关键词的语义化丰富的域名。

3.7.2　域名的选择

对一个中小企业来说，应该如何选择自己的网站域名呢？首先要确定后缀。域名由三部分组成：前缀、核心和后缀。顶级域名前缀都是 WWW，核心是自己要思考的部分，而后缀通常代表网站性质，例如.com 域名表示商业机构，.org 表示非营利性组织，.edu 表示教育机构，.net 表示网络服务机构等。当然后缀也可以按国家划分，这时候后缀就不能代表网站性质，例如.cn 表示中国域名，.us 表示美国域名，.jp 表示日本域名等。如果是企业网站，可以选择后缀为.com、.cn、.net 的网站，其中又以.com 网站最为多用。不过.com 域名资源有限，注册相对困难，而.cn 域名注册比较容易，只要是企业用户就可以注册。若是个人网站则更适合使用.com 为后缀的域名。

此外，选域名后缀时还要注意网站的目标客户。比如你是做国际贸易或者做英文网站的，那么后缀当然首选.com，而.cn 就不适合了。如果企业实力雄厚，可以把同款域名的几个常见不同后缀域名都注册下来，这样可以免去抢注的烦恼，同时如果网站一个域名出现问题时可以立即启动备用域名。

对于域名来说，最重要的是确定域名核心。这部分是域名的关键所在，所以一定要认真思考。一个域名并非越短越好，而是越容易记越好，当然如果能同时做到简短易记是最好的。但域名资源有限，很多简短的域名都已经被注册了，所以更应该考虑便于记忆的域名。域名也是企业的一个标志，好的域名如同商标，可以提升企业形象。

域名最好与网站内容或者企业名称挂钩，这样更便于用户记忆，也可以增大企业的宣传力度。当然如果域名中能涉及网站的关键词就更好了。例如，很多做 SEO 的网站域名中都含有 SEO。选择域名还要注意遵守国家规定，例如 zf 被认为是政府的缩写，这样的组合不允许出现在域名中，这一点要特别注意。

域名中尽量不要出现特殊字符，这样的域名不利于用户输入，很容易被人嫌弃，也容易造成输入错误，例如-（连词号）与_（下划线）易混淆，不懂域名的人很容易造成输入错误，从而无法访问网站。

并不是确定好域名的核心部分就可以注册了，还要对域名进行核查，看它以前是否被注册过，如果没有当然最好，如果有的话还要了解这个域名曾经的使用情况，例如该域名是否有不良记录，比如有被搜索引擎封杀的历史，就将会对新网站的收录和优化造成影响，即使再简便易记也不要选择，还有如果原来域名有备案过，那么将影响你再次备案，如果无法撤销原来的备案信息这样的域名也不要选择。

最后还要选择合适的域名代理商，这些在 3.6 节已经有所介绍。国内有很多域名代理商，比如万网、新网、新网互联、18 互联、中资源等，这些代理商解析平台有所差别，服务质量也有区别，最主要的是续费和过户的价格差别很大，所以以为了节省成本还要对代理商进行全面了解，选择质优价廉的合作伙伴。

3.8　兼容性

由于服务器类型不同、用户浏览网站所使用的操作系统、客户端及客户端浏览器的不同或者对于某种技术支持的不同，常常会带来兼容性问题。网站要想为客户提供更方便的浏览体验，就要考虑兼容性问题。

3.8.1　网站兼容性的定义

网站兼容性通常是指当用户使用不同的浏览器浏览同一网站时，出现不同的甚至是错误的浏览结果，比如图片错位、表格显示不完整、需要的特效没有展示出来等，都是兼容性问题的直接表现。

在创建好了网站之后，确保网页在不同的浏览器上的兼容性显得非常重要，以避免因为网页在其他的浏览器上的不兼容而流失用户。对于大的公司来说，会有专门的测试团队负责处理。但是对于个人站长或开发人员来说，只能通过在自己的个人电脑上测试一系列浏览器。但是在不同的操作系统和浏览器上测试网站是非常重要的。http://browsershots.org 是其中一个非常有用的网站，允许用户查看站点在不同的浏览器和不同的操作系统上的效果。下面的过程演示了这一步骤。

在浏览器的地址栏中输入 http://browsershots.org，将出现如图 3.25 所示的网页，在该网页上可以看到一个 URL 输入栏，输入想要查看的网址。

在该网页的下面，可以选择不同的浏览器类型和版本，还可以看到各种不同的操作系统类型，比如 Linux、Windows、Mac 以及 BSD。

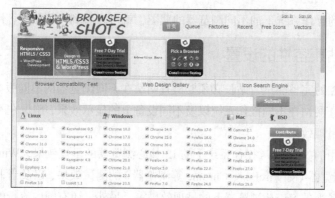

图 3.25　浏览器检测网页

　　在地址栏中输入想要查看的 URL，然后单击 Submit 按钮，网站将产生多个不同浏览器下的截图，比如示例中产生了 118 个屏幕截图（见图 3.26）。

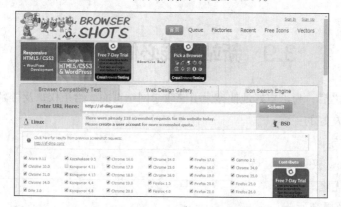

图 3.26　提交之后显示截图结果

　　单击页面上的网址，可以查看到不同浏览器下面的屏幕截图，这样可以了解到网页在不同浏览器下面的兼容性，如图 3.27 所示。

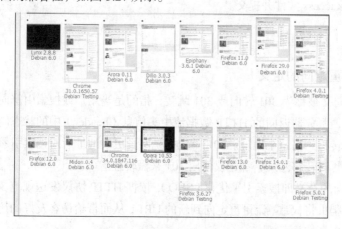

图 3.27　网页在不同系统不同浏览器下的兼容性

单击不同的操作系统下的不同浏览器的截图，就可以看到浏览器兼容性检测的结果。

3.8.2　网站兼容性的设置

要实现站点的完整测试，站长必须要检查网站在不同浏览器的不同版本的呈现效果，并且也需要检查网站在不同操作系统以及不同设备上的显示效果，确保在不同的屏幕尺寸时的内容最佳呈现效果。

比如最常用的 Windows 操作系统下的 IE 核心浏览器的呈现效果，Windows 操作系统下非 IE 核心浏览器（如 FireFox、Chrome 等浏览器）的测试效果，以及当下流行的在 IPad 等苹果移动设备上的 Safari 浏览器下的呈现效果等。另外，还有国内流行的双核心的浏览器，比如 360 安全浏览器、搜狗高速游戏器、腾迅 QQ 浏览器、百度浏览器等。只有通过不断地测试，发现网站在不同平台上的差异，并针对问题进行调整，才能使网站的兼容性达到最优。

3.9　新站上线必做的 SEO

网站做好之后，为了更好地使搜索引擎收录网站页面、给予权重及排名，还需要做以下对搜索引擎友好的工作。

- 301 重定向。
- nofollow 权重控制。
- URL 优化。
- 整理及提交死链。
- 制作站点地图并提交。
- 制作 rootbots.txt 并提交。
- 制作.htaccess 文件并提交。

3.9.1　301 重定向

1. 301 重定向的定义

301 重定向又被称为 301 转向或 301 跳转，指的是当用户或搜索引擎向网站服务器发出浏览请求时，服务器返回的 HTTP 数据流中头信息（header）中的状态码的一种，表示本网页永久性转移到另一个地址。301 重定向是网页更改地址后对搜索引擎友好的最好方法，只要不是暂时转移网址，都建议使用 301 来做转址。

301 重定向的意义即搜索引擎优化（SEO），依据 HTTP 协议发送规范 301 指令引导访客和搜索引擎爬虫将权重、流量重定向到新的 URL，从而带给访客友好的访问体验及在搜索引擎中获得更高权重及排名。

2. 301重定向的4种不同情况

（1）一些网站可以同时使用带WWW或不带WWW的网址访问，比如，http://www.sitename.com和http://sitename.com都指向相同的网站，搜索引擎会将其视为两个网站，并且不同的URL有不同收录及排名，造成权重和流量分散。这也是为什么需要将来自非www的权重及流量重定向到标准的WWW网址的原因，非常知名的301重定向或者永久重定向就是用来完成这个工作的。

（2）网站更新或遭遇改版，网站的页面名称、位置、路径（即网址）可能基于更新或改版而变化，或者文件已删除，搜索引擎或许不会发现这个变化仍然去旧的位置查找旧文件。当搜索引擎无法找到原来的文件时，就会认为出现了死链，这是不利于SEO的。为了避免这样的问题，需要手动使用301重定向网页到新的位置或文件。如果无法确认将要替换的新页面，在这种情况下，可以简单地重定向到网站主页以避免错误，进行集权、导流、加深用户体验和搜索引擎友好度。如果同时拥有多域名如.com、.net、.org，可将这些域名301重定向到主域。只有当确认新的网页链接在不同的搜索引擎已经被更新方可取消301重定向。

（3）因为程序的原因，造成多网址对应相同或相似页面，为了集权使用301重定向。这将在后面"URL重定向到规范网址"中详细介绍。

（4）对于想将网站从一个域名迁移到另一个域名的情况，使用301重定向也是非常重要的，可以降低流量丢失、权重降低及排名下降带来的损失。301重定向可依据不同情况按5种方式实现。

3. 实现301重定向的5种方式

（1）在Apache服务器.htaccess文件中增加301重定向指令。采用"mod_rewrite"技术，形如：

```
RewriteEngine On
RewriteBase /
rewritecond %{http_host} ^sitename.com [nc]
rewriterule ^(.*)$ http://www.sitename.com/$1 [r=301,nc]
```

.htaccess的记事本编辑界面如图3.28所示。

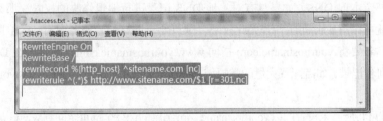

图3.28　将非WWW网页重定向到WWW网址

（2）适用于使用UNIX网络服务器的用户。通过此指令通知搜索引擎的Spider你的站点文件不在此地址下。这是较为常用的办法。形如：Redirect 301 / http://www.yourhostname.com/。

（3）IIS 系统管理员配置 301 重定向，适用于使用 Window 网络服务器的用户。

打开 IIS，右击自己的网站，在快捷菜单中选择"属性"命令，打开"属性"对话框，选择"网站"选项卡，单击"IP 地址"文本框后的"高级"按钮，系统会弹出一个对话框，用户通过它增加一个站点，绑定主机头，也可以绑定多个闲置域名，如图 3.29 所示。

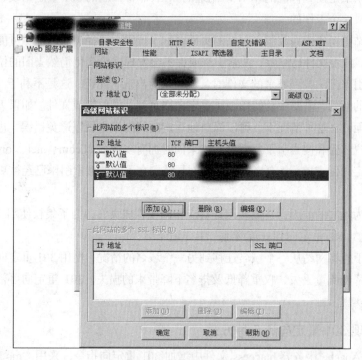

图 3.29　IIS 站点属性设置界面

打开 IIS，首先新建立一个站点，随便对应一个目录 E:\wwwroot\301Web。该目录下只需要 2 个文件，一个 default.html，一个 404.htm。在欲重定向的网页或目录上右击，选中"重定向到 URL"；在对话框中输入目标页面的地址；切记，记得选中"资源的永久重定向"复选框；当然，最后要单击"应用"按钮完成，如图 3.30 所示。

（4）绑定本地 DNS。如果具有对本地 DNS 记录进行编辑修改的权限，那么只要添加一个记录就可以解决此问题。若无此权限，则可要求网站托管服务商对 DNS 服务器进行相应设置。若要将 yourhostname.com 指向 www.yourhostname.com，则只需在 DNS 服务中增加一个别名记录，如需配置大量的虚拟域名，则可写成：* IN CNAME www.yourhostname.com。

这样就可将所有未设置的以 yourhostname.com 结尾的记录全部重定向到 www.yourhostname.com 上。

（5）用 ASP/PHP/JSP/.net 实现 301 重定向。

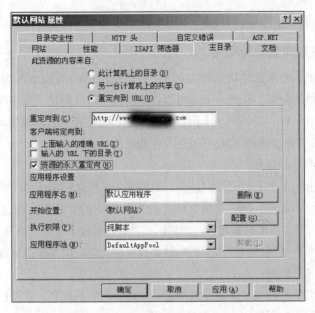

图 3.30　IIS 站点属性设置界面

ASP301 重定向的方法，在首页文件的最顶部添加如下代码。

```
<%
Response.Status="301 Moved Permanently"
Response.AddHeader "Location",http://www.xxx.com/
Response.End
%>
```

PHP301 重定向的方法，在首页文件的最顶部添加如下代码。

```
<?php
header("HTTP/1.1 301 Moved Permanently");
header("Location: http://www.xxx.com/");
exit();
?>
```

JSP301 重定向的方法，在首页文件的最顶部添加如下代码。

```
<%
response.setStatus(301);
response.setHeader( "Location", "http://xxx.com/" );
response.setHeader( "Connection", "close" );
%>
```

.net301 重定向的方法，在首页文件的最顶部添加如下代码。

```
<script runat="server">
  private void Page_Load(object sender, System.EventArgs e) { Response.
Status = "301 Moved Permanently"; Response.AddHeader("Location","http://
shGoogleSEO.com"); }
  </script>
```

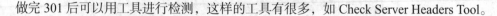
做完 301 后可以用工具进行检测，这样的工具有很多，如 Check Server Headers Tool。

4. URL 重定向到规范网址

说到规范网址，最常见的就是网站主域，形如 http://www.xxx.com 和 http://xxx.com 这两种。前者使用最为频繁，任何一个都可以作为网站的规范网址。其实在用户看来，这两个网址返回的内容一样，就是同一个网页并无差别，但在搜索引擎眼里却有轻重之分。

除了主域外，其他的网址也存在规范与不规范网址之分。

（1）不规范网址的坏处

首先，网站出现多个不规范的网址会导致搜索引擎收录错误或重复收录。不管内链还是外链，如果网址不规范，同一个网页被搜索引擎认为是两个网页，就会造成重复内容、较差的搜索引擎友好度及低权重评分。如果网站重复内容过多，甚至会导致搜索引擎惩罚。

其次，相同网页不同的网址，会影响网页权重的传递，给蜘蛛造成混乱，影响页面评分，导致网页排名不理想。

最后，搜索引擎可能收录不规范的网址，并给予较高的排名，这种网址并不是我们想要的，给用户的体验也不好。

（2）常见的不规范网址

• http://www.×××.com 和 http://×××.com。一般我们会以带 www 为规范，将 http://×××.com 重定向到 http://www.×××.com。

• 网站动态 URL 重写为静态 URL 后，两个 URL 同时存在，一般我们以静态为准，避免出现动态的 URL。

• 表示网站首页：http://www.×××.com、http://www.×××.com/、http://www.×××.com/index.html、http://www.×××.com/index.asp 等，这些网址都是指的网站主页，一般将其余几个重定向到 http://www.×××.com。

• 带有端口号的网址：http://www.×××.com 和 http://www.×××.com:80，可以将带有端口的网址定向到不带端口的，因为默认的浏览器访问端口就是 80 端口，写出来后会成为一个不规范的网址。

（3）对不规范网址的处理

通过上面的介绍，我们已经知道了不规范网址的坏处，也清楚该使用哪些作为规范网址。除了上面讲到的 301 重定向的方法外，下面再介绍一种对不规范网址的处理方法。

很多虚拟主机不支持 301，我们可以在网页头文件中使用 canonical 属性，这个标签是由谷歌提出的，目前经测试证明百度也支持这一标签。下面我们来看看 canonical 属性的用法。

对于做 301 重定向，使用 canonical 属性规范网址，就显得更为便捷。因为只要在不规范网址的页面内，插入 rel="canonical"属性到<link>元素中，将不规范的网址导向到规范的，搜索引擎就可以知道规范的页面为应该被收录和排名的内容。例如，要将

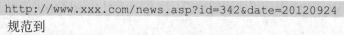

```
http://www.xxx.com/news.asp?id=342&date=20120924
```
规范到
```
http://www.xxx.com/news_342_20120924/
```
就可以在前一个网址的页面<head>部分加入如下代码：
```
<link rel="canonical" href="http://www.×××.com/news_342_20120924/"/>
```
这样当搜索引擎抓取网页的时候，就可以根据网页的 canonical 建议进行选择，这里注意尽量使用绝对地址。当然 rel="canonical"只是一个对搜索引擎的建议，搜索引擎并不一定会按照建议的网址收录和排名，它可能会根据自身的算法对网页进行选择。因此，做 rel="canonical"属性并不一定能成功，这是与做 301 重定向不同的。而且使用 canonical 属性的网页并不会在浏览器中跳转到指定的网址，而是在原网页上将此网页的权重集中到定向的网址。

在允许的情况下，我们可以做 301 重定向来规范网址，还可以结合 canonical 的使用来调整单个页面的规范网址。尽最大努力避免由于网址不规范导致的网站收录和排名问题，做好一些有利于 SEO 的工作。

3.9.2 nofollow 属性权重控制

除了可以使用下面将讲到的 robots.txt 文件来限制搜索引擎蜘蛛不要随便访问某个文件或文件夹，还可以使用 nofollow 属性来控制某些 HTML 链接不要被搜索引擎追踪，对站内权重进行合理控制。nofollow 属性在 SEO 中扮演了一个非常重要的角色，特别是在构建影响站点权重的链接时。

通常，链接到外部站点将会减少网站的权重，因此在 HTML 代码中使用属性 rel="nofollw"，告知搜索引擎不要跟踪这个链接，且在评估站点时忽略它。一般是在链接代码中添加这个属性。

注意：nofollow 标签是由谷歌领头创新的一个"反垃圾链接"的标签，并被百度、yahoo 等各大搜索引擎广泛支持，引用 nofollow 标签的目的是：用于指示搜索引擎不要追踪（即抓取）网页上带有 nofollow 属性的任何出站链接，以减少垃圾链接的分散网站权重。

1. nofollow 属性的使用

在下面的示例代码中创建一个链接，使用 nofollow 属性。

```
<!DOCTYPE html PUBLIC "-//W3C//DTD xhtml 1.0 Transitional//EN"
"http://www.w3.org/TR/xhtml1/DTD/xhtml1-transitional.dtd">
<html xmlns="http://www.w3.org/1999/xhtml">
<head>
<Meta http-equiv="Content-Type" content="text/html; charset=utf-8" />
<Title>使用 Nofollow 属性</Title>
</head>

<body>
```

```
<a href="http://www.Google.com" rel="nofollow">链接到谷歌网站</a>
</body>
</html>
```

在添加了 nofollow 属性之后，搜索引擎爬虫并不会跟踪到谷歌站点。

2. 在 SEO 中使用 nofollow 属性的原因

很多情况下，站长会添加一些外链来为访问者提供更多的信息参考，这些数据是有用的，访问者也并不会考虑搜索引擎爬虫如何跟踪链接，因此站长可以在这些链接上使用 nofollow 属性，以避免分散自己网站的权重。

3.9.3 必须进行的 URL 优化

URL 是每个用户包括搜索引擎对网站的最初印象，是网页的身份证，也是寻找和传播网页的代号。因此，第一印象做好了，对于网页优化是有好处的。前面我们已经提到规范网址的 301 重定向或 canonical 属性，对优化有好处，而这里说的 URL 优化有什么不同呢？

这里要讲解的 URL 优化是针对 URL 本身的性质及特点进行优化；而前面讲到的是页面间链接关系优化。由于 URL 本身有较多的性质，并且这些性质对于收录和排名有一定的影响，因此本小节专门从 URL 的各个方面进行详细的讲解。

1. URL 优化的目标

关于 URL 的优化，首先应该明确优化的 URL 有什么作用，怎么做。然后就可以知道 URL 优化的目标了。

利于优化的 URL 设计，可以帮助网站获得更多的流量和认知度。细分来说包括以下内容。

- 良好的 URL 设计可以使网页更容易被搜索引擎抓取。
- 更利于用户或者站长对网页进行寻找和传播。
- 还可以提高用户对网站的信任度和认知度。

通过了解网站良好 URL 的作用，可以知道 URL 优化是十分重要的。那么我们从这些作用反回来看，什么样的 URL 才是符合优化目标的呢？

首先，有利于搜索引擎抓取和排名的 URL 应该是简短且目录层次较浅的，这样的 URL 搜索引擎能更轻松地爬行，相对收录的概率更高。

其次，利于寻找和传播的 URL 应该是静态 URL 且是绝对路径，即使是动态 URL，也应该是极少参数的 URL。这样更容易传播，而且较易避免错误的产生。

最后，有助于提高网站信任度和认知度的 URL 应该是简短、规范，且在 URL 中含有关键词的。这样用户能理解网页的内容，简短规范的 URL，会使用户更信任此网页。

通过这些描述，可以大致知道了优化 URL 的方法和目标，即减少 URL 的层次和长度、使 URL 包含关键词、URL 静态化、规范 URL 到正确地址等。例如，www.×××.com/SEO/

SEO-url.html。后面我们将向大家详细介绍 URL 的优化方法。

2. 减少 URL 的层次及长度目标

首先，看个例子。

```
www.×××.com/news/today/gwxw/american/2012/09/24/201209240233.html
www.×××.com/news/201209240233.html
```

如果要在这两个 URL 中选择一个更便于记忆、更愿意点击的，一般情况下会选择哪个呢？我想不用我说，大部分人会选择下面那个。

这个简单的例子可以证明 URL 的层次和长度，可以影响用户是否愿意单击这个链接。这和用户的心理有关系，用户天生会对长度更短的 URL 有好感，因为容易记忆，也有更高的信任度，就像以.com 结尾的域名比.cc 的更有信任度一样。

当然，我们使用简短的 URL 主要是为了提高用户信任和记忆，使网站得到更多的传播机会。虽然对于搜索引擎来说，URL 字符的长度并不会直接影响网页的抓取，但是通过实际经验发现，搜索引擎对于简短且层次较浅的 URL 也是有好感的。越是层次较浅，获得的搜索引擎信任度会越高，也许搜索引擎认为，这样的 URL 代表的网页目录层次高、更重要，相对也就给予更好的排名能力。

如果目录层次过深，且无链接直接链进来，搜索引擎也是较难收录的。一般来说，三层目录是最为合适的，也就是上例第二个 URL。蜘蛛在某个网站爬行的过程中，对于过多的目录较容易导致爬行不顺利，形成蜘蛛爬行死角和跳出。

因此，友好的 URL 应该尽量简短，层次也不要过多，让用户一目了然，让搜索引擎更好抓取和排名。

3. URL 的内容含关键词

URL 是用户和搜索引擎的第一印象，要使这第一印象良好，只有简短的 URL 还不行。如果能在 URL 中加入需要优化的关键词，那将是锦上添花。

从用户的角度来看，含有关键词的 URL 更容易了解网页的内容主题，从而判断是否有用。例如，我们在某个地方看到这样一个链接：www.×××.com/SEO/url.html，从这个 URL 中我们可以知道，这个网页应该是关于 URL 优化的主题，从而决定是否单击这个链接。

如果一个域名中含有关键词，那么用户就知道这是个什么主题的网站，也更便于记忆。例如，美国网站 www.SEO.com，即使用户不懂英文，也知道这个网站是关于搜索引擎优化的。

从搜索引擎角度来看，可以提高页面的相关性，有利于网页的排名。但是对于中文网站来说，就不像英文网站那么便利了。主要搜索引擎百度对于 URL 中英文单词是能识别的，如果用全拼也能识别，但是用全拼难免会造成 URL 过长，如果只用首字母，就几乎没有什么效果了。

不过，我们在设计 URL 时，最好考虑用关键词，这对于页面优化是有好处的。因为

URL 中的关键词是关键词排名的一个因素，虽然所占比例并不大，但是从很多搜索结果中可以看到，搜索引擎是认同并支持这一做法的。如图 3.31 所示，当搜索 SEO 这个词的时候，在搜索结果中，URL 中的关键词是经过加粗处理的。搜索引擎提醒用户这个结果的 URL 中含有关键词，是更相关的结果。

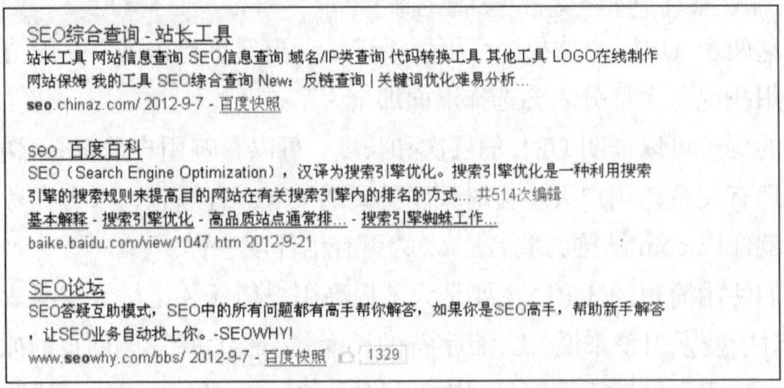

SEO综合查询 - 站长工具
站长工具 网站信息查询 SEO信息查询 域名/IP类查询 代码转换工具 其他工具 LOGO在线制作
网站保姆 我的工具 SEO综合查询 New：反链查询 | 关键词优化难易分析...
seo.chinaz.com/ 2012-9-7 - 百度快照

seo_百度百科
SEO（Search Engine Optimization），汉译为搜索引擎优化。搜索引擎优化是一种利用搜索引擎的搜索规则来提高目的网站在有关搜索引擎内的排名的方式... 共514次编辑
基本解释 - 搜索引擎优化 - 高品质站点通常排... - 搜索引擎蜘蛛工作...
baike.baidu.com/view/1047.htm 2012-9-21

SEO论坛
SEO答疑互助模式，SEO中的所有问题都有高手帮你解答，如果你是SEO高手，帮助新手解答，让SEO业务自动找上你。-SEOWHY!
www.**seo**why.com/bbs/ 2012-9-7 - 百度快照 1329

图 3.31　URL 中关键词优化

由于互联网迅速发展，很多含有关键词的好域名已经被人抢注。我们无法获得较短的关键词域名，或者只有像注册的人购买，这就增加了很大的成本。不过我们可以用关键词做目录和页面的名称，如 www.×××.com/SEO/url.html，以提高页面的相关性。虽然效果相对域名差一点，但是如果运用得好，也是很有帮助的。

从以上两方面解释，我们更清楚 URL 关键词优化的好处，在实际优化中也可以使用上述方法，但切记不要过分堆积关键词，导致过度优化，一个 URL 有一个关键词就足够了。因为近日谷歌高层卡茨（Matt Cutts）通过 Twitter 宣布，谷歌将对排序算法进行小幅度调整，将会降低依靠“域名匹配关键词”上位的低劣网站。这一算法调整可能影响到 0.6% 的英文搜索。所以应尽量避免过度优化，适当就好。

4. 动态 URL 的优缺点

动态 URL 是一个很有争议的话题，因为大多数人认为动态 URL，会影响网站的收录，因为动态 URL 会加重搜索引擎计算负担，造成网站重复内容，使蜘蛛无限循环爬行。但是搜索引擎又表明，能抓取动态 URL，而且动态 URL 中的参数，对于搜索引擎了解网页内容很有帮助。

很多人也称动态 URL 为动态页面，一般情况下，动态 URL 的网页都是动态页面；而静态 URL 的网页并非都是静态页面。因为静态页面和动态页面的内容对于用户和搜索引擎都是一样的，只是 URL 不同而已。所以这里我们讨论的也是动态 URL，而不是页面的编写代码。

从以上对动态 URL 的不同态度来看，他们各自都是有一定道理的。顺着这两方面的说法，可以看出动态 URL 有如下优点。

（1）动态 URL 中的参数对搜索引擎有提示作用。搜索引擎抓取网页时更容易理解网页的主题，就像 URL 中含有关键词一样。搜索引擎对? 后的参数有识别能力，有利于网页的关键词排名。例如，http://www.×××.com/search?color=red&size=35。

（2）同一类型网页用相同的 URL 类型，仅调用参数不同。比如列表页和文章页，它们一般使用 http://www.mingdiangg.com/list.asp?Title=1 和 http://www.mingdiangg.com/content .asp?id=13。这样方便管理，且能知道网页的类型是列表页还是内容页。

（3）网站物理结构扁平化。网页都使用相同的页面进行调用，页面最多有两层目录结构，便于管理和提高处理速度。

有人认为动态 URL 是不利于网站 SEO 的，因为动态 URL 有以下缺点。

（1）动态 URL 中的参数可能使搜索引擎蜘蛛陷入无限循环的爬行中，造成巨大搜索引擎和服务器资源浪费。例如，万年历中的内容，蜘蛛可能会无限爬行下去。搜索引擎一般对动态 URL 不够信任，从而使很多动态 URL 的网页不能被收录。

（2）动态 URL 中的参数如果顺序调换，或者网页设有访问 Session ID，这些相同的网页会被认为是不同的页面。这就会导致搜索引擎认为，网站上存在很多重复内容，有可能影响正常网页的收录和排名，甚至被误惩罚。例如，以下同一个网页的两个 URL，第二个是带 Session ID 的动态 URL，搜索引擎可能会当两个网页处理。

```
www.×××.com/news/new.asp?id=342
www.×××.com/news/new.asp?id=342&sid=3.279561.283799.89.a8e1d3
```

（3）动态 URL 相对不易传播，用户对于过多的参数都是比较反感的，在站外进行传播的时候，用户信任度会比静态 URL 低。搜索引擎中，动态 URL 的信任度也会比静态 URL 略低一点，因为动态 URL 的变动性较大，不如静态 URL 稳定。例如，以下两个 URL 中，第一个显然更易受到用户的青睐。

```
www.×××.com/2012/09/24/news/today/gwxw/2012092400343431.html
www.×××.com/news/new.asp?id=342&class=12&page=1&other=12&date=2012-09-24
```

从以上优缺点可以看出，动态 URL 和静态 URL 并非绝对好坏，更多还是网站质量的好坏。如果能多方面考虑，尽量减少参数的数量，动态 URL 也是能够收录和获得好的排名的。

5. URL 静态化

前面讲了动态 URL 的优缺点，由于很多时候不好控制动态 URL 的参数，导致动态 URL 的页面收录不好，或者造成蜘蛛无限循环等问题。而且静态化 URL 具有以下优势。

（1）搜索引擎对静态 URL 更有好感，不会出现无限循环，虽然动态 URL 也能收录，但是作为更标准的静态 URL，很明显占有优势。

（2）静态 URL 更容易传播，在实际生活中静态 URL 具有不变性，更容易被人接受并乐于传播。

（3）静态 URL 更标准化、简洁和可读性高，提供良好的视觉感受，提高用户体验。

因此，我们能使用静态 URL 就尽量使用静态的，以避免出错，但是我们又不可能直接使用静态页面，所以就形成了 URL 静态化的方法。

URL 静态化分为纯静态化和伪静态化两种方法。

纯静态化：网页为纯 HTML 编码组成，浏览器打开时内容能够直接输出，减少服务器运算压力，即服务器的硬盘上储存有一个实实在在的.html 的文件。

伪静态化：服务器上并没有静态.html 网页文件，只是在服务器端使用了 Rewrite，将动态 URL 进行重写，使动态 URL 表现为静态 URL，以满足网页 URL 静态需求。但网页依然为动态调用的，不会减少服务器的运算压力，只是避免了动态 URL 可能出现的一些问题。

一般情况下，纯静态化和伪静态化的 URL 对于搜索引擎都是一样的，就不会出现动态 URL 的弊端了。但纯静态化不需要处理参数，反应速度会更快一些。

虽然这两种静态化的效果是一样的，但是实现他们的方法却完全不同，下面我们来看看它们都是怎么实现的。

纯静态化是通过网站程序将调用的网页结果生成一个.html 的网页文件，从而得到一个静态的网页 URL。图 3.32 所示为网站程序在目录下生成一个真实存在的.html 文件，这个文件的路径就是这个网页的 URL。虽然纯静态化 URL 的网页有打开速度快的优点，但是如果网站内容巨大，势必会使网站的体积变大很多。

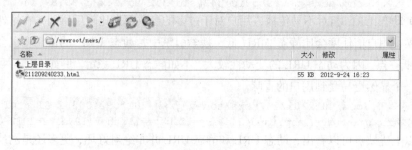

图 3.32　纯静态化生成的.html 文件

伪静态化是通过服务器的 URL 重写模块，对动态的 URL 进行重写，从而形成静态形式的 URL。这种页面的本质仍为动态页面，只是 URL 表现出来为静态形式。具体的伪静态方法根据服务器和网站程序的不同会有所不同。

如果是微软系统服务器，即下载使用 ISAPI_rewrite 进行重写。安装好 ISAPI_rewrit 后，打开 IIS，在"ISAPI 筛选器选项卡"中添加筛选器，名称可任意填写，路径选择 ISAPI_Rewrite.dll 的安装目录，然后确定，设置完成。最后就是添加 urlrewrite 规则，打开 ISAPI_Rewrite 的安装目录，将 httpd.ini 文件的只读属性去掉。用记事本打开 httpd.ini 文件。在文件中加入一行规则代码，就可将示例的第一个动态 URL 重写为静态 URL，规则代码如下：

```
RewriteRule /news_([0-9,a-z]*)_([0-9,a-z]*)/news.asp?id=$1&date=$2
```

示例：

```
http://www.×××.com/news.asp?id=342&date=20120924
http://www.×××.com/news_342_20120924/
```

规则代码可以根据自己的方式编写，另外还有很多 URL 重写方法，这里就不一一讲解了。由于 URL 重写代码比较复杂且变化很多，因此如果不懂代码最好不要自己编写，很容易产生错误。一般 SEO 人员可以与程序员进行沟通，选择一种比较适合的方式进行 URL 的静态化重写。

6. 路径的绝对与相对

如果对建站有一定了解，肯定对绝对路径和相对路径不陌生。因为在网站建设中，一般会对使用绝对路径还是相对路径进行一番考虑。那对于 SEO 人员来说，什么时候使用相对路径，什么时候选择绝对路径呢？先来认识一下绝对路径和相对路径。

简单地说，绝对路径就是不管从外部还是内部访问，都能通过此路径找到文件；而相对路径是相对于自身的，其他文件的位置路径只能通过内部访问，外部不能通过此路径访问到文件。

例如，在 D 盘下 A 文件夹中有 x 文件和 B 文件夹，B 文件夹下有 y 文件，如图 3.33 所示。

相对于 x 来说，y 的绝对路径为 D:\A\B\y；相对路径为 B\y，因为 x 和文件夹 B 都在文件夹 A 下，所以上级目录就不用写出来了。

通过上面的示例，可以看出，绝对路径是以根目录为基准，而相对路径是以自身位置到指定文件的最短路线。就相当于我和邻居两家，邻居的绝对路径就是他的家庭住址，而他对于我的相对路径就是在我家旁边，我们可以这样简单地理解相对和绝对的路径。

在网站中，绝对路径就是相对根目录、文件的位置，内部引用的时候，可带域名也可用"/"来代替根目录。例如，www.×××.com/A/×.html 和/A/×.html，这两个都是绝对路径，但是前面的一般用于站外引用，而/A/×.html 则是在站内引用的绝对路径。

站内引用时的相对路径要用到另外两个表示目录的符合："."和 ".."，它们分别代表当前目录和上一级目录。图 3.34 所示为网站目录。

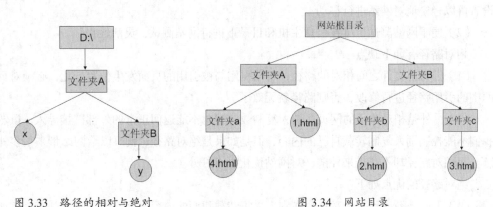

图 3.33　路径的相对与绝对　　　　　　　　图 3.34　网站目录

- 在 2.html 网页里引用 3.html 文件，相对路径为../c/3.html，绝对路径为/B/c/3.html。
- 在 2.html 网页里引用 1.html 文件，相对路径为../../A/1.html，绝对路径为/A/1.html。
- 在 2.html 网页里引用 4.html 文件，相对路径为../../A/a/4.html，绝对路径为/A/a/4.html。
- 在 4.html 网页里引用 1.html 文件，相对路径为../1.html，绝对路径为/A/1.html。
- 在 4.html 网页里引用 2.html 文件，相对路径为../../B/b/2.html，绝对路径为/B/b/2.html。
- 在 1.html 网页里引用 4.html 文件，相对路径为./a/4.html，绝对路径为/A/a/4.html。
- 在 1.html 网页里引用 3.html 文件，相对路径为../B/c/3.html，绝对路径为/B/c/3.html。

网站引用的绝对路径，大家理解起来应该没大问题，只需要从根目录按目录层次结构写出路径就行了。这里用"/"表示的根目录，内部引用可不写域名，以减少代码和方便测试移动。

这里的难点就在于相对路径，这里的"."表示本目录下，如 1.html 的本目录下有 a 文件夹，a 文件下有 4.html，那么 1.html 引用 4.html，就形成了./a/4.html 的相对路径。而 ".." 表示上一级目录，如 4.html 的上一级目录有文件夹 a 和 1.html，它们的再上一级就是根目录下文件夹 A 和 B，也就是两个上级，表示为"../../"。在根目录下进入 B 文件夹，再进入 c 文件夹，就找到 3.html 文件，那么 4.html 引用 3.html，就形成了../../B/c/3.html 的相对路径。

其实相对路径就相当于我们已经在一个文件的位置去寻找另外需要的文件的过程，就会不断向上层目录返回，然后以最短的距离进入到其他文件夹寻找到需要的文件。这样来理解相对路径就简单很多了。

前面已经对相对路径和绝对路径做了详细的介绍，下面分析相对路径和绝对路径中哪种更好，更适合在网站中使用。

相对路径有如下优点。

（1）移动内容很容易，可以整个目录移动，而不需要改动内容里的引用路径，网站建设者可以轻松地对网站进行移动。

（2）便于网站测试，可在任意主机和目录下进行网站测试，灵活性很强。

相对路径有如下缺点。

（1）因为是文件之间相对的路径，所以引用与被引用的页面发生位置变化，必须对页面中的引用路径进行修改，否则路径就无效了。

（2）另外是相对路径的网页在被人复制或转载时不能返回正常的外部链接导入。虽然我们不能控制别人复制转载自己的内容，但是如果是绝对路径，就可以给网站带来很多外链。而相对路径却不能带来外链，对网站优化没有好处。

绝对路径的优点如下。

（1）上面已经说到了绝对路径在别人采集转载我们的内容时能给网站带来外链，增加

网站的权重，有利于 SEO。

（2）即使网页位置移动后，内容里链接到其他文件的路径依然是正确有效的。

（3）绝对路径比相对路径更规范，可以帮助搜索引擎将权重转移到规范的网址中。

绝对路径虽然有利于 SEO，但是也有如下不足。

（1）本地制作的网站需要测试和移动，所以使用绝对路径可能会有打不开的情况。不过一般在内部调用时，可以灵活替代根目录，进行这一缺点的弥补。

（2）文件移动困难，一旦移动一个网页，其他通过原来绝对路径链接到这个文件的网页都必须修改链接的路径。

其实相对路径和绝对路径并不是绝对哪种更好。只要能规范好相对路径的网址，路径层数不要太多，相对路径也并不是不利于 SEO 的。而且在网站中相对路径更简单易用，测试方便，因此也有很多网站还是使用的相对路径。如果后台程序能生成网页链接为绝对路径，也是非常好的。

3.9.4　死链文件制作及提交

1．发现死链

人工发现死链，采用 site 指令查询收录后发现死链文件，或者在访问自己或外部网站的时候发现自己网站死链文件，均要随手记下。当然人工方法只适合页面比较少的站点。

对于大站点来说显然只是一种补充方案，更好的方法是使用死链检测工具，如 Link Checkers 或者自己开发爬虫程序遍历整个网站，检测死链。

2．死链提交

百度站长工具提供了 3 种提交方式。

文件提交：提交 txt 或 xml 格式的死链文件。

规则提交：以规则形式批量提交死链，目前支持以斜杠/或问号？两种形式结尾的死链规则。

模板提交：提交站点内容死链页面的模板链接，一类内容死链只需提交一条模板链接。（详细内容参考百度站长 QA 问答规范文件 http://zhanzhang.baidu.com/college/courseinfo?id=267&page=4#h2_article_Title10）。

3.9.5　站点地图 Sitemap 的优化

1．站点地图 Sitemap 介绍

站点地图通常有三种后缀，即 xml、html、txt，包含网站上的所有链接、图片和文件的索引，并且应该具有与网站同样的结构。站点地图文件通常命名为 Sitemap.xml、Sitempa.html、Sitemap.txt 或者是 Sitemap.php，它应该放在 Web 主机的网站根目录下，以

便于搜索引擎能够直接发现该文件。比如，站点地图文件地址可能是 www.sitename.com/Sitemap.xml，sitename.com 是站长自己的域名。站点地图文件可以手动创建，不过多数情况下是借助于站点地图工具来创建，比如 WordPress 就自带有 Google 和百度站点地图插件，也可以使用免费的站点地图生成器，例如 www.xml-Sitemaps.com 或者 SitemapX。

2. 自动生成站点地图

这里以 www.xml-Sitemaps.com 为例来分步介绍如何自动生成站点地图。

（1）打开浏览器，在地址栏中输入 www.xml-Sitemaps.com，进入到站点地图生成页面，如图 3.35 所示。

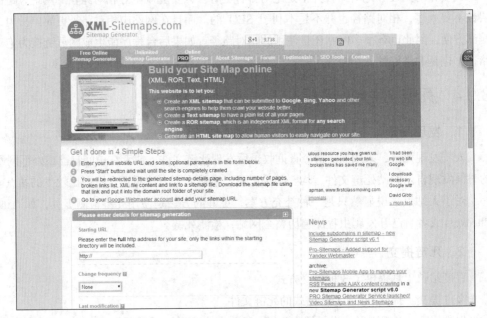

图 3.35　站点地图生成网页

（2）可以看到网页上具有 "Please enter details for Sitemap generation" 的句子，指示用户需要输入所要生成的 XML 站点地图的相关信息。其中包含如下 4 个输入内容。

- 站点的 URL：所要生成站点地图的站点 URL。
- 更新频率：网站的更新频率，比如可以是每日更新或者是每周更新。
- 最后一次更新时间：既可以选择服务器响应时间，也可以指定一个时间。
- 优先级：指定优先级选项。

单击 Start 按钮，将开始生成站点地图文件，如图 3.36 所示。

（3）生成站点地图完成后，将产生一个站点地图文件的链接，单击这个链接可以下载站点地图 XML 文件，然后将其上传到网站的根目录下，比如 www.yousite.com/Sitemap.xml，如图 3.37 所示。

图 3.36　正在生成站点地图文件

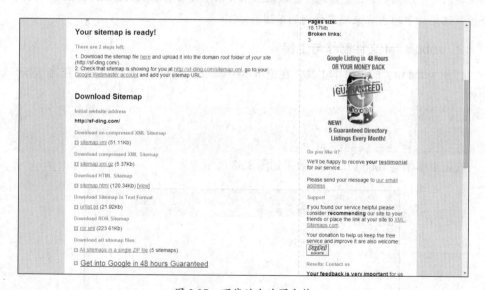

图 3.37　下载站点地图文件

可以看到在 Download Sitemap 下面有多种不同的站点地图文件，可以将所有的文件下载回来，然后全部上传到网站根目录下。

注意：谷歌站点地图文件为 Sitemap.xml 文件，而百度可提交 txt 和 xml 格式的地图文件。

3. 站点地图类型

有多种不同类型的站点地图文件可以用来创建和上传到网站服务器。这些地图文件中的每一种都可能包含特定类型的链接。XML 站点地图能够包含图片站点地图，它包含了网站上的图片链接和信息。还有一类视频站点地图、新闻站点地图和移动站点地图。站长可以上传多个 XML 站点地图文件到同样的网站根目录下，并且提交这些站点地图到搜索引擎以吸引蜘蛛。当网站更新后，站长必须也更新并重新上传站点地图文件到网站根目录下，现在有很多工具可以自动产生站点地图文件，并自动更新和提交。

3.9.6 rotbots.txt 文件的制作

1. robots.txt 文件的作用

robots.txt 文件是一个文本文件，这个文件用来告诉搜索引擎蜘蛛网站的哪些部分应该被抓取，哪些部分不用抓取。比如说，如果有很多网站源文件，抓取可能会增加服务器的负载，且会耗费搜索引擎爬虫的时间来索引网站文件。站长可以使用文本编辑器创建一个名为 robots.txt 的文件，比如 NotePad++或记事本等工具。

注意： robots.txt 实际上是搜索引擎访问网站的时候要查看的第 1 个文件，当一个搜索蜘蛛访问一个网站时，它会首先检查该站点根目录下是否存在 robots.txt 文件，如果存在就会按照该文件中的内容来确定访问的范围。

2. robots.txt 文件制作与上传

打开 Windows 的记事本工具，在记事本中添加如下代码，然后将其保存为 robots.txt 文件。

```
User-agent: *
Disallow: /video/
Disallow: /sources/sources/
```

在记事本编写 robots.txt 文件效果如图 3.38 所示。

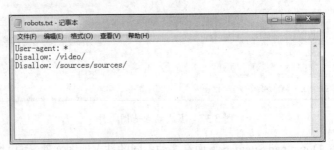

图 3.38　在记事本中编写 robots.txt 文件效果

保存好 robots.txt 文件后，将其上传到网站的根目录下，就可以控制搜索引擎蜘蛛的爬行轨迹了。

鉴于 robots.txt 中包含了很多指令，互联网上也有很多在线的工具用来生成这个文件，比如 Chinaz 的站长工具，网址为 http://tool.chinaz.com/robots/，因此上面的示例可以用这个工具轻松实现，如图 3.39 所示。

图 3.39　使用站长工具编写 robots.txt 文件

在编写完成后，单击下面的"生成"按钮，将会在页面底部的文本框控件中生成 robots.txt 文件内容，将其复制到文本文件中并保存，即可创建 robots.txt 文件，如图 3.40 所示。

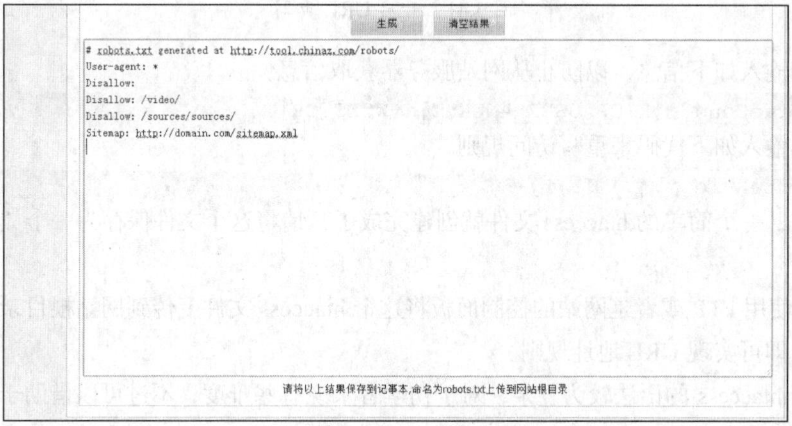

图 3.40　robots.txt 文件预览

3.9.7 .htaccess 的其他 SEO 用途

1. 防图片盗链

图片盗链是指链接到你的网站上的图片，而无需直接在自己的服务器上上传图片。这会占用你的带宽，导致服务器负载，而.htaccess 保护代码可以防止图片盗链。

2. 避免不必要的流量

可以使用 www.htaccesstool.com 网站生成 htaccess 的代码，允许阻止来自某些 IP 地址的传入流量。监控网站的统计数据，以确保没有过多的流量来自特定 IP 或网址。

3. 使用.htaccess 文件编写规则实现对 Web 服务器上的文件保护

例如，对特定访问的文件夹进行保护，并禁止来自特定来源的不速之客。可以仅将.htaccess 文件放在网站的主要文件夹下，或者是放到网站中需要应用保护的子文件夹下。虽然该文件有一个奇怪的扩展名.htaccess，但实际上就是一个文本文件，可以使用任何文本编辑应用程序创建它。

在下面的步骤中将使用 Windows 的记事本来创建一个简单的.htaccess 文件。

（1）打开 Windows 记事本，在记事本中输入 RewriteEngine On 以允许搜索引擎规则的 URL 重写，如图 3.41 所示。

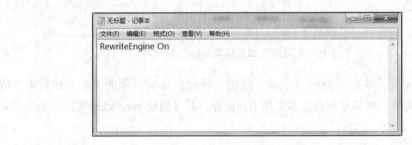

图 3.41　开启 URL 重写

（2）输入如下信息，以防止从网站服务器获取信息：

```
RewriteCond %{HTTP_USER_ANGENT} ^WGET[OR]
```

（3）输入如下代码来重写访问规则。

```
RewriteRule ^.* - [F,L]
```

至此，一个简单的.htaccess 文件就创建完成了，请将这个文件保存为一个 ".haccess" 文件。

（4）使用 FTP 或者是网站的控制面板将这个.htaccess 文件上传到网站根目录或特定的目录下，即可实现 URL 地址规则。

由于.htaccess 的语法较为复杂，对于初学者来说有些难度，不过可以借助于网上提供的可视化.htaccess 工具来创建较全面的.htaccess 文件。http://www.htaccesseditor.com/就是一个非常有用的在线.htaccess 编辑器，如图 3.42 所示。

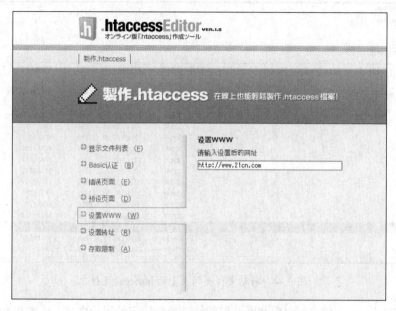

图 3.42 在线.htaccess 编辑器

在这个编辑器中，可以通过选择的方式来设置.htaccess 的选项，设置完成后，在页面底部的编辑器中就会产生文件代码内容，可以复制文本编辑器中的内容并保存为.htaccess 文件，如图 3.43 所示。

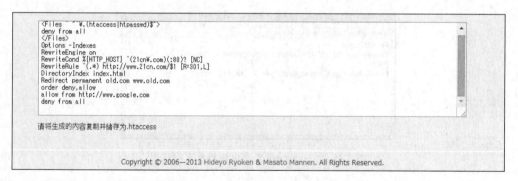

图 3.43 生成的.htaccess 文件内容

将产生的.htaccess 文件保存到网站目录就可以保护和控制网站结构了。图 3.44 是笔者使用 FTP 工具查看的网站文件列表，可以看到.htaccess 文件。

通过.htaccess 文件可以避免其他网站盗链自己的图片，以节省网站的流量。为了实现这个目的，需要添加一个.htaccess 文件，允许文件仅能够通过自己的网站访问。代码类似如下效果：

```
RewriteCond %{HTTP_REFERER} ! ^http(s)?://(www\.)?yourWebsite.com [NC]
```

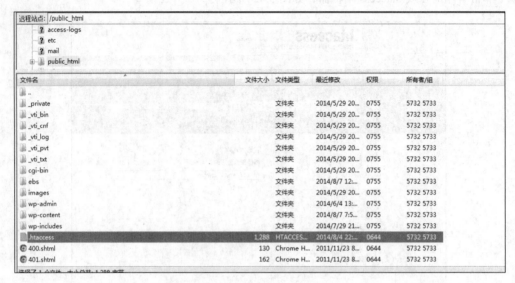

图 3.44 网站文件夹列表中的.htaccess 文件

使用.htaccess 文件也可以限制网站仅能够链接到特定的图片格式，比如在文件中加上一行：

```
RewriteRule \.(jpg|jpeg|png|gif|flv|swf) $ - [NC,F,L]
```

将第一个代码行中的 yourWebsite.com 更改为要进行保护的网址，然后将文件保存为.htaccess 文件，就实现了对图片的保护，如图 3.45 所示。

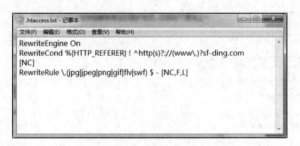

图 3.45 在.htaccess 文件中使用重定向规则

3.10 习题

一、填空题

1. 网站结构是指网站中页面间的＿＿＿＿＿＿＿＿关系，按性质可分为＿＿＿＿＿＿结构及＿＿＿＿＿＿结构。

2. 要了解互联网趋势有两个重要的工具，分别是＿＿＿＿＿＿＿与＿＿＿＿＿＿＿。

二、选择题

1. （　　）属于网站优化内容。

（A）Sitemap 优化 　　　　　（B）rootbots.txt 文件优化

（C）使用重定向优化 　　　　　（D）设计 htaccess 文件

2. 静态 URL 的特点是（　　）。

（A）静态 URL 更容易被搜索引擎收录

（B）静态 URL 更容易传播

（C）静态 URL 中的参数对搜索引擎有提示作用

（D）静态 URL 有更强的可读性

三、简述题

1. 简述网站结构的注意事项。

2. 简述选择域名的关键步骤。

3. 简述网站优化的常用方法。

第 4 章
关键词分析与优化

关键词对于一个网站来讲有着举足轻重的作用，合适的关键词会使网站更容易被搜索引擎收录，且更容易取得排名，获得流量。定位精准的关键词策略还能更好地达到建站的预期目的，比如获取有价值的商业数据、获取真实有效的注册用户等。本章就重点来介绍一下关键词的分析、拓展与优化。通过本章的学习，读者会对如何选择合适的关键词实现建站目的、如何拓展关键词及在网站中使用关键词有一个细致的了解。

本章主要内容：

- 认识关键词
- 选择关键词
- 挖掘关键词
- 网站关键词布局及表现形成

4.1　认识关键词

在使用关键词之前需要先来认识一下关键词，这是一个网站或一个页面的核心，也就是 SEO 关注的核心之一，定位精准的关键词策略不仅决定一个网站的收录、排名及流量，甚至决定了一个公司的成交额、利润及生存发展的基础。本节就先来介绍关键词的定义、关键词的选择标准等内容。

4.1.1　SEO 中关键词的定义

在使用搜索引擎时，经常会出现一个词——关键词，又名关键字或英文 Keyword。那么在 SEO 领域中到底什么是关键词呢？在搜索引擎中，关键词是指潜在用户在寻找相关信息（产品、服务或者公司等内容）时所使用的内容，即在输入框中输入的内容（见图 4.1），是对他所想要寻找的信息的概括化和集中化。而 SEO 所指代的关键词是对用户输入内容进行切词后的全部或部分，可以是任何中文、英文、数字，或中文英文数字的混合体。因此，当用户要查的关键词较为冗长时，建议将它拆成几个关键词来搜索，词与词之间用空格隔开。多数情况下，输入两个关键词搜索，就已经有很好的搜索结果。如果想更精准地确定搜索结果，将使用到后面我们将介绍的一些高级搜索指令。

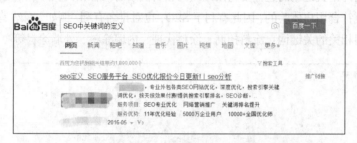

图 4.1 在百度搜索框中用户输入关键词示例

例如，用户搜索"SEO 中关键词的定义"，这个词本身可作为一个关键词，但同时经过搜索引擎的分词后会得到 SEO、关键词、定义及这些词的排列组合（见图 4.2），句中的"中"跟"的"作为停止词将被过滤掉。关键词是搜索应用的基础，也是搜索引擎优化的基础。

图 4.2 搜索引擎分词示例

对于一个公司或者企业来说，其产品名字和公司名字就是一个关键词。但是对于大多数企业网站来说，把企业名字作为关键词是远远不够的，除非公司名字很出名，像百度、阿里、腾讯那样的公司，才会有人去搜索（见图 4.3），否则用户是不会知道的。如果是一家做舆情监控的公司，那么产品的名字有时候就是最好的关键词。

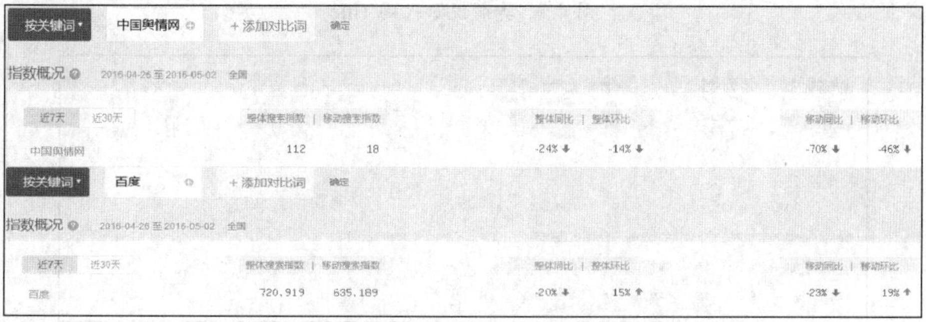

图 4.3 百度跟中国舆情网搜索指数对比

4.1.2 关键词的选择标准

关键词是搜索引擎优化的基础，那么对于一个网站来说，如何选择关键词？选择关键词要遵循哪些标准呢？大致来说，在选择关键词时可使用以下4项标准。

1. 相关性

该标准指的是关键词的选择要与网站或网页所供给的内容相关，只有相关才是既符合搜索引擎需求也符合用户体验的，因此有利于SEO，也对排名有利。例如，网站是涂料行业的，就选择和涂料相关的关键词：涂料招商、涂料代理、内墙涂料、外墙涂料等（见图4.4）。

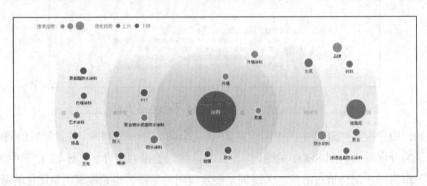

图4.4　涂料行业相关关键词百度指数需求图谱

以美丽说裤子频道为例来说（图4.5），此频道的Title是裤子——裤子单品，裤子女装，裤子服饰搭配购买——美丽说，而整个页面（见图4.6）上部分是紧贴裤子销售特征按春季新品、潮流速递、畅销热卖、经典必备4个大类及32个小类来做的分类，中部按类目、裤长、版型、裤子厚度做更详尽的分类，接下来的主体内容为裤子商品图、标题、描述及价格的橱窗展示（见图4.7）。整个页面内容与标题紧密贴合。这个页面很好地说明了什么是关键词相关性。

```
<!DOCTYPE html <!--[if IE 7]><html class="ie7 lt-ie10"><![endif]--><!--[if IE 8]><html class="ie8 lt-ie10"><![endif]--><!--[if IE 9]><html class="ie9 lt-ie10"><![endif]--><!--[if gt IE 9]><!--><html><!--<![endif]--><head> <meta charset="utf-8" /> <title>【多图】裤子－裤子单品，裤子女装，裤子服饰搭配购买－美丽说</title> <meta name="description" content="裤子是当前流行的服饰搭配元素，想要把裤子搭得漂亮，来看美丽说百万时尚网购发烧友精心挑选出的当季最流行的裤子单品、最佳搭配、购买心得、购买链接" /> <meta name="keywords" content="裤子，裤子价格，裤子女装，裤子单品推荐，裤子搭配" /> <link rel="dns-prefetch" href="http://s.meilishuo.net/" /> <link rel="dns-prefetch" href="http://i.meilishuo.net/" />
```

图4.5　美丽说源代码Title

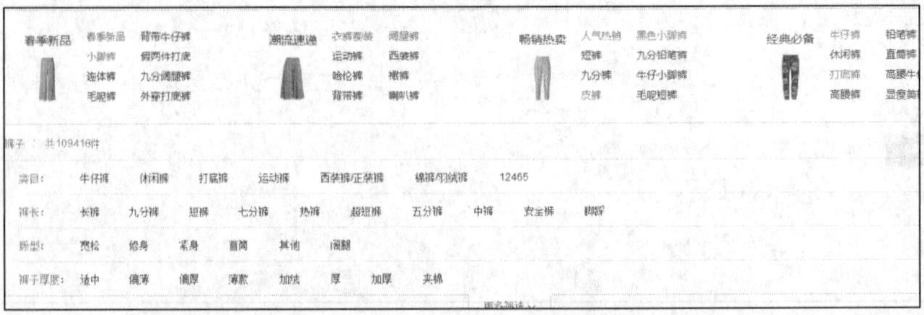

图4.6　美丽说中上部分类紧贴关键词

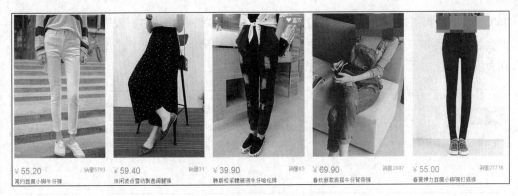

¥ 55.20　销量5793　　¥ 59.40　销量31　　¥ 39.90　销量83　　¥ 69.90　销量2687　　¥ 55.00　销量27738

简约显瘦小脚牛仔裤　　休闲波点雪纺飘逸阔腿裤　　韩版松紧腰破洞牛仔哈伦裤　　春秋新款百搭牛仔背带裤　　春夏弹力显瘦小脚裤打底裤

图 4.7　美丽说商品橱窗展示

2. 转化率

转化率指的是网站经由关键词所带来的流量并咨询转化成交的比率（如电商类网站）。实际换个说法叫商业价值，转化率越高的词代表对网站的价值越大，当然不同类型的网站对价值的定义会有所不同。

这里的转化成交可以广义理解为访客来到站点后成为忠诚用户，形成对网站的粘性，比如资讯门户新浪网；或者访客来到后注册成为会员，让网站方获取到私人信息，方便网站开展营销或实施其他行为；或者付费成为网站会员，获取更进一步服务，比如吾爱破解网，可以自由下载资源等；还有一类下载站，用户每下载一次相当于一次转化，比如百度软件中心；而电商网站，主要以出售商品作为一次转化。例如，卖手机的网站做关键词"手机"就不如"iPhone 手机"的关键词好。"iPhone 手机"就不如"iPhone6S、iPhone6PLUS"的关键词好。原因在于使用 iPhone6S 关键词搜索的用户，其购买动机相比手机更为明确，因此转化的概率更高（见图 4.8）。

时间：最近30天 地区：全国 ﹀						
按关键词▼　iphone·手机 ⊗　手机 ⊗　iphone6s ⊗　iphone6plus ⊗　+添加对比词 确定						
指数概况 ⑦　2016-04-26 至 2016-05-02 全国						
近7天 近30天	整体搜索指数	移动搜索指数	整体同比	整体环比	移动同比	移动环比
iphone+手机	74,847	55,671	-25% ↓	14% ↑	-24% ↓	24% ↑
手机	56,957	45,995	-26% ↓	16% ↑	-24% ↓	24% ↑
iphone6s	62,498	34,079	194% ↑	17% ↑	220% ↑	25% ↑
iphone6plus	16,415	15,920	-58% ↓	27% ↑	-58% ↓	29% ↑

图 4.8　iPhone 相关词指数对比

3. 搜索量

搜索量指的是用户搜索关键词的数量，这个搜索量越多越好。国内主要以百度指数或

360 指数、搜狗指数来衡量，搜索指数越高，意味着关注的人越多，人气越高，当然其价值会越大。比如"小说"这个词，百度指数如图 4.9 所示。如果把"小说"这个关键词排在百度前几位，天天都会给网站带来很多的流量。

图 4.9　关键词"小说"百度指数

4. 竞争度

竞争度指的是同类型网站在关键词上的竞争难度。竞争度越小越好，一句话：越多人做的关键词竞争度越大，同理越少人做的关键词竞争度就会越小。衡量竞争度难度的维度较多，主要有以下 5 个。

（1）指数大小。指数大小只能大体看出一个词是否被广泛关注，但不能代表它一定竞争度大或小。通常来说二者有一定的联系。

（2）收录数量。收录数量代表有多少网页参与竞争，数目越多代表你从这些网页中脱颖而出的概率越小。目前来说，大部分关键词的页面数量都达到百万千万级，数量相对较小即可认为竞争度稍低。

（3）竞价数。从竞价数可以直观地看出多少人对这个词感兴趣，同时映射出其商业价值高低。如果一个词的竞价数达到极限 10 个，那么这个词的商业价值一定是很高的，转化率很高。

（4）主域名数。主域名数实际是说一个词有多少网站在用首页来竞争排名，通常首页的权重是一个网站最高的，因此主域名越多，说明该词的竞争度越大，同时意味着该词商业价值越高。

（5）高权重知名网站数。数量越多，竞争度越大，且竞争难度越大。高权重站的二级目录都比一般小网站的权重高许多，因此避开此类竞争是小网站明智的选择。

4.2　选择关键词

前一节介绍了关键词的基本概念及关键词的选择标准，这一节继续介绍如何选择关键词。将从以下几个方面帮助你认识什么样的关键词才是我们应该选择的：对日后开展 SEO 工作提供确实可行的操作指南，符合网站定位的目标关键词、质量高的关键词、避免定位模糊的关键词以及使用更好转化效果的关键词等。

4.2.1 网站目标定位关键词

1. 目标定位关键词的定义

目标定位关键词是指经过关键词分析确定下来的网站"主打"关键词，通俗地讲，指网站产品和服务的目标客户搜索时最常使用的关键词，且最能概括网站的产品或服务，比如需要室内装修需求的客户会搜索家装、家庭装修或者室内装修等。目标关键词还需符合自身的长短期发展需求及对竞争对手的把握（见图 4.10）。

图 4.10 目标定位关键词三要素

网站目标定位关键词是网站计划的一部分，是关键词计划中最重要的部分，一般这类词是网站优化目标达到最大的反映，是最能概括网站内容的关键词。例如，销售鞋子的网站名鞋库 http://www.s.cn，它使用的核心关键词是"网上鞋城"、品牌词"名鞋库"等，网上鞋城是该网站的目标定位。

2. 首页目标关键词跟栏目页、详情页的区别

一般来说，供整个网站选择的目标关键词会有很多，但这些关键词不可能都被选择或集中到首页上进行优化，因此根据 4.1.2 节的关键词选择标准及本节首页关键词的选择三要素选择合适的词用于首页，其他词可合理地分布在整个网站中，形成金字塔结构。难度最高、搜索次数最多的两三个核心关键词放在首页，即本节开篇所说的目标定位关键词；难度次一级、数量更多的关键词放在栏目首页或分类首页、专题页面、特定优化页面，即数量相对较多的围绕核心词的多个短尾词；难度更低的关键词，数量更为庞大，放在具体产品或文章里面，形成数量庞大的长尾页面（图 4.11）。

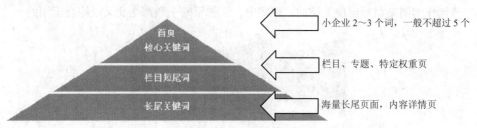

图 4.11 全站关键词金字塔结构

3. 目标定位关键词选择原则

每个网站都有市场定位，针对搜索引擎来说，其市场定位往往反应在网站的主关键词或核心关键词上，也就是网站的目标定位关键词。目标定位关键词的选择一般发生在网站计划时期，这些词通常是网站以后规划内容的中心，体现了网站的根本利益，所以通常在网站主页使用。网站目标定位关键词，一旦确定一般是不会轻易改变的，所以关键词范围是比较大的。例如，名师堂网站 http://www.mstxx.com 的关键词"成都名师堂""成都中考补习"等。

由于是首页推广的关键词，因此在选择关键词的时候并不需要过多地考虑指数和竞争的问题，因为通常首页的关键词不能经常变化，所以可以前瞻性地选择，考虑到以后网站做大以后面对的竞争和网站的总体目标，来确定网站主要关键词，也就是目标定位的关键词。这些词体现了网站的未来目标，所以不能因为网站刚起步就避免风险，选择竞争较小的关键词，这不是网站的优化目标，并且在网站优化过程中更改主关键词将浪费外链优化的锚文本链接，对网站非常不利。

网站目标定位关键词通常是网站首页的几个优化关键词，也就是主关键词，所以在选择时，要选择行业覆盖广泛的一类关键词，即图 4.11 金字塔顶端的第一类关键词，网站的目标定位关键词可以选择销售类或行业类，如"网上鞋城"、品牌类，"名鞋库"、流量类等。

所以选择网站目标定位关键词的参考依据是网站长期目标，而不是避免竞争的关键词。很多专门从事 SEO 代理的公司会通过改变网站目标定位关键词降低优化难度，用户因此就会被误导，从而选择网站定位不准的关键词。这类关键词可以参考竞争对手的进行选择，可以与竞争对手的关键词相同，也可以选择符合自己网站发展目标的关键词。

4. 基于不同策略的目标关键词选择

选择目标关键词是基于网站主的运营策略及运营目标和计划的（见图 4.12）。如果是以品牌为主的策略，就要力推品牌词，经过较长时间及较大力度的曝光后，形成品牌，推动品牌词指数的上升，并在用户群中形成品牌效应。如果以产品销售为导向的，则要选择可能带来直接转化的销售词，经过一段时间的 SEO，实现网站盈利目标。若以建设流量平台为主的策略，则应使用高流量的词，进而通过排名实现流量导入，值得注意的是，因为流量词过大难度也就很大，对于短期获得流量不利，如网站不能直接用"新闻""资讯""游戏"等词作为网站目标定位关键词。现实中，三种策略一般都是交叉或综合运用的。

图 4.12　基于不同运营策略的目标关键词选择

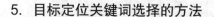

5. 目标定位关键词选择的方法

一是网站的目标定位，在计划建设网站的时候，希望网站做什么行业，达到什么目的，将这些构想组合成网站的目标定位关键词，如一个网站的定位是做建材行业平台，暂时不考虑品牌，那么网站的主关键词就可以是"建材网""建材市场"；二是网站竞争对手的关键词挖掘，竞争对手和自己有共同的利益，所以其主关键词也对自己网站确定主关键词有帮助，一般只需要打开竞争对手主页的源代码，查看 Title、Description、Keywords 元标签，然后记录下对方的主要关键词即可。例如，安趣网的定位关键词代码如下：

```
<Title>安趣 – 智能数码第一门户</Title>
<Meta name="Keywords" content="安趣,安卓,IPHONE,手机游戏,手机软件下载,苹果官网,4S 报价评测,苹果 5 什么时候上市" />
<Meta name="Description" content="安趣,智能手机数码第一门户。安卓手机资源、iPhone 手机精彩的手机游戏下载、手机软件下载,苹果官网 iPhone6、iPhone6s 手机报价,安卓手机评测、苹果 iPhone 手机评测,以及苹果 8 什么时候上市的新闻。包罗万象的手机精品网站,等您加入收藏！" />
```

可以挖掘出"手机游戏""手机软件下载""6s 报价评测""苹果 8 什么时候上市""安卓手机评测"等主关键词。

经过筛选整理出符合网站目标的主要关键词，在主页上布局不要超过 20 个主关键词，尽量选择简短但范围不过大的主关键词，而对于大多小企业站来说对长远并无规划，首页使用不超过 5 个词集中权重来优化会更加符合企业利益。

4.2.2 质量高的关键词

无论是流量型、销售型、品牌型中的哪种类型关键词，都有一个共同的特点，就是质量高。选择质量高的关键词，可以使推广更准确、资源分配更合理、效果更好。什么是高质量的关键词呢？由于每个网站的优化目标不同、关键词类型不同，因此质量的标准也是不统一的。

（1）流量型的高质量关键词一般是搜索次数高、相关网页少、高权重网页少、竞争网页匹配度低的关键词。

搜索次数可以通过查询指数和热度来体现，通常指数达到数千即为关键词搜索次数高（见图 4.13）；相关网页的数量直接查看搜索结果数量即可，通常关键词的搜索结果在 100 万以内都是比较少的（见图 4.14）；搜索结果中第一页权重超过 5 的网站数量比较少，一般即可认为该关键词高权重的网页少，权重可使用站长工具（http://tool.chinaz.com）查询（见图 4.15）；竞争网页匹配度低（见图 4.16），通常表示网页标题中与搜索词完全匹配的数量不多，通常是有多个不完全匹配的搜索结果，代表该关键词优化较少，竞争较小。

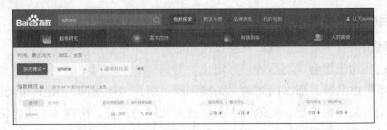

图 4.13　指数达到数千即为关键词搜索次数高

图 4.14　搜索结果在 100 万以外都是竞争激烈的

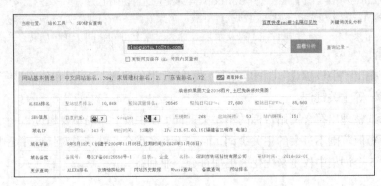

图 4.15　爱站工具查询的权重结果

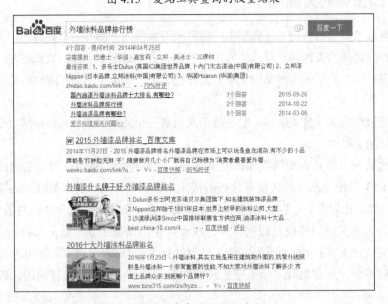

图 4.16　竞争网页匹配度低

（2）销售型的高质量关键词除了要具有流量型高质量关键词的特点，还要求关键词的相关性高、购买意向突出。

关键词相关性高是从网站自身来说的，一般情况下，与网站主题相关的关键词为高质量的，如网站为销售图书的，选择关键词"图书商城"比"篮球鞋品牌"更相关，不仅能获得较好的排名，而且即使网站通过"篮球鞋品牌"获得用户单击，用户也不会购买网站中的图书，所以这是低质量或者没有意义的关键词。

购买意向是否突出对销售型网站的转化率至关重要，一般会通过用户搜索词看出购买意图，用户查询具体型号、价格、商家、促销、活动等类型的关键词，都是购买意向突出的，如关键词"SEO搜索引擎优化实战详解价格"就比"SEO搜索引擎优化实战详解"的购买意图突出，因为搜索"SEO搜索引擎优化实战详解"的可能只是为了在网上看一下这本书的内容或者资料，而搜索价格的用户，通常是希望购买的。

（3）品牌型的高质量关键词是非常特殊的，这跟自己的品牌有关，与搜索次数和相关网页数等因素没有关系，品牌关键词应该包含品牌全称、品牌词的扩展、品牌词的相关写法、品牌词英语或拼音等。例如，网站 http://www.mstxx.com 的关键词"名师堂""名师堂官网""明师堂""mingshitang"等，分别代表全称、扩展、相关写法、拼音等品牌关键词写法，其中的相关写法"明师堂"是有时候用户最常出现的关键词错误输入，经常会有这样的情况发生，对于大网站来说流量不可小觑，比如腾讯被错误输入为腾迅（见图4.17）。品牌关键词可以衍生很多，从质量来说，品牌名的全名及扩展是最准确的，用户的信任度最高，质量也是最好的。

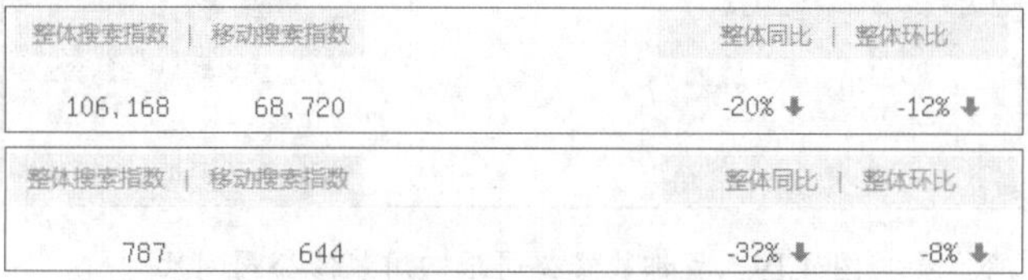

整体搜索指数	移动搜索指数		整体同比	整体环比
106,168	68,720		-20% ↓	-12% ↓

整体搜索指数	移动搜索指数		整体同比	整体环比
787	644		-32% ↓	-8% ↓

图 4.17　品牌词腾讯与错误输入腾迅指数对比

所谓好钢用在刀刃上，高质量的关键词就是好钢，网站优化就是刀刃，高质量的关键词能让网站优化更有效率、更节约资源，效果也是最好的。

4.2.3　避免定位模糊的关键词

利于网站优化目标的关键词有很多，而定位模糊的关键词则不利于优化目标。

定位模糊的关键词一般是过于宽泛和定位不准的词，这类词通常竞争较大、优化难度大、转化率低，是网站优化中应极力避免的词。

关键词过于宽泛，通常指超过网站的目标需求，竞争和优化难度大。如烹饪培训学校，使用"烹饪"为关键词（见图 4.18），那么关键词就过于宽泛了，优化难度很大，而且转化率是非常低的。所谓宽泛是指所选择的关键词远远大于网站所能提供的产品或服务，作为烹饪培训学校来说，所能提供的服务就是与烹饪相关的培训，八大菜系、西式糕点或者韩式日式料理培训，都在其范围之类，但是若使用烹饪作为主关键词，则会涵盖意图了解烹饪知识、搜索菜谱等比较宽泛的人群，虽然他们也可能是烹饪培训的潜在用户，但是基于提高转化达到盈利的目标来说则显得过于浪费资源、成本高昂。

整体搜索指数	移动搜索指数		整体同比	整体环比
708	473		-8% ↓	-13% ↓
84	8		-48% ↓	-7% ↓

图 4.18　烹饪和烹饪培训学校百度指数

关键词定位不准是指关键词与网站定位有一定出入或偏差，不能准确表达网站的利益需求。例如，成都的装修公司网站，如果选择"四川装修公司"作为关键词（见图 4.19），那么关键词就定位不准确，转化率就不如成都装修公司高，而且浪费了资源。这个定位具体说来是公司的市场定位，作为成都的装修公司来说，基于成本或者熟悉度、资源调动等方面考虑，绝大部分客户会集中在成都以内，而不会考虑宜宾市、泸州市等较远市区的客户。而使用四川装修公司获得排名后，肯定会有其他地方的客户询盘，造成资源浪费。

整体搜索指数	移动搜索指数		整体同比	整体环比
731	221		-15% ↓	-17% ↓
27	0		-20% ↓	-37% ↓

图 4.19　成都装修公司跟四川装修公司对比

所以选择关键词时，避免定位模糊的关键词是重要准则，而定位清晰的关键词就是目标明确、定位精准的词，优化难度小，转化率高。在深入了解自身所能提供的产品或服务范围即精准的市场定位的前提下选词即可做到不偏不倚。

4.2.4　更好转化效果的关键词

网站关键词可以有很多，很多关键词都或许是一次性的，也就是一个用户通过搜索来到网页一般都是一次性的，获得了需要的资源，就不会再来了。这样的关键词持续性较差，质量也就相对较低，而此类关键词之外，转化效果更高的关键词能将用户留住或者购买产品，网站流量能获得持续维持，这样的关键词质量就较高。

转化效果好并不完全是网站要销售产品，如 4.1.2 小节关于转化率这一段所说，转化效果是指网站留住的用户，如注册成为会员或者成为网站的老访客，这也属于网站的关键词转化。例如，某网页关键词"名师堂论坛注册"，用户通过这类关键词进入网站，一般都是带有多次进入网页的意愿，所以这类词的转化效果很好，也是高质量关键词的一种。

当然，用户搜索这类词本身就带有强烈的转化意图。这就要求网站本身用户的认知度比较高，所以这类高质量的词比较少。

总结来说，转化效果好的关键词一般具有以下一些特征。

- 访客通过关键词的抵达，较其他关键词更好地符合网站运营目标。
- 这类关键词的访客意图较其他关键词更为明确。
- 网站运营者更能从此类词出发组织较为充分满足用户需求的内容。
- 此类关键词通常是意图性较强的长尾关键词。

4.3 挖掘关键词

关键词是网站优化的基础，好的关键词能让网站优化的效果更好，上一节对高质量的关键词进行了分析，并理清了什么是模糊和定位不准的关键词，从而掌握了应该如何选择转化率高的关键词方法及策略。本节将向读者介绍多种挖掘优质关键词的方法，从而为网站优化操作提供支持。

4.3.1 分析同类网站

网站关键词的挖掘方法很多，其中挖掘同类网站关键词的方法，无论是在制定关键词计划还是在后面的实际优化操作中都是一个最省事最有效的参考方法。

相比其他方法更为高效，只需要利用网站关键词分析工具，如百度权重工具，将竞争对手的关键词提取出来，速度快、使用方便简单；相比其他方法更为准确，通过工具查询的关键词一般都是用户真实搜索的词，很少存在无效或者无人搜索的词；相比其他方法更有竞争力，可以通过分析同类网站关键词的排名、关键词搜索量、网站的权重找出自己可使用的具有竞争力的关键词。

分析同类关键词时，先将同类网站筛选出来，然后利用网站关键词工具分析网站有排名的关键词，例如使用站长工具（http://baidurank.aizhan.com/baidu/www.51wan.com/）的百度权重查询，分析网站 http://www.51wan.com 的关键词，并记录下网站的关键词数据，包括指数、排名、收录量、网页标题。图 4.20 所示是 51 玩的百度排名关键词，其中 51 玩的排名较低、收录量小、网页也不是首页的关键词，自己网站进行推广一般能带来较好的流量，如"仙魔令""飙车 2""高达网页游戏"等关键词，都是能挖掘的关键词。

目录(大约词数)	关键字	排名 ≑	(PC)搜索量 ≑	收录量	网页标题
/ /z/	仙魔令	第4页 第3位	76	78700	《仙魔令》炼魂简单攻略,51wan网页游戏_网页游...
/photo/ /hall/	飚车2	第4页 第3位	73	37600	51wan网页游戏_网页游戏大全
/ph/ /rxsg/	高达网页游戏	第4页 第3位	68	1170000	《SD高达OL》游戏产品测评,51wan网页游戏_网页...
/zt/ /hw/	好玩的免费网络游戏	第4页 第3位	62	15800000	好玩的网页游戏_2014免费好玩网页游戏大全_免费...
/bagua/ /video/	坦克大战online	第4页 第3位	56	1220000	51wan网页游戏 >> 网页游戏 >> 坦克大战on...
/2012/	胖兔子粥粥	第4页 第3位	53	53100	胖兔子粥粥生活感悟漫画图片_51wan网页游戏_网...

（PC端 / 移动端，导出Excel / +添加新词）

图 4.20 51 玩的百度排名关键词

4.3.2 搜索引擎提示

当用户搜索某个关键词时，搜索引擎会在用户输入的同时弹出关键词提示框，对关键词进行提示。例如，图 4.21 所示为百度搜索关键词"论坛"，弹出提示框提示用户搜索词的相关长尾关键词。另外，搜索引擎还会在搜索结果页面底部提示相关搜索词。图 4.22 所示为百度搜索"论坛"结果底部的相关搜索词。

图 4.21 百度搜索提示框   图 4.22 百度搜索结果底部相关搜索词

其他搜索引擎也都有这一提示功能，利用这一方法挖掘的关键词都是用户经常搜索的关键词，相对于其他方法，这种挖掘方法更真实准确。

挖掘这类相关的搜索词，可以用于同一个网页的多个相关关键词，可提高网页关键词的相关性，对排名有一定的帮助。

4.3.3 长尾关键词工具挖掘

一个网站要获得大量的流量，光靠网站首页和栏目页的有限关键词往往不够，而相对无限的长尾关键词是网站流量最重要的组成部分。无论网站的大小或者网站的主要关键词排名如何，都需要长尾关键词的流量，才能构成网站的巨大流量。

长尾关键词主要布局于网站内页。从网站的内页数量来看，需要的长尾关键词非常多，所以挖掘大量的长尾关键词就成了十分重要的工作。

挖掘长尾关键词的方法很多，最常用的是利用长尾关键词挖掘工具对一个选定的关键词进行不断的扩展，然后生成目标关键词的各种长尾关键词。图 4.23 所示为用追词助手查询"成都中考"的长尾关键词。

#	关键词	搜索量	百度收录	百度推广	谷歌收录	P指数
1	成都中考	83	5200000	0	5830000	中等
2	2013成都中考	53	3790000	0	44600000	中等
3	成都中考网	311	1780000	0	636000	中等
4	成都中考时间	69	1310000	0	537000	易
5	成都中考数学	9	1940000	0	700000	易
6	2012成都中考	37	8210000	0	600000	中等
7	2013成都中考	0	3630000	0	904000	中等
8	2013成都中考	0	3720000	0	566000	中等
9	成都中考分数线	28	11100000	0	457000	中等
10	成都中考录取	1	6990000	0	526000	中等
11	2013成都中考	0	3990000	0	679000	中等
12	2008成都中考	0	10900000	0	156000	中等
13	成都中考招生网	3	19200000	0	545000	中等
14	成都中考试题	4	57100000	0	1850000	中等
15	2012成都中考	0	4990000	0	487000	中等
16	2013成都中考	0	31600000	0	607000	中等
17	成都中考时间2	0	687000	0	522000	易
18	成都中考数学	3	10200000	0	652000	中等
19	成都中考成绩	0	3960000	0	619000	中等
20	成都中考报名网	3	1180000	0	701000	易
21	成都中考政策	0	1390000	0	1240000	易

图 4.23　用追词助手挖掘长尾关键词

相比其他挖掘方法,这种挖掘长尾关键词的方法有速度快、范围广、数量多的特点,一般输入一个短关键词,如网站的主关键词,然后只需要使用软件不停地挖掘,即可导出为 Excel 表格,在日常优化中效果非常好。但是需要注意的是挖掘结果中,有很多无关长尾关键词,这些词在制定关键词的计划时应该被删除,同样筛选出较好的长尾词,为网站的日常优化工作做铺垫。

4.3.4　八爪鱼联想挖词法

针对网站已经挖掘好的关键词,可以基于主观经验和八爪鱼联想挖词,将关键词结合地域、领域、品牌名、型号、产地、质地、特点、功能、服务方式、企业性质、商业模式、搜索意图等进行各种拓展、变形和组合,获得更贴合搜索用户思维的关键词。

1．利用主观经验对关键词变形

这种方法的原理是挖掘关键词时,想象用户搜索这一问题时还会以怎样的形式输入关键词,可以是不同形式或者是这些关键词的不同组合。

例如,关键词"计算机中级职称考试"可以组合为"中级计算机职称考试""职称计算机中级考试"等关键词。这样在同一个网页中,这几个关键词不仅可以提高网页的相关性,还有利于用户搜索其中任何一个关键词都能来到网页。网站 bj.xhd.cn 就是同时布局这几个关键词的变式,其 Meta 标签代码如下:

```
<Title>北京新航道官网—专业的雅思、托福、SAT、ACT、外教口语、个性化英语培训学校
</Title>
<Meta name="Keywords"
content="雅思, 雅思培训, 托福, 托福培训, SAT, SAT 培训, 剑桥青少英语, GRE, GRE
培训, 新航 道" />
<Meta name="Description"
content="北京新航道官网: 北京新航道是中国英语培训领导品牌, 被评为全国培训类十大知
名学校。开设雅思、托福、SAT、AP、剑桥青少英语、GRE、考研英语、外教口语、少儿英语、英
语一对一、听说读写全能班, 创立全国连锁教学品牌。经数据比较新航道学员占考生比例高达 80%
之多, 欢迎您报名学习, 热线: 010—82533761" />
```

当用户搜索这几个关键词时, 如果排名靠前, 则可以依靠这几个关键词带来一定搜索量。而关键词的不同形式还可以是同一个事物的不同名称, 如"搜索引擎优化"和"SEO""论坛"和"BBS"等, 这些词都是不同形式的关键词, 占关键词的很大比例, 应好好利用。基于效率考虑经验拓词只能作为在其他拓词之外的一种补充办法, 并不能作为主流拓词方法。

2. 八爪鱼拓词法

八爪鱼拓词法是基于经验拓词之上的基于八爪鱼图进行的定向拓词, 跟脑图的联想法类似, 如图 4.24 所示。

地域、领域拓词, 即将拓展出来的关键词前后或者中间插入诸如北京、武汉甚至可具体至通州区这样的地域词, 组成武汉托福培训、北京通州私家侦探这样的短词, 用于获取大量竞争小的词的排名。领域拓词是指插入行业属性词, 比如从事一种专门活动或事业的范围、部类或部门, 双眼皮整形、整形即属于领域词。

品牌、型号拓词即将拓展出来的关键词插入品牌、型号等描述词, 比如象牌保温杯、康佳 LED42E330CE。

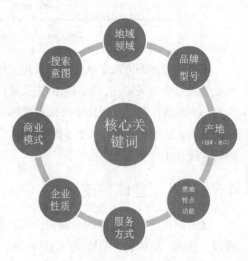

图 4.24 八爪鱼拓词法

产地词包括国家、地区或者省份等。

质地指皮制、人造革、陶瓷等这类词或者高硬度、纯金等质地词, 用于描述产品或服务; 特点比如耐水洗或者防辐射这类词; 功能比如描述 iPhone 的 1300 万像素后置镜头等。

服务方式词如上门服务、货到付款等。

企业性质词如民营、股份制等。

商业模式词如快销、加盟、批发等。

搜索意图词如怎么办、为什么、哪里有、技巧方法等。

八爪鱼拓词法是对用户搜索习惯及产品或服务可具有的其他附加属性相结合形成的一种基于发散联想的人工拓词方法。

4.3.5 问答平台的提问提炼

问答平台是用户寻找信息经常去的地方，因为问答平台通常是用户自助模式，也就是用户之间的互助，用户解决其他用户的问题，很多人对这类答案更为放心，所以使用的人非常多。用户在问答平台会对自己关心的问题进行提问，而这些问题的浏览量越大，说明关心这个问题的人越多，也就是更多的人会搜索这个问题，这样就可以提炼这些问题的关键词，进行有针对的关键词优化。

挖掘问答平台的关键词，例如，在百度知道平台搜索一个短关键词，可以像挖掘长尾关键词一样，搜索用户的提问。图 4.25 所示为在百度知道中搜索问题中包含"职称计算机"关键词的相关提问（注意使用高级指令（英文状态下双引号）能使搜索结果更准确）。

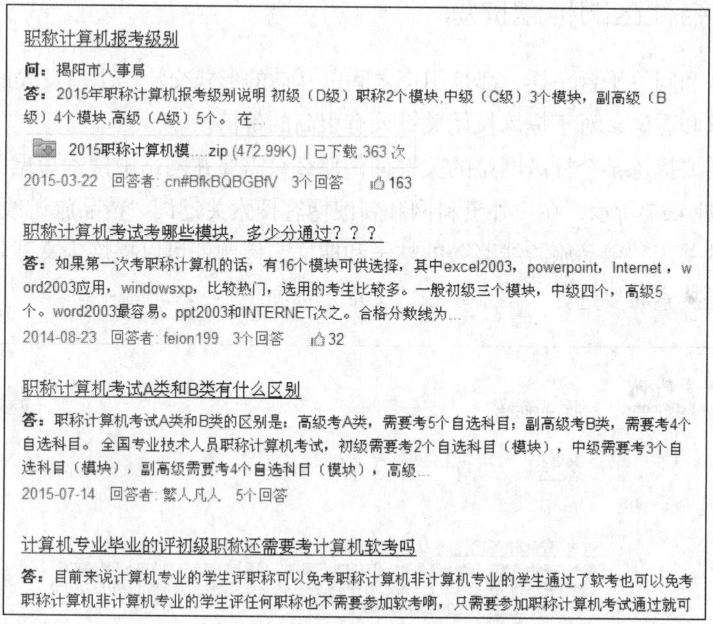

图 4.25 百度知道挖掘长尾关键词

然后将挖掘到的关键词形成表 4-1 所示的"职称计算机"长尾关键词表，表中包含挖掘的长尾关键词、提问时间、浏览次数、发布文章 URL、是否收录、排名这 6 项内容。挖掘的长尾关键词通常要进行加工，因为有的人提问很长，需要提取问题中的关键词作为长尾关键词，浏览次数显示了问题的受关注程度，而后面三项则是在自己网站建设关键词文章的记录、搜索引擎收录以及排名情况。

表4-1 "职称计算机"长尾关键词表

	长尾关键词	提问时间	浏览次数	发布文章 URL	是否收录	排名
1	职称计算机考试考哪些模块，多少分通过？	2014-8-23	2871			
2	计算机初级职称	2015-7-29	27604			
3	职称计算机考试有什么用	2012-7-25	5692			
4	职称计算机模块怎么选择	2011-5-11	10718			
5	职称计算机考试有用吗	2012-3-12	1610			
6	河北职称计算机考核成绩有效期	2012-7-3	6850			

其他问答平台的挖掘方式一样，同样是搜索相关搜索词的问题，并提取其中的长尾关键词。如果要同时挖掘很多问答平台的长尾关键词，可在搜索引擎中使用命令：intitle:待挖掘的关键词 inurl:zhidao.，可以挖掘多个平台的信息，其中"zhidao."可以用"wenda"替换。

4.3.6 网络社区的标题提炼

网络社区和问答平台一样，都是用户之间以互动的形式交流。用户发表的意见一般代表用户的需求和看法，对于提炼长尾关键词有很高的价值。

如果只需要提炼某个社区网站的关键词，那么只需要在网站中搜索短尾关键词即可。如图4.26和图4.27所示，在户外资料网和新浪博客搜索关键词"精品旅游线路"，就能获得用户发布的关于"精品旅游线路"的帖子和博文，标题就可以提炼为文章长尾关键词，需要注意的是搜索时要选择"帖子"和"文章"选项。

图 4.26　论坛挖掘长尾关键词

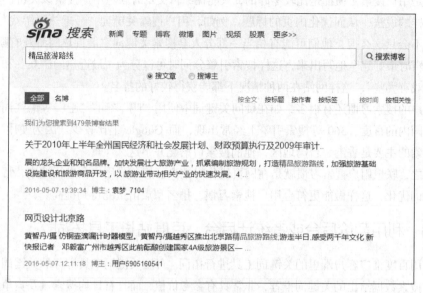

图 4.27　博客挖掘长尾关键词

将上面搜索到的文章标题提炼出来，获得网站内页的长尾关键词，同样建立表格如表 4-2
所示。

表 4-2　社区长尾关键词表格

	长尾关键词	发布时间	发布文章 URL	是否收录	排名
1	韩国丽水精品旅游线路	2016-12-17			
2	雅安精品旅游线路推荐	2016-01-06			
3	四川灾区新貌精品旅游线路推荐	2016-12-09			
4	沈阳精品旅游线路推荐	2016-06-15			
5	库尔勒精品旅游线路	2016-06-14			

同问答平台一样，挖掘的关键词通过表格记录下来，并用于发布网站文章，这里表格
项目和问答平台的差不多，通过挖掘的这些长尾关键词使网站获得更多的流量。

4.3.7　用户搜索习惯

在发布网站内页文章的时候，很多 SEO 人员会非常注重文章的标题，希望标题能更
符合用户的搜索习惯，以获得更高的匹配度，从而得到较高的排名。

但是用户搜索习惯都是比较零碎的，只能在编辑文章时联想用户搜索该关键词时会使用什么样的说法，从而优化内页的标题。例如，用户搜索关键词"最近热门游戏"，但是很多人不会只这么搜，他们可能有相当一部分人会搜索关键词"最近热门游戏有哪些"。所以编辑时最好完全地写出来，这样搜索引擎分词时可以分为"最近热门游戏"和"最近热门游戏有哪些"，这样网站在两种情况下都能获得较好的排名。

用户的搜索习惯还有很多，如在疑问关键词中使用"吗""啊""吧"等语气词，这一特点在国内的百度、360等搜索引擎上经常出现，而Google上比较少。因为使用Google中文搜索的主要是香港、台湾地区，他们搜索口语化并不这么严重。

总之，联想用户搜索习惯就是在网页优化时把自己想象成用户在进行搜索，帮助网页的关键词优化，这样做能更符合用户搜索习惯，排名和点击量能得到提高。

4.3.8　利用竞价后台或者统计后台、百度站长工具拓词

利用百度推广客户端里的关键词工具进行拓词。百度关键词工具推荐的关键词是基于其海量搜索数据给出的关键词推荐，非常具有参考价值，而且有日均搜索量及竞争度的参数提供，方便站长做关键词选择评估，如图4.28所示。

百度统计后台（tongji.baidu.com）的来源分析——搜索词一项记录了真实访客的搜索记录，这是最真实贴合网民需求的词，非常具有参考价值，如图4.29所示。

图 4.28　利用百度推广客户端提供的关键词工具拓词　　　图 4.29　百度统计后台用户真实搜索关键词

百度站长后台（zhanzhang.baidu.com）的优化与维护——流量与关键词同样记录了访客近段时间的访问记录、使用搜索词的习惯。当然，以上3种利用百度工具方法的前提是竞价得有推广账户，百度统计及百度站长后台得有站点记录或者有其他同行的数据记录，此方法才实用，如图4.30所示。

关键词	点击量	展现量	点击率	排名	详情
北京私家侦探公司	5	75	6.67%	17.5	查看
北京要账公司哪家好	3	22	13.64%	30	查看
北京调查公司	3	21	14.29%	20.9	查看
北京要账公司	1	542	0.18%	35.3	查看
北京要账	1	12	8.33%	24.2	查看
北京私家侦探	0	74	0.00%	17.2	查看
北京婚姻调查	0	47	0.00%	10.1	查看
北京婚姻调查55川	0	21	0.00%	3	查看
北京找人公司	0	12	0.00%	78.5	查看
site:www.360hx.com.cn	0	10	0.00%	5.5	查看
专业要账	0	9	0.00%	6.9	查看
北京寻人公司fahaola	0	9	0.00%	46.1	查看

图 4.30　百度站长后台流量与关键词工具

4.4　网站关键词布局及表现形式

分析给予网站定位后建立网站并筛选关键词就已经形成网站优化的准备工作，然后就是正式的关键词布局和表现形式分析了。这一分析过程是网站优化的基础，使优化操作工作更有序开展。本节就网站关键词如何布局更有利于优化、什么样的关键词表现形式对排名更有帮助这两个主要的问题进行分析介绍。

4.4.1　分配技巧

关键词推广是有一定策略的，这种策略主要是根据关键词的不同重要级别来决定，正常的关键词布局是在网站中，关键词以树状形式分布在网站不同级别的网页上。

树形关键词的分布主要是根据网站的页面级别与关键词级别的对应关系分布，简单地说就是流量大、转化率高、品牌类的关键词，这类关键词比较少，利用权重最高的首页进行推广；而转化率和流量更低的关键词数量较多，流量相比长尾关键词更大，可以利用权重相对高的栏目页进行推广；长尾关键词的流量和竞争都是较低的，但是数量是最多的，所以用权重最低数量最多的内页进行推广。最后，由于网页数量与层级的差异，形成一个树形的关键词分布。图 4.31 所示为关键词的树状分布示意图。

例如，某新闻网站主要关键词是"新闻网"，次要关键词即栏目页的关键词为"时政要闻""社区新闻""财经新闻""体育新闻""数码资讯""娱乐新闻""军事新闻"等，然后栏目页下就是数量巨大的长尾关键词的新闻文章页。

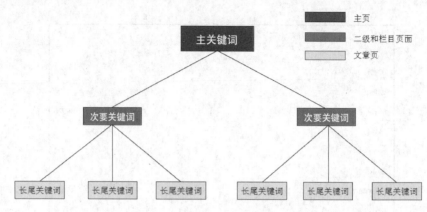

图 4.31　关键词的树状分布示意图

网站整体的关键词分布有的使用树形，有的使用相对扁平的分布形式，如瀑布流等类型的网站，但主要以树形分布。

树形分布关键词可以有效利用网站页面的权重，高权重的网页推广高指数高竞争的关键词，低权重的网页推广低指数的关键词；另外，树形分布关键词避免了关键词的混乱，有序的关键词分布可以使网站更有条理，对用户和搜索引擎都能留下好印象，更方便地寻找到需要的网页；最后，树形关键词防止了内部关键词的竞争，内部页面与关键词进行对应，避免了多个页面使用相同关键词的情况，防止内部页面竞争同个关键词的外链资源和排名。

网站整体关键词分布以树形分布，而分配到页面的关键词应以相关性为依据，也就是相关的关键词分配在同一个页面。

通常栏目页和文章页的关键词都有一定的范围和倾向性，比如数码网站的手机栏目或二级域名，通常的关键词就会是"手机""手机报价""手机大全""手机评测""手机行情"等，这些关键词都是手机范围的，不是笔记本、摄像机等数码产品，所以就都应该分配相关性强的关键词。相关性最紧密的是文章页，通常文章页的关键词就几个，而且都是围绕一个关键词扩展或者变形产生的。例如，某网页的关键词都是围绕"吞食天地时空之轮 v1.5攻略"扩展的，代码如下。

```
<Title>吞食天地时空之轮 v1.5 国庆版攻略及隐藏英雄密码_游戏攻略_甘蔗网页游戏平台
</Title>
    <Meta name="Description" content="吞食天地时空之轮 1.5 隐藏英雄密码游戏攻略">
    <Meta name="Keywords" content="吞食天地时空之轮 v1.5 攻略,吞食天地时空之轮
v1.5 国庆版攻略,吞食天地时空之轮 v1.5 隐藏英雄密码">
```

4.4.2　关键词在页面中的布局

关键词在网站的整体布局决定了网站关键词的容量和整体流量，关键词在页面的布局决定了网页的排名和点击量。

关于页面中关键词布局问题，首先要了解网页哪些地方可以出现关键词，一般情况我们首先想到的是网页 Title、Keywords、Description 元标签，当然这是必须要有关键词的地方；正文中的关键能获得搜索引擎更高的权重，因此尽量在正文内容的开头、文中、结尾都有关键词的分布，如果是主页或者栏目页，各板块的标题关键词也可以提高网站的相关性；另外，网页的其他内容并不是浪费的，一般面包屑导航中的关键词、周围相关网页板块的关键词、图片 Alt 属性中的关键词、其他超链接中的关键词等都能在网页内提高关键词相关性。例如，某网站的一个文章页中关键词为"广西职称计算机考试多少钱"，其源标签代码如下。

```
<Title>广西职称计算机考试多少钱价格-博大考神</Title>
<Meta name="Keywords" content="广西职称计算机考试价格,广西职称计算机考试多少钱"/>
<Meta name="Description" content="广西职称计算机考试多少钱?考生报名时须交报名费每人10元,考试费每个模块65元." />
```

这个网页的元标签都含有关键词"广西职称计算机考试多少钱"，并且网页正文中关键词也有出现。图 4.32 所示为该文章的正文内容的关键词。关键词还出现在正文的锚文本中，首页关键词和栏目页关键词也有布局，并以锚文本形式进行链接，以提高首页和栏目页的关键词排名。

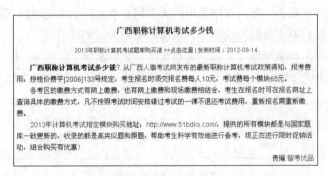

图 4.32　页面正文内容的关键词

网页内其他地方也需要布局关键词，例如面包屑导航、相关板块的关键词等。图 4.33 和图 4.34 所示分别为该网页的面包屑导航和相关板块的关键词，同样该网站在这两个地方也出现了关键词。

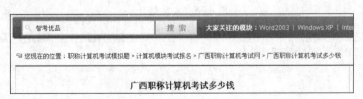

图 4.33　网页面包屑导航的关键词

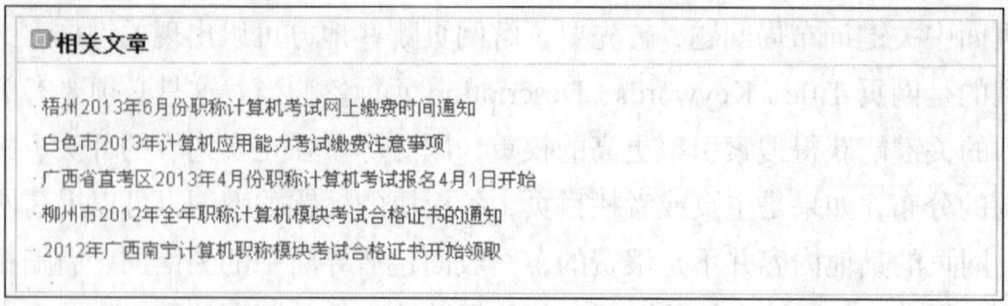

图 4.34　网页相关板块的关键词

这是文章页面的关键词布局，那么主页和栏目页的关键词布局有什么特点呢？由于每个网站的主页和栏目页差异比较大，因此关键词布局并不完全一致，一般在元标签、信息板块、底部标签中布局，例如板块名称使用关键词最佳。

页面中的关键词虽然在网页相关性影响上有所减小，但是作用还是不容忽视的，因为网页内的关键词始终是网页主题的标签，反映着网页的主题。即使搜索引擎技术提高，对网页主题判断的能力提升，但是网页内部的影响是不会消失的，所以关键词在网页内的布局仍是值得注意的。

4.4.3　关键词在页面中的表现形式

从搜索引擎算法来看，布局在网页中的关键词并不是每个都能获得相同的算法得分，有的形式关键词能获得更高的算法得分，从而影响到关键词排名。

关键词具体有多种表现形式，如锚文本文字、文章题目、H 标签、黑体文字、加粗文字、斜体文字、加色文字、普通文字、js 文字等类型（见图 4.35～图 4.38）。

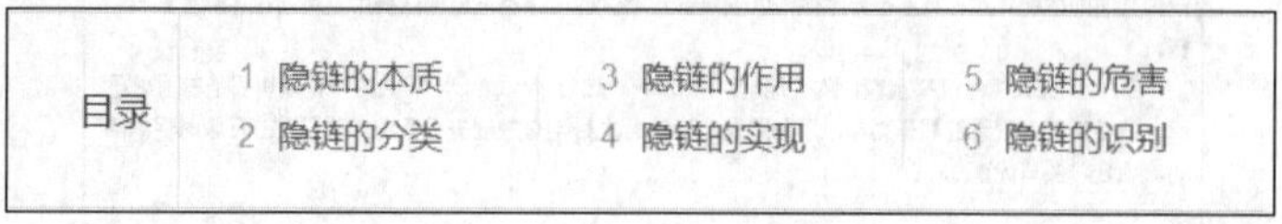

图 4.35　锚文本文字

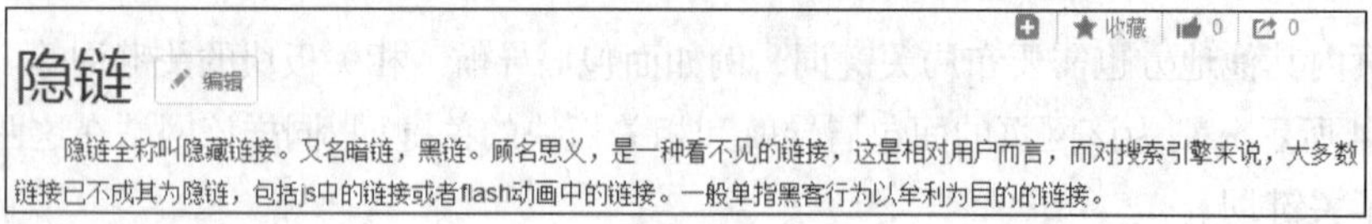

图 4.36　文章题目

```
<div style="width:0;height:0;clear:both"></div><dl class="lemmaWgt-lemmaTitle lemmaWgt-lemmaTitle-">
<dd class="lemmaWgt-lemmaTitle-title">
<h1 >隐链</h1>
```

图 4.37　H 标签

关键词的这些表现形式并不是一样的权重。其中，关键词效果比较好的有文章题目、

h1 标签、加粗文字、黑体文字，效果一般的形式是斜体文字、加色文字、锚文本文字，效果不好的形式是普通文字、js 文字。

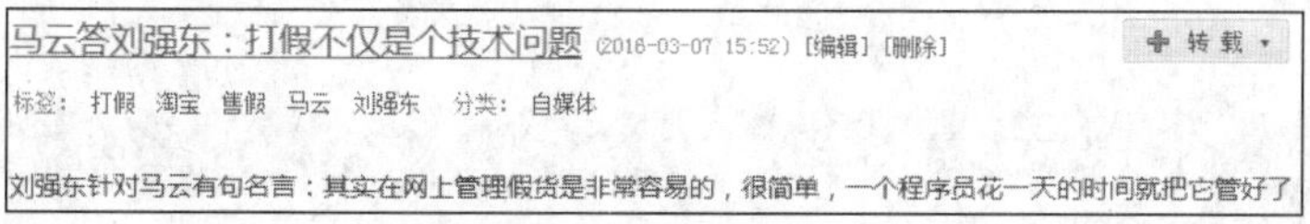

图 4.38 加粗文字

值得注意的是，关键词作为锚文本是很好的外链形式，对链接的网页关键词排名有很大帮助，但是作为关键词对自身网页的帮助就不大了，搜索引擎给予的权重和斜体加色文字差不多。有人认为使用关键词作为锚文本的链接，指向网页自己能提高排名，其实这样做是没有什么效果的，指向网站内其他页面是有一定优化效果的，所以这样做只是徒劳。但是无论是首页、栏目页还是文章页都是相同的，如果页面没有较多形式的关键词表现，搜索引擎会主要依据元标签、内容中的文字（包括加粗、字号、锚文本等）来判断网页相关性。

4.4.4 关键词的密度

对关键词的密度、频率的认识被分成了两派，其中一部分人认为搜索引擎已经不重视网页内的关键词，转向链接判断网页相关性了，所以密度和频率对网页相关性没有什么影响；另一部分人认为关键词对搜索引擎有提示作用，并是相关性判断的一个重要加分因素，所以有较大频率和密度关键词的网页能获得更好的排名。

通过对网页的跟踪发现，即使网页没有某个关键词，但是通过大量锚文本外链导入，网页同样能在该关键词获得好的排名，所以前者的说法是有道理的，搜索引擎确实在降低网页内的关键词在排名中的影响程度。但是并不是网页内的关键词就没有用处，网页内的关键词对相关性的提升同样有好处，在外链权重相差不大的情况下，网页关键词的影响很大，关键词匹配程度高的更能获得好的排名。所以这两种说法都不完全准确，可以两者结合，既要看到现在关键词频率和密度对网页的影响，也要看到未来关键词排名中的页面内关键词因素的影响降低。

就此来看，页面内关键词的频率和密度还是要注意的，那到底多少的频率和密度更有利于目前优化呢？从大多数排名较好的网站来看，关键词密度为 2%～8% 的比例更大，所以通常在这个范围内比较保险。另外，依据一个网页的字数可以算出一千字的内容出现几次到 10 次左右都是比较合适的关键词频率。密度查询可使用站长工具（http://tool.chinaz.com/Tools/Density.aspx），效果如图 4.39 所示。

在生成网页的时候，我们去准确计算网页字数比较麻烦，通常在建设页面时按照正常频率出现几次关键词即可，不用太刻意地去追求在这个范围内。因为很多网页不在这个范围内同样获得了很好的排名，所以不用太纠结于这个问题。

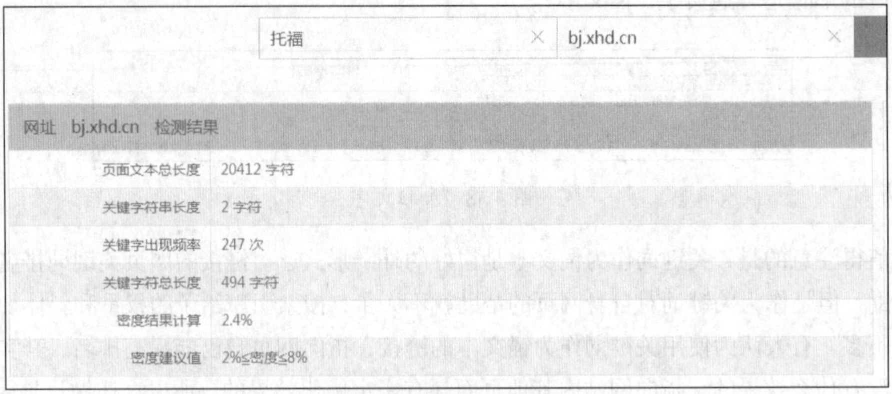

图4.39 关键词密度查询工具

4.5 习题

一、填空题

1. 在搜索引擎中，关键词是指用户在＿＿＿＿＿＿＿＿＿时所使用的内容，关键词是搜索应用的＿＿＿＿＿＿，也是搜索引擎优化的＿＿＿＿＿。

2. 关键词选择的四项标准分别是：＿＿＿＿＿＿＿＿＿＿ 、 ＿＿＿＿＿＿＿＿＿＿ 、

＿＿＿＿＿＿＿＿＿＿ 、 ＿＿＿＿＿＿＿＿＿＿ 。

二、选择题

1. （　　　）不属于流量型高质量关键词的标准。

（A）搜索次数高 　　　　　　　　（B）相关网页少

（C）高权重网页少 　　　　　　　（D）购买意向突出

2. （　　　）不属于品牌型高质量关键词的标准。

（A）搜索次数 　　　　　　　　　（B）品牌全称

（C）品牌英文或拼音 　　　　　　（D）品牌词扩展

三、简述题

1. 简述关键词的挖掘。

2. 简述关键词的选择。

3. 简述关键词在页面中的布局。

CHAPTER

5

第 5 章
网站的各个页面分析与优化

在完成网站整体站点的部署之后，网站管理员还需要根据每个页面的类型进行不同的优化。网站页面的优化是 SEO 的重点工作之一，它决定了网站的收录数量及收录率，同时良好的长尾词页面还能带来长尾排名及广泛的流量。因此学习完本章，读者将对如何优化每个网站页面具备全面的认识，并提高相应的技能。

本章主要内容：

- 了解网页的结构
- 网页结构对 SEO 的影响
- 网页中的关键词优化
- 动态网页的 SEO 的制作
- 网页冗余代码优化
- 页面图片优化

5.1 了解网页的结构

进行网页优化之前需要先了解网页的结构，这要求网页从业者对于 HTML 有一个系统的了解。这也是进行 SEO 必备的基础。页内搜索引擎优化技术将被应用到网页上的代码、文件名和内容中。为了应用页内优化，站长必须要对 HTML 有基本的理解，HTML 是用于创建网站页面的编程语言。HTML 使用的命令称为标签，用来告诉浏览器如何显示网页的内容。比如需要在 HTML 文档内部添加 Meta 标签，这个标签用来给搜索引擎提供网站的元数据信息。

5.1.1 编辑网页文件的工具介绍

对于 HTML 文件，可以使用任意的文本编辑器，比如 Notepad、Notepad++或 Dreamweaver 等可视化工具，来构建 HTML 页面。一般 Dreamweaver 有一些自动生成代码或者提示功能，因而比较适合初学者，其他文本编辑软件还有 UltraEdit（UE）和 EditPlus 等。

由于 HTML 标签基本上都是成对出现，因此 Notepad++提供的成对高亮显示功能可以帮助站长了解到 HTML 标记的层次结构，如图 5.1 所示。

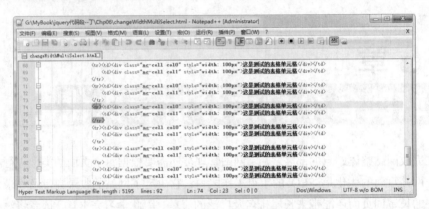

图 5.1　高亮显示标签的 Notepad++

Notepad++是一个免费的软件，可以去 http://www.notepad-plus-plus.org/网址下载。进入网站后，单击左侧的"download"按钮，即可开始下载安装程序包，如图 5.2 所示。

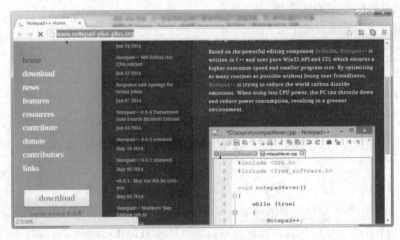

图 5.2　下载 Notepad++

虽然 Notepad++提供了高亮功能，非常方便，但是在实际工作中笔者更愿将它用作一个轻量级的代码审查工具，而在创建网站时者通常使用较为专业的 Dreamweaver，因为这个工具会自动添加兼容于各种 HTML 标准的网页代码，避免了自己写代码的麻烦。在

Dreamweaver 中, 单击 "文件 | 新建" 菜单项, 将创建一个新的 HTML 页面, 如图 5.3 所示。

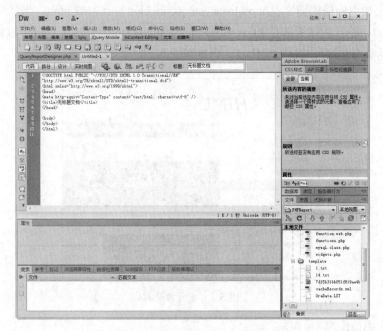

图 5.3 使用 Dreamweaver 创建网页

可以看到, Dreamweaver 帮助用户生成了基本的 HTML 代码骨架, 只需要在<body>区中填入 HTML 内容即可。

5.1.2 HTML 源文档介绍

基本上一个 HTML 页面以<html>标签开始, 并以</html>标签结束, HTML 语言的标签要求成对出现, 但是这也不是绝对。W3School 提供了一份非常好的 HTML 教程, 网址是 http://www.w3school.com.cn/html/index.asp, 建议每个 SEO 人员都应该学习一下, 这里主要介绍与 SEO 优化相关的 HTML 网页构建。我们以 HTLM5 中国站（http://www.HTML5cn.org/）为例介绍一下 HTML 文档的构成。

（1）首先打开浏览器, 单击鼠标右键, 选择 "查看源代码" 选项（见图 5.4）。

（2）一般首页文件名称形如 index.html、index.php、index.asp、index.jsp、index.htm、index.shtml 等, 当然首页大部分都通过服务器程序对网址进行了处理, 只显示主域名而无文件名, 例如, http://www.HTML5cn.org/实际通过 http://www.HTML5cn.org/index.php 也是可以访问的。栏目页文件名一般表示为栏目名称的拼音、英文或首字母缩写等, 如 http://www.×××.com/keji/栏目下将是对科技内容的聚合。不利于 SEO 的做法则是无规则的无意义命名, 如本例未经静态化的 HTML 教程栏目地址: http://www.HTML5cn.org/portal.php?mod=list&catid=15。网站详情页或内容页由于数量相对较为庞大使用拼音或英文等命名，对程序的要求会比较高，常规的做法是只需用自然增长的数字 ID 加后缀形成内页网址，比如卢松松的博客：http://lusongsong.com/blog/post/7343.html。当然使用广泛的 DZ（discuz!）论坛程序通常是 http://www.tui56.com/thread-245529-1-1.html 这样的。只要静态化或伪静态化网址并精短易传播，内页网址不必过于苛刻。

图 5.4　查看源代码

网页代码形如图 5.5 所示。

```
<!DOCTYPE html PUBLIC "-//W3C//DTD XHTML 1.0 Transitional//EN" "http://www.w3.org/TR/xhtml1/DTD/xhtml1-transitional.dtd">
<html xmlns="http://www.w3.org/1999/xhtml">
<head>
<meta http-equiv="Content-Type" content="text/html; charset=utf-8" />
<title>HTML5中国:                        - Powered by Discuz!</title>
```

图 5.5　网页代码示例

基本框架是：

```
<DOCTYPE html>
<html>
<head>
    <Title></Title>
    <Meta></Meta>
    <link />
</head>
<body>
    <div></div>
</body>
</html>
```

<DOCTYPE html>用于对网页进行声明，告诉浏览器以什么样的规则来呈现内容，有兴趣的读者可以去 http://www.w3school.com.cn 学习，本书只对 HTML 做一个简单的介绍。

整个网页将被一个名为 html 的标签包裹在内，其中 head 部分用于添加诸如 TDK（Title、Keywords、Description）以及其他的 Meta 元信息，用于告诉浏览器对文档的描述信息，link

用于引入外部 CSS 文件，style 用于在 HTML 文档中直接添加 CSS 样式等，base 标签用于对 HTML 文档内 a 标签 href 属性值指定默认地址或默认目标，而 Script 是 HTML 文档中将使用到的 js 文件，对 SEO 人员来说 js 文件放在 HTML 文档末是更有利的 SEO 行为（见图 5.6）。

```
<!DOCTYPE html PUBLIC "-//W3C//DTD XHTML 1.0 Transitional//EN" "http://www.w3.org/TR/xhtml1/DTD/xhtml1-transitional.dtd">
<html xmlns="http://www.w3.org/1999/xhtml">
<head>
<meta http-equiv="Content-Type" content="text/html; charset=utf-8" />
<title>HTML5中国:  - Powered by Discuz!</title>

<meta name="keywords" content="html5,html5教程,html5开发工具,html5网站,html5视频,html5游戏,html5应用,html5 css3,css3教程,javascript,js教程" />
<meta name="description" content="HTML5中国，。为广大html5开发者提供html5教程、html5开发工具、html5网站示例、html5视频、js教程等多种html5在线学习资源。 " />
<meta name="generator" content="Discuz! X3.2" />
<meta name="author" content="Discuz! Team and Comsenz UI Team" />
<meta name="copyright" content="2001-2013 Comsenz Inc." />
<meta name="MSSmartTagsPreventParsing" content="True" />
<meta http-equiv="MSThemeCompatible" content="Yes" />
<base href="http://www.html5cn.org/" /><link rel="stylesheet" type="text/css" href="data/cache/style_8_common.css?CNj" /><script type="text/javascript">var STYLEID = '8', STATICURL = 'static/', IMGDIR = 'static/image/common', VERHASH = 'CNj', charset = 'utf-8', discuz_uid = '0', cookiepre = 'jZvn_83e6_', cookiedomain = '.html5cn.org', cookiepath = '/', showusercard = '1', attackevasive = '0', disallowfloat = 'newthread|reply', creditnotice = '1|威望|,2|金钱|,3|贡献|', defaultstyle = '', REPORTURL = 'aHR0cDovL3d3dy5odG1sNWNuLm9yZy8=', SITEURL = 'http://www.html5cn.org/', JSPATH = 'data/cache/', CSSPATH = 'data/cache/style_', DYNAMICURL = '';</script>
<script src="data/cache/common.js?CNj" type="text/javascript"></script>
<meta name="application-name" content="HTML5中国" />
<meta name="msapplication-tooltip" content="HTML5中国" />
<meta name="msapplication-task" content="name=首页;action-uri=http://www.html5cn.org;icon-uri=http://www.html5cn.org/static/image/common/portal.ico" /><meta name="msapplication-task" content="name=HTML5论坛;action-uri=http://bbs.html5cn.org;icon-uri=http://www.html5cn.org/static/image/common/bbs.ico" />
<script src="data/cache/portal.js?CNj" type="text/javascript"></script>

<script src="static/js/code/scripts/brush.js" type="text/javascript" type="text/javascript"></script>
<link type="text/css" rel="stylesheet" href="static/js/code/styles/shCore.css"/>
<link type="text/css" rel="stylesheet" href="static/js/code/styles/shThemeDefault.css"/>
<script type="text/javascript">
SyntaxHighlighter.config.clipboardSwf = 'static/js/code//scripts/clipboard.swf';
SyntaxHighlighter.all();
</script>
</head>
```

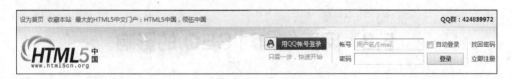

图 5.6　head 头部文件

HTML 文档在浏览器中可呈现的部分是 body 部分。一个内容丰富的网页文件，body 部分内容及结构会非常复杂。常使用的结构化标签包括 div、nav、header、main、footer，链接标签 a，表格标签 table、tr、td、th、tbody、thead、tfoot 等，输入标签 input，文本框标签 textarea，列表标签 link，段落标签 p，行标签 span，图片标签 img 等，Heading 标签也叫做 H 标签，HTML 里一共有六种大小的 heading 标签，是网页 HTML 中对文本标题所进行的着重强调的一种标签，这是在 SEO 中最为看重的结构化标签之一，除此外还有 b、strong、em 标签。总计约 119 个结构化标签的组合使用形成了丰富多样的各种网页文档，是精彩的激动人心的 Internet 冲浪之旅的基础。

5.1.3　客户端可见网页结构介绍

一个可见的网页文档将包括顶部 LOGO、Slogan、登录注册、收藏、设置主页及搜索条等构成的可见网页的头部，如图 5.7 所示。

图 5.7　可见网页头部

接下来是网页的导航部分，用于给进入网站的访客提供一个方便的访问指南，因此一般呈现的是网站最为重要及用户最为关心的信息，网页导航部分如图 5.8 所示。

图 5.8　网页导航部分

导航以下部分比较传统的做法是布置一个滑动的 Banner 特效图，或者呈现最为访客关心的信息给予访客，Banner 特效图如图 5.9 所示。

图 5.9　Banner 特效图

再下面是页面主体内容，如图 5.10 所示。

图 5.10　页面主体内容

最后是尾部友情链接、版权声明、联系方式、次级导航、备案信息、站长统计等内容，如图 5.11 所示。

图 5.11　HTML 文档尾部

5.2　网页结构对 SEO 的影响

网页结构对 SEO 效果也有明显的影响。层次清晰、重点突出、加载速度快、无冗余代码、噪声低、服务器请求次数少的结构会提高搜索引擎的收录，反之如果网页结构混乱，各种标记毫无规律、杂乱无章地排列会影响网页的收录，同时会使跳出率居高不下，对 SEO 的影响是很大的。下面我们来分别介绍网页结构对 SEO 的影响。

5.2.1 层次清晰、重点突出及降噪处理

在新推出的 HTML5 中，对网页结构的标签描述更强调语义化，也就是对网页各个区块在标签上表述得更为清晰，帮助搜索引擎蜘蛛识别区块及各自的重要性。比如 article 标签用来标记内容，aside 用来标记侧边栏，还有 command、datalist、section、figure、header、footer、nav 等。在编辑 HTML 文档的时候就要注意使用对应的标签来结构化 HTML 文档，帮助蜘蛛识别，提高抓取效率。在 HTML 还没推出来的时候，很多前端工程师基于结构优化的考虑，会对相应区块采用 ID 标记，比如导航命名 ID 为 nav，头部命名为 header，尾部命名为 footer，也是可以帮助蜘蛛识别和抓取的。层次清晰、重点突出还包含对 H 标签、strong 标签、b 标签等的正确合理使用。网页降噪是为了更加清晰化、重点突出化的一种处理方式，尽力减少或去除弹出广告、联盟广告及其他一些对用户可能没用的信息。HTML 语言是语义化的标签语言，在清晰理解各种语义化标签功能的基础上对 HTML 文档进行结构化即可建构起一个对搜索引擎和用户友好的网页文档结构。

具体来说，使用 HTML5 语言标记则对页面对应的区块使用对应的标签。使用 <header></header>标记头部包裹 LOGO、Slogan、注册登录、搜索框等信息，<nav></nav> 标记网站导航，<main></main>对应网站的主体内容，<footer></footer>包含版权、尾部导航、友情链接、联系方式等（见图 5.12）。如果用较老版本 HTML 创建网页文档，可以使用 ID 对各区块进行结构化（见图 5.13）。

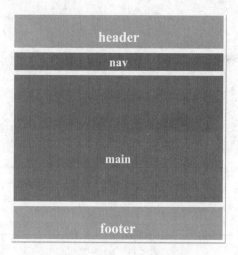

图 5.12　语义化标签结构化 HTML 文档

以上说到了用相应标签或者 ID、CLASS 属性标示文档各个区块，而 H 标签、strong 标签等则是为了使主体内容重点更加突出、层次清晰而设。最佳的参考文档是百度百科，以"莆田系"词条为例。

h1 标签如图 5.14 所示。

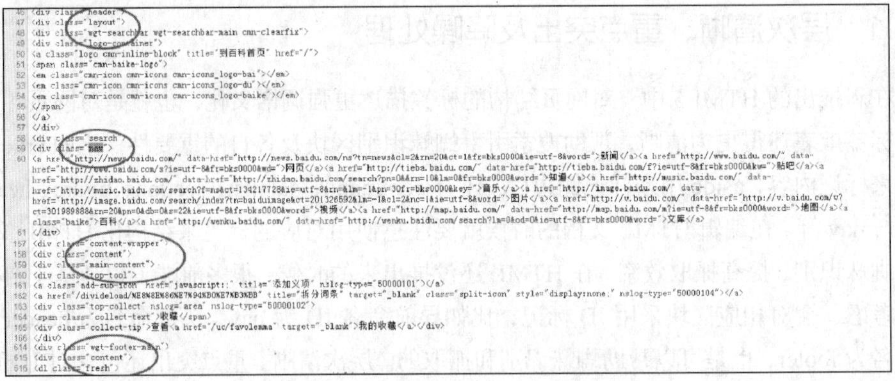

图 5.13　语义化 HTML 文档源代码

```
<h1 >莆田系</h1>
```

莆田系　[编辑]　　　　　　　　　　　　　　[+] [★收藏] [👍 913] [✂ 924]

图 5.14　h1 标签

h2 标签如图 5.15、图 5.16、图 5.17 所示。

```
    <h2  class="block-Title">目录</h2>
    <h2  class="Title-text"><span class="Title-prefix">莆田系</span>历史起
源</h2>
    <h2  class="Title-text"><span class="Title-prefix">莆田系</span>组织成
员</h2>
    <h2  class="Title-text"><span class="Title-prefix">莆田系</span>敛财之
路</h2>
    <h2  class="Title-text"><span class="Title-prefix">莆田系</span>争议事
件</h2>
    <h2  class="Title-text"><span class="Title-prefix">莆田系</span>社会评
价</h2>
```

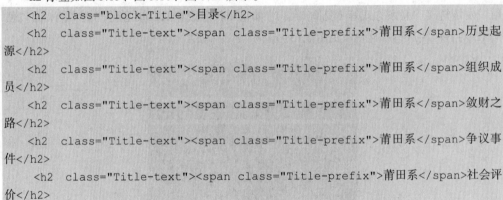

图 5.15　h2 标签

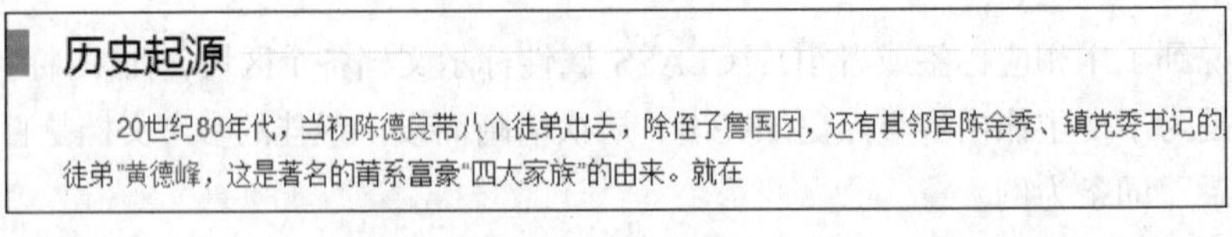

图 5.16　h2 标签

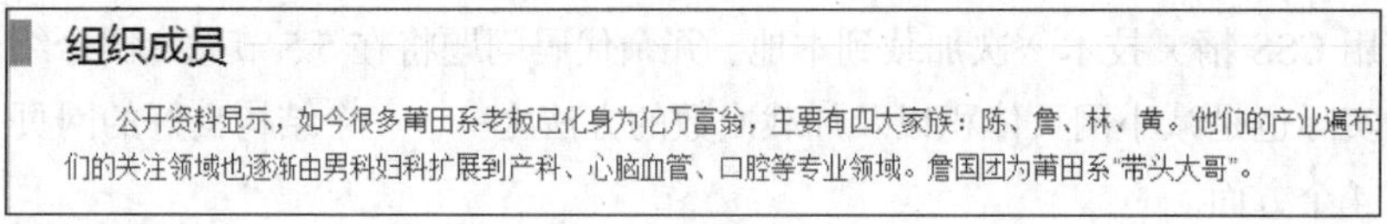

组织成员

公开资料显示，如今很多莆田系老板已化身为亿万富翁，主要有四大家族：陈、詹、林、黄。他们的产业遍布们的关注领域也逐渐由男科妇科扩展到产科、心脑血管、口腔等专业领域。詹国团为莆田系"带头大哥"。

图 5.17　h2 标签

h3 标签如图 5.18、图 5.19 所示。

```
<h3 class="Title-text"><span class="Title-prefix">莆田系</span>詹氏家族</h3>
<h3 class="Title-text"><span class="Title-prefix">莆田系</span>陈系家族</h3>
<h3 class="Title-text"><span class="Title-prefix">莆田系</span>林氏家族</h3>
<h3 class="Title-text"><span class="Title-prefix">莆田系</span>黄氏家族</h3>
```

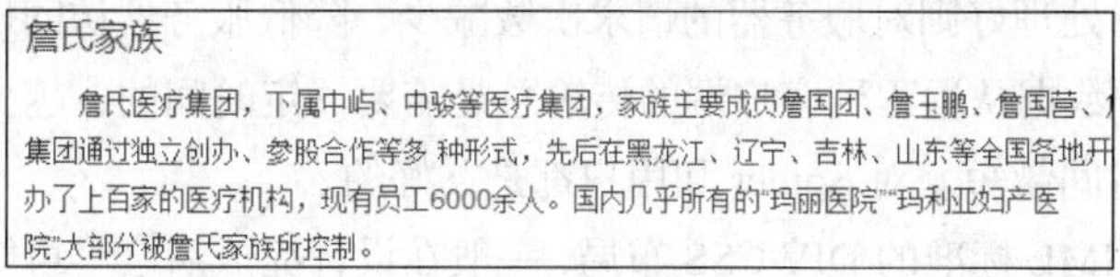

詹氏家族

詹氏医疗集团，下属中屿、中骏等医疗集团，家族主要成员詹国团、詹玉鹏、詹国营、集团通过独立创办、参股合作等多 种形式，先后在黑龙江、辽宁、吉林、山东等全国各地开办了上百家的医疗机构，现有员工6000余人。国内几乎所有的"玛丽医院""玛利亚妇产医院"大部分被詹氏家族所控制。

图 5.18　h3 标签

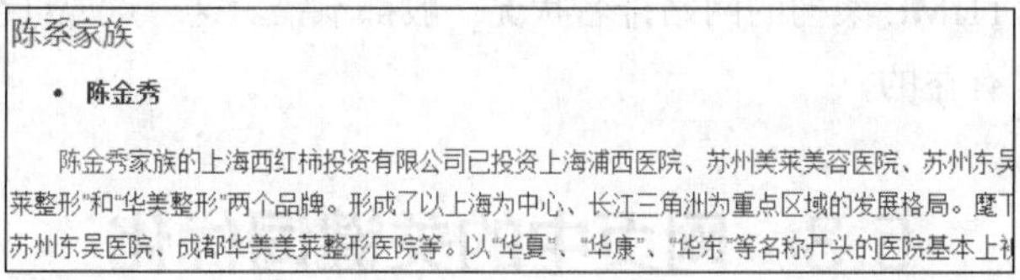

陈系家族

- 陈金秀

陈金秀家族的上海西红柿投资有限公司已投资上海浦西医院、苏州美莱美容医院、苏州东吴莱整形和"华美整形"两个品牌。形成了以上海为中心、长江三角洲为重点区域的发展格局。麾下苏州东吴医院、成都华美美莱整形医院等。以"华夏"、"华康"、"华东"等名称开头的医院基本上补

图 5.19　h3 标签

b 标签如图 5.20 所示。

```
<b>詹国团</b><b>詹玉鹏</b><b>陈金秀</b><b>陈建煌</b>
```

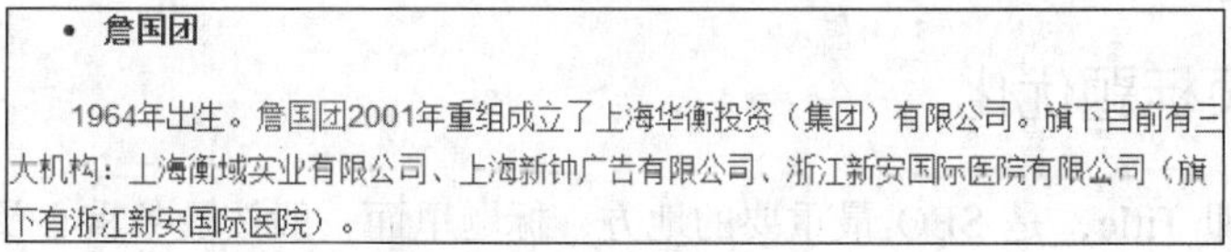

- **詹国团**

1964年出生。詹国团2001年重组成立了上海华衡投资（集团）有限公司。旗下目前有三大机构：上海衡域实业有限公司、上海新钟广告有限公司、浙江新安国际医院有限公司（旗下有浙江新安国际医院）。

图 5.20　b 标签

5.2.2　加载速度快、无冗余代码及服务器请求次数少

加载速度快除了服务器本身配置和网络带宽的问题，还有一点，即网页体积小，服务器请求次数少，冗余代码少。

所谓网页体积小，是指访问一次加载的所有 HTML 文档、CSS 文档、js 文档、图片、音频、视频等数据资源不能太大，会导致较严重的加载延迟和等待、浪费蜘蛛抓取时间、不利于用户体验。服务器请求次数少的处理在于对可以合并的 CSS 文档、js 文档、图片等合并在一起加载，比如不必要分开的 CSS 文件无需命名多个 CSS 文档多次请求加载，背

景图片使用 CSS 精灵技术一次加载到本地。冗余代码问题将在 5.5 节做专门介绍。冗余代码的减少实际也是减小网页体积以及加载次数的方法之一。一个结构良好的网页文档需要注意以下 4 个方面。

（1）合并文档，压缩数据，提高加载速度，提高 Spider 的抓取效率，对蜘蛛跟用户都是友好的，因此可以更大地受到二者欢迎，为更频繁的抓取和更多的收录打下基础。

（2）使用 DIV、CSS 布局，页面代码精简，这一点相信对 XHTML 有所了解的都知道。

代码精简所带来的直接好处有两点：一是提高 Spider 爬行效率，能在最短的时间内爬完整个页面，这样对收录质量有一定好处；二是由于能高效地爬行，会受到 Spider 欢迎，这样对收录数量有很大好处。

（3）以上两点处理好则对服务器的请求次数减少，降低服务器访问压力，同时也提高 Spider 抓取效率，数据从远程到客户端的传输总是需要一定时间的，越少次数的请求，数据加载到本地的时间越短。对 Spider 和用户都是友好的。

（4）基于 XTHML 标准的 DIV CSS 布局，一般在设计完成后会尽可能地完善到能通过 W3C 验证。截至目前没有搜索引擎表示排名规则会倾向于符合 W3C 标准的网站或页面，但事实证明使用 XTHML 架构的网站排名状况一般都不错。这一点或许会有争议，但从实际经验来看是非常有益的。

5.3　网页中的关键词优化

5.1 节与 5.2 节介绍了网页结构以及网页结构对 SEO 的影响。这一节将重点介绍如何做好网页中的各类优化，通过本节内容学习，读者会对网页中的标题优化、关键词优化、导航优化、图片优化等有一个全方位的立体认识。这也是网页优化的核心所在。

5.3.1　网页标题优化

网页标题即 Title，是 SEO 最重要的地方，标题里面一般按业务重心及优化计划安排关键词排序，原则上不超过三个。关键词策略即市场策略。比如一个家居网站的儿童书桌页面，页面关键词是"儿童书桌"，可以写成：儿童书桌-××家居网。但通常一个页面会不止安排一个关键词，权重高的网站为了尽可能多地涵盖该品类甚至可能会放置 3～5 个，一般建议一个页面关键词不要承载过多，会增大优化难度，且不容易获得排名，比如，儿童智能书桌这个页面，智能书桌、儿童智能桌、儿童智能书桌都是相关关键词，甚至可以扩展为儿童智能书桌规格、图片、价格等关键词，如果页面的确涵盖这些内容，可以适度放宽关键词个数限制，这是综合考虑了页面权重跟其他竞争网站的对比状况以及自身的发展、赢利计划、网页维护外推精力等后的结果。

网页类型从整个站点来看，可以分为首页、频道页、专题页、列表页、文章页、产品详情页页、单页、搜索页、tag 页等。接下来以常见的首页、频道页、文章页为例来谈一下各自的标题优化思路。

1. 首页

首页在整个网站的所有页面中是一个具有特殊意义及权重最高的页面，且它一般是品牌词、行业词搜索及直接访问的落地页面或入口页，是一个网站的脸面和第一印象，通常还会在首页上对用户及流量进行全站合理分发，进而达成网站及访客各自的目的实现共赢。另外，首页 Title 除了反映自身页面的中心，还必须囊括全站的中心，因此选词必须高度概括，通常是行业大词或者单品牌词。比如新浪网，其涵盖的信息包罗万象，任何一个词都难以统括全站，新浪网用一个品牌词是最合适的选择。

首页标题的确定反映的是网站的市场定位，一般有 3 种不同的策略。

（1）长期经营，打造品牌

关键词设置可使用行业词+品牌词或单品牌词，比如新浪网选择了新浪首页。对于品牌网站来说，一般搜索量的行业词相对它本身巨大的访问量来说并不能贡献太多，写和不写区别不大。而一个相对垂直的站点，比如中国葡萄酒资讯网（www.wines-info.com），它的 Title 涵盖了行业词及品牌词。这种策略在经营成熟期可有效防止首页关键词无法涵盖站点资讯的问题，这是基于关键词不能频繁改动的 SEO 思维提出的。当然对于较高知名度、权威度及站点权重的网站来说，Title 的更改并不会引起太大的排名波动和排名算法的惩罚。这也是 SEO 中应该充分考虑的一点。对于打算以品牌为中心的长期经营策略，首页Title 一个行业词加一个品牌词或者单品牌词即足够，无需考虑多词组合。

（2）着眼眼前盈利

对于大多数小站点来说，并没有长期的经营计划，因此对品牌看得较轻，这也是现实的经营压力所决定的。此类站点的转化功能才是最被重视和考虑的，首页 Title 选词将更加侧重为网站带来直接盈利。这类站点一般权重低、规模小、运营团队小、资源匮乏，可以直接选择转化用户的精准商业词。

对于竞争激烈的行业，选词可以更加垂直、细分，挖掘较为冷门但有一定搜索量的词来作为首页 Title。比如托福培训这个行业，首页竞价推广、品牌推广及大型站点已经霸占首页，对于一个起步不久的小站点来说，很难分的一杯羹则可以选择托福英语培训、托福英语培训机构这类较小的词用作首页排名，也可以基于招生的实际选择有搜索量的地域词+行业词。

着眼眼前盈利的网站经营策略，首页选词可以设定一个围绕较为冷门核心词的词组，有无品牌词关系不大，比如托福英语培训可拓展为托福英语培训学校/机构/班，TOFEL/TOEFL 培训机构/学校/班等没有指数但仍会有人搜索的词做精准用户截流，则首页Title 可写为托福英语培训机构，TOEFL 英语培训学校，TOFEL 英语培训班，实际简单写为托福英语培训机构，然后在 Description 里出现后面几个词，然后全页面布局几个，外部锚文本做上几个同样可以增进相关性。后期所设定的较长的词有了排名，还可以用托福培训、英语培训等更短的行业词来竞争排名。

（3）盈利及品牌兼顾

结合前面两点，既兼顾商业盈利又兼顾长远发展，从网站起步即注重品牌建设，并且选择较有竞争力的词来做首页排名，仍旧以托福培训为例，首页选词可用托福培训、雅思培训、留学培训等竞争较为激烈的词来规划相对较远的盈利周期。首页 Title 可设置为托福培训、雅思培训＿×××留学培训机构，避免词语重复，而且在选择使用机构还是学校或者班作为后缀的时候，也要充分考虑词语的竞争度、转化率、网民搜索习惯以及自身需要等。而且词语的排序，托福培训、雅思培训、留学培训这三个词以哪个为先，也是需要结合经营重心、优化难度及优化计划来综合考量的。

2. 频道页

频道页的 Title 设置可以参考首页，首页作为网站整站的定位，频道页则是主词更加细分和垂直的定位，比如托福培训必然涉及费用、价格等，也会涉及班型及对各机构对比的需求，还有对机经、考题等的需求，皆可用频道来聚合内容进行满足。假设设定一个托福机经的频道，可拓展的词有托福机经网、托福机经下载等。频道页的 Title 则可以写成托福机经网、托福机经下载＿××托福培训机构。前两个词的放置顺序考量的是优化排名顺序以及竞争度，竞争度大的放在前面有更好的权重，更容易获取排名，另外关键词的转化及商业价值高低也会影响选词及放置顺序。由于涉及更多数据细节，在此不展开来说了。

再举一个例子：有些词汇是纯粹的长尾和核心词汇的区别，但两个表达意义一样，但都是需要争取的词汇，必须通过一个页面来竞争，怎么办？比如，一个 P2P 网站的借款页面，可能同时需要竞争"融资""借款"，怎么设置标题更好呢？

遇到这种情况，建议排个优先级，先看看每个词汇搜索量数据和竞争热门程度，然后决定哪个更优先，看看怎么将另外一个关键词组合在标题里面。

我们假设一个数据：

借款　日均搜索量 500，竞争程度 1.2（竞争程度越高，表明优化的难度越大）

融资　日均搜索量 300，竞争程度 1.5（竞争程度越高，表明优化的难度越大）

从这个角度来说，借款这个词汇明显要比融资的优先级高，所以我们可以把"借款"这个词当作首要考虑的词，看看怎么把"融资"融合到标题其余部分。

具体可以参考下面的例子：

借款——AA 公司提供免息融资服务

借款——融资免息服务一站式完成

上面的标题除了借款、融资这两个关键词外，还考虑了"免息""一站式"等词汇，通过该标题，可以达到覆盖"借款免息""免息融资""借款一站式""融资一站式"等常见借款相关搜索词汇。

当然，上面的数据是假设的理想数据，如果遇到以下数据怎么办？

借款　日均搜索量 500，竞争程度 1.5（竞争程度越高，表明优化的难度越大）

融资　日均搜索量 300，竞争程度 1.2（竞争程度越高，表明优化的难度越大）

这个看优化的能力了，建议尽量争取日均搜索量大的关键词。

3. 文章页

文章页通常布局的是长尾关键词，可以是有搜索量但是竞争很小的长尾词，也可以是无指数的各种拓展长尾词，关于挖掘关键词，可以参看第 4 章。另外，内容很少不适合用栏目页、频道页、列表页、静态化处理的 tag 标签页等来做关键词排名的时候，也可以使用文章页类型来进行排名。文章页的 Title 设置多为文章原标题，刻意优化可在选择长尾词的时候多下功夫，尽量选择有搜索量的词作为标题或者嵌入标题中，并拓展相关同义词、近义词、变体词等，布局到 Description 和文章第一段、最后一段。

5.3.2　网页描述优化

通常每个网页都会在 HTML 中对该网页的内容进行描述，其中使用 Description 来告诉搜索引擎你的网站主要内容，并且会显示在搜索引擎结果中（见图 5.21），在代码中位置为：

`<Meta name="Description" content="页面描述内容">`。Description 的内容需要被双引号标注。

图 5.21　Description 示例

Description 的作用：让搜索用户在结果中能在短时间内获取到网页的主要信息，帮助判断是否点击。因此在设置 Description 的时候就要抓住几个核心：嵌入中心信息词，吸引点击的信息，描述通顺流畅、可读性强。

Description 的设置技巧：关键词出现在描述的第一个逗号之前，至少 1 个关键词长尾出现在描述的其他部分。由于搜索结果的限制，一般描述不超过 80 个汉字，200 字符。

例如，一个关于儿童套装的页面，我们可以描述设置为：

<Meta name="Description" content=" ×××店铺新到 1000 多款儿童套装，款式多样，覆盖多达 40 个国内外知名儿童套装品牌，现在购买，所有商品五折起。">

这样的描述就不仅涵盖了商品类别儿童套装，还对商品的数量、品牌、折扣等信息进行了说明，符合搜索用户对信息的期望。

5.3.3　网页关键词优化

网页中还应该设置关键词，用 Meta 标记中的 Keywords（见图 5.22）。关键词主要用来告诉搜索引擎当前页面的关键词是什么，虽然由于在过去几年中 Keywords 被滥用导致搜索引擎不再重视 Keywords，但设置总聊胜于无。在代码中展现如下。

```
<Meta name ="Keywords" content="关键词 1，关键词 2，关键词 3，关键词 4，关键词 5 ">
```

```
<title>中国舆情网</title>
<meta name="keywords" content="舆情,舆情监控,网络舆情,舆情监测,舆情分析,中国舆情网,网络舆情监测,舆情信息网,舆情信息,网络舆情监控,舆情管理,网络舆情分析,舆情在线,互联网舆情,网络舆情信息,舆情发布,舆情传播" />
<meta name="description" content="中国舆情网是由新华通讯社新华多媒体主管、新华瞭媒主办的舆情门户网站。该网站依托新华社，借助新华多媒体舆情大数据平台，为全国各地乃至全球提供网络舆情监控发布、在线监测以及舆论引导等服务等。同时联合新华网、人民网、中国搜索等共同打造一个了解网络民意，舆情传播、监测以及分析研判的重要舆情门户网站。" />
```

图 5.22　Keywords 示例

一般来说，对于中小站点来说一个页面的 Meta Keywords 关键词组有 3～5 个最好，因为太少，尽管精准，但是毕竟覆盖的范围小，浪费长尾的机会；反之如果太多，会分散每个关键词的权重，提高 SEO 难度。一般情况如此，但对于长期运营的大型站点来说十多二十个关键词也不少见。每个关键词之间使用半角逗号分隔开，同时每个关键词都需要被双引号标注。

在 Meta Keywords 中设置关键词需要遵循以下两个基本原则。

（1）围绕核心关键词，核心词的近义词、同义词、变体字、常见输入错误词等。

（2）适当拓展长尾和长尾组合，切忌抢夺本用于栏目页或内容页的关键词，造成重复和站内权重争夺。

比如，当前页面是关于儿童餐桌椅的商品详情页面，Meta Keywords 的设置考虑思路步骤如下。

（1）考虑核心关键词，如儿童桌椅。

（2）围绕核心关键词，筛选出一组备份关键词（假设已经考虑了搜索量、竞争激烈程度等因素），一般准备 10 个词组，如儿童桌椅、儿童餐桌椅、儿童餐桌、儿童椅子、儿童家具、儿童餐桌椅品牌、儿童书桌、实木儿童书桌、实木儿童餐桌、实木儿童桌椅。

（3）考虑关键词搜索组合，选出如下覆盖最佳的关键词组合。

儿童桌椅——核心词

儿童餐桌椅——核心词变种

儿童餐桌——核心词变种

儿童椅子——核心词变种

儿童家具——核心词更大外延

儿童餐桌椅品牌——核心词长尾

儿童书桌——核心词变种

实木儿童书桌——核心词变种长尾

实木儿童餐桌——核心词变种长尾

实木儿童桌椅——核心词变种长尾

一般建议，首先去掉核心词更大外延的词汇，因为词汇竞争更激烈，所以，去掉"儿童家具"。接着，把核心词长尾的词汇放到待定列表，因此，选定"儿童桌椅品牌"。然后，把核心词变种放到待定列表，因此，选定"儿童餐桌椅""儿童餐桌""儿童椅子""儿童书桌"。但是从这里看，已经超过了 5 个的限制，现在有 6 个关键词了，怎么办？最后，把核心变种里面和别的变种词重叠最多的词汇去掉，比如，"儿童餐桌椅"同时具有"儿童""餐""桌椅"这个分词可能，而这个分词的结果在另外三个词里面都可以覆盖，因此，去掉"儿童餐桌椅"。经过这个分析过程，我们最后筛选出来的 5 个词组是：儿童桌椅、儿童桌椅品牌、儿童餐桌、儿童椅子、儿童书桌。

对于搜索引擎来说，Meta Keywords 能否起到作用，这个建议不用去考虑，搜索引擎总是想通过最好的办法来判定页面的内容，因此，规范的 Meta Keywords 肯定有利无弊。

在使用关键词时需要注意的是，一定要在 Meta Keywords 标记中避免关键词堆砌，因为如果有太多关键词，而且毫无逻辑关系地出现，这个很容易被搜索引擎惩罚，最终聪明反被聪明误。

5.3.4　网页中的标题优化

这里所说的标题不同于 5.3.1 小节中介绍的标题。5.3.1 小节中说的标题是使用 <Title></Title>标记注明的标题，通常显示在浏览器的标题栏。而本节所说的标题则是使用 h1、h2 定义标题的级别，这类标题从 h1 到 h6，重要性依次递减。

为了提高关键字的排名，要求在 h1、h2 等地方合理布置关键字。标题的重要性如表 5-1 所示。

以百度百科为例，可返回 5.2.1 小节查看 h 系列标签的介绍（见图 5.14～图 5.20）。这里要说的是，h 标签在布局长尾词的时候可能出现页面核心词过于重复或者影响页面美观，可以参考百度百科的处理办法，将核心词隐藏，比如 h2 中的"莆田系历史起源"，核心词"莆田系"即被隐藏，其他类似。

表 5-1　网页中标题的重要性

内容分类	重要性	设置	关键词
大标题	最重要	h1	页面核心关键词
次标题 1	次重要	h2	页面核心关键词长尾
小标题 1.1.	次次重要	h3	页面核心关键词长尾
小标题 1.2	次重要	h2	页面核心关键词长尾
次标题 2	次次重要	h3	页面核心关键词长尾
小标题 2.1	次重要	h2	页面核心关键词长尾
小标题 2.2	次次重要	h3	页面核心关键词长尾
……	……	……	……

5.3.5　图片关键词优化

图片和文字一样，在任何网站都大量存在。然而更多的人重视文字的优化，却忽视图片的优化，因为大家认为搜索引擎只能识别文字内容。其实对于图片、视频等富媒体来说，目前搜索引擎确实无法识别其中的内容，但是为什么能通过搜索引擎找到这些内容呢？说明搜索引擎可以通过其他内容对富媒体进行内容判断，从而提供搜索服务。

对于图片来说，我们知道，在 HTML 中有个 alt 属性，就是这个属性帮助搜索引擎识别图片内容。

```
<img src="images/SEOyhlc.jpg" alt="网站优化流程图" >
```

alt 是对图片内容的说明，也是搜索引擎判断图片意义的最重要标示。由于现在网络图片的不断增加以及用户搜索需求的增加，搜索引擎对图片也越来越重视，图片的索引量也大幅提高，但是没有图片 alt 就无法实施检索，因此，alt 是图片优化必须要做好的。

要说明图片的意义，不仅要描述图片内容，还应该加入页面关键词对图片进行说明。这样既能提高网页的关键词相关度，利于网页排名，而且图片也能索引到这个关键词下。如果图片本身是一个链接，如网站 LOGO，那么 alt 标签就能起到锚文字的作用。

图片 alt 关键词优化时，注意以下事项。

* alt 标签不可重复堆积关键词，通常情况下 alt 关键词只需要一次即可。重复的 alt 关键词并不能带来好的排名，尽量用简洁含关键词的短句描述，如 alt="网站优化流程图"。

* 一个网页内多个图片 alt 尽量不同，可以使用网页的多个关键词。这样网页的多个关键词都可以得到展现，有利于多个关键词的排名。

关于图片的 URL 中包含关键词，这里就不谈了，因为在前面 URL 的优化中已经说过了。图片 alt 关键词的添加对关键词排名的影响还是较大的，大致相当于关键词黑体加粗的等级，因此不要为了省事而放弃 alt 这样重要的因素。

5.3.6　下拉菜单的优化

下拉菜单的设置有几个作用：更细致的导航方便用户快速获取对应信息，布局比主栏目或频道词次一级的较重要关键词用于排名，给当前页面增加关键词密度。下拉菜单可以按照频道的关键词进行拓展。比如，戒指这个频道，可以按照不同的分类来处理下拉菜单。

* 方式一：按照用途，比如结婚戒指、订婚戒指、金婚戒指等。
* 方式二：按照材质分，比如黄金戒指、铂金戒指、925 纯银戒指等。
* 方式三：按照性别分，比如女款戒指、男款戒指等。

同理，手镯按照材质，可以分为金手镯、银手镯、木制手镯、玉石手镯等。项链按照做工，可以分为镶钻链、镶宝链、蛋形花边链、福寿链、圆管链、镶珠链、子母链、锁骨链等；按照材质，可以分为纯金项链、925 纯银项链、宝石项链等。

耳环等频道可以按照同样的方式来设置下拉菜单。但是这个例子中还设置了一个按材质筛选的频道，因此，可以把每个频道下方的按材质分合并到这个频道里面，在具体的项链等频道可以采用按照做工、样式或者按照应用场景来划分会比较合适些，能覆盖到更多的长尾。

5.3.7 页面面包屑导航的优化

页面关键词确认以后，页面导航，即面包屑的写法基本就可以确认了。面包屑导航的作用在于让用户在访问某页面的时候清楚地知道自己所处的层级，并可方便地返回父级或更高的页面。一般采用以下格式：

首页>频道名>当前关键词或者当前页面文件的 Title

比如，京东韩束防晒套装页面的面包屑导航（见图5.23）：

个护化妆>面部护肤>套装>韩束（HAN'S）>韩束防晒套装

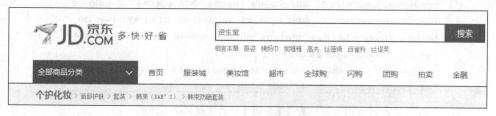

图5.23 京东韩束防晒套装页面的面包屑导航

需要注意以下两点。

（1）面包屑导航放置位置一般紧接着主导航底部放置，方便用户在进入页面后最短时间知道自己所处位置，以决定去或留，判断信息是否相关，正符合自己期望。

（2）面包屑导航的关键词一般为对应层级（栏目、频道）的导航关键词，也应是对应页面主要优化的核心关键词，相关页面多次重复关键词锚文本，对增加该词的排名有帮助，且对搜索引擎快速抓取、判断、索引、排序相关页面有帮助，是一种搜索引擎友好的做法。

5.3.8 提高关键词周围文字的相关性

提高关键词周围文字的相关性也是影响搜索引擎排名的因素。这种因素所占的比例不是很高，但却是搜索引擎防止恶意插入关键词的一个方法。很多管理员在添加文章的时候会随机在文章中插入关键词，以提高排名。但是这种方法效果并不好，有时候甚至会有反作用。

搜索引擎抓取网页时会对句子划分为词组索引到数据库。关键词周围的文字与关键词的相关性越高，说明此文章的关键词越准确。当然这种情况也适用于其他页面，只要关键词周围也有相关的词组，就会比直接随机插入的关键词获得更好的排名。

例如，关键词"学校"，周围文字可以是"培训""教育""课程""老师""学生"等。

而如果整篇文章中随机插入关键词“学校”，那么周围的词组是任何的文字，相关性可能就很弱，排名肯定不如相关性强的网页（见图 5.24）。随意插入关键词举例如图 5.25 所示。

[xué xiào]

学校（教育的组织机构） 编辑

学校（英语：**School**）是有计划、有组织地进行系统的教育活动的组织机构。名称起源于民国。学校教育是由专职人员和专门机构承担的有目的、有系统、有组织的，以影响受教育学校教育者的身心发展为直接目标的社会活动。学校教育是与社会教育相对的概念，专指受教育者在各类学校内所接受的各种教育活动，是教育制度重要组成部分。一般说来，学校教育包括初等教育、中等教育和高等教育。学校主要分为四种：幼儿园、小学、中学和大学。

图 5.24　百科“学校”词条

关于侦探公司，在现如今的社会中还是有很多的误区，尤其是很多人认为侦探公司是灰色行业，其实不然，如今很多的银行都和侦探公司有合作，向一些老赖讨债，在2012年度南京市的一次重点行业"向人民汇报"述职评议活动中，有不少的银行都承认了和侦探公司合作、和催债公司合作，这也就证明了**北京侦探公司**出现的合理性。

值得一提的是，如今的侦探公司的讨债手段已经和大家认知的不同，有的人认为侦探公司要债的方式很血腥，很黑社会，其实这都是影视剧中的一些夸张手法，大多数情况下侦探公司的要债手段都是比较合法的，在对方最忙的时候拨打电话、从丢弃的垃圾中分析信息,侦探调查的方式千奇百怪，具有专业的调查方法，一般人很难去了解。所以有人就觉得侦探公司十分神秘，在如今的侦探市场，侦探的业务是包罗万象的，包括婚姻调查、商业调查、商业讨债等等，侦探公司是通过不威胁对方人身安全的方式进行催债，他们催债的方式虽然千奇百怪，但绝对是合理合法的，不会出现法律纠纷，同时，如今的侦探公司还会开具专业的合同和委托文件，您可以直接看到**北京侦探公司**的要债手段，完全可以放心！

从南京多家银行公开承认和催债公司的合作我们也可以看出，如今的侦探公司已经得到了大众的认可，所以关于催债要债的事情，**北京侦探公司**做起来更快，也能达到委托人的预期，对于委托人来说，绝对是一个好的选择！

图 5.25　某侦探公司生硬的关键词插入示例

提高关键词周围文字的相关性，在于写作的时候多使用相关词，不要随机插入关键词。

5.3.9　404 页面

由于网页删除或者转移，乃至网址不规范都有可能造成 404 错误。而这些错误页面的链接可能还存在于站内或者站外，也没有办法去掉全部的链接。怎么才能让网站不用因为网页错误而损害用户体验和搜索引擎优化呢？

建立 404 页面，准确地说是修改 404 页面。因为在 IIS 服务器上 C 盘中有默认的 404 错误页面，路径为 C:\WINDOWS\help\iisHelp\common\404b.htm。站长可以在这个页面上修改，也可以再建立一个 404 页面，然后修改 IIS 服务器中的网站 404 错误的指向地址。

将网站 404 错误指向新的文件方法为：进入服务器远程桌面>打开 IIS 管理器>右击要修改的网站>属性>自定义错误>选择 404 错误，单击编辑>选择新 404 页面路径，单击确定。

设计 404 页面要注意以下 6 个事项。

- 404 页面与网站的风格相符，不要让用户产生这是错误页面的感觉。将 404 页面设计为网站风格，能给用户更好的视觉和心理感觉，也更为美观，用户更愿意点击页面上的链接，导入到网站其他页面。
- 避免使用 404 错误提示的文字，提示错误会使用户对网站的信任感下降，因此最

好不要直接显示 404 错误的语句。轻松愉快的提示语言不会让用户产生反感心理。

- 提示用户找不到网页的原因、是否是链接错误或者拼写错误等情况。帮助用户解决问题，能得到用户的支持。

- 添加网站地图及主要页面的链接，方便用户继续寻找信息，减少用户跳出。如果没有吸引用户的链接，用户遇到错误页面后，绝大部分都会直接关闭网页，而有链接的 404 页面可以将用户导入网站其他页面。

- 在 404 页面添加站内搜索功能，帮助用户寻找需要的信息。用户如果没有找到需要的信息，很可能在提示下重新搜索相关内容。如果网站内有相关内容，可以从很大程度上留住用户，增加 PV。

- 禁止 404 错误页面直接跳转，在前面已经说过，跳转是非常不友好的网页行为。尤其在没有找到用户需要的网页情况下，直接跳转用户会有被欺骗的感觉，因此坚决不能直接跳转。

根据以上注意事项，在制作 404 页面时可以更好地留住用户，增加网站 PV，提升用户体验。图 5.26 所示为站长之家的 404 错误页面，可以作为参考。

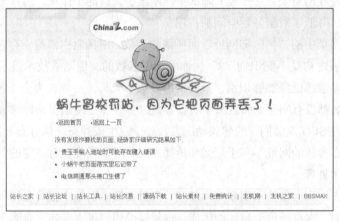

图 5.26 站长之家 404 错误页面

制作 404 错误页面是一门艺术。要把握好用户的心理，而且 404 页面的文字要有吸引力，避免用户因为找不到网页而产生反感情绪。

5.4 动态网页的 SEO 的制作

搜索引擎非常青睐 HTML 的网页，HTML 的网页后缀有.html、.htm 及.shtml，HTML 网页又称为静态网页。随着互联网的发展，网站需要的功能越来越多，网页慢慢变成了动态网页，也就是根据用户的请求由服务器动态生成的网页。用户发出请求后，从服务器上获得生成的动态结果，并以网页的形式显示在浏览器中，在浏览器发出请求指令之前，网页中的内容其实并不存在，这就是动态网页名称的由来。根据不同人的需求，服务器返回的页面可能并不一致。

5.4.1　动态页面的特点

与传统的以 htm 或者 html 作扩展名的静态网页相比，动态网页通常是用动态编程语言设计出来的，其扩展名按照语言的不同有 php、asp、aspx、jsp 等（见图 5.27）。

图 5.27　动态网页网址示例

与静态页面相比，动态网页有以下 4 个特点。

（1）采用动态网页技术的网站可以实现更多的交互功能，如用户注册、登录、在线调查等，只要有编程基础，想要什么功能动态网站都能实现。这也是静态网站无法做到的。

（2）动态网页以数据库技术为基础，用户访问网站时，只需要调用数据库，用户想要的内容便会出现在网页上。这样大大降低了网站维护人员的工作量，而且不用生成一个真实存在的网页，降低了对服务器空间的占用。

（3）动态网页中的"？"即网址后面所跟的参数，对搜索引擎检索存在一定的问题，在搜索引擎发展之初是不能识别"？"后面的动态参数的，但随着技术进步，搜索引擎对于大多数动态参数都已经能够识别，只要动态参数不太长（一般认为小于等于 3 个），抓取、收录和排名都没有问题。而且由于动态参数过多存在让搜索引擎蜘蛛掉入无限循环黑洞的陷阱，因此 SEO 人员们一般建议动态参数要少或生成静态、伪静态处理。

（4）带动态参数的网址不利于记忆和传播，同时对信任度也有一定的负面影响，因此建议做一些技术处理。

过长的动态网页会使搜索引擎望而却步，而且在搜索引擎中很难获得很好的排名。只有访问者访问时，网页通过变量才能生成，也就是说用户进入网站，看哪个地方可能有自己需要的信息，点相应链接才能动态地生成网页。所以如果不能生成网页，搜索引擎就只好放弃抓取。

5.4.2　动态网页静态化

虽然动态网页比静态网页在实现客户互动、连接数据库方面都有着明显的优势，但静态网页也是有很多优势的，主要包括以下 4 个方面。

（1）加快页面打开浏览速度。静态网页无须调用数据库，可直接打开，而动态网页需要调用数据库，同时还需要解释器解释执行，需要时间。因而静态网页打开速度较动态页面有了明显提升。

（2）有利于搜索引擎优化。百度、Google 都会优先收录静态页面，不仅收录得快，还收录得全。

（3）减轻服务器负担。浏览静态网页无须调用系统数据库，动态网站打开时，服务器端的 CPU 调用会大大增加，同时也会增加服务器的性能和任务量。

（4）网站更安全。HTML 只是一个静态页面，没有漏洞，黑客无法入侵，从而保证网站的安全性。

出于这样的特点，有时就需要把动态网页做伪静态化处理，让动态网页还以动态执行，但看起来像是静态网页。有以下几个方法来使动态网页实现静态化。

- 使用 IIS_ReWrite 静态化处理，适合 PHP、ASP、ASP.net 程序。
- 使用虚拟主机的 ASP 网站，需要使用 404 错误操作实现静态化。
- 使用 ASP.net 开发的网页程序，使用 URLRewriter.dll 实现静态化。
- 基于 Apache HTTP Server 静态化。
- 采用静态化后的文件格式。

注意：网站建设采用静态网页形式只是有助于搜索引擎索引信息，但并不意味着只要是静态网页就一定被搜索引擎收录，而动态网页就一定不会被搜索引擎收录。网页静态化只是让搜索引擎对网站更加友好，为搜索引擎收录网站提供方便，更重要的还在于网页结构、网页中的文字信息以及网页的链接关系等。

5.5　网页冗余代码优化

在前面网站整体架构优化时，我们已经提到，网站冗余内容的优化主要讲解的是网站整体的 js 和 CSS 代码外置优化。而本节所要讲解的是，网页里细节部分的优化方法，即 Meta 标签和样式冗余代码等。减少冗余代码，有助于提高网页反应速度，减小网站占用服务器资源和带宽，可以提高用户体验，利于搜索引擎优化。

5.5.1　减少 Meta 冗余代码

提到 Meta 标签，很多人都会想到 Title、Keywords、Description 这三个最受关注的标签，我们在日常优化过程中也会特别注意这些。但是由于很多人为注意建站规范性导致很多网站 Meta 标签中含有多余的代码，这些代码出现在网站的每个页面，势必导致整个网站变大，也使浏览器打开网页时处理很多无用的代码，从而降低了反应速度，虽然这是极小的差别。但是就是有许多极小的差别才使得每个网站的排名有所不同。

下面分析一般哪些 Meta 标签是冗余的。这里以某耳机论坛为例，代码如下：

```
<head>
<Meta http-equiv="Content-Type" content="text/html; charset=gb2312" />
<Title>XX 耳机论坛 -  XX 打造耳机第一论坛</Title>
<Meta name="Keywords" content="XX 耳机论坛, XX 打造耳机第一论坛" />
```

```
    #<Meta  name="verify-v1"  content="MrOMk27uwCyetWkPiV5XCcR/q0kUJ2X+
IPJx8gPe8Yg=" />
    <Meta name="Description" content="XX 耳机论坛 - XX 打造耳机第一论坛" />
     #<Meta content=all name=robots />
     #<Meta name="Keywords" content="XX 耳机论坛, XX 打造耳机第一论坛" />
     #<Meta name="Googlebot" content="index, follow" />
     #<Meta name="generator" content="Discuz! X1.5" />
     #<Meta name="author" content="Discuz! Team and Comsenz UI Team" />
     #<Meta name="copyright" content="2001-2010 Comsenz Inc." />
    <Meta name="MSSmartTagsPreventParsing" content="True" />
    <Meta http-equiv="MSThemeCompatible" content="Yes" />
    <link href="/templets/default/925m2.com_hx/index.CSS" rel="stylesheet"
type="text/CSS" />
    <link  href="/templets/default/925m2.com_hx/nev/news.CSS"  rel="style
sheet" type="text/CSS" />
</head>
```

　　这是它以前的代码，可以看到这个网页的 head 部分，因为冗余代码变得很长，这是对优化不利的。其中前面标注有#的代码就是冗余代码，下面介绍代码的意思（这里不讨论它的 Meta 关键词优化，只针对优化中的冗余代码）。

　　第 1 行：定义 html 页面所使用的字符集为 GB2132，就是国标汉字码。

　　第 2 行：大家都很熟悉的 Title 网页标题标签。

　　第 3 行：Keywords 关键词标签，提示搜索引擎网页关键词。

　　第 4 行：Google 网站管理员工具核实网站归属的代码，为冗余代码。

　　第 5 行：网站 Description 标签，描述网页主要内容或网页摘要。

　　第 6 行：允许搜索引擎访问这个页面的全部内容和链接，也可以不写，冗余代码。

　　第 7 行：网页模板设计问题，Keywords 重复出现，冗余代码。

　　第 8 行：允许 Google 蜘蛛抓取本页内容，并可以顺着本页继续索引别的链接，冗余代码。

　　第 9 行：说明网站由 Discuz 建站系统建设，冗余代码。

　　第 10 行：说明网站建设作者，冗余代码。

　　第 11 行：说明网站系统版权信息，冗余代码。

　　第 12 行：IE 浏览器不自动生成相关 tags。

　　第 13 行：打开 Windows XP 的蓝色立体按钮系统显示。

　　最后两行：调用外部 CSS 文件。

　　我们可以看到，这个网站的 Meta 标签中很多内容都是无用的，而且还有重复内容，这对于搜索引擎优化来说是非常不好的。精简的 Meta 标签不仅提高浏览器处理页面的速度，而且使搜索引擎抓取网页时准确快速地获取网页主要内容。要知道搜索引擎蜘蛛是很"懒"的，方便了蜘蛛，搜索引擎才会更喜欢你。

5.5.2　减少样式冗余代码

控制网站页面样式，一般采用调用 CSS 来完成，但是针对某些特定的内容，就会使用很多譬如 Span 或者 Font 标记来控制。Font（现已不建议使用，标准的 HTML 文档应该是结构、样式、表现三者相互独立，降低耦合）主要控制页面文字样式，Span 则控制其他内容的样式。由于很多站长的滥用，导致很多相同的 Span 或 Font 标记出现在页面上，给网页增添了很大负担。

如下代码这是某网站的一篇游戏攻略文章的 HTML 代码，我们可以看到，编辑者为了突出某些词语，给很多词语加上了<font color="#ff0000" size="4" face="verdana"></font>标记，从而造成代码增长了不少。

```
<p>小玩家快速冲级心得<br />
<strong><font  color="#ff0000"  size="4"  face="verdana">1. 组 队：
</font></strong>平日里要养成组队的习惯，特别是挂机刷怪和做日常任务的时候，组队不仅可
以提高完成任务的效率，同时组队还有经验加成，队伍人数越多经验加成越高。所以组队的好处是
既节约了游戏的时间，又可以多多拿经验。<br />
同时，挂机刷怪的时候要注意，不要刷和自己等级相同特别是比自己等级低的怪，最好可以刷
比<strong><font color="#ff00ff">自己等级高 3 级</font></strong>左右的怪，这样
经验会多一些。<br />
<strong><font  color="#ff0000"  size="4"  face="verdana">2. 上古令牌：
</font></strong>上古令牌任务根据颜色不同经验也不同，等级由低到高分为：白，绿，蓝，紫，
橙。刷上古令牌任务的时候颜色等级可能不会变，也可能刷到比当前等级高的，但是任务等级却肯
定不会下降，所以在刷的时候可以放心地刷。<br />
上古令牌任务可以通过乾坤石来刷，<strong><font color="blue" size="4"
face="verdana">乾坤石</font></strong>可以通过打各种 BOSS 来获得，可以多多去下<font
color="magenta"><strong>BOSS</strong></font>之家等。上古令牌任务还需要上古令牌才
可以，上古令牌任务一天最多可以接<strong><font color="#ff00ff"> 6 </font></strong>
次，所以每天最多也就买<strong><font color="#ff00ff" size="4" face="verdana">6
块 令 牌 </font></strong> 就 可 以 了，一块需要一银，每天也就 <strong><font
color="#ff00ff" size="4" face="verdana">6银</font></strong>。<br />
<strong><font  color="#ff0000"  size="4"  face="verdana">3. 答 题：
</font></strong>每天中午有智慧答题，时间不长，但是如果答得好的话，可以拿到大量的经验。
如果是经常答题的玩家就可以知道，每天的题目里会有很多是重复的，所以平时答题的时候可以用
心记录一下，或者和其他的玩家相互交流，也是一个增加分数不错的方法。<br />
<strong><font  color="#ff0000"  size="4"  face="verdana">4. 副 本：
</font></strong>每天的副本尽量将能够刷的全部刷完，不仅可以有大量的经验，还会有各种装
备和道具，可以满足自己的需要，同时还可以将自己不需要的出售。而且如果是有能力的玩家能够
单刷副本，再吃上经验符的话，每天副本的经验是相当可观的。<br />
<strong><font  color="#ff0000"  size="4"  face="verdana">5. 蛮 兽：
</font></strong>也就是我们平时说的宝宝，是洪荒神话里升级的好帮手，一个好的蛮兽，可以
让你的实力大增，自然可以提高打怪速度，提高升级的速度。<strong><font color="#ff00ff"
```

```
size="4" face="verdana">血脉浓度和成长度</font></strong>都会影响到一个宝宝的品
质，还有传说的<font color="#ff00ff" size="4" face="verdana"><strong>橙色宝宝
</strong></font>，当然是很稀有的。另外，装备的好坏也是实力的一个象征，自然也是可以影
响升级速度的。<br />
```

这里只是简单介绍了一些洪荒神话中影响升级的一些方面，当然还有这里没有说到的，需要大
家去探索寻找，更快更好的升级方法，希望大家能够快速升级。</p>

其实可以先定义一个 CSS 样式，如果写在外置的 CSS 文件中更好，然后在这个页面
需要的地方用 Span 调用就行了。相比之下，可以省去很多代码。例如：

```
<style type="text/CSS">
<!--.style1 {font-family: "verdana" ont-size:4 color:#ff0000 }-->
</style>
<span class="style1">1.组队：</span>
......
```

如果一篇文章很长，而需要使用的样式又比较多，最好采用调用的方式。这是比 Font
更符合 W3C 标准的，也提高浏览器解析速度和搜索引擎友好。

减少样式冗余代码，是很多 SEO 人员不太注重的方面。但是相比于网站外部优化，
网站内的优化是自己能完全控制的，既然可以控制，那么我们就应该好好把握每个细节，
包括网站冗余代码的优化，其作用很多时候是出乎意料的。

5.5.3　给网页整体瘦身

网页除了前面提到的冗余内容外，还有很多，这些是我们经常忽略的，如空格字符、
默认属性、长标签、注释语句等。这些内容在大部分网站都会出现，而且在网页上所占的
比例还非常高，有的网站冗余内容占到网页的 70%之多，这是相当不友好的。

虽然现在搜索引擎最大能抓取到数兆字节的网页，但是还是建议网页不要过大，过大
的网页会有抓取截断的现象。网页正文内容最好也不要过大，过大会被索引截断。当然，
搜索引擎抓取截断的上限会远大于索引截断的上限。

几年前百度对于网页的大小是有限制的，要求网页体积最大是 125KB，超过这个范围
快照显示就会不正常。随着搜索引擎技术和网络技术的发展，现在已经远远大于这个数字
了。但总体来讲，过大的网页是不利于抓取的，也影响页面打开速度，所以在网页优化的
时候要注意以下 4 点。

（1）一般情况下，空格字符大约占网页代码的 15%，达到几十千字节甚至更多。这里
要提一下，本书说的空格字符不是代码： ，是在代码编辑环境中敲击空格所产生的
符号，每个空格相当一个字符。一般出现在代码的开始和结束处，还有就是空行中。设计
网页模板时应将这些空格删除，做一个简洁的网页模板。

（2）一般程序员在制作网页时都使用专用网页制作软件，经常会产生一些默认属性的
代码。比如，即使我们在网页设计中不添加左对齐的属性，页面中的内容也会默认为左对
齐，所以代码中的左对齐属性代码一般可以删除，特殊指定的位置除外。我们常见的默认

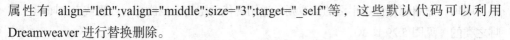

属性有 align="left";valign="middle";size="3";target="_self" 等，这些默认代码可以利用 Dreamweaver 进行替换删除。

（3）很多时候为了突出重点或者让读者接收推送的内容，一般会对文字使用一些强调处理。例如加粗，我们会使用<strony></strong>代码，其实还可以使用更简便的方法，使用<b></b>能起到同样的作用。而且相比之下，代码更短，查看也更为清晰。如果网页加粗较多，也可以缩短代码长度。

（4）还有一些给网页增加负担的内容，那就是注释句子。很多网站的建设者为了方便网页的检查，会在编写代码的时候添加很多对于网页根本没有用处的注释。这些注释时网页的代码增加了不少。一般只要代码不跟别人分享，注释语句就可以省略，即使分享了，程序员也应该在网站上线后删除这些注释语句，减小网页的负担。

网页上出现的上述问题，程序员如果都能认真对待，那么整个网站及网页都会减小很多，就相当于给网页做了一个整体瘦身。做好了，网站的索引质量和打开速度将会有质的飞跃。

5.6 页面图片优化

图片是除文字、链接之外网页中的重要内容。要做好网站推广优化，图片也不能忽视。对于图片的处理，很多人都是马马虎虎完事，殊不知图片比文字更容易引起别人的注意。所以说图片是网站建设中的一个重要部分。本节就来介绍一下如何做好页面图片的优化。

5.6.1 图片与文章的相关性

网站在做宣传推广的时候一定有一个明确的主题，不是两个或三个，只有一个。一个代表着具有方向性、明确性。同时在设计网站风格时，也要知道自己的网站推广是做什么的，应该用什么样的图片。图片中要有一个传递信息的含义，并且与网站风格相符，不能够有太大的差别。网站风格不能有太大的变动和改动，要不然就会影响网站在用户心中的形象。总之一句话，网站的图片要与风格有一致性的方向，不许背道而驰、天差地别。所以图片要与文章的内容相关，比如一篇介绍国风、古韵的文章所配图片也应古香古色，内容可以是古式的案几配上茶具一类（见图 5.28）。

图 5.28　汉宫秋月配图

同理，介绍现代都市生活的文章则可选用现代的吧台、高脚杯、红酒或者咖啡店、咖啡之类的（见图5.29）。

葡萄酒与空气接触的程度大小，直接关系到饮用者能否更好地享受此款美酒。一般来说，酒杯制造商们会根据葡萄酒的不同类型以及对于氧化和侍酒温度的不同需求而专门制作出形态各异的红葡萄酒杯、白葡萄酒杯以及香槟笛形杯等。选择一款合适的酒杯能够提高葡萄酒的视觉效果以及香气和味道的美妙程度。以下将为您介绍白葡萄酒杯与红葡萄酒杯具体有哪些不同。

图5.29　酒杯文章示例

总之，所配图片一定要与文章内容相关联。

5.6.2　图片的格式、大小及质量

页面所配图片要选用合适的格式与大小，常见图片格式中PSD与BMP所占空间较大，太多的配图会延长页面的加载时间，影响用户的体验。可以将图片使用工具转换为占用空间相对较小的JPG与PNG格式，动画小图片转化为GIF格式。这类图片通常占用空间较小，能大大缩短页面的加载时间，使用户能在第一时间看到网页图片。

除了选用合适的格式，大小也是很重要的。一张内容相同的图片，因为分辨率的不同，占用空间也会有很大的区别。比如常见的JPG格式的风景图片，如果分辨率为800×600，则通常占用空间只有几百甚至几十千字节（见图5.30）。如果分辨率达到1600×1200或者更高，则一张普通图片的占用空间有可能达到1MB甚至更大。这样虽然使图片清晰度得到提升，但是会大大延长页面加载时间，影响用户体验。

所以在网页中使用图片一定要选择合适的格式与大小，既能为用户呈现合适的图片，又不会影响用户的浏览体验。

图片的质量主要指图片清晰、方便阅读、信息明确、方便快速提取，因此图片必须清晰明了，这一点的好处是毋庸置疑的。一张图片所有表达的内容必须明确，而不能是朦胧的需要用户去猜测，唯一可能就是关闭网页结束浏览。当然那些专门用模糊图片做网站的一类网站是除外的，比较有名的就是12306网上购票的验证码图片，故意弄得让人不知所

云，从而减少黄牛刷票的概率。

图 5.30　图片大小为 15KB

5.6.3　用图片建设内链

虽然图片不容易被百度收录，但是图片的内链也不容忽视，要合理地选择图片做链接，比如网站的 Banner，不要把所有出现的图片链接都链到首页，更不能把所有图片都写进超链接内部，如<a href="/"><img src="1.jpg"></a>，因为过多的链接不仅起不到网站推广优化的作用，还会带来负担。

图片的作用是为了用户体验、页面丰富度或者更大化地吸引用户注意力而存在的，因此只在必要的地方使用图片超链接。而其他需要图片的地方只是静态图片而已，为了展示而非链接入其他页面用，有效避免过多的图片超链以免给蜘蛛的识别造成困扰。

一般来说使用图片而非文字的地方如下。

*   LOGO。由于网页字体及 CSS 和 js 绘制图片的限制，独特、个性的 LOGO 采用 HTML 标签、CSS、js 是很难实现的，因此必须使用图片来代替文字，呈现出更为优秀的展现。

*   Banner。Banner 的作用一般在于将重要信息以图片信息呈现给用户，因为图片所承载的信息量要比单纯文字大得多，因此适合作为广告、专题或者重要权重页面、热点页面呈现给用户。

*   文配图。文配图是为了增加页面的丰富性及变化性，增强用户体验，降低跳出率及用户黏性。单调可能导致用户觉得乏味，而不能留下什么好印象。

*   其他广告。页面广告的目的在于吸引人关注和点击，因此选择图片比文字效果要好得多。

以上图片一般是为必要性而存在，内链是否放置主要看该图片所承载的功能。如果需要立即行动，比如打电话，链接就不是必要的，而如果需要注册则应链接向注册页面，做广告则应指向对应商家。当然图片也可能是为增加某权重页面而存在的，所以为了提高该页面的点击率，指向它的内部链接就是非常必要的了。

5.6.4 图片要本地化、私有化

网站中所使用的图片既可以是本地的、私有的，即图片地址跟网页地址在同一台服务器上（见图 5.31）；也可以是网上的其他网站的图片，图片跟网页不再同一服务器上（见图 5.32）。两者都有各自的优缺点。

图 5.31 本地私有图片示例

图 5.32 图片、网页不在同一服务器

使用网上的图片可以减少自己的服务器空间占用，同时减轻自己的服务器负担，因为每次用户浏览时，都是从图片所在的服务器上读取。不过缺点也显而易见，不利于维护，甚至当图片所在服务器删除了网站所链接的图片，那么图片就不会正常显示，只会显示一个×号。盗链别人的图片有时还会涉及侵权。另外，现在很多网站的图片都采用了防盗链机制，在人家自己的网站可以正常浏览，但当被其他网站引用时，就会提示该图片禁外链。

所以，最好的方法还是使用本地、私有的图片。即使一时没有合适的图片，也可以在网上找到合适的，再上传到自己的服务器。虽然将图片放到服务器上会占用服务器空间，也会在用户浏览时增加服务器负担，但是维护相当方便，需要了就放上，不需要随时可以撤掉更换新的图片，通常本地图片也会加快页面加载速度，提升用户体验。

5.7 习题

一、填空题

1. 网页标题使用的 HTML 标记为＿＿＿＿＿＿＿＿＿＿＿，网页描述使用的 HTML 标记为＿＿＿＿＿＿＿＿＿＿，网页关键字使用的 HTML 标记为＿＿＿＿＿＿＿＿＿＿。

2. 网页上常用的图片格式有＿＿＿＿＿、＿＿＿＿＿、＿＿＿＿＿等。

二、选择题

1. （　　）不属于动态网页扩展名。

（A）CHM　　　　　（B）ASP　　　　（C）JSP　　　　（D）PHP

2. （　　）属于静态网页的特点。

（A）加载速度快　　　　　　　　（B）易于被搜索引擎收录

（C）更加安全　　　　　　　　　（D）可以连接数据库

三、简述题

1. 简述与静态网页相比，动态网页的特点。

2. 简述图片优化时所要注意的事项。

3. 编写简单 HTML 代码要求有头部、标题、描述、关键字、内容以及简单身体部分内容。

第6章
内容和链接的分析与优化

网站内容是一个网站的灵魂,一个网站如果没有好的内容就像一座"鬼城"虚有其表。同时各种链接能使用户在站内各个部分甚至是站外随意浏览。所以做好网站内容和网站链接的优化也是 SEO 的重要内容。在 SEO 业界有"内容为王,外链为皇"的说法,可见在注重 SEO 内容优化方面大家已取得了共识。

本章主要内容:

- 内容优化
- 内部链接
- 外部链接
- 交换链接

6.1　内容优化

内容优化就是把定向可被搜索关键词或关键词组整合到每个网页,为用户的商品或服务带来搜索流量。这样做时要确保你的网站内容能被定向搜索词或词组找到,或定向搜索词或词组不能过于冷门。从理论上讲,存在可转换的高度搜索词组和句子,换句话说,被优化的目标页面存在词组或句子可被用来转换成高搜索度词组或句子。当优化网站内容时,可以进行关键词优化。网站内容优化是任何一个 SEO 方案中最重要的。因为你会不断地为网站增加内容,对网站进行升级,所以用户总是有新的机会去优化网站内容。

6.1.1　原创文章和伪原创文章

SEO 优化,原创内容一直都是 SEOER 的一大挑战。于是很多朋友会选择更新网站内容的时候用伪原创，渐渐的，原创越来越少，伪原创越来越多。造成这种现象的最终原因就是，原创文章首先是太耗时间，一篇几百字的原创文章，可能要花费最少一个小时的时间来写。还有一个问题就是，站长都不是专业的作家，可能开始几天还有东西写，可是几天之后会发现，自己的大脑已经被榨干了，没有东西可写，会导致心情烦躁、不想做事。于是，越来越多的站长开始用伪原创。复制一篇文章放到伪原创软件，通过软件的修改，迅速地生成一篇伪原创文章，省时省力。

如果站在搜索引擎的角度来看，伪原创和真原创对网站的关键词排名会有什么影响呢？

众所周知，原创文章才是搜索引擎最喜欢的。搜索引擎现在注重的是用户体验，如果用户搜索某个关键词，他想得到的是自己想知道的信息，搜索引擎有义务把用户的需求展示给用户。原创文章一般都是网站编辑人员用心写的文章，里面包含有作者独有的风格，文章的内容是高质量的，所以原创文章在百度是会给予很高权重的。

用户打开搜索引擎的搜索结果，当打开的是一个伪原创文章时，用户发现上当了，这是一篇伪原创的文章，语句根本就不通，没有任何实际意义，那么这个用户体验值为 0，如果一直这样下去，用户会对搜索引擎产生不信任感。长此以往，搜索引擎会被用户淘汰。

搜索引擎有很大的利润空间，他肯定不愿意被用户淘汰，所以他会更新算法，区别伪原创和原创，一旦发现你的网站是伪原创，将会对你的网站降权，没有权重的网站也就是一个没有用处的网站。

在这里要告诫站长朋友，做网站，一定要做原创，不要做一些和百度擦边的事情，一旦被百度发现，之前的工作都将付诸东流。

6.1.2 网站文章的编辑

原创文章的创作需要时间与精力，而伪原创文章则可能被搜索引擎发现，从而导致网站的降权。那么如何有效地建设高质量的原创文章，从而使这些文章既适合用户的浏览阅读，也适合搜索引擎蜘蛛的抓取，进而让这些文章能够提升自己网站的搜索引擎排名？要想做到这一点就需要一定的技巧。因此这些技巧是每一个从事在搜索引擎优化岗位的人必须了解和必须具备的一项技能。

除了摘要片段收录的那部分内容，网页正文并不能够直接地对搜索引擎的推荐起到什么重要作用。但是对自然搜索引擎排名却是十分重要的。付费放置的供应商趋向于调查搜索登录网页来确认这个页面与购买的关键词是否是相关的，因此注意你的关键词突出程度和密度是很有意义的。

对目标关键词最大突出程度的位置是在网页标题中，但是要得到非常好的搜索引擎排名，仍然需要优化文章，在文章的正文中下大功夫。搜索引擎在判断和突出程度的时候将网页正文看作是一个单独的区域，但是在正文中不是所有的词语对于排名来说都是被视为平等的。一篇好的原创文章在编辑时要特别注意以下 5 个方面。

（1）原创文章的标题。网页正文中，关键词出现在文章标题中会比出现在其他地方得到更高的权重。因为访客认为文章标题比其他文字更重要，搜索引擎也这么认为。虽然所有的文章标题都比周围的文字更为重要，一个用<h1>标签包括的标题比更小的文章标题更有效力。关键词在标题中出现，是网页中突出程度最高的地方之一。

（2）文章开头的文字。关键词出现在网页的顶端比出现在后面有更好的效果。因为大多数网页是在最初的几个关键词中概述其中心思想，搜索引擎在判定相关性时给予这些词更多的权重，对关键词最突出的位置是在页面开头文本的标题标签中。

（3）强调的文本。粗体字和斜体字对访客来说是突出的，搜索引擎因此也会给它们一定程度的考虑。所以在需要时，可以给予关键文本以不同的字体以突出其地位。

（4）链接。它是这一组概念中较为古怪的名词，因为虽然锚文本在链接标签是非常重要的，但其重要性是给被链接的网页以一定的可信度，而不是链接出现的那个网页。有些对当前网页来说最重要的文本是其他网页将其作为链接连到站点中的文本。从其他站点来的链接远比你自己站点内部来的链接可信度高，但是对站长来说仔细选择锚定文本来反映关键词也是很有帮助的，即使是为了自己站点内部的链接，因为它们确实有一定的权重。

（5）段落标签及其他。在网页任何地方发现的关键词都有一定的价值，但是没有上面列举的位置更加有效。这里包括了段落标签和很多其他的内容，但是搜索引擎并不给予它们更高的权重。

掌握了以上技巧，在编辑文章内容时可以适当在关键的位置更加强调关键词，从而使搜索引擎对文章内容给予更高的权重，增加网站的收录概率，并提高网站的排名。

6.1.3　网站内容发布技巧

网站文章不仅在编辑时使用一些技巧会增加网站的排名，在对内容进行发布时适当采用一些技巧也会对提高网站的权重起到举足轻重的作用。下面简单介绍一些网站内容发布时可以使用的技巧。

1.　每一个页面的标题和描述要有所不同

有很多网站为了增加网站页面的数量而对网站的文章做分页处理。这种想法非常好，但是在处理文章的时候一定要注意，文章的每一个分页对应的是一个页面，这些分页的标题不能相同，搜索引擎不喜欢重复的标题，如果整个网站重复的标题太多，不但没有给网站带来益处，反而会给网站带来不良影响。

2.　文章内页巧用"上一篇""下一篇"等内部链接

有很多人都意识到在文章内容的最底部加上"上一篇""下一篇"等字样可以增加用户的黏性，让用户点击继续阅读。

3. 文章发布的频率

若想增加网站发布的数量，也要循序渐进，不能在短时间内从一篇文章猛增为几百篇文章，这样搜索引擎会觉得网站不正常，认为网站在采集，会观察网站一段时间，在短期内，网站排名、快照更新、网站收录均会受到影响。

4. 字数多的文章分成几篇来用

有的文章非常长，多达几万字，如果当成一篇文章来发布，占用的页面会非常长，用户阅读的时候也会感觉非常累，没有耐心的用户会直接关闭网页。对于这种情况，可以将一篇文章分成几篇发布到网站上，做成一个连载的形势，用户也愿意阅读。

5. 网站内容的可靠性

网站内容的可靠性是网站内容优化的第一原则，如果网站的内容都是虚假的，这样的网站肯定不会得到搜索引擎的青睐。所以在写原创文章的时候，文章的内容一定要具有可靠性。

6. 内容发布技巧还要考虑时间性问题

凌晨三点到早上九点这段时间是搜索引擎蜘蛛抓取网站内容最频繁的时候，百度的抓取是比较频繁的。特别是对于它比较喜欢的网站，每天抓取的速度是非常快的。如果每天发布多少篇文章，搜索引擎收录多少篇文章，那么网站的状况应该是相当不错的。所以发布文章的时候，要在搜索引擎更新频繁的时间发布，或者在更新时间之前发布，这样当天发布的内容会让搜索引擎尽快地去收录。

7. 网站内容的权威性

权威性的内容可靠的程度会更高。但是内容的权威性是需要靠时间来培养的，除非网站的域名是老域名，这样可以缩短网站权威性的培养时间。普通网站要确定在搜索引擎中的权威地位，除了严格要求网站内容的质量以外，还必须依靠时间的积累。

8. 内容发布时要遵守规则

在发布内容的时候必须要遵守一些常规，一些规则不能违反。通过网站内容的建设，特别是高质量原创内容的建设，最终结果就是提升网站的用户体验，增加网站对用户的黏度，能让访问过几次网站的用户喜欢上这个网站。

6.1.4 内容中的链接优化

在网站发布文章时，内容是最为重要的，不过锚文本链接即文章内容中的超链接同样也不容忽视。相比纯文本链接及其他链接来说，锚文本链接对 SEO 排名的帮助是最大的。这类链接通常就是外链关键词加上了超链接，如果在内容中加入与本站相关的内容，并将相关关键词设置为链接会进一步增加网站的黏性，网站浏览者会在看到自己感兴趣的内容时非常方便地跳转到相关的内容。

归纳起来，锚文本链接的作用体现在以下 4 个方面。

第一，有助于提高关键词排名。

第二，有助于搜索引擎蜘蛛更快速地爬行网站目录。

第三，可以提升用户体验。

第四，可以有助于分析竞争对手。

在做锚文本链接时需要满足的条件是：软性植入，符合文章整体需要，切不可生硬嵌套，为了加入锚文本而插入关键词；对所在文章有促进作用，使两者相得益彰，切不可胡乱添加；能急人之所急，延展用户需求，挖掘用户额外需求并满足；同时还要严格控制锚链接的数量。

总之，使用好内容中的链接会给网站带来不少的好处，但在使用时也要做到顺其自然，不能为了链接而链接，那样只会是废时废力，同时也会起到相反的作用。

6.2　内部链接

链接也常被称为超链接，是指从一个网页对象指向另一个"目标"网页的链接关系，一般以超（锚）文本链接或者文本链接出现，前者可以直接点击，而后者需要复制粘贴到地址栏方可访问。链接是网站优化的重要内容之一，链接按照其目标的不同又可以分为内部链接与外部链接。本节着重介绍内部链接的优化。

6.2.1　内部链接的定义

内部链接是指同一网站域名下的内容页面之间的互相链接。例如，频道、栏目（见图6.1）、终极内容页之间的链接（见图 6.2），乃至站内关键词之间的 Tag 链接（见图 6.3）都可以归类为内部链接，因此内部链接也可以称为站内链接，对内部链接的优化其实就是对网站站内链接的优化。

图 6.1　导航指向栏目（频道）的锚文本超链接

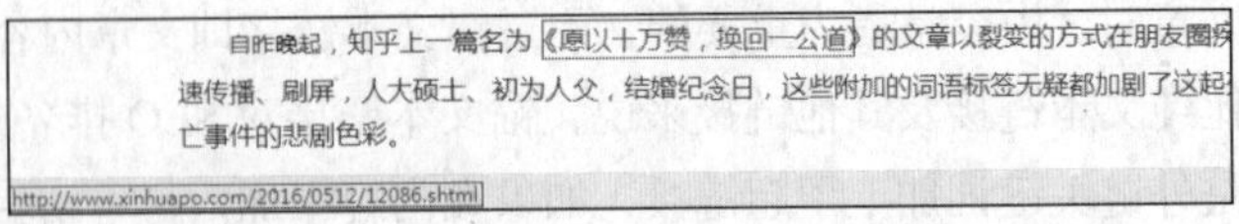

图 6.2　以标题为锚文本的内容页链接

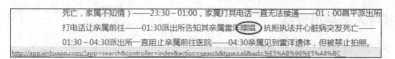

图 6.3　tag 标签内链

6.2.2　内部链接的分类

在不同情况下，链接有不同的分类方法。

1. 按链接对象分类

在网页中，链接（超链接）的对象可以是文本、图片或者多媒体文件，这些不同的链接对象就是一种链接分类的方法。

（1）文本链接。文本链接是指用文本作为链接对象的链接。比如，在 HTML 代码中，以下超链接格式是最常见的：<a href=" http://www.sohu.com.cn/" >搜狐</a>。代码中，文本"搜狐"就是超链接对象。严格说这种文本链接叫锚文本链接，锚文本可以是关键词，也可以是网址，比如<a href=" http://www.sohu.com.cn/" > http://www.sohu.com.cn/</a>。还有一种纯文本链接，即链接不被 a 标签锚定中，直接以文本的形式存在于网页中，比如，舆情快报：http://www.xinhuapo.com/express/。

注意：需要注意的是，在搜索引擎优化中经常提到"锚文本"，其实锚文本就是文本链接中的文本内容，比如上例的"搜狐"就是锚文本。

（2）图片链接。图片链接是指用图片作为链接对象的链接。比如，在常见的 HTML 代码中，以下超链接格式是最常见的：<a href=" http://www.sohu.com.cn/" ><img src=" http://www.sohu.com.cn/LOGO.gif" ></a>，图片 LOGO.gif 就是图片链接，指向的链接目标是搜狐首页。

（3）多媒体链接。多媒体链接是指用多媒体作为链接对象的链接。在多媒体文件的链接里，链接信息包含在多媒体文件中，当用户点击、激活、打开多媒体文件时，就会打开链接地址（见图 6.4），比如优酷综艺视频广告。

图 6.4　优酷综艺视频广告

2. 按导入与导出分类

导入和导出链接分类原理也很简单。

如果网页 A 和网页 B 是两个不同的页面，网页 A 中存在指向网页 B 的链接（A→B），则在这个链接关系中，网页 A 中的链接就是网页 B 的导入链接，同时也是网页 A 的导出链接。

举例来说，搜狗首页有指向"网址导航"的链接，在这个链接关系中，搜狗首页就是"网址导航"首页的导入链接，同时这个指向"网址导航"的链接也是搜狗首页的导出链接，如图 6.5 所示。

图 6.5　搜狗首页上的"网址导航"链接

3. 按内部与外部分类

在搜索引擎优化中，运用最多的还是内部链接和外部链接。

（1）内部链接是指网站内部页面之间的链接关系。

（2）外部链接是指外部网站与目标页面之间的链接关系，包括指向外部的链接及外部指向目标网页的链接。

通常情况下，内部链接就是同一网站域名下包括目录、内容页面等所有网站内部之间的互相链接。例如，频道、栏目、终极内容页之间的链接，乃至站内关键词之间的 Tag 链接都可以归类为内部链接，如图 6.6 所示。

外部链接是指本站以外的链接，它表达的是网站之间的链接关系，反映的是网站之间的信任和投票关系。举例来说，网站的"友情链接"模块，指向的大多是别人的网站，这是最常见的外部链接，如图 6.7 所示。

图 6.6　搜狗的内部链接

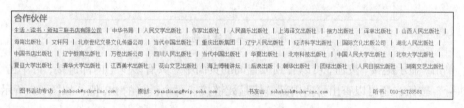

图 6.7　搜狐读书频道的友情链接

注意：在搜索引擎中，外部链接具有不可操控性，也就是说网站所有者不能通过正常手段操控别人的网站指向自己的网站，所以相对于内部链接而言，外部链接在搜索排名中的作用尤为重要。

6.2.3　内部链接检测工具

本小节为读者介绍两款内部链接检测工具，使用这些工具可以帮助站长查看各个内部链接的状态，从而更快地分析链接的状态，及时清除失效的链接，进一步提高网站的用户体验。

1. Google 网站管理工具中的内部链接统计

对于一定规模的网站来说，内部链接比较繁杂，不容易统计，更不容易调整。这就需要有一个比较好的统计整个网站内部链接情况的工具，搜索引擎优化者可以利用统计报告进行内部链接结构的调整。Google 网站管理员工具（网址 http://www.Google.com/Webmasters/tools/?hl=zh_CN）中专门提供了一个"内部链接"统计报告，可以满足这个需求。

通常情况下，网站首页的内部链接应该是最多的，在必要的时候，搜索引擎优化者也可以调整内部链接数量，让主推的栏目、页面拥有更多的内部链接。

通过这个内部链接报告，搜索引擎优化者可以很清楚地知道网站中的内部链接分布情况，并通过 CMS 的模板功能对内部链接进行调整，目的是让更重要的栏目、页面获得更多的内部链接，而减少一些相对不那么重要的页面的内部链接数量。

2. 内部链接检查器

如果说 Google 的内部链接统计是一个整站全面统计，中国站长站的内部链接检查器（网址：http://tool.chinaz.com/Links/）就是灵巧的单页面的内部链接检查器，55.la 的内链检查工具也很实用（http://t.55.la/links/）。

要查询某页面的内部链接情况，输入需要查询的页面，选择"站内链接"，再选择"百度蜘蛛模拟"或者"Google 蜘蛛模拟"即可开始查询，如图 6.8 所示。

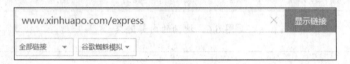

图 6.8　内部链接检测

单击"显示链接"按钮，可以看到被查询的页面中一共有多少个内部链接，再单击"开始执行"按钮，还可以查出哪些内部链接是死链接、每个链接的 PR 值，如图 6.9 所示。

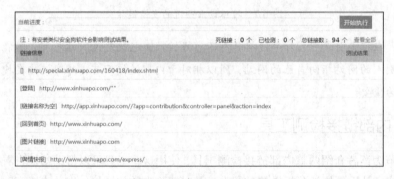

图 6.9　内部链接检测报告

通常情况下，搜索引擎优化者可以利用单页面的内部链接检查控制网页的导出数量，并进行内部链接的合理分配。

6.2.4　内部链接的优化方法

网站内部链接的优化涉及很多方面。首先，最重要的是应该有一个百度推荐的网站结构——扁平的树形网状结构；其次，要对导航页面进行规划，为访问用户提供更好的体验；然后，要充分考虑到链接之间的相关性；最后，对死链接、错误页面进行清理，保障网站内部链接的正确性。

1. 扁平树形网状结构

百度认为合理的网站结构应该是一个扁平的树形网状结构。那么什么是扁平的树形网状结构呢？

理想的网站结构应该扁平一些。从首页到内容页的层次尽量少，这样搜索引擎处理起来会更简单。

网站结构建议采用树形结构。树形结构通常分为以下三个层次：首页→频道→文章页。树形结构（见图6.10）像一棵大树一样，首先有一个树干（首页），然后是树枝（频道），最后是树叶（普通内容页）。树形结构的扩展性更强，网站内容增加时，可以通过细分树枝（频道）来轻松应对。

网站应该是一个网状结构（见图6.11）。网站上每个网页都应该有指向上、下级网页以及相关内容的链接：首页有到频道页的链接，频道页有到首页和普通内容页的链接、普通内容页有到上级频道以及首页的链接、内容相关的网页间互相有链接……

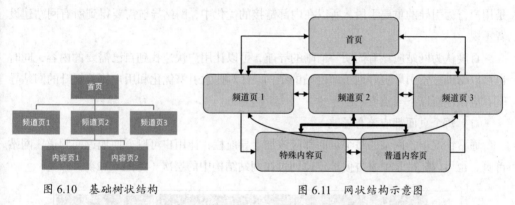

图 6.10　基础树状结构　　　　图 6.11　网状结构示意图

在网站的内部链接建设中，扁平的树形网状结构需要物理和逻辑结构相互配合才行。下面以网站常见的3个页面来讲述扁平的树形网状内部链接规划策略。

（1）主页链接

主页链接指向所有的频道主页。对一个网站来说，网站首页应该链接向所有的频道首页（见图6.10、图6.11）。主页链接向主推的特殊内页（见图6.11）。一般情况下，网站主页不应该有过多的内容页链接，而应该链接向需要主推的、最新的内容页。

（2）频道主页链接

所有频道主页都链向其他频道主页（见图6.11）。频道主页上应该有同级的其他频道的主页链接。频道主页都链向网站主页（见图6.11）。各频道主页上应该有链接指向网站首页。频道主页也链向属于自己本身频道的内容页（见图6.11）。各频道的首页应该链向本频道的具体内容页面。频道主页一般不链向属于其他频道的内容页。频道主页除拥有网站首页的链接、其他频道主页链接、本频道内容页链接以外，一般不应该出现其他频道的内容页链接，除非内容相关性非常高。

（3）内容页链接

所有内容页都链向网站主页。在所有的内容页面中，都应该有明确的链接指向网站首页（见图6.11）。所有内容页都链向自己的上一级频道主页（见图6.11）。所有内容页中，除有指向网站首页的链接以外，还应该有自己上一级频道的链接。内容页可以链向同一个频道的其他内容（见图 6.11）。在内容页面中，可以链向当前频道下的其他内容页。内容页一般不链向其他频道的内容页。在内容页中，通常情况下不建议相互链接非同一栏目的内容页。内容页在某些情况下可以用适当的关键词链向其他频道的内容页，在内容页主题有比较强的相关性、可以相互辅助的时候，可以进行链接。

总的来说，将上述各种综合运用于网站的内部链接建设，就可以构建一个既比较符合搜索引擎喜好又可以很好地提升用户体验的扁平树形网状结构网站。

2. 网站导航的规划与部署

网站导航就是搜索引擎蜘蛛索引网站的主要线路，也是链接网站栏目的纽带，同时也是用户行为引导的重要手段，所以在内部链接的优化中，网站导航需要得到所有网站建设者重视。

百度认为网站应该有简明、清晰的导航，可以让用户快速找到自己需要的内容，同时也可以帮助搜索引擎更好地了解网站的结构。针对搜索引擎优化和用户体验提升的网站导航，应该注意以下 4 点。

（1）每个页面都应该有导航

通常情况下，网站的每个页面都应该加上导航栏，让用户可以方便地返回频道、网站首页，也可以让搜索引擎方便地定位网页在网站结构中的层次（见图 6.12）。

| 首页 | 社会 | 民生 | 法治 | 科研 | 人才 |

图 6.12　频道页导航示例

（2）为用户提供"面包屑导航"

面包屑导航（Breadcrumb Navigation）是来自童话故事"汉泽尔和格雷特尔"的一个词语：当汉泽尔和格雷特尔穿过森林时，他们在沿途走过的地方都撒下面包屑，让这些面包屑来帮助他们找到回家的路。在网站建设和搜索引擎优化中，面包屑导航的作用就是告诉访问者他们目前在网站中的位置以及如何返回。典型的面包屑导航如：网站首页>频道>当前浏览页面（见图 6.13）。

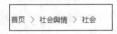

图 6.13　面包屑导航示例

就目前的网民使用习惯而言，面包屑导航是比较流行的做法，这更容易让用户理解当前所处的位置。通过面包屑导航，用户可以很清楚地知道自己所在页面在整个网站中的位置，可以方便地返回上一级频道或者首页。

（3）使用搜索引擎能读懂的导航链接

在网站的导航中，应该使用文字链接，而不使用复杂的 js 或者 Flash 链接，如图 6.14 所示。

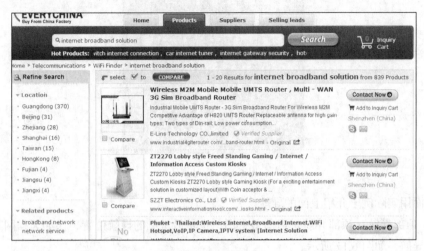

图 6.14　Flash 导航

如果一定要使用图片做导航，记得一定要使用图片的 alt 注释，用 alt 告诉搜索引擎所指向的网页内容是什么，如图 6.15 所示。

图 6.15　alt 属性

（4）根据用户浏览习惯部署导航位置

在网页 F 型热区（见图 6.16）的前提下，网站可以有选择地采用以下 4 种导航方式。

注意：F 型热区指一个网页，尤其是搜索结果页用户点击的分布图，是基于用户行为的一份研究成果。

- 顶部导航：主要栏目、分类导航。
- 左侧导航：某一具体栏目内导航。
- 内容导航：明确访客现在的位置，提供快速内容导航。
- 网站地图：整站的快速索引。

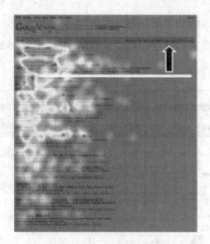

图 6.16　F 型热区

下面用实际例子介绍上面的导航。

① 顶部导航。顶部导航是目前最常用，也是最常见的导航位置，比如天猫网站页面顶部的导航，如图 6.17 所示。

图 6.17　天猫的顶部导航

一般情况下，顶部导航需要连接到网站最主要的几个栏目、分类。在顶部导航的内容选择上，很多传统站点很容易犯错，比如某些刚建立网站的企业，往往会在这个导航上放置"企业概况""机构介绍"等内容。这些内容对搜索引擎优化基本没有用处，也肯定不是网站建立的重点，即便有，也不应该放在如此显著的地方。

② 左侧导航。一般是为弥补顶部导航而存在的，因为往往网站的每个栏目下面都会有很多详细的分类，这些分类不可能全部都放置在顶部导航中，所以就需要采用左侧导航的方式进行弥补，如图 6.18 所示。

顶部导航往往是整个网站主要目录的分类导航，而左侧导航是每个大分类下的细分类目。很多电子商务站点都采用左侧导航的方式来罗列某品牌的不同类型产品。

③ 内容导航。内容导航的目的是为让用户建立位置感，明确自己现在身处的页面处于网站的哪一级目录中。比如很多网站都存在的产品细分栏目就属于内容导航，如图 6.19 所示。

内容导航和常说的面包屑导航类似，在来访用户大多是通过搜索引擎而来的网站上非常重要，因为搜索引擎往往会将需求某种内容的用户带到具体的内页，而这时候的内页导航就可以很方便地让用户了解到上级目录的主要内容，并且产生其他浏览行为。

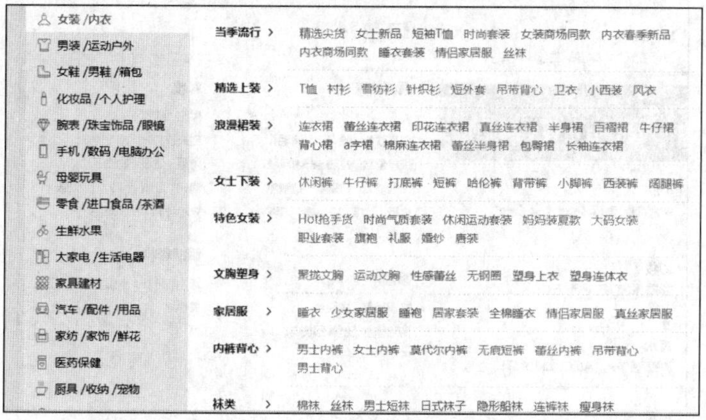

图 6.18　天猫的左侧导航

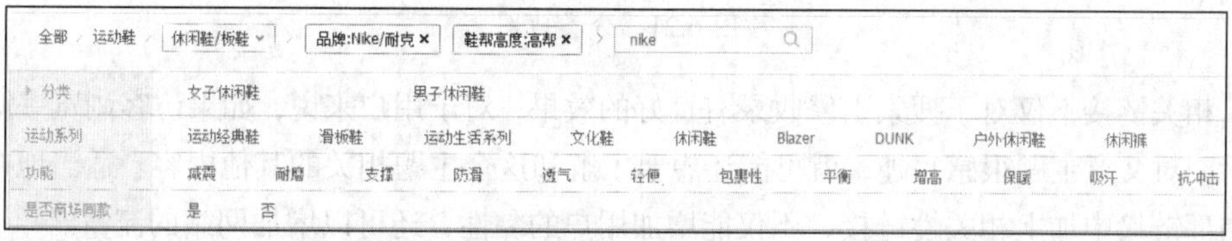

图 6.19　内容导航

④ 网站地图。一般情况下在大型站点应用比较多，它是上述三种导航方式的补充：当大型站点内容比较多的时候，必须要采用网站地图的方式才能将这个庞大的网站机结构完整地显示在用户面前，如图 6.20 所示。

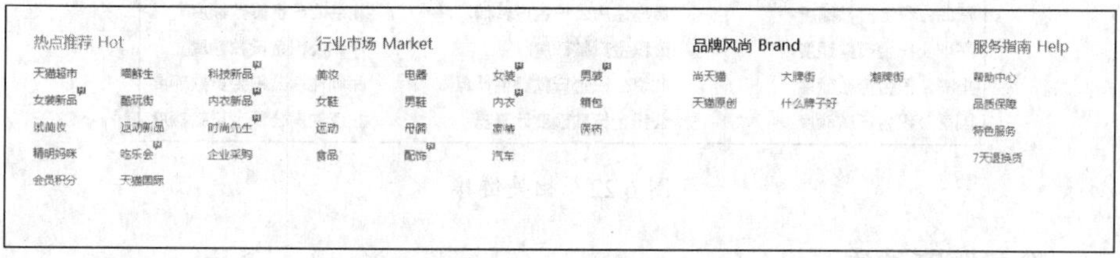

图 6.20　网站地图

一般情况下，网站地图应该具有很强的结构性，比如首先列出整个网站的所有分类，然后单击不同的主分类，可以展示该主分类下面的二级分类，单击某个二级分类后，又可以得到三级分类，如图 6.21 所示。

3.　相互链接的使用

在网站内部链接的优化中，还有一个很符合访客习惯的做法，就是相关性链接。相关性链接是一种利用网页内容相关度进行的链接策略，例如，在文章内容页另外列出与其相关的文章、某个栏目最受欢迎的文章、上一篇下一篇文章等都属于相关链接。

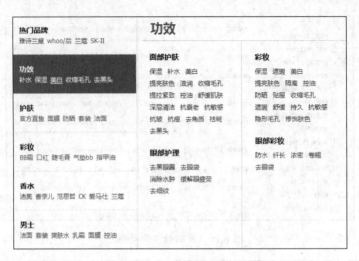

图 6.21　分类地图

相关链接不仅对于搜索引擎收录有良好的效果，对于用户来说，如果访客浏览一篇文章后，对文章主题很感兴趣，就可能还想要了解和这个主题相关的其他内容。适当地在网站内部链接中加上相关性链接，不仅能增加用户的黏性，还可以增加网站的流量。

搜狐就非常好地运用了链接相关性。以搜狐财经频道中一篇名为"楼市新政第一枪：住建部明确增加公积金贷款额度"的内容页为例，在这个网页的下方，根据内容的相关性，列出"本文相关推荐"，以方便用户查看了解更多内容，如图 6.22 所示。

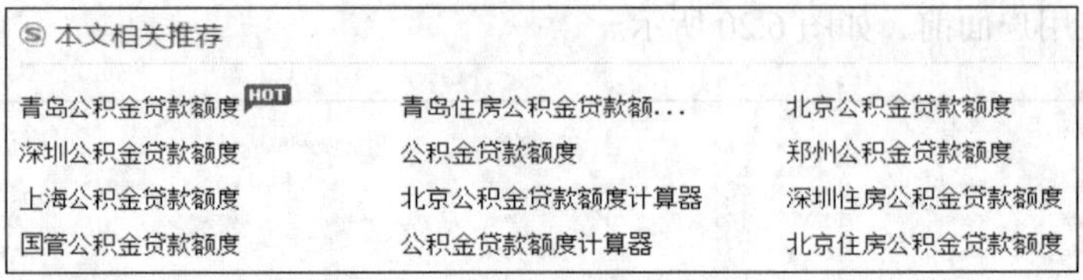

图 6.22　相关链接

4. 分类隔离结构

扁平树形网状结构对大部分网站来说是最优化的，但有的时候由于域名权重比较低，就像网站比较扁平，最终产品页面还是权重过低，无法达到搜索引擎蜘蛛爬行收录的最低标准，就应该考虑彻底改变树形结构。

仔细观察扁平树形网状结构可以看出一个潜在弱点：分类页面得到太多链接和权重。不仅首页直接链接到分类页面，分类页面之间相互链接，网站上所有最终页面也通过主导航系统链到所有一级分类以及一部分二级分类页面。也就是说，在权重分配上，级别高的分类页面和首页几乎差不多，得到了网站所有页面链接及传递的权重。

对大部分网站来说，分类页面收录不成问题。分类页面积累的权重过高，反而使得最终产品页面获得的权重比较低。站长可以考虑把扁平树形网状结构改为将不同分类进行分隔的链接结构。

在分类隔离结构下，一级分类只链接到自己下级分类，不链接到其他的一级分类。二级分类页面只链接回自己的上级分类，而不再链接到其他一级分类（包括其他一级分类下的二级分类）。同样，最终产品页面只链接回自己的上级分类页面，不再链接到其他分类页面。这样，分类之间形成隔离，页面权重将会最大限度地传递到最终产品页面，而不是浪费在分类页面上。

在不链接到其他分类页面的策略上，既可以是真的取消链接，也可以通过禁止蜘蛛爬行的 JavaScript、Flash 等方式实现。

一些网站的实验表明，恰当使用这种方式可以使原本没有被收录的多个分类整体权重提升，达到被收录的最低标准。

这是比较难以掌握的方法之一，这种结构非常复杂，程序人员在处理哪些页面可以链接向哪些页面时必须小心，一不留神就可能使整个网站链接关系混乱，不到万不得已不要尝试。

注意：分类隔离结构只考虑收录，而没有考虑分类页面排名问题。分类页面获得权重降低，也意味着排名力降低。

5. 内部链接优化注意问题

在进行内部链接优化时，需要注意以下 7 点问题。

（1）尊重用户的体验

内部链接不要太过泛滥，相关性高的链接有助于提高搜索引擎收录，并且有助于提升用户体验，增加用户的黏性，进而提升网站的浏览量。正文当中相同的一个关键词出现很多次，只需要做一次链接就可以。

（2）URL 的唯一性

特别是动态网站静态化处理过的，只能保留一个链接。链接到具体的页面都只能有一个链接，不能一会链接到这个地址，一会又链接到另外一个地址。这样的次数多了，很容易导致搜索引擎无法判断哪个是正确的链接页面，进而将之归入重复页面，从而无法获得任何权重。

（3）尽量满足"三次单击"原则

所谓的"三次单击"原则，是网站内部链接的一个指导原则，让网站"链接结构"扁平化。具体意思是指，从首页开始，网站内的内容经 3 次单击即可到达任何一个网页。这样不仅仅提高了用户体验，搜索引擎也能够很好地抓取，这一点也与网站结构中网站目录在三个层级相呼应。

（4）使用文字导航

网站导航是用户和搜索引擎首先关注的路径，如果采用 js 文件、图片格式或者是 Flash

格式的导航，都不便于搜索引擎抓取，而是要尽可能地使用文字链接。如果为了美观一定要使用图片，至少在网站底部或者在网站地图中含有所有目录的文字链接。

（5）使用锚文本

锚文本是内部链接优化的精髓，代表其他内部网页的认知。搜索引擎看重的正是这种认知，而不是你这个网页本身的关键词是什么。在网站中分配锚文字是构建合理的网站结构的重要方法。锚文字可以有各种选择，所以网站上所有链接要尽可能地采用锚文本的形式。在网页内容中出现其他网页关键词的时候，可以以锚文本指向相应网页。做好锚文本可以让网站集中突出目标关键词，同时让网站的长尾关键词都凸显出来。

（6）避免翻页过多

规模稍大的 CMS 系统和电子商务系统都可能在最末一级的分类页面上，存在分页过多的问题，如果网站某个分类有上千条信息，按传统分页每页 20 条的话，也要分 50 页，点到列到最后的信息要几十上百次才能达到，如果没有适当的优化，这些信息很难被收录。解决的办法就是再分类，增加小类导航。

（7）每个页面的内部链接数量要有控制

如果页面中的内部链接数量超过限制，搜索引擎就可能会忽略该页面，或者忽略页面中超出限制的那部分链接所指向的目标页面。一般来说，一个页面的内部链接数要限制在 100 个以内。

6.3　外部链接

6.2 节介绍了内部链接的优化，这一节继续介绍外部链接的优化。与内部链接相比，外部链接使用的是外部自己无法完全掌控的平台，但因为对于提高网站收录率、增加搜索引擎排名及带来外部流量方面具有非常重要的意义，所以必须充分重视。

6.3.1　外部链接的定义

外部链接也被简称为外链，就是指从别的网站导入到自己网站的链接（见图 6.23）。在搜索引擎眼中，外部链接具有很大的独立性，网站所有者不能随心所欲地通过正常手段操控别人的网站指向自己的网站，所以相对于内部链接而言，外部链接对于网站的投票可靠性更高，但是随着 SEO 的发展，越来越多人了解、熟悉甚至精通搜索引擎算法，就会造成试图利用外部链接推荐算法操纵排名的行为发生，并愈演愈烈。这就是在 2016 年年初国内最大的搜索引擎百度提出降低外链在排名

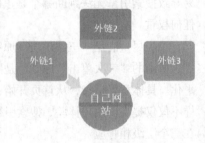

图 6.23　外部链接示例

中权重的原因。

6.3.2 外部链接的分类

外部链接分类跟内部链接一样，详情可参看 6.2.2 内部链接分类。这里讲一讲外部链接的主要表现形式：文本链接（见图 6.24）、网址超链接（见图 6.25）和锚文字超链接（见图 6.26）。文本链接及网址超链接的主要作用是加快网站收录，锚文字链接的主要作用是提升关键词排名。锚文字链接在 SEO 中的作用要优于文本链接和网址链接，因为锚文字链接不仅包含了网址链接的所有功能，还起到了提升关键词排名的作用。一般来说，只有能够点击的超链接才算是一个有效的外链，一个不能单击的文字形式的网址不算是有效的外链。

图 6.24　文本链接示例

图 6.25　网址超链接示例

图 6.26　锚文本超链接

6.3.3 外链建设的基本要求

质量高的链接来源于权威网站，搜索引擎种子站点。随着搜索引擎算法升级，对外链质量的要求越来越高。总体来说，外链来源站点越权威效果越好，来源域名越广泛越好，锚文本越多样越好，链接网页越分散越好，链接位置越多样越好，单向链接效果好于双向（友情）链接，内容相关性越高越好，外链数量越多越好。下面我们将从以上角度来介绍高质量外链建设的基本要求。

1. 来源站点越权威效果越好

在搜索引擎的数据库中有若干种子站点或者被评级为权威的站点，比如新浪、腾讯等。

从这些站点发出的链接效果是最好的，当然新浪也有开放给用户的平台，比如博客，发出的外部链接效果差于主站但好于其他权重不太高的平台。

.edu 和.gov 域名不能随便注册，通常这样的域名网站内容要求比较高，相对垃圾内容比较少，这些网站由于与其他政府、科研机构的关系，本身获得高质量链接的机会也比较多，所以他们给出的链接效果比较好。当然，这样的链接也不是很容易获取的。

2. 来源域名越广泛越好

越广泛的来源越自然，而这才是搜索引擎基于外链推荐来计算排名的初衷，让真正受网民欢迎的内容呈现在结果中，而非靠操纵排名算法推送给用户垃圾内容。通常来说，来源越广泛，由于精力所限作弊的可能性就越小。

3. 锚文本越多样越好

前面已经讲到锚文本关键词对关键词排名的影响，有些 SEO 人员为了获取某个关键词的排名，在所有外部推广中都集中使用这个关键词和关键词对应的网页链接，造成一个网站单一网页的外部链接和锚文本过于集中，某种程度的确会对提升排名有所帮助，但是一旦被搜索引擎判为人为操纵、作弊，将会适得其反，因此在外部链接建设的时候建议合理分配精力，妥善安排锚文本关键词及被链接页面。

4. 链接位置越多样越好

优秀的外部链接不应该只存在于页脚，而应该存在于网页的各个位置。

正常的外部链接可能存在于网页的各个位置，比如一般存在于网站底部的友情链接，存在于内容区域的自发性推荐，存在于正文底部的"转载来源"等。

有很多利用黑客技术批量入侵别人的网站，然后嵌入外部链接代码的行为，共同点就是大量的外部链接都存在于网页的某个固定区域，比如页面底部。这样的外部链接是生硬的、不自然的，也是存在风险的。

5. 单向链接效果好于双向（友情）链接

最好的外部链接是别的网站所有者主动添加上的，不需要链接回去。在搜索引擎中，单向链接比双向链接权重高许多，当然这样的单向链接资源难度也很大。

6. 链接网页越分散越好

在网站的外部链接建设中，千万不要把所有的外部链接都指向网站首页。很多 SEO 人员认为应该首先提升网站首页的主关键词排名，所以将所有的外部链接都指向网站首页。这样的做法明显也是不符合用户习惯的，也是不自然的，如果过多的外部链接全部指向首页，可能会引发搜索引擎的相关处罚机制。

比较好的情况是，外部链接应该指向各种层次的网页，比如某网站的大部分外部链接都是指向首页，但是有一两成的外部链接指向栏目页，甚至是内容页，这都是很正常的情况，也是最自然的情况，如图 6.27 所示。

您的网页	链接数量
/html/?186.html	3
/upfile/201511/20151123589764313.pdf	2
/html/?123.html	1
/html/?112.html	1
/html/?106.html	1
/html/?1569.html	1
/html/?186.html	1
/upfile/new/20150311289464311548.doc	1
/html/?186.html	1
/html/?105.html	1
/ class.asp?ID=6	1
/html/?18.html	2
/html/?1896.html	1

图 6.27　不同层次的外部链接

7．内容相关性越高越好

不管是对搜索引擎还是对用户来说，发起外部链接投票的网页和受到外部链接投票的网页都应该是密切相关的。

以往的外部链接建设往往更多地倾向于权重的传递。比如看到别人网站的 PR 高，就想通过外部链接的方式让别人的网页给自己的网页传递更高的权重，但是却忽略两者内容之间的关联。这种完全内容不相关的外部链接，虽然的确存在一定的权重传递效果，但是因为内容不相关，所以对排名的刺激作用很细微。

从用户角度而言，如果某个用户想要通过搜索引擎查找"减肥药"，就可以从搜索结果中来到某一个介绍"减肥药"的网页上，如图 6.28 所示。

图 6.28　减肥药

这个网页介绍详细的减肥药，同时还提供了购买减肥药产品的外部链接、一个机械制造商电话的外部链接，有多少访问者会觉得机械制造商的外部链接有价值呢？

8. 外链数量越多越好

这个很好理解，数量越多代表越受欢迎，且通过外部链接进入网站的用户越多，同时代表对网站运营的重视，所有的维度都能侧面展示出网站的可靠性、权威性等。

总的来说，优秀的外部链接标准只有两个字：自然。搜索引擎的目的是为用户服务，而用户行为正越来越强烈地干预关键词的排名。如果想要获得更好的关键词排名，用自然的方式来进行外部链接建设是最好的，也是最符合良性循环标准的方式。

6.3.4 外链建设举例——博客留言

获取外链的另外一种方式是在与自己网站相关的网站上撰写留言留下链接，当在其他网站上提交文章内容时，可以在这些内容中包含指向自己网站的相关链接。这种方式是目前广大站长构建外链的一种常见方式，但由于百度外链算法的升级，其作用有较大削弱，不过作为外链建设的一种常规途径仍旧被广泛使用。比如在一些论坛上使用签名指向自己的网站，或者是为博客留言并在签名栏留下自己的链接。这种类型的外链能提升自己网站的权重，并且能够获得较好的流量。下面以国内知名的卢松松博客为例，了解一下如何通过留言构建外链。

（1）在浏览器的地址栏中输入 http://lusongsong.com/网址，将进入卢松松博客首页，如图 6.29 所示。

图 6.29　卢松松博客首页

（2）选中一篇文章，单击进入，然后向下拉动滚动条，可以看到一个博客文章留言的表单，在这里有一个网址栏，允许用户输入自己网站的网址，如图 6.30 所示。

请在这里输入自己
网站的网址

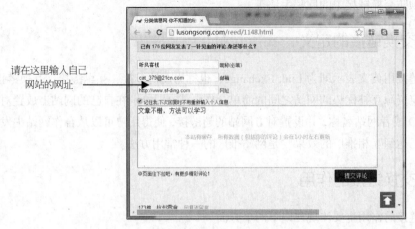

图 6.30　博客文章留言表单

（3）成功地提交了留言之后，在昵称中就会有指向自己网站的外链了，而且因为卢松松网站的权重比较高，这样对于构建优质的外链来说是非常有帮助的。在百度站长工具的"外链分析"工具中，可以看到来自卢松松博客的外链信息，如图 6.31 所示。

图 6.31　外链详细信息

目前大多数的网址留言板不允许用户直接输入网址内容，但是也有一些板块是允许输入外链网址的，例如百度贴吧、一些热门论坛，站长们可以挖掘这些网站，然后构建属于自己的外链库。

6.4　交换链接

前面两节分别介绍了内部链接与外部链接。其中，内部链接是网站内部各个部分之间的链接，而外部链接是不同网站之间的链接。本节介绍另一种构建外部链接的方法，即交换链接，包括什么是交换链接、交换链接的作用、优秀交换链接的标准、交换链接的方法以及如何预防交换链接中的欺骗手法等。

6.4.1　交换链接的定义

交换链接用英文表示即为 Link Exchange，也称为友情链接、互惠链接、互换链接等，是具有一定资源互补优势的网站之间的简单合作形式，即分别在自己的网站上放置对方网站的 LOGO 或者网站名称，并设置对方网站的超链接，使得用户可以从合作网站中发现自己的网站，达到互相推广的效果，是网站推广的一种常用方法。

6.4.2　交换链接的作用

交换链接的作用主要体现在以下两个方面。

（1）通过与其他网站交换链接可以吸引更多用户的点击访问。

（2）搜索引擎会根据交换链接的数量以及交换链接网站的质量等对一个网站做出综合评价，这也会是影响网站排名的因素之一。交换链接在吸引用户的同时还会起到搜索引擎优化的作用。

6.4.3　优秀交换链接的标准

交换链接并不是随便进行的，通常不同量级之间的网站基本也不会存在交换链接，那么优秀的交换链接需要符合哪些标准呢？本小节就来介绍一下优秀的交换链接所需要符合的一些条件。

1．网页快照

在现在的交换链接中，已经有很多优秀的搜索引擎优化者将网页快照时间作为判断网站质量的一个重要标准。

网页快照（Web Cache），即网页缓存。搜索引擎在收录网页时会对网页进行备份，存在自己的服务器缓存里，当用户在搜索引擎中单击"网页快照"链接时，搜索引擎将蜘蛛抓取并保存的网页内容展现出来，这就是网页快照，如图 6.32 所示。

虽然现在快照时间不直接显示出来了，但是单击网站的百度快照，还是可以看到快照里的网页内容，这样就能了解网站快照的更新情况。百度取消显示百度快照时间的初衷是很容易理解的，既让用户根据内容产生页的时间来选择自己要获取的信息，给用户一个很好的体验，也鞭策网站管理人员不要吃网站内容的老本，而应该持续更新高质量的内容，才会受到百度的青睐。

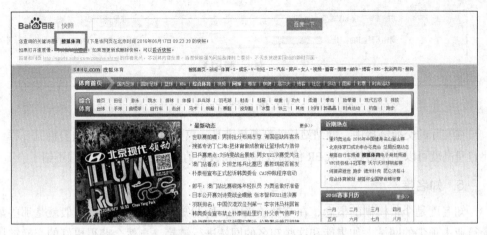

图 6.32 搜狐体育频道的百度快照

2. 收录网页数

同网页快照一样，网页收录数量也是现在交换链接的一个重要标准：网页收录数量越多，说明此网站的内容越丰富，质量越高，反之说明网站质量越低，在 http://i.links.cn/中可以进行查看，如图 6.33 所示。

图 6.33 收录量查询

3. Alexa 排名

Alexa 排名代表的是网站规模，虽然不少网站的排名是通过作弊得来的，排名好的网站也确实不一定有流量，但是排名不好的网站则一定没流量、没规模，至于与排名多高的网站交换链接适宜，没有明确的标准，当然是越高越好。

4. PR 值

网页级别（PageRank，PR），用来表现网页等级的一个标准，级别分别是 0 到 10，是 Google 用于评测一个网页"重要性"的一种方法。

PR 值代表的是 Google 几个月更新一次的网站权重，通常情况下，与任何网站交换链接都可以提升自己的 PR 值，如图 6.34 所示。

图 6.34　搜狐 PR 值

在实际的交换链接中，网站站长的判断标准是：只要对方的 PR 值和自身网站一样、比自身高就可以交换链接。从 PR 值的数值来看，PR 值在 4 以上的站点就很不错了。

5. 知名度

知名度是个很模糊的概念，在交换链接中，所谓知名度好的网站，一般就是那些某个行业中顶尖的网站。如果能和这些知名的网站进行链接，自然会获得更好的交换链接效果。

比如你的网站是一个做手机销售的站点，如果可以和搜狐手机频道进行交换链接，无疑从侧面反映出你的网站价值同样也很高，如图 6.35 所示。

图 6.35　搜狐手机的交换链接

6. 交换链接的有效性

查看对方网站的友情链接是否有效、对方网站是否链接作弊欺骗、链接是否为 js 代码（js 代码搜索引擎目前还无法解析），还有对方网站是否在链接中加了 nofollow 标签（不传递网站的权重）。

如何检查友情的有效性？可以利用站长工具中的友情链接检测工具（网址：link.chinaz.com）查看自己网站的反链情况，如图 6.36 所示。还可以手动输入友情链接网址，检查指定链接中是否有反链，以及在换链接前判定对方是否有欺骗友情链接嫌疑。

7. 交换链接的稳定性

交换链接的稳定性是衡量一个交换链接是否优秀的重要标准，也是很容易被忽略的一个标准。

对交换链接而言，因为网站的改版、页面布局的改变都可能造成链接的丢失，有时候也不排除一些专门以欺骗手段获得交换链接的站长会偷偷地删除一些交换链接。

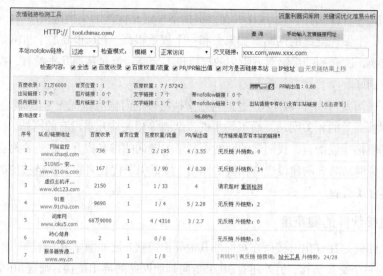

图 6.36　友情链接检测工具

不管是从用户的角度看交换链接，还是从搜索引擎的角度理解交换链接，都希望交换链接拥有更好的稳定性，也就是链接存在的时间越长越好。

很多搜索引擎优化新手在交换链接的时候总是批量地交换，然后在极短的时间内再批量地撤销，这种不够稳定的交换链接对搜索引擎优化的促进效果是很小的，有时候反而可能会被搜索引擎视为链接买卖而受到惩罚。

通常情况下，交换链接存在的时间越长越好，起码要存在两三个月以上才能算是稳定的交换链接，也才可以称为优秀的交换链接。如果是一个存在一个星期就撤销的交换链接，不换也罢。

8. 网站内容的相关性

优秀交换链接的首要标准就是要有相关性，这里的相关性是指两个相互交换链接的网站，在主题内容上要有关联，要不互补，要不同类。

举例来说，搜狐体育频道是一个专注体育报道的地方，所以它的交换链接大多是和体育相关的其他网站。比如，因为体育报道中有国内、国外的不同报道，所以它的交换链接网站中就有很多同样发布国内外体育报道的网站，如图 6.37 所示。

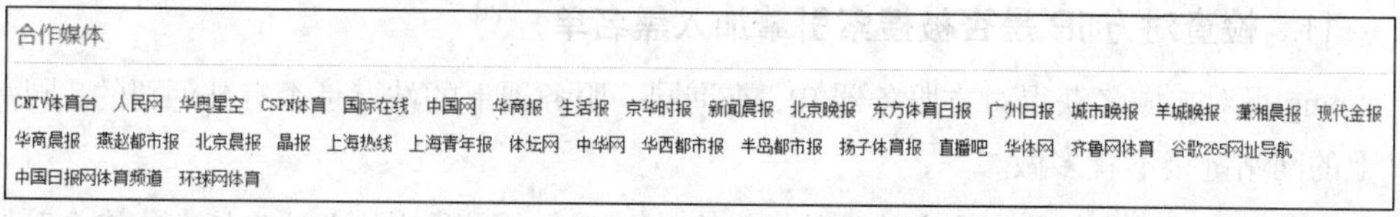

合作媒体

CNTV体育台　人民网　华奥星空　CSPN体育　国际在线　中国网　华商报　生活report京华时报　新闻晨报　北京晚报　东方体育日报　广州日报　城市晚报　羊城晚报　潇湘晨报　现代金报华商晨报　燕赵都市报　北京晨报　晶报　上海热线　上海青年报　体坛网　中华网　华西都市报　半岛都市报　扬子体育报　直播吧　牛体育　齐鲁网体育　谷歌265网址导航中国日报网体育频道　环球网体育

图 6.37　搜狐体育的交换链接

很多搜索引擎优化新手在交换链接的时候往往不注意网站的相关性，只是盲目地寻找所谓高的 PR、高权重的网站,这样的交换链接不一定是优秀的交换链接。

比如,一个做保健品的网站,如果去和一个权重很高、PR 很高的手机网站做交换链接,即使交换,这样的链接给双方带去的权重也不会高,流量传递几乎没有,投票效果自然也不会特别好。

同样,一个以"香水香膏"为主题的网站交换链接的时候应该优先考虑那些主题是"香水"或者"香膏"的相关网站,而不是相机、烟酒等相关性几乎没有的网站。

对外部链接建设而言,找同类的网站更利于关键词的排名提升,也更容易获得更多的流量,对自身网站品牌的建设也有积极的作用。搜索引擎优化者在交换链接的时候首先就要把好内容相关性这一关。

9. 链接伙伴的健康度

链接伙伴就是在导出链接所在页面的其他导出链接,比如网站 A 的首页中,有指向网站 B 首页的一个交换链接,另外还有 30 个指向其他网站的导出链接,则这 30 个网站就都是网站 B 的链接伙伴。

就目前的搜索引擎算法而言,对链接伙伴的健康度判断也是一个网站质量的判断标准。如果一个网站在很多交换链接的网站中,绝大部分链接伙伴都被搜索引擎认为是作弊,进而受到惩罚,那么这个网站往往也会被搜索引擎认为质量不高。

10. 导出链接数量

交换链接所在的页面上的外部导出链接越多,说明链接伙伴越多,各个链接伙伴能继承的权重就会越低。所以,在选择交换链接目标的时候,应该优先选择那些导出链接较少的网站。

以 PR 为例,在搜索引擎优化当中,PR 往往被习惯地认为是"友情链接"的重要参考指标。其实,根据 PR 的算法,并不是和高 PR 值的网站交换链接就一定会传递更多的 PR 值给自己。

在不考虑内容相关性等其他因素的时候,如果要在上面的两个网站中选择一个进行友情链接,应该选择 PR 输出值更高但是外部链接多的后一个网站。

在实际的交换链接活动中,如果不想每个网站都查询一下 PR 的输出值,可以确定一个比较优秀的导出链接数量范围:少于 10 个导出链接。

11. 检查对方 IP 是否被搜索引擎加入黑名单

ping 下对方域名获得对方服务器 IP,查询同一服务器上的站点是否有被惩罚的,同一IP 上的网站链接不宜多做。

注意: 除以上的判断优秀交换链接的标准外,还有一些其他的个性化标准,搜索引擎优化者可以根据自身的情况综合运用。

上述判断网站质量的标准可以综合使用。搜索引擎优化者在交换链接的时候一定不要只看重一个指标，而应该综合看待各个指标：宁可选择各个指标都比较均衡的站点，也不选择那些单个指标拔尖但是其他指标很弱的网站做交换链接。

6.4.4 寻找交换链接的方法

1. 搜索引擎

通过搜索引擎，可以在短时间内找到大量潜在的交换链接网站，而且这些网站还可以非常有针对性。

通常情况下，利用搜索引擎搜索和自身网站主题相关的、类似的词语，就可以获得很多可以交换链接的网站。比如网站主题是"艺术"，则可以在搜索引擎中搜索主关键词，然后收集下方的优秀网站，如图 6.38 所示。

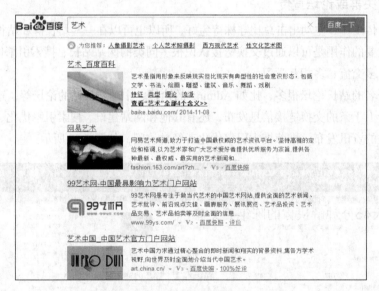

图 6.38　百度"艺术"相关网站

需要注意的是，百度和 Google 的排名算法是有区别的，所以在使用百度搜索的同时，还需要在 Google 中再查询一次，以便不遗漏优秀站点。（目前 Google 退出中国，可使用360 搜索和搜狗搜索来做补充。）

一般情况下，通过搜索结果得到的网站既有很强的相关性，又都是比较健康的站点，同时由于排名靠前，网站质量也非常高，是最佳的交换链接目标。

注意： 通过搜索引擎查询交换链接网站，一般只选择搜索结果中前两页的独立网站，对子域名、单网页的搜索结果可以不做链接交换的考虑。

2. 同行业网站

一开始尽量从同行业网站出发，比你的网站好些的都可以考虑一下。举例来说，一个内容主题围绕军事展开的网站，通过分析搜狐军事频道的交换链接可以发现很多高质量、有紧密相关性的交换链接目标。如果搜索引擎优化者可以和这些网站进行交换链接，无疑对自己的网站也会有比较好的促进作用，如图 6.39 所示。

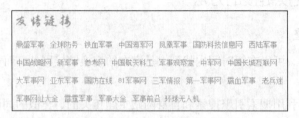

图 6.39　搜狐军事的交换链接

3. 相关群或论坛宣传

多做宣传工作，主动出击总比守株待兔好，所以也可以在一些站长群和站长论坛多宣传，但是主要的作用是可以通过交换链接认识很多同类的网站站长、搜索引擎优化同行，多交朋友、多交流、多相互学习。

国内著名的站长论坛很多，比如 Admin5 的论坛、中国站长站的论坛等，这些论坛中不但有每天上千条的交换链接信息发布，还有其他和网站建设、搜索引擎优化、网络营销等密切相关的资讯发布，推荐搜索引擎优化者经常访问，如图 6.40 所示。

图 6.40　站长论坛的链接交换板块

站长群是另外一种方便的沟通方式，在站长群中，各行业的网站站长都有，大家除可以找到优质的交换链接资源，还可以认识更多的朋友，一起探讨网站建设、搜索引擎优化的新体会。

4. 链接交换平台

链接交换平台是最近几年才兴起的一种单一功能的网站，作用只有一个：提供链接交换信息。

在链接交换平台上，用户一般就是各个网站的站长、搜索引擎优化人员，这些人在链接交换平台上公布自己的网站信息，发布自己想要的交换链接目标信息。一边寻找自己需要的链接网站，一边被动地等待别人来找自己进行链接交换。

国内知名的链接交换平台很多，根据搜索引擎优化者的不同喜好，人气比较高的是"想链就链 go9go"（www.go9go.cn）和"百排链接交换"（www.wzyqlj.com）。

想链就链 go9go 是国内人气比较旺的友情链接平台，在这里可以免费发布交换链接信息，并且可以通过"管理链接"的方式将自己的网站信息提前到交换链接平台的首页，以方便被其他人发现，如图 6.41 所示。

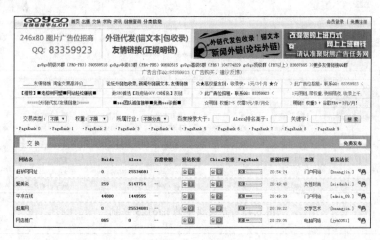

图 6.41   go9go

百排链接交换平台是目前比较专业的友情链接自助交换平台，链接资源非常丰富，如图 6.42 所示。

图 6.42   百排链接交换平台

对搜索引擎优化人员而言，借助类似的这些交换链接平台可以省时省力地进行链接交换，是一个应该受到重视的交换链接方法。

5. 分类目录与网址导航

除搜索引擎以外，还可以通过分类目录、网址导航站的方式寻找高质量的交换链接目标。

网址导航站点就是网络中常说的导航站，就目前国内的网址导航站点来说，百度旗下的hao123、Google旗下的265导航是最顶尖的站点，如图6.43和图6.44所示。

图 6.43　百度旗下的 hao123 导航

图 6.44　Google 旗下的 265 导航

搜索引擎优化者可以通过在 hao123、265 导航的某类目录中查询到高质量的交换链接网站。比如游戏类主题的站点，可以在 hao123 中查询到很多优秀的同类站点，也可以在 265 中找到很多同类站点，如图 6.45 和图 6.46 所示。

图 6.45　hao123 的游戏分类

图 6.46　265 的游戏分类

在国外，分类目录同样可以作为比较好的交换链接目标寻找网站，比如 yahoo001 的分类目录、DMOZ 的分类目录等，如图 6.47 所示。

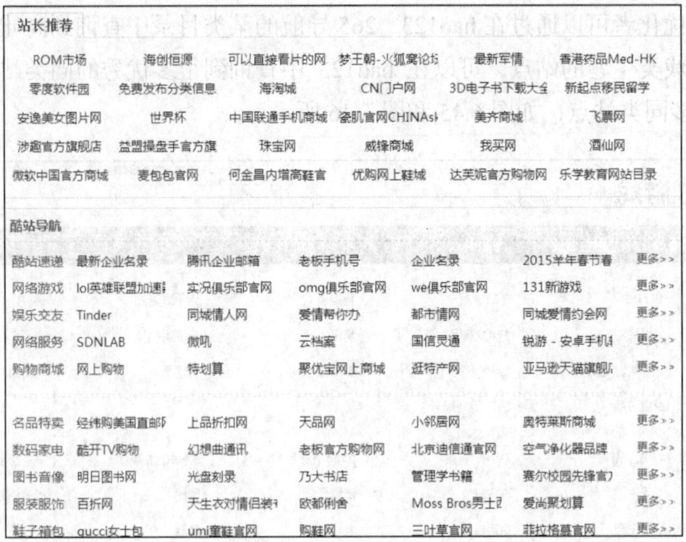

图 6.47　yahoo001 的分类目录

注意：分类目录中的每个网站都经过人工审核，质量相对都比较高，但是分类目录中大部分都是知名网站，对新建的站点来说，交换链接的机会可能不大。

6.4.5　预防交换链接中的欺骗手法

大多数情况下，做交换链接的站长都是诚实可信的，但也总有那么一些人使用一些小手段进行欺骗交换。用户在做交换的时候要注意检查以下 5 种常见手法。

1．交换完链接后过一段时间再把链接删除

这种作弊方法是最简单的作弊行为，有些人会在与用户交换完友情链接一段时间之后悄悄地把用户的链接删掉，这样对他而言就变成了单向链接。这种办法很容易发现，只需要经常检查一下自己的友情链接，最好养成每天都检查友情链接的良好习惯。

2．交换链接不传递权重

有些站长会在交换链接上添加 nofollow 标签，或者使用脚本跳转。这样的链接并不是正常的链接，并不能传递权重，实际上是用户给对方做了单向链接。甚至有的站长做得更加隐蔽，那就是使用 js 脚本或者 iframe 等方式调用交换链接。由于搜索引擎不能抓取 js或者 iframe，避免了他的外部导出，所以这样的交换链接不会给用户的网站传递权重，这样就相当于用户给他做了单向链接。在做交换链接的时候可以检查对方的代码，看是否使用了 nofollow 标签以及 js 调用和 iframe 框架，并且要经常检查，避免被对方偷梁换柱。

3．禁止搜索引擎爬行链接

有的站长的网页表面看上去是一个正常的网页，但细心点就会发现，其实对方使用了

robots.txt 文件或者 Meta 标签，使友情链接页根本不能被蜘蛛爬行，这些链接对用户的网站的权重提升根本没有任何作用。这也需要检查对方的代码，看 Meta 标签中有没有使用 nofollow 标签，或者使用站长帮手网 http://www.links.cn/ 来检测。

4. 生成静态伪装欺骗

生成静态伪装欺骗就是交换链接时你链接到了对方的 index.asp，但是这个 .asp 文件在服务器中不是第一后缀，真正的后缀是 index.html，那么你的链接也就变成单向了。用户要检查对方发给自己的链接是否含有后缀，如果有就把后缀去掉，然后访问他的网站。例如，对方给自己发的链接是 www.×××.com/index.asp，那么先把后缀 /index.asp 去掉，然后将链接复制到浏览器里打开它，看有没有自己的链接。

5. PR 值是劫持的

用户在交换友情链接的时候都会考虑对方网站的 PR 值，就算你不考虑，对方也会考虑。一般情况下，如果 PR 值高，就表示网站的权重高，因此有的人利用劫持的 PR 值来欺骗别人做友情链接，其实网站的 PR 值并没有那么高。用户要用查询 PR 值工具进行检查，确认是否是真实的 PR 值。

总之，应对这样的欺骗小花招需要用户在做链接交换时细心检查，后期经常维护。

6.5 习题

一、填空题

1. 内部链接是指_____互相链接。

2. 外部链接也被简称为_____，就是指从_____的链接。

二、选择题

1. （　　）不属于网站文章的编辑技巧。

　（A）文章标题　　　　（B）文章开头　　　　（C）文章配图　　　　（D）链接

2. （　　）不属于网站文章的发布技巧。

　（A）文章内容不要求真实可靠　　　　　　（B）页面描述要有所区别

　（C）善于使用上一篇、下一篇链接　　　　（D）要注意发布时间

三、简述题

1. 简述内部链接的优化方法。

2. 简述外部链接及其分类。

3. 简述获取交换链接的方法。

第 7 章
SEO 效果分析

网站在经过一段时间的 SEO 之后，一般为 2～4 个月，就需要对 SEO 的效果进行分析，看是否达到了预期的目标。如果没有达到预期目标要分析问题出现在什么地方，并要有针对性地进行进一步的优化，而对于产生良好效果的部分总结经验持续去做，以达到更好的效果。本章就来介绍 SEO 的效果分析。

本章主要内容：

- 网站流量分析
- 流量来源分析
- 网站页面一般性分析
- 页面、内链、外链质量分析
- 网站用户属性及行为分析
- SEO 考核基本数据建议
- 网站日常分析方法等

7.1 网站流量分析

网站流量分析的目的在于对一个网站一段时间中所做的工作成效进行量化，并对产生效果的方面进行精准追踪，从而对哪些工作有效、哪些无效有更清晰的认识，在后期的工作中杜绝无效工作，减少低效工作，提高网站建设的效率，最终实现低投入高产出的目标。具体说来，网站流量的衡量指标有 3 个，即 IP、UV、PV。本节将对其做详细介绍。

7.1.1 流量分析概述

网站流量分析常用到的几个指标是 IP、UV、PV。它的主要作用在于纵向对比，衡量外部推广、线上线下各类性质广告、活动、商务合作等带来的直接访问或外部链接访问，以及 SEO、竞价排名产生的关键词搜索访问的成效及不足，便于对网站建设工作做出及时调整，同时网站流量的纵向对比可反映出一个网站的发展速度，而异常访问（比如黑客攻击）则可以让网站主发现问题并及时处理。

IP 数据是网站流量的一个基本数据。在网站的经营过程中，一般经历从 0 到增长，到快速增长，到平稳的趋势，中间可能经常有剧烈的波动，这种波动原因可能有搜索引擎算法调整、季节性、节日、促销等因素。

在分析 IP 数据上，常用的指标有 IP 数、IP 周/月/季度/年度总数、IP 周/月/季度/年度同比或者环比变化率等。纵向对比可以很直观地看出为网站所做的结构调整、代码优化、内容优化、链接调整、外链建设以及相关活动等优化或营销工作产生的效果如何，便于及时调整，让工作变得更有方向、更有效率。

UV 的全称为 Unique Visitor，独立访客。跟 IP 的区别是同一 IP 下可能有多个客户端访问，如果单以 IP 计算访问者数量有失精确，引入独立访客的概念结合 IP 数可以更为精确地判断出真实的访客数。它的规律基本随 IP 变化而变化。

PV 的全称是 Page View，网页访问数据，是网站 KPI 的另一个核心数据。PV 的数据和 IP 一样会经历从 0 到增长，到快速增长，到平稳的趋势，中间可能经常有剧烈的波动。

7.1.2 流量对比分析

7.1.1 小节介绍了网站流量的主要衡量指标。但是单从一个独立的时段看，网站流量的主要衡量指标并无意义。流量的价值来源于横向纵向比较。

1. 同竞争对手的横向比较

当然作为一个网站运营的核心数据没有哪个公司会轻易透露出来，但我们仍旧可以利用站长工具（见图 7.1）、Alexa 世界排名工具（见图 7.2）或其他数据机构数据估算出行业第一、第二及与自己差距最小的网站的流量表现，从而为自己定下一个切实可行的目标，并且可通过对成熟网站的流量研究估算出市场规模，为决策层订立公司发展战略提供依据。

2. 纵向比较为网站建设提供可靠依据

网站受欢迎度及知名度的直观指标是流量。

流量纵向比较的价值是，时段对比可以看出用户的活跃规律，为网站主合理安排人力及工作量提供依据。比如每天 9 到 12 点、14 点到 17 点是访客的高峰（见图 7.3），我们可以将更多的内容更新及人力投入在这个时间段，从而给用户提供最新的资讯，提高用户体验。更细致化 9 点跟 11 点是峰值，那么如果提供在线咨询的网站这个时间点应该有更多的客服人员投入，以防错过优质客户，为网站带来不必要的损失。总的来说，利于网站用户的工作应更多地朝这个时间段倾斜，而不利的则要避开，比如 SEO 常见操作中的前台网页调整可能导致的暂时页面无法访问。

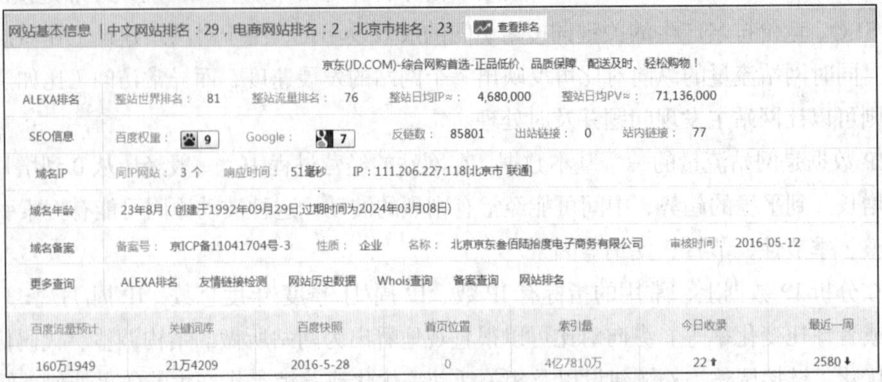

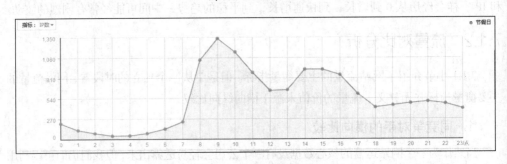

图 7.1 京东商城网站预估流量

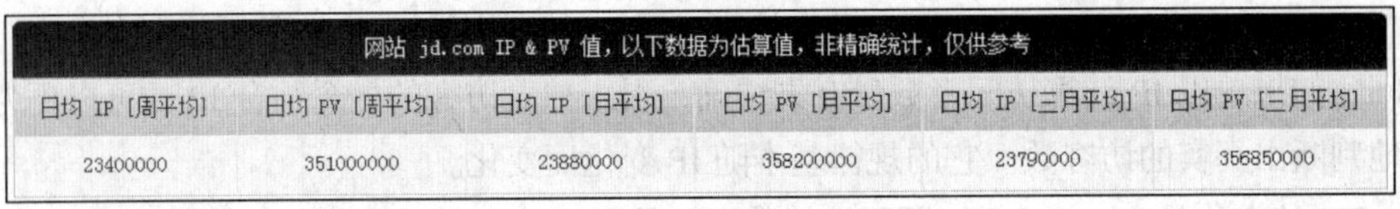

图 7.2 Alexa 数据

图 7.3 访客高峰示意图

按日对比可方便及时地反馈出头几日或当日所做的不同的优化操作或推广、广告投放、活动、热点等带来的不同效果（见图 7.4），同时工作日与休息日、节日、活动日的流量对比也可看出访客规律及流量差距，为网站建设工作提供科学依据。比如中国舆情网，"西安一带一路总商会筹备会议召开"这篇文章在 2016 年 5 月 27 日贡献 700 多 IP，很显然这个流量来源于活动参加者，由此可为网站建设提供启示：对各种活动的报道也可低成本地在一定程度上带来网站曝光并沉淀下部分网站用户。另外，休息日的网站流量比平时低一倍，这也符合规律。

按周对比可反馈上周或更长时间工作的效果（见图 7.5），按月、按季、按年对比则可以衡量更长时间维度的工作效果以及季节、气候等对流量的影响。以百度为例提供了自由时间对比的功能，可以细致到任意定义的两天或者任意时间长度的流量对比，这种纵向对比在实际工作中也有不同的用途和意义。

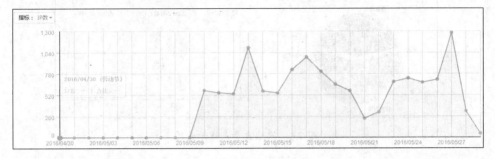

图 7.4　按日对比趋势图

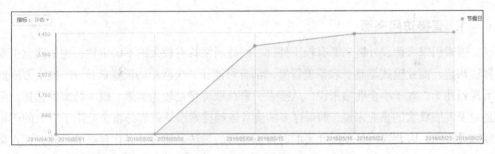

图 7.5　按周对比增长图

7.2　流量来源分析

我们熟知的流量来源有 3 种：直接访问，搜索引擎和外部链接。不同的流量来源占比反映出网站主的经营策略及网站所处的发展阶段的不同，不同的流量来源其属性、引流手法也会有所不同，比如直接访问可能来源于品牌知名度或者页面内容的价值，搜索引擎来源则反映了一个站点的 SEO 水平，外部链接一方面是内容被传播的广度、受欢迎度的体现和知名度的反映，另一方面也反映了外部推广工作的成效。

7.2.1　流量来源概述

网站的流量来源一般有 3 个（见图 7.6）：直接访问、搜索引擎、外部链接。直接访问是通过地址栏输入网址或者浏览器收藏夹点击访问，它反映了一个网站被多少人知道、记住、喜欢、收藏，也即品牌度的衡量指标。搜索引擎则是通过各搜索引擎的检索结果点击访问，它是衡量网站优化及排名表现的指标。外部链接是通过外推的时候留下的链接进到网站的访问，它反映了一个网站在外链建设方面的表现。

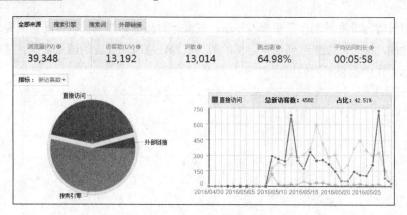

图 7.6 网站流量来源示意图

7.2.2 三种流量来源

1. 直接访问来源

搜索引擎来源、外链来源有赖于外部，因此通常具有较大的不确定性，比如搜索引擎算法调整、商业模式调整、政策监管等，都有可能让一个网站的流量从日 IP 数十万剧烈下滑到几千，对于小企业站来说，从搜索引擎获取流量是较为实惠、成本低廉的选择，但是对于发展壮大的企业来说，如果过多的流量依赖搜索引擎就容易将企业陷于巨大的不可预知风险中，因此当网站发展壮大的时候，通常的做法是建设并强化自己的品牌，让直接访问的流量占据大多数，其他两方面作为流量补充。而外部来源同样可能因为外部网站的平台规则调整或者网站改版、经营策略改变等因素导致以前所做的外部链接建设部分或全部失效，进而导致外部链接的流量贡献巨幅下滑，对网站经营造成较大影响。因此直接访问流量的占比是一个网站的经营策略和经营阶段的直观反映。作为网站运营者来说，初期更多依靠搜索引擎和外部流量，随着网站的发展壮大和成熟，直接访问的占比一定要随之提高才是健康的发展策略。

2. 搜索引擎来源

搜索引擎在国内通常指百度、360、搜狗、bing 等占比市场份额（见图 7.7）绝大多数的几个搜索引擎为网站贡献的搜索流量。它包括收费流量及免费流量，收费流量通常指竞价、网盟广告等，而免费流量则指通过 SEO 带来的自然搜索流量。无论是付费流量还是自然搜索流量，核心都是用关键词定位用户，然后定向引流。前者是通过关键词、创意文案及其他更精准定位用户的操作最大限度地降低点击成本，提高投入产出比，后者则是通过对搜索引擎算法的精通和对用户需求的深度理解，建设出符合搜索引擎收录、索引、排名规则及用户体验的站点结构、关键词布局、内链布局、优质内容、外链布局、流量渠道等。

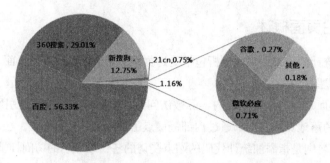

图 7.7 国内主流搜索引擎占比份额（CNZZ 数据）

与搜索引擎来源联系最为紧密的是关键词。所有的搜索引擎来源必定跟某一搜索词一一对应，统计后台的搜索词指标通常给出了贡献从高到低的关键词列表，跳出率、平均访问时长等访客行为数据，每个词的搜索来路、历史趋势等。

搜索词列表清晰地展示出站点运营者通过关键词分析、布词及外部锚文本建设后有否达到预期关键词排名及流量贡献的目标，并且还可对遗漏的或新出现的较高贡献流量关键词进行强化排名，以求获得更好的排名和更多流量（见图 7.8），关键词分析对指导站点优化持续工作具有重要意义，在后面章节中将做更为细致的介绍。

	搜索词		浏流量(PV) ↓	访客数(UV)	IP数	跳出率	平均访问时长
1	私家侦探公司		160	67	68	58.89%	00:02:14
2	北京私家侦探公司		154	71	72	62.5%	00:01:50
3	北京私人侦探		139	48	48	42.62%	00:02:29
4	北京调查公司		80	23	24	52.78%	00:01:51
5	北京私家侦探		42	24	24	56%	00:00:37
6	北京私人侦探公司		41	24	24	70.37%	00:02:25
7	北京侦探公司		38	23	24	78.57%	00:01:48
8	北京私家侦探公司价格		35	14	15	57.14%	00:02:14
9	北京私家侦探价格		32	14	14	70.59%	00:01:30
10	北京侦探社		15	7	7	00:02:19

图 7.8 关键词流量贡献列表

3. 外部链接来源

外部链接泛指除主站外的其他一切论坛、博客、门户、电商网站、微博、微信、QQ、APP 及百度系产品，如百度知道、百度文库上通过付费、免费或者转载、用户主动传播留下的锚文本超链接、文本超链接、纯文本链接、图片链接或其他类型链接。外部链接越广泛，带来流量的机会将越大，同时外链流量的质量跟外链的质量、平台的质量密切相关，比如一篇被各大网站广泛转载的软文中植入的链接，带来的流量更为真实且精准，而若是垃圾站点的外部链接，随意或被错误点击的概率更高，因此用户的留存率低、跳出率高，是价值低下的外部流量。

7.3 网站页面一般分析

7.3.1 网站页面概述

根据百度统计的分类，页面分析包括受访页面、受访域名、入口页面、页面点击图及页面上下游（见图7.9）。

- 受访页面是指一个时间段内实际被访问到的页面，包括从搜索引擎、外部链接或直接访问进来的落地页和在内部通过内部链接点击访问的其他页面。
- 受访域名则是指添加统计代码的站点受访的各二级域名的访问详情。
- 入口页面指外部进入后的第一落地页，包含在受访页面之中。
- 页面点击图是对访客在页面的操作行为的直观反映。
- 页面上下游则是对访客访问路径、站内流量流向的一个直观反映。

以上数据对我们从微观观察、诊断一个网站哪里好哪里不好，需要加强和减弱的地方在哪里具有至关重要的作用。

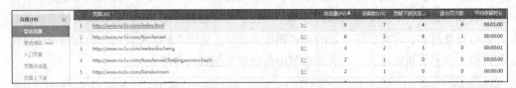

图 7.9 页面分析的 5 项指标

7.3.2 受访页面

受访页面包含了三种流量来源的直接落地页及内部链接贡献页面，它的作用在于展示出站点中对流量有贡献及贡献大小的页面列表，这个指标反映出的是整站页面的受欢迎度排序以及站点链接布局、权重分配的合理性（见图7.10）。

	页面URL		浏流量(PV)	访客数(UV)	贡献下游浏览…	退出页次数	平均停留时长
1	http://www.no1v.com/index.html		1,307	1,014	522	831	00:01:10
2	http://www.no1v.com/guanyuliujiemei		232	190	79	113	00:01:23
3	http://www.no1v.com/lianxiwomen		120	104	37	66	00:01:18
4	http://www.no1v.com/fuwufanwei		109	80	74	32	00:00:23
5	http://www.no1v.com/fuwufanwei/beijinghunyindiaocha		107	90	37	47	00:01:22
6	http://www.no1v.com/weituoliucheng		100	71	69	21	00:00:25
7	http://www.no1v.com/fuwufanwei/beijingxunrenchazhi		96	76	23	46	00:01:11
8	http://www.no1v.com/zhentananli		78	57	53	19	00:00:23
9	http://www.no1v.com/zhentanxinwen/142.html		50	45	6	36	00:01:35
10	http://www.no1v.com/zhentanxinwen		26	20	17	5	00:01:25

图 7.10 入口页面示例

以上示例中首页毫无疑问最受欢迎，原因很简单，无论外部链接还是直接访问、搜索词排名或者整站链接流向都是以首页为主。其次受欢迎的是关于我们页面，这反映出访客对企业了解的意愿，第三贡献是联系我们页面等。对入口页面的分析可以很清晰地看到访客的喜好，便于对站点内容的布局做出更符合用户需求的调整，提高用户体验度，从而获得更好的搜索引擎评分及排名、流量。另外，内页的受欢迎度排序对创造更符合用户口味的内容具有很强的指导意义。比如 http://www.no1v.com/zhentanxinwen/142.html 这个页面是关于收费的，排序第 9 位，反映出访客对费用的关注，因此应该将其提到更为重要的位置，比如在导航栏替换掉相对受欢迎度较低的新闻栏目，即对布局、页面权重调整具有指导意义的地方。

7.3.3 受访域名

受访域名对于具有较多二级域名的站点具有重要意义，这个指标反映出的是各个二级域名为全站贡献的流量排序、分站点受欢迎排序、权重及内链布局、外链建设是否合理。

一般使用二级域名建立分站点的网站规模都至少在中型以上，由于单域名难以承载庞大的内容量才采用二级分站点的形式组织内容，在考虑站点架构、内链布置、内容建设、外链建设的时候，受访域名流量贡献可作为重要参考依据。比如一个综合门户类站点，news. ×××.com 是一个新闻资讯类分站点，在整站中给予权重应该多少，放置在什么位置最为合适，除了考量站点经营策略、人力资源等因素外，线上数据将是更为科学的依据，如果新闻资讯分站点流量贡献一直很高，排序靠前，排除站点经营者对其重视的因素，可能就因为这个分站点的确受用户欢迎，所以应加大对其投入，以获得更好的流量贡献，而对于表现不佳的分站点则可以考虑减少投入或合并甚至下线处理。

7.3.4 入口页面

入口页面是直接访问、搜索访问、外链访问的入口，作为直接访问入口反映页面在全网中的真实受欢迎度。站点主域名入口的多少则是品牌知名度的反映。作为搜索访问入口代表页面在搜索引擎中的排名表现，越多的搜索访问流量反映出页面关键词排名越好，截流能力越强。外链访问入口反映外部锚文本链接、文本超链接、纯文本链接、图片链接及其他类型链接的数量及质量，数量越多，质量越高，作为外链入口占比越高。

通常来说，入口页面主域名最多，被传播、推广的次数最高，值得注意的是，在制定页面及关键词权重分配策略及外链策略的时候要合理地安排入口页面搜索排名权重、外部链接建设的比重，防止权重和流量过度集中在某一个或几个页面，增大被惩罚的风险。相对受访页面来说，入口页面更偏重页面在外部的受欢迎度、广泛度，是衡量网站推广人员工作成效的一个重要指标，也是页面是否被传播及传播广度的一个指标。

7.3.5 页面点击图

页面点击图包括页面热力图和页面链接点击图。热力图是通过不同颜色的圆点标示出不同区域的受欢迎度（见图 7.11），而链接点击图则通过百分比和蓝色的方框标示页面链接被点击的比例（见图 7.12）。

图 7.11　页面热力图示例

图 7.12　页面链接点击图示例

页面点击图对访客在页面的点击行为进行了视觉化，可以直观地反映出受欢迎的板块、锚文本链接等的排序，从而为网站建设者提供科学的页面内容布局安排、内容建设依据。越长时间地积累，这个数据将越具有代表性和价值。

7.3.6　页面上下游

页面上下游是对指定的页面进行流量来源及去向监控的一项功能。百度免费提供 20 个监控页面，如果需要监控更多页面则需付费提升权限。

举例来说，中国舆情网定制了 http://www.xinhuapo.com/2016/0509/9746.shtml 这个页面（见图 7.13）。

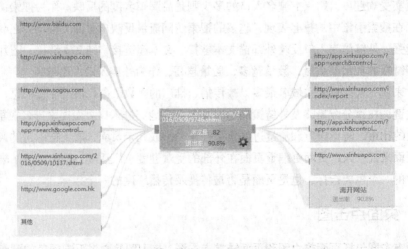

图 7.13　页面上下游示例

上下游不但标示出了定制页面的上下游，而且标示出了各页面的占比。由图 7.13 中可以看出，该页面的最高流量贡献是百度，占比 50%，首页贡献 18%，搜狗贡献 11%，从而得出在外部链接传播上的贡献过小，在之后的工作中有待加强。往下游的贡献很小，尤其是底部相关新闻无人点击，但是有一部分首页的点击，这是页面中指向首页的锚文本链接在起作用，靠文章右侧的今日推荐有部分点击，因此相关新闻被放置在此处可能更有利于留存用户，提高访问深度。另外，从访客对搜索功能的使用可以看出用户进一步了解相关信息的需求，而页面在此方面的安排和提供不足，可以在文章内的相关 tag 标签及右侧相关新闻上多下功夫，提高用户体验，从而带来更高的用户黏性。

7.4　页面、内链、外链质量分析

7.3 节对页面做了一般性分析，本节从更微观的角度来分析一下跳出率/退出页次数、入口页次数、停留时间、浏览深度、页面下游贡献等反映站点质量的关键因素。一个网站的核心构成要素包括页面、内链、外链，有此三个要素便为搜索引擎蜘蛛、访客搭建起了一个自由通畅获取信息的庞大网络，而以上 5 个要素从不同角度反映出网站建设中页面、内链、外链的质量。关于入口页次数不做过多阐述，除了首页跟重点栏目页外，详情页被直接访问的概率和从搜索引擎访问的概率都是比较小的，因此对外部链接的依赖性较高。越高的入口次数越能反映页面在外部的链接广泛度，其数量及质量由此可见。

7.4.1　跳出率、退出页次数

跳出率是指访客从外部进入页面后仅访问一个页面就退出占比所有访问的比例。退出页次数是指从一个页面直接退出不做进一步点击浏览的次数。跳出率高及退出页次数高有 4 个因素。

（1）页面内容跟访客需求不相符。这通常存在于搜索或者外链进入页面的访客中，用不相关或不太相关的词获取到的排名及流量，跳出率一般会很高，带有欺骗性，外链同理，比如一个以"SEO 优化"为超文本的链接指向的却是挖掘机官网，跳出率肯定 100%，这样的外链质量是低下的，并不能为网站带来什么益处。

（2）页面体验太差，比如打开慢、广告弹窗太多、布局乱等。这种现象通常存在于垃圾站点中，在正常运营的网站中，一般比较少出现这种情况，除非网站被攻击，或者在各终端的适配上存在不兼容，影响用户体验。

（3）需求已被满足。这种情况比较少见，通常还是因为第 4 种原因做得不够，导致用户浏览一页即退出，但在新闻站点中也存在这种情况，比如腾讯每日弹窗推送的新闻，点击浏览以后的退出率是很高的，点击的初衷是因为对标题所指向的事件很好奇，一旦被满足就立即跳出。

（4）往下游访问的引导不足或者路径不畅。这种不友好的情况是网站优化中最为常见的，它反映的是对访客需求准确的微观把握，并提供合适的途径予以满足，实现留存用户，提高访问深度及黏性的目的。比如在有关雷洋的新闻中插入链接向更多有关雷洋新闻方方面面的专题页面，则是比较准确把握用户需求及留存用户的做法。

一般综合性页面跳出率、退出页次数比较低，而详情页的跳出率、退出页次数比较高，这也符合页面功能特征，如果综合页面的跳出率、退出页次数过高，就要考虑以上四点是否做得不足、信息量不够、相关性较差等因素，而详情页如果跳出率、退出页次数过高，则要在往下游引导及内链锚文本方向多下功夫。

7.4.2 停留时间、访问深度、下游贡献浏览量

停留时间（见图 7.14）是指一次会话中从入口页面进入网站到退出站点所花费的时间长度，如果高于 30 分钟未做任何操作，之后的操作就会算作第二次浏览。停留时间从访问时间的维度反映出站点在页面内容、内链、结构等上的质量度。停留时间越长，一般代表访客在该站点进行了多页面访问，甚至互动操作等，一是证明内容是符合用户需求的，二是站点结构布局良好，三是访问便捷度、内链通达度比较高。

	页面URL		访客数(UV)	IP数	贡献浏览量↓	跳出率	平均访问时长	平均访问页数
1	http://www.xinhuapo.com		2,471	2,410	12,476	33.05%	00:08:48	4.21
2	http://www.xinhuapo.com/social		209	207	1,276	17.67%	00:12:33	5.93
3	http://www.xinhuapo.com/express		206	206	1,130	22.62%	00:09:28	5.11
4	http://www.xinhuapo.com/2016/0526/21438.shtml?from=timeline&isappinstalled=0		598	605	861	83.28%	00:02:24	1.31
5	http://www.xinhuapo.com/2016/0513/13145.shtml		463	467	783	84.84%	00:04:23	1.54
6	http://www.xinhuapo.com/2016/0503/6123.shtml		433	408	773	85.38%	00:04:36	1.53
7	http://www.xinhuapo.com/2016/0509/9746.shtml		397	382	714	86.7%	00:04:52	1.58

图 7.14 停留时间、访问深度示意图

访问深度又叫访问页数，是从浏览页面的多少角度反映出站点在内容、链接、结构上的品质，访问深度越深，代表内容对其吸引力越大，越能更好地满足需求，进而成为忠实访客，而且访问深度越深，停留时间越长。计算公式：访问深度=访问页面数/访问次数，或者用 PV/IP 表示。跟停留时间类似，首页的访问深度一般最高，其次是各栏目页，综合性的页面主要用途就在于为详情页导流，因此访问深度高是符合其功能的，而如果访问深度不高，则代表其在导流方面做得不足，有待改进。

PV/IP 是衡量网站页面质量的一个重要指标，是一个比较恒定的值，一般来说，普通的新闻网站 PV/IP 数大概是 1.5～3，即一个 IP 对应的用户可能会访问 1.5～3 个页面，如果 PV/IP 低于 1.5，比如 1.1，证明网站的用户转化比较低，大部分用户过来很快离开，没有深入访问网站。遇到这种情况，需要重新设计页面，包括用户引导流程、产品推荐等，最好辅助 A/B test 数据，看看哪种页面和流程设计最能引导用户继续往下走。

但是，PV/IP 的值因为不同的网站类型而有所区别。比如新闻网站的 PV/IP 可能会低

于视频网站，因为新闻网站用户到达单一页面的时候已经获得了新闻内容，他的核心需求已经满足，有可能会跳离。而视频网站的用户一般休闲、娱乐的意味更强一些，所以，看完一个视频以后，可能会再点击别的页面随便看看。

如果你是新闻网站的 SEO，就要想办法让用户在看完目标新闻后还能多看几页，一般常用的手段是自动推荐相关新闻或者相关专辑。比如，用户看一个关于马航飞机失踪的消息，可能下方或者右方会推荐马航飞机失事的更多新闻，包括新闻背景、新闻专辑等。

下游贡献浏览量指的是在一个页面访问后，进行再次点击进入另外一个页面的次数，与总的浏览次数相除就是贡献率。贡献率高的页面一般为首页、栏目页，及其他内容组织较好的专题页面、综合页面，突出的特征一定是相关信息量丰富，内容组织符合访客浏览规律，恰到好处地提供访客需要的内容，这包含了对用户浏览习惯、阅读心理及需求的精细把握。同时在页面的设计、布局、内链设置上做得非常到位。7.3.5 一节讲到的页面点击图、页面链接点击图将为合理的页面布局及链接设置提供可靠的依据。

对于详情页要提高停留时间和访问深度、下游贡献浏览量则需要在内链及相关内容的组织上下功夫，充分挖掘访客正在浏览的内容周边可能的需求，并在文中锚文本及左右侧导航、尾部推荐或相关方面做足引导功夫，才能有效地将一个访客本来止于一个页面的需求开发到向纵深做更多的浏览点击。

7.5　网站用户属性分析

所谓用户属性，是根据不同的标准对用户进行群体划分，即人群画像，目的在于了解不同用户及其真实需求，结合自身经营目标及资源储备，选择合适的人群给予满足，达到定位精准人群，降低投入产出比，缩短盈利周期的目标。本节将从地域、系统环境、新老属性、性别、年龄、学历、职业等方面介绍用户属性对网站经营的影响。

7.5.1　地域分布

对于适用于全国的站点来说，比如以广告为主要盈利方式的门户站点，它可以不用考虑地域因素，但是对于比如家政服务这样地域性非常强的行业来说，不考虑地域因素就相当于胡乱花钱。

地域因素会影响投放广告、外部链接建设、站内建设、关键词选择等方面。

地域性非常强的行业在投放线上广告的时候应该详细考量目标站点所针对的人群是否有较强的地域定向，比如在腾讯投放广告，作为一个北京的广告主则应该更多选择北京相关的频道，腾讯公司在推送新闻的时候会根据访客的地域属性推送相应分站的内容，从而带来较为精准的广告定向曝光。

而外部链接建设的时候也应花费更多精力在本地站点上，商务合作、流量交换、友链互换、购买链接或者发布免费外链等。第一提高相关性，第二外链的曝光导入流量更大的概率是本地网民，提高成交率。

站内建设方面，在详情页内容、页面头尾等地方更多地突出地域属性，以方便用户明确网站所服务的地域范围，促进访客的选择，同时较多的地域词会让搜索引擎更方便和准确地将站点纳入并展示给目标地域用户。

而关键词方面更注重包含地域词的内外锚文本建设，从而占据含地域词的关键词排名，获取更为精准的流量、用户，降低投入成本，提高转化率。

另外，地域属性还可以反映出各个地方对不同资讯的关注度，从中更有针对性地进行内容建设及内容推送，从而达到更好地服务用户，提高用户黏性的目的。地域属性中提供了按地级市及按网络提供商的详细数据，不仅对定向访客有莫大作用，还为技术上提高用户体验提供了依据，比如某地网通的用户访问量大，那么在这个地域就要加大通过网通提供资讯服务的投入力度。

7.5.2　系统环境

在系统环境属性方面，百度统计细分为浏览器、网络设备类型、屏幕分辨率、屏幕颜色、Flash 版本、是否支持 Java、语言环境、是否支持 Cookie、网络提供商等。

浏览器又细分为移动端及 PC 端浏览器，并标示出各主流浏览器占比，这个数据包括以下网络设备类型、屏幕分辨率等，为优化代码或者做网站前后端开发的时候提供更为利于用户体验及搜索引擎抓取的依据。这里尤为值得一提的是浏览器、网络设备类型（见图7.15）。在当前移动端越来越活跃的情况下，做数据分析及网站开发、优化的时候，要将更多的人力、物力、财力投放在移动端，提供更适合移动端浏览的结构、内容等。

⊟	1	计算机	621	190	194	69.35%	00:04:29
		Win 7	335	99	102	73.43%	00:03:23
		Win XP	111	39	39	60%	00:05:39
		Win 8	91	18	18	66.67%	00:09:25
		Win 10	46	16	16	55.56%	00:04:32
		Mac Os	25	7	8	60%	00:05:15
		iPad	8	6	6	83.33%	00:05:20
		Linux	4	4	4	100%	00:02:00
		Win 2003	1	1	1	100%	00:00:24
⊟	2	移动设备	57	46	47	87.76%	00:01:12
		Android 4.4	21	15	16	88.24%	00:01:03
		iPhone	14	10	10	72.73%	00:00:57
		iPhone OS 8.3	4	3	3	66.67%	00:01:35
		Android	4	4	4	100%	00:02:00
		Windows Phone	2	2	2	100%	00:01:53
		Android 5.0	2	2	2	100%	00:02:00
		Android 4.2	2	2	2	100%	00:02:08
		iPhone OS 7.1	2	2	2	100%	00:00:43
		iPhone OS 6.1	2	2	2	100%	00:00:03
		Android 4.3	1	1	1	100%	00:02:00
		iPhone OS 8.0	1	1	1	100%	00:02:00

图 7.15　访客网络设备类型示例

7.5.3　新老访客

有关新老访客的行为分析（见图 7.16），对于一个网站来说，可对品牌知名度、拓新效果、用户黏性等多个维度进行衡量，使工作重心及方向更为有的放矢。

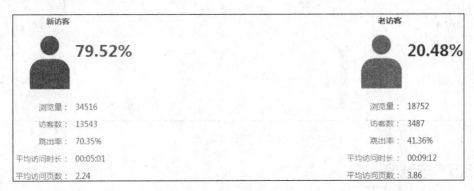

图 7.16　新老访客占比示例

新访客衡量的是拓新工作成效，对于成长期的网站来说，无论是直接访问、搜索引擎访问或者外部链接访问，新访客需要占比较高，拓展客源，提高曝光度，进而在新访客中提高知名度，最终将其中一部分转化为忠实老访客。另外，新访客的访问行为表现出跳出率高、访问时长相对较短,平均访问深度较浅,属于正常现象,比如示例网站跳出率70.35%,其原因可能是他想获取的是一个单一信息，通过直接访问、外部链接、搜索等渠道进来，需求被满足，或者站内链接、栏目设置对于新访客来说并不具有吸引力或容易路径迷失，所以需要在可能存在问题的地方加强，结合其他指标具体确定原因并加以改进。

老访客衡量的是留存工作成效，对于长期经营的网站来说，依靠自身不断造血非常重要，否则可能因为外部变动（比如搜索引擎算法调整、外部链接大面积死亡导致流量锐减）对网站的经营带来严重影响。示例中老访客占比仅 2 成，代表网站仍旧处于成长期，更加偏重拓新工作，但留存工作要同步进行，跳出率为 41.36%，网站体验还是比较不错的。

7.5.4　访客属性

访客默认属性有性别比例、年龄分布、学历分布、职业分布、百度还开放了 API 可自主定义访客属性，从更多维度分析访客行为，为网络营销提供精准数据，如图 7.17 所示。

访客属性指标可让推广和投放广告变得更有针对性，对于内部内容创造也具有指导性，比如性别，如果女性占比更多，那么在做外部推广或网络营销的时候选择平台、兴趣标签以及文案措辞、结构、情感方面便要更加偏向女性，从而更为精准定向准客户，提高投入产出比，年龄、学历、职业分布同理，由此可见，SEO 分析需要足够细致，否则可能错失显著改善网站经营指标的细节。

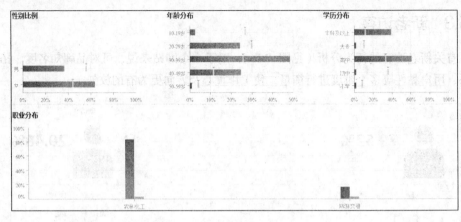

图 7.17 访客属性

7.5.5 忠诚度

这是另一个衡量网站内容、页面布局、整站结构、内部链接等 SEO 工作成效的重要指标，忠诚度越高，代表以上细节越到位。忠诚度较低，即只访问 1 页、2 页（见图 7.18）就跳出的比例过高，则需要在以上四个部分或其他访客心理分析部分加强，结合本节其他部分介绍的访客行为数据，对网站整体质量加以改进。

	访问页数	访问次数 ↓	所占比例
1	1页	812	63.84%
2	2页	233	18.32%
3	3页	90	7.08%
5	5-10页	81	6.37%
5	4页	46	3.62%
6	11-20页	8	0.63%
7	21-50页	2	0.16%
	当页汇总	1,272	100%

图 7.18 忠诚度示例

百度还提供了气泡图和柱状图（见图 7.19），可让 SEO 优化人员直观地看到访客的忠诚度结构。从图 7.19 可看出示例网站浏览一页即跳出的比例高达 63.84%，如果对于内容网站来说，这很不正常，但对于小企业站来说就很正常，一般企业站并非以提供资讯留住访客作为经营目标。

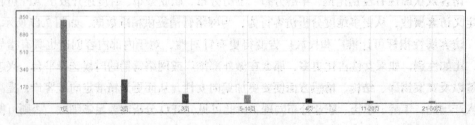

图 7.19 柱状图

7.5.6 其他分析

百度统计提供的数据分析工具较为强大，除上述分析之外，还提供了定制分析及优化分析两个选项，由于其并不适用于大多数小企业站，因此在此不做详述，对其有需求或者感兴趣的读者可以结合以上数据分析工具融会贯通，多次实操后熟练掌握它们的使用方法即可。本节针对每个工作做一简述。

1．定制分析

（1）跨屏分析：目的在于顺应当前 PC 端往移动端迁移的大趋势，让运营者更能清晰地知道用户在企业内部平台上的流动趋势及规律，更好地把握这个趋势，创造更高效益。

（2）子目录：网站中子目录是在首页之外的第二权重排序页面，因此注重首页建设、排名之外，第二顺位就是子目录，而一般来说网站都会有数量较多的子目录，运营、优化工作中的资源分配、工作时间分配、优化运营轻重排序等与子目录本身的流量表现之间有密切关系，比如我们原本计划优化 A 目录，给予其更多的资源、内容、外部推广等，但最终通过子目录发现，该目录的流量贡献却不如 B 目录，此时就要分析原因、调整优化工作策略。官方对子目录综合地位的全文描述是：横轴坐标的指标是反映子目录对用户是否有黏性的两个指标；通过对访客数、访问频次、访问时长三个指标的交叉分析，可得出不同规模的子目录对用户的黏性；如子目录 A，具有较大的访客数，但平均访问频次和访问时长都较低，说明需加强子目录 A 的内容建设，留住用户（见图 7.20）。子目录需要手动添加，具体添加规则可参考添加页面官方说明。

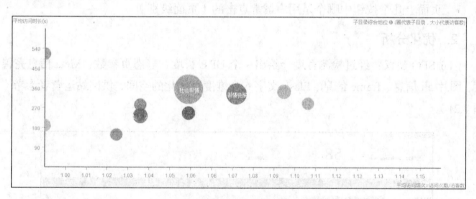

图 7.20　子目录示例

（3）转化路径：设置转化路径，可有针对性地改善目标页面或者路径页面质量，获取更好的转化率。转化路径通常可以给我们提供如下信息：进入网站的访客中究竟有多少有可能成为您的客户；在进入某个转化目标后，通常在哪些步骤访客放弃了继续的访问；目标或路径页面是否足够吸引访客（根据平均停留时间分析）。

（4）指定广告跟踪：指定广告跟踪将提供各种媒介推广为网站带来的流量情况，通过对各种媒介推广给网站带来的流量对比，可使优化人员了解到：哪种媒介推广能够给网站带来更多、质量更高的流量。

（5）事件跟踪：用于触发某个事件，如某个按钮的点击、播放器的播放/停止以及游戏的开始/暂停等。Flash 中所有的事件都可以通过该接口来统计，只要在响应用户操作时通过 Flash 调用 js 接口就可以了。事件跟踪的数据不会被记入到页面 PV 中，适合用来统计所有不需要看做 PV 的页面事件（来自官方说明）。

（6）自定义变量：该接口允许自定义一个变量，该变量会追加到 PV 统计的请求中，从而追踪访客在站点上的行为。访客在站点上的访问可以分为 3 个级别：访客级别、访次级别、页面级别。（摘自官方说明）

- 访客级别：跟一个访客的整个活动周期是绑定的，同一个浏览器在网站上的所有活动，会被认为是来自于同一个访客。

- 访次级别：当访客在连续的一段时间内处于活动状态，我们会认识这是处于同一个访次内。如果访客一段时间没有访问任何页面，我们就会认为当前访次结束了。

- 页面级别：当访客在一个页面内活动时，就属于页面级别。

上述的每一个级别都对应了一个作用范围，每一个自定义变量都是限制在某个范围内的。

例如，用户可能会做如下统计。

- 站点上 VIP 客户和普通客户的数量（访客级别）。
- 登录用户的访次数量（访次级别）。
- 页面上几个按钮中哪个是用户最常点击的（页面级别）。

2. 优化分析

（1）SEO 建议：经过检测百度会给出一个 URL 长度、静态页参数、Meta 信息完善程度、图片 alt 信息、frame 信息、Flash 文字 6 个维度可优化的空间，供网站运营者参考（见图 7.21）。

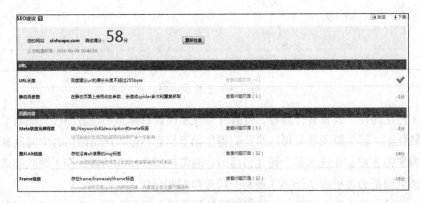

图 7.21　SEO 建议示例

（2）搜索词排名：这个对于重点观测一组流量关键词十分有用，尤其是为网站带来高价值的关键词和近期重点优化的关键词时（见图 7.22）。

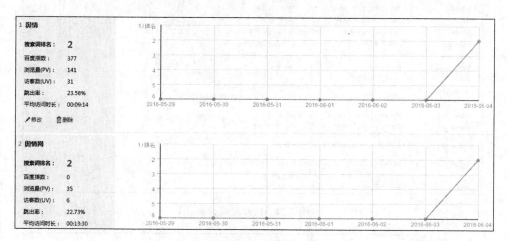

图 7.22　搜索词排名示例

（3）索引量查询：百度统计后台的索引量根据官方的说法是真实数据库抓取量（见图 7.23），但并不代表 site 结果数，与统计出来的收录量的比较可以更有针对性地去做收录，加快快照放出，甚至指导内容建设等。因此在 SEO 工作中是一个极有意义的数据。

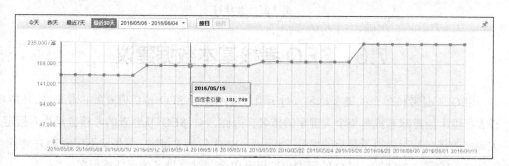

图 7.23　索引量示例

（4）网站速度诊断：衡量用户及搜索引擎蜘蛛抓取体验（见图 7.24），并能给出优化建议，提高访问性能及体验。

（5）升降榜：分别有日环比、周同比及自定义时间对比，在实际运用中，可以很方便地看出不同的活动、事件及优化操作后能带来的及时效果反馈，对日后的工作具有重要指导意义（见图 7.25）。

（6）外链分析、抓取诊断：外链分析及抓取诊断工具与站长后台通用，会在站长工具中详细介绍到，此处不详述。

页面打开时长		60分
⊟ 连接网络（6项）	页面打开过程中，共有87次请求（比60%的网站请求次数多），可节省21次连接	9分
	页面打开过程中，连接请求次数越少，打开速度越快	
⊞ 合并域名	可减少5次请求 建议将只有1个资源的域名合并到其他域名下，更多	-2分
⊞ 合并JS	可减少7次请求 合并相同域名下的js，可以减少网络连接次数，更多	-3分
⊞ 合并CSS	可减少3次请求 合并相同域名下的CSS，可以减少网络连接次数，更多	-3分
⊞ 合并相同资源	可减少1次请求 合并完全相同的静态资源，可以减少网络连接次数，更多	-1分
⊞ 去除错误连接	可减少1次请求 无法打开的连接，会导致页面打不开情，请及时修正或删除，更多	-1分
⊞ 使用Css Sprite	可减少4次请求 使用css sprite技术可以减少请求次数，更多	-1分
⊟ 下载页面（2项）	页面打开过程中，共下载 1.2 MB（比41%的网站字节数更多），可以减少 270.8 KB	13分
	向服务器请求下载网页的过程，受到网页大小等的影响，返回的页面体积越小，速度越快	
⊞ 启用Gzip	可减少 245.5 KB 启用服务器Gzip，可以减少传输字节数，更多	-1分
⊞ 压缩元素	可减少 129.9 KB 使用压缩技术，减小元素的体积，提高网速，更多	-1分
⊟ 打开页面（3项）	用户浏览器打开页面的过程，受页面内容大小、设计等的影响	0分
⊞ CSS位置	有1个问题 CSS说明出现在 <body> 后，页面需要重新渲染，打开速度受到影响，更多	-1分
⊞ JS位置	有13个问题 JS放在页面最后，可以加快页面打开速度，更多	-4分
⊞ 图片大小声明	有9个问题 如果图片大小不做定义，则页面需要重新渲染，速度受到影响，更多	-1分

图 7.24　网站速度诊断

	来源类型		浏览量(PV)-2016/06/04 ↓	浏览量(PV)-2016/06/03	变化 全部 升 降 平
1	搜索引擎		132	479	-347（-72.44%）
2	直接访问		68	430	-362（-84.19%）
3	外部链接		14	5	+9（180%）
	当页汇总		214	914	-700（-76.59%）

图 7.25　升降榜

7.6　SEO 考核基本数据建议

SEO 不是考核单个关键字排名。对于很多刚刚接触 SEO 推广模式的企业来说，SEO 很大程度上还意味着提高单个关键字的排名，因此，对 SEO 从业者的考核也是查看指定关键字的排名是否获得了显著的提升。实际上，SEO 包括关键字，但是又不仅限于关键字。即使在关键字这个领域，SEO 的职责也比提升单个关键字排名的责任重很多。

SEO 不是考核整站流量。在实际的工作中，很多企业把流量的责任放到 SEO 的考核目标里，这是对的，也是不对的。因为 SEO 的工作通过排名确实可以提高流量，但是，仅仅是提高搜索引擎过来的流量，而不是全部的流量。如果让 SEO 对全部流量负责任，这样权利和义务就不对等。

SEO 考核的合理数据和方式。合理的 SEO 考核包括带来流量关键词的数量、全部关键字的排名、从搜索引擎过来的流量（参考图 7.26）。这二者基本只与 SEO 有关，因此作为考核指标最为准确及合理。还有其他的指标是属于各个岗位之间合作的结果，比如外链引流、页面跳出率、停留时间、访问深度、转化率、索引量等。

指标类型	指标内容	分数	月度目标	结果	得分
结果指标（90%）	站群	40	主要维护：sllssanreqi.com和009hb.com 1. 维护至少两个站群网站安全情况（出现严重情况减5分） 2. 每月更新两个主要站群200篇文章（少10减1分，多10则加1分） 3. 站群每月寻找2条优质友情链接 4. 目标关键词《散热器厂家》、《暖气片十大品牌》前3页出现15天（＜15减1，＞15加1分）		
	官网	20	1. 每个工作日最少更新一篇文章（少1减1分，多1则加1分） 2. 寻找一条优质友链加1分 3. 站内老文章编辑修改优化，上来一个长尾词加1分		
	外推	20	1. 每月外链推送200条，存活率80%，收录60%（少10减1分，多10则加1分） 2. 每月视频网站上传10个公司视频（少1减1分，多1则加1分）		
	搜索引擎产品	10	百度/好搜/搜狗 1. 知道问答每月400条（少10减1分，多10则加1分） 2. 经验、文库、百科成功1条加1分		
行为指标（10%）	其他	10	1. 完成领导安排的临时任务 2. 举报竞争对手优质的搜索引擎产品内容成功1条加1分		
合计		100			

图 7.26 网站优化岗 KPI 考核表参考图

外链建设是属于 SEO 的一个基本工作，但其中可能会涉及不少的商务合作，或者活动策划，引起广泛传播从而带来很多自然外链。

降低页面跳出率、延长停留时间、增进访问深度也是 SEO 的一项重要工作，即对网站整体布局的把握、关键词合理布局所引起的访问相关性、内链合理设置等，但同时也涉及编辑岗创造的内容质量、UI 设计岗所呈现的良好视觉效果等，都是决定访客跳出率的因素，甚至包括营销策划对整站访客需求、行为及访问路径的精准设计及把握。

无论是转化为老客户、直访用户、提高注册用户数量还是提升咨询量等，以上所有岗位的工作都是提升转化率的一个必不可少的因素，甚至活动策划对活动的策划水平都会影响到转化率的高低，咨询客服的专业度、敬业度也会在很大程度上造成转化率的不同。

索引量主要是指搜索引擎对站点页面的抓取、建库及放出快照，越多页面被索引则会带来越多长尾页面的曝光，进而带动流量提升，对全站权重提升有很大帮助。但是索引量的提升一方面与 SEO 所有的工作都具有密切相关性，同时与内容创造者的内容质量本身也有很大关系，与外链的广泛度同样关系密切，而外链的质量跟数量不单单是一个 SEO 可以做到的，需要多岗位的密切配合，带来各种资源交换、商务合作以及活动所创造出的外链广泛度及质量度，这些工作会不同程度促进索引量的提升。举例来说，一次直投广告带来的一个阶段持续的流量提升一定会带动页面索引、排名等效应。

当然无论怎么说，以上几点再加上数据分析都是一个 SEO 日常必备的工作，虽然不能全部依此作为对其业绩的考核，但仍旧是衡量一个 SEO 工作成效的多个指标之一。

对考核时间最好是 1 个月一次，这样能考核出比较明显的差异。在网站进行优化后，需要间隔 2～3 个月开始对优化效果进行考核，因为搜索引擎重新抓取、调整排名机制需要一段时间。SEO 优化绩效是一个多部门配合的结果，排除内部其他各种沟通不畅及执行不力的因素，最考验 SEO 的是与其他包括设计、策划、文案、程序、商务等的协作能力，小企业一个 SEO 担任的实际是 SEO 总监或者经理的角色，而不单单是发发外链或者伪原创文章，这样的工作是很难产生较好的效益的。有关 SEO 考核 KPI 的参考表可以直接去百度，依照自己所在单位的实际需要进行添加、删减，SEO 是一项长期积累的工作，因此对排名有急切需求的企业主往往会走向采用黑帽手法获取排名的一端。

7.7　网站日常分析

除了前面所介绍的一系列阶段性网站分析的方法外，网站日常运营和维护还需要进行分析，本节将加以介绍。分析的作用是为了检查优化的效果，完善优化方法，规避优化中的风险等。所以网站日常分析是一项必不可少的工作，通常是优化团队的负责人操作。

本节将从网站日志的分析、关键词数据统计分析、网站流量分析、网站权重分析、网站收录分析、网站快照跟踪、用户行为分析、分析结果汇总修正优化方案等方面介绍网站日常分析方法和分析结果对优化优化方案的指导。

7.7.1　网站日志的分析

网站日志也称为服务器日志，用于记录 Web 服务器接收处理请求以及运行时的错误等各种原始信息以.log 结尾的文件。网站日志存储于服务器的某个文件夹中，如主机的 logfiles 文件夹，查看分析时，要下载到本地。

然后利用网站日志分析工具进行分析，主要分析的内容包括搜索引擎蜘蛛的爬行次数、服务器的响应代码、访问的页面、IP 段 4 项内容。蜘蛛爬行次数反映了网站的更新频率和网站的权重，次数降低可能是作弊被惩罚，或者网站更新太慢。

服务器的响应代码，表示服务器对用户访问返回的状态，主要有 200 指成功返回，304、404 表示返回错误。访问的页面表示搜索引擎蜘蛛爬行的页面，可以分析网站哪些页面被爬行。

搜索引擎蜘蛛 IP 段表示搜索引擎蜘蛛爬行该网页使用的服务器，有的 IP 段服务器是搜索引擎专门寻找作弊网站的，如百度 IP 段：123.125.68.*、220.181.68.*。如果网站出现很多类似的 IP 段蜘蛛，就很可能受到百度的惩罚。图 7.27 所示为利用 IIS 网站日志分析工具分析某网站的日志记录。

如图 7.27 所示，该网站的搜索引擎爬行记录非常密集，当天的爬行记录分别是百度 2190、谷歌 7653，可见搜索引擎对网站都比较重视；而响应代码全是 200，表示网站的服务器、链接和页面等都没有问题；并且通过访问的页面来看，网站的主要栏目收录都比较正常；从搜索引擎蜘蛛的 IP 段来看，网站并没有受到百度作弊蜘蛛的关注，是比较安全的。有关蜘蛛段的问题在本书第 2 章有详述。

网站日志分析是网站日常分析的一个重要工作，通常每隔几天就需要检查一下，或者网站在搜索引擎表现不正常（如收录、权重、排名变化）时，都需要检查网站日志。

图 7.27　分析网站日志

7.7.2　关键词数据统计分析

关键词数据包括关键词的排名情况和关键词的流量情况。通过分析排名情况和流量情况了解网站的优化效果、调整网站关键词的优化重点。

（1）关键词的排名情况分析要用到站长工具查询网站的关键词，如站长之家工具，然后建立关键词排名记录表，监控网站关键词的排名升降情况，然后根据关键词指数高低选择新的关键词进行优化操作。图 7.28 所示为使用站长之家工具查询名师堂网站关键词的排名情况。

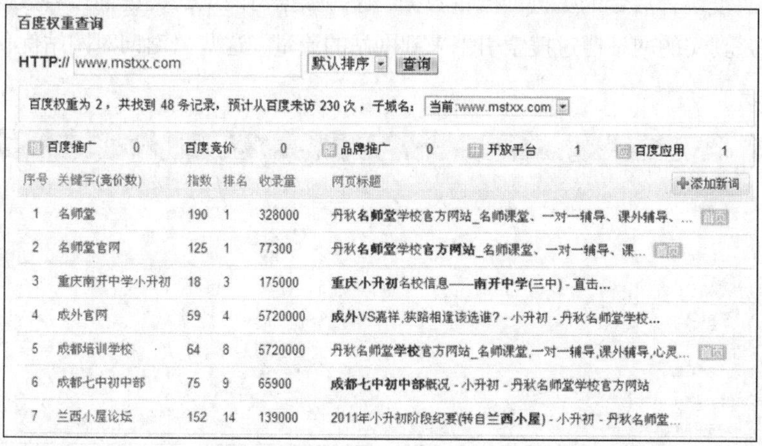

图 7.28　名师堂网站关键词排名情况

在表 7-1 中，将上面查询的关键词排名数据导入到网站关键词推广表里。经过对比，名师堂的关键词经过一个月的推广优化，排名有一定上升，所以在做下一周期的关键词优化时选择 6.30 排名为 4~14 的这几个词作为主要推广关键词。注意：这里不研究该网站的其他优化情况，只针对关键词排名数据选择关键词优化的问题。

表 7-1　名师堂关键词升级表

关键词	百度指数	网站 URL	5.30 百度排名	6.30 百度排名
名师堂	190	http://www.mstxx.com/	1	1
名师堂官网	125	http://www.mstxx.com/	1	1
重庆南开中学小升初	18	http://www.mstxx.com/portal.php?mod=view&aid=3864&page=1	4	3
成外官网	59	http://www.mstxx.com/forum.php?mod=viewthread&tid=1882	11	4
成都培训学校	64	http://www.mstxx.com/	14	8
成都七中初中部	75	http://www.mstxx.com/forum.php?mod=viewthread&tid=5946&page=1	17	9
兰西小屋论坛	152	http://www.mstxx.com/forum.php?mod=viewthread&tid=60	22	14

（2）在关键词的流量情况分析中，分析的内容是网站在一定时间段内从各个搜索引擎中获得的关键词流量数据。

要查询网站的关键词流量，就必须使用网站统计工具，如百度统计、CNZZ、51.la 等。针对百度优化的用户，可以选择百度统计，因为百度统计有百度索引量和网站外链两项功能，可以查询网站在百度的数据情况，由于是自己的工具，因此数据的准确性也更高。图 7.29 所示为百度统计后台的关键词流量数据，这一数据与网站的关键词排名数据是有一定区别的，它是真实的网站通过搜索引擎来到网站的流量，这些关键词对网站优化有很大的帮助。

	搜索词		浏览量（PV）↓	访客数（UV）	IP数
1	成都名师堂学校		53	7	7
2	名师堂官网		35	8	8
3	成都名师堂		17	3	3
4	成都名思堂		16	1	1
5	名师堂		16	8	8
6	名师堂学校		15	2	2
7	丹秋名师堂		12	4	4
8	名师堂大石西路		5	1	1
9	名师堂花牌坊校区电话		5	1	1
10	成都名师堂官方网站		5	1	1

图 7.29　百度统计后台的关键词流量数据

通过百度统计查询的关键词流量数据建立一个关键词流量表格，包含关键词、网站
URL、一段时间内的 IP 量、关键词的排名这四项数据，用以帮助选择网站推广关键词。
在表 7-2 所示的关键词流量数据表中，灰色的关键词排名在 2~4 位，但是流量比较大，提
升的空间很大，可以优先考虑优化。

表 7-2 关键词流量数据表

关键词	网站 URL	7 天 IP 量	关键词排名
名师堂官网	http://www.mstxx.com/	2348	1
名师堂	http://www.mstxx.com/	1328	1
成都名师堂学校	http://www.mstxx.com/	437	1
丹秋名师堂	http://www.mstxx.com/	234	1
成都名师堂	http://www.mstxx.com/	213	2
名师堂官方网站	http://www.mstxx.com/	153	3
名师堂学校	http://www.mstxx.com/	132	3
成都名思堂	http://www.mstxx.com/	71	4
名师堂大石西路	http://www.mstxx.com/portal.php?mod=list&catid=35	21	4
名师堂花牌坊校区电话	http://www.mstxx.com/portal.php?mod=view&aid=1936	12	4

通过关键词排名数据和流量数据，选择近期主要优化关键词。这两个数据的作用是互
补的，排名数据可以筛选指数很高但是网站排名不好的关键词可以继续优化；流量数据可
以筛选指数不高但是网站排名较好的关键词继续优化。这两种方式简单地说就是两种排序
方式，分别是以排名和流量为依据，一种是优化排名低的，另一种是优化流量较好的。日
常分析关键词的数据也就是为了关键词排名持续优化。

7.7.3　网站流量分析

网站流量即网站的单击 IP 数量。在网站优化过程中，SEO 人员最关心的问题往往是
网站的流量是否增加。

7.7.2 小节中已经介绍过关键词流量，但这只是网站流量的一部分，网站流量还包括直
接访问和外部链接的流量。图 7.30 所示为网站流量来源的类型图。

（1）关键词流量，来自于各种搜索引擎，目前国内的网站关键词流量主要来自百度、
360、搜狗等，关键词流量最大的是百度和 360。

（2）直接访问，是用户知道网站，直接输入或者通过收藏夹访问，这种流量反映了网
站的知名度。知名度越高的网站直接访问流量越大。

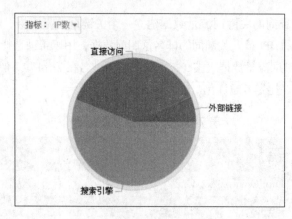

图 7.30　网站流量来源类型图

（3）外部链接，是用户通过网站外部的链接来到网站。外部链接来的流量一般有友情链接和推广建设的外链，受网站外链建设的质量和广泛度的影响。

分析网站的流量，判断网站主要的流量方式，就是为了帮助网站的获得更多的流量。如果网站的流量主要来源于直接访问，就说明搜索引擎优化还不到位；如果网站流量只来自搜索引擎的关键词，说明网站品牌知名度不高。因为各行业各网站的情况不同，这里没有一个明确的流量比例，但是通常一个正常的网站关键词流量和直接访问是受品牌大小决定的，而这两项一般都大于外链链接的流量。所以根据网站流量的来路可以知道网站哪些推广还不足，比如关键词排名的不足、品牌推广的不足、外链建设的不足。了解网站的不足之后，有针对性地提高网站的流量来路，使网站全面获取流量。

7.7.4　网站权重分析

网站权重是指网站在搜索引擎中的权威性等级。各个搜索引擎都有自己的等级算法，并不一定是我们所看到的权重值，例如百度权重。

分析网站权重是了解网站的优化等级，这是搜索引擎对网站的一个整体评价，从网站的权重也可以看到网站的运营和优化状态。不管网站主要靠品牌直接来的流量还是依靠搜索引擎来的流量，只要流量高，网站的权重就比较高，而如果网站受到搜索引擎惩罚，也能从网站权重看出来。

我们常见的网站权重主要包括百度权重、谷歌 PR、Sougou Rank 等。我们主要分析的是百度权重和谷歌 PR。

（1）百度权重，反映的是百度关键词流量的等级。百度流量越大，网站的百度权重越高，如果受到搜索引擎惩罚，排名下降、流量减少、百度权重也会降低。

（2）谷歌 PR，谷歌的网页等级评价系统，反映的是网页外链的质量和数量。外链 PR 越高、数量越多，网页的 PR 就越高。以前是谷歌排名的一个重要因素，目前其重要性在慢慢降低。很多人交换友情链接时，还是很注重谷歌 PR 的。

网站权重分析方法，直接使用站长工具查询即可。图 7.31 所示为站长工具查询某网站的权重。

图 7.31　站长工具查询某网站的权重

网站权重在交换友情链接的时候尤其重要，通常权重高的和高的交换，权重太低很难交换到好的友情链接。

7.7.5　网站收录分析

网站的收录是网站在搜索引擎数据库中页面的数量。页面越多，参与排名的页面就越多，获得流量的机会也就更多。

收录是受网站质量影响的，如网站的权重、页面的质量、合理的链接等众多因素。所以网站的收录往往反映网站的整体质量，所以在交换友情链接时，SEO 人员也比较关注收录量，收录不正常可能是网站权重、链接、质量等因素有问题；而且当网站受到搜索引擎惩罚时，网站的收录一般都会下降，日常分析可以监测网站是否被惩罚。

网站的收录主要根据搜索引擎划分，如百度收录、谷歌收录、搜狗收录、360 收录等，目前由于各搜索引擎的使用率不同，暂时只分析百度收录、360 收录，外贸网站要关注谷歌收录。查询收录可以直接到搜索引擎使用 Site 命令，如 site:www.xinhuapo.com，也可以直接使用站长工具查询。图 7.32 所示为使用站长工具查询网站收录。

www.no1v.com 的收录/反链结果		
搜索引擎	百度	谷歌
收录	125	-
反链	121万	0

图 7.32　站长工具查询网站收录

网站的收录数量应该做好记录，以便后面对工作的效果进行分析，并且如果是优化团队管理者，可以用这些数据向领导汇报工作的成效。

7.7.6　网站快照时间跟踪

网页快照就是网页被搜索引擎抓取收录的数据，就好像搜索引擎给网页照了一张照片。网页快照时间就是网页被抓取的时间。网站快照时间就是指首页的快照时间。

网站快照时间反映了网站首页被搜索引擎抓取的时间。网站快照时间越新，网站被抓取的频率就越高，搜索引擎对网站越友好。

每个搜索引擎都有快照。图 7.33 和图 7.34 所示分别是百度快照的链接和百度快照的样式。每个搜索引擎的快照链接都在搜索结果的右下角，百度快照左边的日期就是快照时间。在快照中，用户搜索词与快照中匹配的关键词会用相同的颜色标识出来。

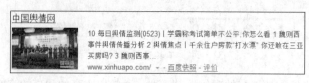

图 7.33　百度快照的链接

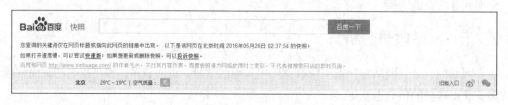

图 7.34　百度快照的样式

网站快照时间如果太久没有更新，就表明搜索引擎很久没有抓取网站的首页，所以首页导出链接就不能被搜索引擎爬行。这就有以下两个坏处。

（1）影响网站的内页收录。搜索引擎不抓取首页，那么首页上链接的内页收录就会受影响。如果最近首页不更新快照，网站的整体收录都会受影响。

（2）影响网站的内页排名。首页不被抓取，导入到内页的链接不能传递权重，内页的排名就没有导入并获得权重传递的内页好。

当然如果网站的快照最近没有更新，别人也不会交换友情链接，因为不能给别人带来权重的传递，应随时监测网站的快照时间。

7.7.7　用户行为分析

用户行为就是用户浏览网站的行为，包括用户单击多个页面、页面停留、跳出页面三种行为。关于用户行为分析在 7.5 节有介绍，这里再从日常分析的角度做一补充。

通过这三种行为，用户可以发现很多网站的有用数据。例如，用户单击最多的页面是哪个，用户停留时间最长的页面是哪个，用户跳出率最高的页面是哪个，用户在哪个页面单击下一页次数最多，入口用户最多的页面是哪个，跳出率最高的关键词，多次单击最多的关键词等。还有很多这样的数据可以分析出网站优化的问题。解决存在的问题，网站优化才能做好。

分析网站的这些数据需要用到网站统计工具。前面已经讲到过网站统计工具，这里用某网站的百度统计数据做演示。

（1）用户单击最多的页面。图 7.35 所示是百度统计的用户单击页面的次数排名。从中可以知道网站浏览量最大的一些页面，如果网站需要推出一些新产品，可以在浏览最多的网页做推广，或者利用链接导入到产品页面。

	页面URL		浏览量(PV)↓
1	http://www.msbox.com	⊯	597
2	http://www.msbox.com/mst_kcb	⊯	120
3	http://bbs.msbox.com	⊯	99
4	http://www.msbox.com/teachers	⊯	91
5	http://www.msbox.com/article-5473-1.html	⊯	69
6	http://ffb.msbox.com	⊯	63
7	http://www.msbox.com/article-4357-1.html	⊯	58
8	http://www.msbox.com/list-18-1.html	⊯	47
9	http://www.msbox.com/article-3958-1.html	⊯	45
10	http://www.msbox.com/list-132-1.html	⊯	43

图 7.35　用户单击页面次数统计

（2）用户停留时间最短的页面。图 7.36 是百度统计的用户停留页面时间排名。从页面的浏览时间可以看出页面是否符合用户需求，用户不会在不满足自身需求的网页停留很久。也就是说如果网页不能快速传达主题，用户就很可能会离开，所以用户停留时间太短的网页往往是需要优化的，以便更好地传达出网页的主题，让用户更容易找到需要的信息。

	页面URL		平均停留时长↑
1	http://www.msbox.com/article-5418-1.html	⊯	00:00:00
2	http://www.msbox.com/portal.php?mod=list&catid=200	⊯	00:00:00
3	http://www.msbox.com/connect.php?receive=yes&mod=login&op=callback&referer=http%7e9&con_oauth_verifier=00000000302ac4d4&con_is_user_info=1&con_is_feed=1&con	⊯	00:00:00
4	http://www.msbox.com/thread-7620-1-1.html	⊯	00:00:00
5	http://www.msbox.com/forum.php?mod=viewthread&tid=7295	⊯	00:00:00
6	http://bbs.msbox.com/forum.php?mod=viewthread&tid=7175&page=1#pid15542	⊯	00:00:00
7	http://www.msbox.com/article-5423-1.html	⊯	00:00:00
8	http://www.msbox.com/forum.php?mod=viewthread&tid=11088	⊯	00:00:00
9	http://www.msbox.com/forum.php?mod=viewthread&tid=1984	⊯	00:00:00
10	http://www.msbox.com/article-4668-1.html	⊯	00:00:00

图 7.36　用户停留页面时间统计

（3）用户跳出率最高的页面。图 7.37 所示是百度统计的用户跳出率的排名。用户跳出网站和在网页停留时间短相似，说明网页不能满足用户的需求，或者难以满足用户的需求。如果跳出率达到 100%，说明网页的体验很差，这些网页需要重新优化内容或者用户体验，并建立其他出口链接导入到其他网页。

	页面URL		退出率
1	未知	~	100%
2	http://www.msbox.com/portal.php?mod=view&aid=3176	~	100%
3	http://www.msbox.com/forum.php?mod=attachment&aid=MzQxOHxlYjVmYj	~	100%
4	http://cq.msbox.com/portal.php?aid=3861&mod=view	~	100%
5	http://www.msbox.com/article-4668-1.html	~	100%
6	http://www.msbox.com/forum.php?mod=viewthread&tid=38	~	100%
7	http://www.msbox.com/article-5321-1.html	~	100%
8	http://www.msbox.com/article-5335-1.html	~	100%
9	http://www.msbox.com/article-5421-1.html	~	100%
10	http://www.msbox.com/space-uid-8596.html	~	100%

图 7.37　用户跳出页面统计

（4）用户单击下页次数最多页面。图 7.38 所示是百度统计的用户单击下页次数排名。这种页面一般是主页或者栏目页，因为这些页面本身并没有多少信息或资源满足用户，只是集合了其他内容页面的链接，所以用户到达这些页面都会单击下一页进行浏览。我们可以找出浏览下页最多的网页，然后将需要用户单击的页面链接放置在这个页面，提高用户浏览这些页面的概率。

	页面URL		贡献下游浏览
1	http://www.msbox.com	~	570
2	http://www.msbox.com/mst_kcb	~	136
3	http://bbs.msbox.com	~	96
4	http://www.msbox.com/teachers	~	71
5	http://www.msbox.com/list-18-1.html	~	56
6	http://ffb.msbox.com	~	49
7	http://www.msbox.com/list-21-1.html	~	36
8	http://www.msbox.com/list-169-1.html	~	31
9	http://www.msbox.com/list-24-1.html	~	24
10	http://cq.msbox.com	~	23

图 7.38　用户单击下页统计

（5）用户入口最多的页面。图 7.39 所示是百度统计的用户入口页面排名。也就是通过这些页面进入网站的用户最多，可能是通过关键词进入，可能是直接单击进入，也可能是通过外链进入。不论是通过什么方法单击这些页面进入网站，都相当于网站给用户的第一印象，如果这些页面能优化好，让用户有兴趣单击其他页面浏览，或者让用户直接转化，那么网站的 PV 值和转化率都将提高很多。

	页面URL		入口页次数
1	http://www.msbox.com		398
2	http://www.msbox.com/article-4357-1.html		23
3	http://www.msbox.com/portal.php?mod=view&aid=2702		21
4	http://www.msbox.com/mst_kcb		20
5	http://bbs.msbox.com		20
6	http://www.msbox.com/forum.php?mod=viewthread&tid=2627		17
7	http://www.msbox.com/teachers		16
8	http://www.msbox.com/list-24-1.html		11
9	http://bbs.msbox.com/forum.php?archiveid=1&mod=viewthread&tid=10182		9
10	http://www.msbox.com/article-5473-1.html		8

图 7.39　用户入口页面统计

（6）跳出率最高的关键词。图 7.40 所示是百度统计的用户跳出关键词排名。通过搜索引擎关键词来到网页的用户，通常都是网页的目标用户。然而如果目标用户进入网页后选择跳出，那么说明网页没有满足用户，或者说网页没有吸引力让用户继续访问网站，这种用户的跳出是对关键词流量的极大浪费。如果可以将这些跳出关键词的页面筛选出来，进行针对目标用户的优化，如提供该关键词相关内容，同样能极大提高网站的 PV 值。

	搜索词		跳出率
1	孩子每次模拟考都很好，到真正大考时都不好		100%
2	棕北中学初中基地班		100%
3	林成根教什么班		100%
4	Look Ahead 展望未来		100%
5	成都列五中学 官网		100%
6	四七九近几年初升高的录取分数		100%
7	丹秋新浪博客		100%
8	2013小升初模拟卷		100%
9	丹秋名师堂海椒市校区怎么样		100%
10	是不是每个孩子都适合学习		100%

图 7.40　用户跳出关键词统计

用户的行为能告诉网站，他们喜欢什么不喜欢什么，我们要迎合用户的喜好，才能获得用户的认可，所以分析用户行为就势在必行了。就连搜索引擎也在提高实用性网站的排名，未来随着用户行为的精准分析，获得用户喜爱的网站将得到更大的发展空间。

7.7.8 分析结果汇总修正优化方案

根据前面日常分析的结果、针对网站出现的问题以及各种问题的解决办法对网站优化方案进行调整。

（1）日志分析。如果网站出现收录问题，利用网站日志分析搜索引擎蜘蛛是否减少，如果大量减少，证明网站受到了搜索引擎惩罚。遇到搜索引擎惩罚，先要看网站是否真的有作弊行为，如果没有可能是由于搜索引擎升级算法的误伤，提交申述等待网站恢复；如果网站有作弊行为，那么在除去作弊行为后，按照正常优化做，等待搜索引擎恢复网站收录。

（2）关键词数据分析。利用关键词数据，确定网站后面的优化重点，如关键词的调整、选择低排名大流量的关键词进行优化推广、提升网站流量。

（3）网站流量分析。依据流量来源的不同，分析流量来源，找出网站流量的薄弱环节，如果关键词流量不足，可加大长尾词优化；如果直接访问量下，可适当加大品牌的推广；如果网站的链接流量比较少，可通过软文、外链、网址导航等方式进行推广。

（4）网站权重分析。日常分析网站权重，随时了解网站等级和关键词排名情况，确保网站正常运行。如果权重下降，要考虑是否被惩罚，并做出调整。

（5）网站收录分析。监控网站收录数据，查看每天网站的新网页收录状态。如果网站的收录不增加或者减少，极有可能是受到惩罚；如果只是单纯的收录慢、收录不良，那么考虑网站首页链接到不好的文章内容，以及加强外链建设，提高网站权重。

（6）网站快照时间跟踪。每天跟踪快照时间，如果快照陈旧和停滞，考虑建设有质量的外链，并更新网站首页的内容。

（7）用户行为分析。利用用户行为的表现，找到网站的机会页面和缺陷页面，以提高网站页面浏览量和转化率为目标，进行针对性的页面优化。

通过分析网站中上述需要日常分析的项目，了解网站的运营优化状况，以及网站出现的问题，并针对这些状况和问题完善网站优化方案和改进优化方法。

这里再补充一点，网站日常分析的作用远远不只我们介绍时提到的，几乎网站出了什么问题、需要怎么改进、日常优化操作技巧都可以用到这些分析方法，比如网站权重、网站收录、网站快照时间在交换友情链接时都要用到。所以掌握网站日常分析方法是优化操作的基础。

7.8 习题

一、填空题

1. 网站日志也称为＿＿＿＿＿＿＿＿＿＿＿＿，是记录 Web 服务器接收处理请求以及运行时的错误等各种原始信息以.log 结尾的文件。

2. 关键词数据包括关键词_____情况和关键词_____情况，通过分析_____情况和_____情况了解网站的优化效果、调整网站关键词的优化重点。

二、选择题

1.（　　）不属于网站流量分析的内容。

（A）搜索引擎　　　　　　　　　　（B）直接访问

（C）访问内容　　　　　　　　　　（D）外部链接

2.（　　）不会影响网站的收录。

（A）服务器的类型　　　　　　　　（B）网站的权重

（C）页面的质量　　　　　　　　　（D）合理的链接

三、简述题

1. 简述网站日志分析的方法与步骤。

2. 简述网站的流量分析。

3. 简述网站的用户行业分析。

CHAPTER

第8章
SEO 工具

在对网站进行 SEO 的过程中可以借用网络上各种搜索引擎官方或者三方的 SEO 工具，使用这些工具可以使站长或者专门的 SEO 人员对网站的整体收录情况、流量情况、蜘蛛抓取情况、访客访问行为、访客属性等各种情况有一个全面的掌握。通过这些信息有针对性地对网站进行搜索引擎优化，从而达到最好的优化效果和最高的效率。本章将对常用的 SEO 工作做一详细介绍。

本章主要内容：

- 百度统计
- 百度站长管理工具
- 其他工具

8.1　百度统计

百度统计是百度公司专门为站长提供的一款工具，使用百度统计可以方便地掌握网站各项表现数据，从而有针对性地对网站进行全方面的搜索引擎优化。在第 7 章效果分析中已经逐一讲到了如何使用各个工具进行效果分析，本节将介绍百度统计的注册、代码添加及其他未详尽描述的使用方法。

8.1.1　百度统计五大优化利器

百度统计对搜索引擎优化从业者来说是十分重要的，其网址为 http://tongji.baidu.com，效果如图 8.1 所示。

图 8.1　百度统计页面

通过该网址，用户可以方便地注册账号，并通过账号添加所要监控的网站。百度统计对 SEO 的影响主要体现在如下五个子工具上。

（1）第一大优化利器百度热力图（见图 8.2）：非常好的工具必须要用。精确地体现出来到你网站的访客在哪里停留，和点了哪些链接，网站的哪些内容比较受访客欢迎，并将那些没有点击过的链接换成比较受欢迎的内容，增加访客的黏度和 PV。

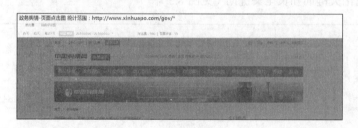

图 8.2　百度热力图示例

（2）第二大优化利器收录量查询（见图 8.3、图 8.4）：百度每次更新收录的增加或是减少是对网站健康程度全方位的监控。百度统计不只是一个统计工具，也是优化帮手，这些杀手锏是其他有些工具所不具备的。前面已经介绍了注册入口及方法，此处不赘述，作为 SEO 从业者或者需要 SEO 的企业来说，了解并熟练使用这个工具是必须的。

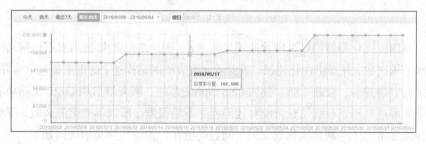

图 8.3　收录量查询线状图

更新时间		百度索引量	变化
1	2016/06/03	233,418	0
2	2016/06/02	233,418	+6
3	2016/06/01	233,412	+79
4	2016/05/31	233,333	+90
5	2016/05/30	233,243	0
6	2016/05/29	233,243	+14
7	2016/05/28	233,229	-323
8	2016/05/27	233,552	+41,358
9	2016/05/26	192,194	0
10	2016/05/25	192,194	0
11	2016/05/24	192,194	+53
12	2016/05/23	192,141	-105
13	2016/05/22	192,246	+42
14	2016/05/21	192,204	0
15	2016/05/20	192,204	+10,031
16	2016/05/19	182,173	0
17	2016/05/18	182,173	+167
18	2016/05/17	182,006	+217
19	2016/05/16	181,789	

图 8.4　百度统计后台每日收录数据示意图

（3）第三大优化利器搜索词排名：使用过百度统计肯定使用过关键词排名工具，第 7 章也有介绍，关键词排名是所有站长最为关注的，用户通过哪些词搜索进入网站，从而能够更合理地优化关键词和长尾关键词（见图 8.5）。

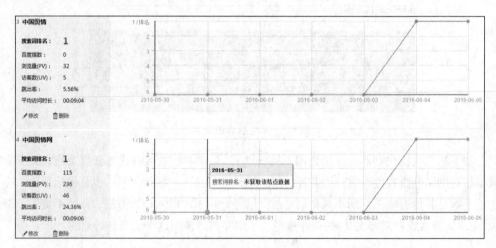

图 8.5　搜索词排名示例

（4）第四大优化利器网站速度诊断（见图 8.6，图 8.7）：能够清晰看出你网站打开需要多少次请求次数，并提出优化建议，减少请求次数给网站提速。这里主要包括合并域名、取消重定向、合并 js、合并 CSS、使用 CSS Sprite 合并、服务器启用 GZIP 压缩功能、减少页面下载等这几项，有些站长可能对代码程序不是很懂，所以不知道怎么做，既然百度统计已经给你指出了毛病那么你就知道了问题的所在，告诉程序员解决问题。

图 8.6　网站速度诊断

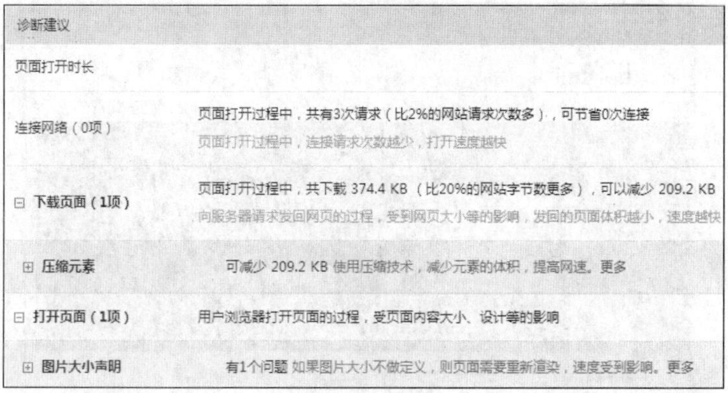

诊断建议	
页面打开时长	
连接网络（0项）	页面打开过程中，共有3次请求（比2%的网站请求次数多），可节省0次连接 页面打开过程中，连接请求次数越少，打开速度越快
□ 下载页面（1项）	页面打开过程中，共下载 374.4 KB（比20%的网站字节数更多），可以减少 209.2 KB 向服务器请求发回网页的过程，受到网页大小等的影响，发回的页面体积越小，速度越快
□ 压缩元素	可减少 209.2 KB 使用压缩技术，减少元素的体积，提高网速。更多
□ 打开页面（1项）	用户浏览器打开页面的过程，受页面内容大小、设计等的影响
□ 图片大小声明	有1个问题 如果图片大小不做定义，则页面需要重新渲染，速度受到影响。更多

图 8.7　网站速度诊断

（5）第五大优化利器 SEO 建议（见图 8.8）：百度官方提出的 SEO 建议肯定是对于百度蜘蛛来说比较友好的，这个不用质疑。SEO 建议包含 URL 的长度、静态页的参数、Meta 信息的完善程度、图片 alt 信息的 img 标签、frame 信息、Flash 文字信息这几项，用过百度统计功能的应该了解，检测一下就能检测出网站哪些地方需要优化，一目了然，非常方便。

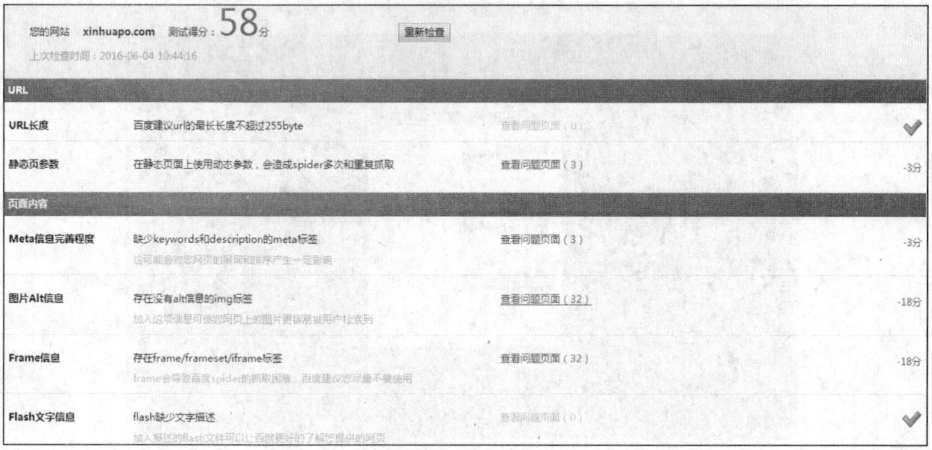

您的网站 xinhuapo.com 测试得分 **58**分		重新检查	
上次检查时间：2016-06-04 10:44:16			
URL			
URL长度	百度建议url的最长长度不超过255byte	查看问题页（ U ）	✓
静态页参数	在静态页面上使用动态参数，会造成spider多次和重复抓取	查看问题页面（ 3 ）	-3分
页面内容			
Meta信息完善程度	缺少keywords和description的meta标签 这可能会对网页在搜索结果的展现产生一定影响	查看问题页面（ 3 ）	-3分
图片Alt信息	存在没有alt信息的img标签 加入恰当信息可使您网页上的图片更精准地被用户检索到	查看问题页面（ 32 ）	-18分
Frame信息	存在frame/frameset/iframe标签 frame会导致spider的抓取困难，百度建议您尽量不使用框架	查看问题页面（ 32 ）	-18分
Flash文字信息	flash缺少文字描述 加入恰当的flash文字可以让百度更好的了解您网页的内容	查看问题页面（ 0 ）	✓

图 8.8　SEO 优化建议工具

8.1.2　创建百度统计账号

作为网站的站长，如何才能将自己的网站应用百度统计？首先要拥有一个百度统计的账号，这个账号可以在百度统计网页上进行注册。一个账号可以跟踪一个或多个网站。当然也可以为每个网站创建一个不同的账号。下面的步骤演示了如何注册一个新的百度统计账号。

（1）打开浏览器，在地址栏中输入网址 http://tongji.baidu.com/，进入百度统计网站首页，如图 8.9 所示。

图 8.9　百度统计网站首页

（2）单击页面右上角的注册按钮，将弹出如图 8.10 所示的注册窗口，作为站长来说，选择第 1 项"注册百度统计站长版"链接。

图 8.10　选择注册百度统计站长版

（3）单击注册站长版的链接后将弹出一个新的注册表单，在该表单中输入注册信息，如图 8.11 所示。在网站文本框中输入要进行跟踪的网站地址，邮箱地址请用常用邮箱，输入完成后，单击"同意以下协议并注册"按钮将会进行用户注册操作，如果用户输入的信息有误，表单上会出现红色的提醒信息，提醒用户输入正确的注册信息。

图 8.11　百度统计注册表单

（4）成功注册完成之后，将会进入网站中心的代码获取页。在这个页面中，可以看到百度统计提供了一串代码，这一串代码要添加到自己的网站中去，如图 8.12 所示。

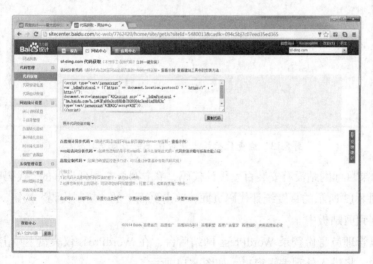

图 8.12　百度统计代码获取页

此时可以看到，在网页的右上角已经显示了刚刚注册的用户名。从图 8.12 中的导航面板可以看到百度统计网站中心的很多功能，比如可以查看网站列表，如果在一个用户名下面要管理多个网站，可以使用这个网站列表来查看和管理多个网站。代码管理栏可以获取百度提供的跟踪代码或者是对现有的网站进行代码检查。网站统计设置导航项可以对网站统计功能进行设置。

8.1.3　添加百度统计代码

百度统计代码是一段 JavaScript 的代码片段，将之添加到页面的</body>标签前，如果有放了其他的统计软件代码，比如 CNZZ 代码，建议将百度统计代码放到其他代码之前。或者是如果使用 WordPress 来创建网站，可以将百度统计代码放到 WordPress 模板页中。

下面的步骤演示了如何将百度统计的代码添加到 WordPress 博客中。

（1）打开浏览器，在地址栏中输入 http://tongji.baidu.com/，进入百度统计首页，单击页面右上角的"登录"按钮，使用前面创建的用户名和密码进行登录。登录后会进入百度统计的报表页面，单击页面左上角的"网站中心"标签页，进入网站中心页面，在左侧的代码管理导航项中单击"代码安装检查"，以检查目标站点是否已经安装了百度统计代码，如图 8.13 所示。

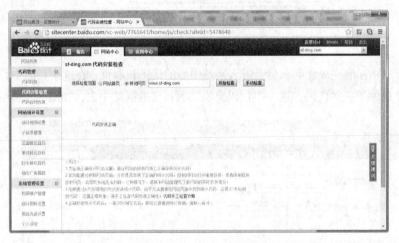

图 8.13　检查目标站点是否已安装百度统计代码

（2）如果目标网站没有安装百度统计代码，单击网页左侧列表框的"代码获取"链接，将出现如图 8.12 所示的百度统计代码页面，单击页面上的"复制代码"按钮，会将百度统计代码复制到剪贴板中。

（3）以管理员身份登录 WordPress 网站后台，在 WordPress 仪表盘上单击"外观｜编辑"菜单项，将进入外观编辑窗口，如图 8.14 所示。

（4）单击页面右侧模板下面的"页脚 footer.php"链接，将在代码编辑窗口中显示 footer.php 的代码，在代码编辑器合适的位置右击鼠标，选择"粘贴"菜单项，将百度统计代码粘贴到 footer.php 页脚代码中，如图 8.15 所示。

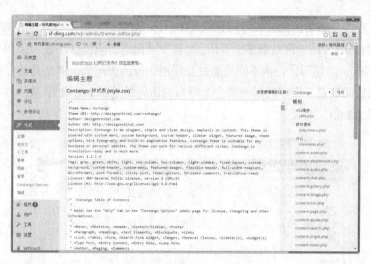

图 8.14　WordPress 外观编辑页面

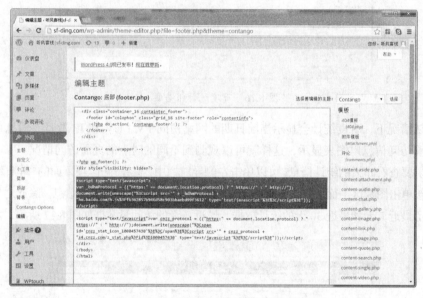

图 8.15　将百度跟踪代码添加到页脚代码

注意：由于 footer.php 会被每个页面所包含，因此实际上也就是为每个页面都添加了百度跟踪代码。

如果要将百度跟踪代码放在一个单独的 js 文件中，就去掉<script>和</script>标签，一般在百度统计的代码安装 20 分钟之后就会开始对网页的访问进行统计了。

8.1.4　查看百度统计的报表

在百度统计的报表页面可以看到详细的访问信息，比如网页的浏览量、独立访问数、所访问的 IP 数以及平均访问时长等信息。其中，PV 浏览量是指单一页面的浏览量，如果一个用户同时访问了同一网站的多个页面，对每个页面的访问都会计数一次 PV 量。而 UV 是 Unique Visitor 的简写，是指不同的通过互联网访问的访问量。IP 数是指访问某个页面的不同 IP 地址的数量。很多时候衡量一个网站的访问量是以 UV 或 IP 数为准。百度统计的报告首页如图 8.16 所示。

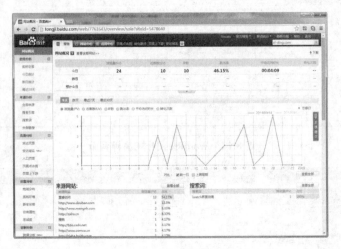

图 8.16　百度统计报告页

默认情况下，百度统计会显示当前日期的网站访问 PV、UV 和 IP 数量等信息，并且会对当前访问信息以图表显示，这样就可以观测到不同的时点的页面访问情况。

如果要查看昨天的统计信息，可以单击左侧导航栏中"趋势分析"项下面的"昨日统计"，或者直接单击图片区上面的"昨日"链接，单击之后将显示昨日的统计信息。除此之外，还可以显示最近 7 天和最近 30 天的统计数据，最近 7 天的访问量数据如图 8.17 所示。

图 8.17　最近 7 天的访问统计数据

可以看到百度统计给出了非常详细的统计信息，还包含流量的来源网站或者是搜索词等信息，对于 SEO 用来跟踪网站的访问详情来说非常方便。

8.1.5　开放多个用户权限

在百度统计中，一个网站的报告可以让多个用户查看，百度统计可以设置用户可查看的权限，以及可供查看的网站数据内容等。下面的示例演示了如何邀请其他用户成为百度统计同一站点的不同用户。

（1）打开百度统计，登录后切换到"网站中心"标签页，在"系统管理设置"权限项下选择"权限账户管理"菜单项。可以在这个菜单项下面添加新的权限账户，如图 8.18 所示。

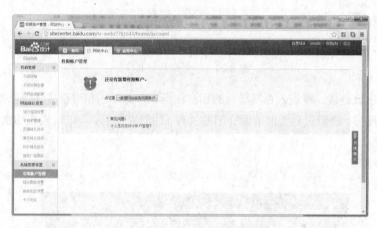

图 8.18　权限账户管理

（2）单击"+新增网站报告权限账户"按钮，将进入新增百度网站报告权限账户页，在这里要输入新的用户名称、电子邮件地址以及可供访问的权限，如图 8.19 所示。

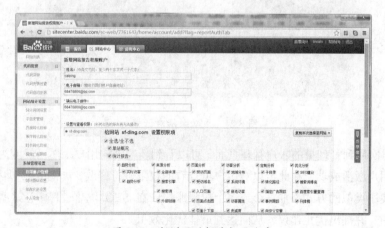

图 8.19　新增网站报告权限账户

（3）输入完成后单击页面底部的"确认并预览"按钮，将会弹出一个设置预览窗口，在该窗口中单击"确定"按钮，此时会在权限账户管理页中添加新用户，但是该用户并未激活，此时需要该用户接收邀请邮件并完成注册，从而完成新账户的添加工作，比如在笔者收到邀请邮件后可以看到邮件的内容中包含了1个链接，如图8.20所示。

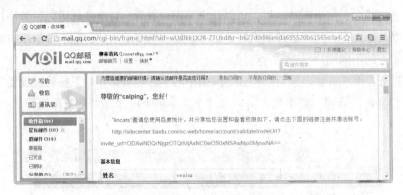

图 8.20   邮件邀请链接

（4）单击该链接，将进入百度统计的用户注册表单，单击单选框"注册新账号"来注册一个新的账号，注册过程类似前面介绍的过程，注册完成后，可以看到成功激活的消息，如图8.21所示。

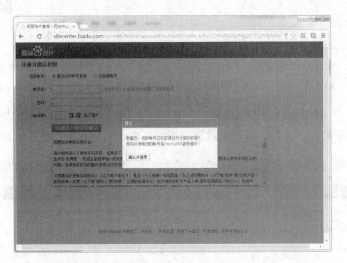

图 8.21   成功激活对话框

（5）再次回到管理员的账户管理页面，可以看到新邀请的用户果然已经变为了正常状态，表示用户激活成功，在此可以对用户可查看的权限进行修改，如图8.22所示。

可以使用类似的方式添加一个或多个权限账户，在 SEO 优化过程中让这些关键用户来参与其中，并提出优化建议，从而达到最佳优化效果。

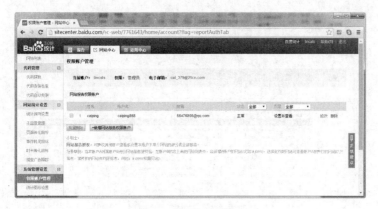

图 8.22　账户成功激活

8.1.6　实时统计网站的访问数据

实时统计显示网站访问状况的实时更新数据，它的数据相对来说比较动态，可以实时了解在某一特定时点的网页访问情况，在趋势分析导航栏下面单击"实时访客"链接，将可以查看最近 30 分钟内的网页实时访问情况，如图 8.23 所示。

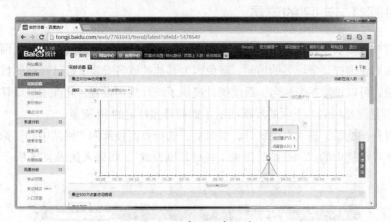

图 8.23　实时访客统计

通过向下拉动滚动条，显示实时访问者的详细信息，比如访问者的地理位置、访问时间、访问 IP 和访问时长等信息，如图 8.24 所示。

对于实时访问，可能需要记录访问高峰点，可以单击右上角的"下载"链接，此时会弹出一个对话框，要求下载 PDF 还是 CSV 格式，选择相应的格式后，就可以将当前的实时访问数据保存到离线的文本中，以备将来的统计分析之用。

（1）为什么要下载实时统计数据

在 SEO 优化过程中，如果想要进行即时站点分析，比如可能需要知道什么时候流量最高，以此来确定最佳发布时间，实时统计也让站长知道访问者通常的访问内容类型。

图 8.24　实时访问明细信息

（2）可以从实时统计中获取到什么信息

通过实时访问报表，可以检测当前站点的流量以及页面访问数，可以查看访问来源和访问地理位置信息，可以学习到在搜索引擎结果页上显示的搜索关键词信息等。

8.1.7　排除特定 IP 的流量

可以对统计报表中显示的结果数据进行 IP 过滤，比如对于自己公司的内网，可以进行排除，如果想排查某个域名的访问，避免因为其他的域名安装了自己网站的代码从而带来垃圾流量，可以排除某个域名。百度统计提供了统计规则设置，允许用户设置要排除的 IP 地址或者是网站域名。下面的步骤演示了如何排除特定的 IP 流量。

（1）打开浏览器，进入百度统计，登录后，选择页面顶部的"网站中心"标签页，然后单击左侧导航栏中的"网站统计设置 | 统计规则设置"，将进入如图 8.25 所示的页面。

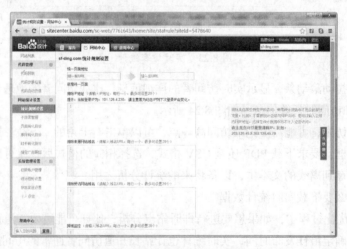

图 8.25　排除 IP 地址或者是网站域名设置页

（2）在排除 IP 地址多行文本框中输入要排除的 IP 地址，例如可以输入 101.126.4.230 作为排除的 IP 地址，如果要排除一段 IP 地址范围，可以输入 101.126.4.230～101.126.4.239，这样就排除了从 230～329 之间的 IP 段。

（3）如果要排除特定的域名，可以在"排除来源网站域名"文本框中输入网站域名，域名每行输入一个，最多可以输入 20 个域名。

（4）在设置完成后，单击页面底部的"确定"按钮，则显示保存成功的提示信息，然后回到报告页面，会发现已经设置了过滤的 IP 地址果然不会出现在访问列表中。

8.1.8 设置 SEO 的转化率

转化目标允许测试网站推广是否达到了预定的目标。转化目标是网站进行优化推广的一种期望的行为，可以说转化目标比单纯的网页浏览更具有价值。例如，对于一个商品推广网站来说，用户进入"购买确认"页，可以认为将访问者成功地转变成了客户，一个用户注册页可以认为将访问者变成了潜在的客户等……在百度统计中，可以设置页面转化目标、事件转化目标以及时长转化目标。下面以页面转化目标为例，介绍一下如何在百度统计中添加转化目标。

（1）在百度统计的"网站中心"标签页中，单击导航列表中的"页面转化目标"链接，将进入页面转化目标页面，如图 8.26 所示。

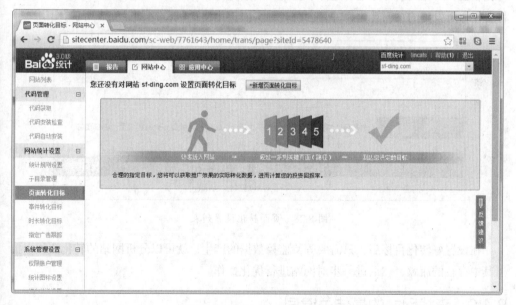

图 8.26　页面转化目标页面

（2）单击页面右上侧的"+新增页面转化目标"按钮，将进入新增页面转化目标页，在这个页面上设置要添加的页面转化目标，如图 8.27 所示。

图 8.27　设置转化目标页面

（3）在目标表单中指定转化名称以及希望访问进入的任何页面，可以添加多个页面，在这里笔者添加了联系我们和最新公司页面。收益设置是选填的，用于指定进入页面后的转化收益，转化类型部分笔者选择了沟通，设置完成后，单击页面底部的"确定"按钮，将会保存所设置的页面转化，并且会跳转到页面转化设置列表，如图 8.28 所示。

图 8.28　页面转化设置列表

在设置好转化目标后，只需要等待监控数据的产生，就可以分析网站的转化流程，找出其中存在的瓶颈，然后进一步对网站进行优化操作。

8.1.9　查找网站的最佳关键词

使用百度统计的一个好处就是允许用户查找不同搜索引擎中提供最佳排名的关键词，一旦识别出这些特定的关键词，用户可以基于这些关键词来构建新的内容以增长搜索引擎的流量。也可以监控这些新的关键词以查看其是否为网站增加了流量。这个特性非常有用，并且是 SEO 优化过程的本质部分，因为它展示了网站流量中关键词优化的直接影响。要查看网站流量的搜索词，可以使用如下步骤。

（1）打开百度统计，进入"报告"页面，单击页面左侧导航栏中的"搜索词"链接，将显示图 8.29 所示的搜索词页面。

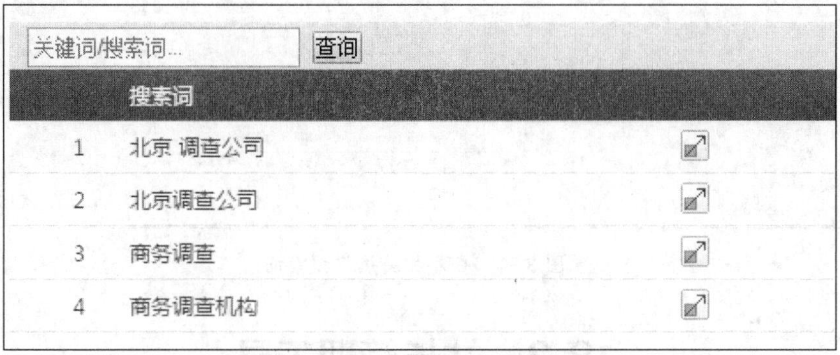

图 8.29　网站搜索词页面

可以看到每一个搜索词的 PV、UV 以及 IP 数等信息，单击搜索词，可以查看百度中该搜索词的结果页面，站长可以根据搜索词的排序及热度来优化及组织网站的内容。

（2）搜索引擎右侧具有一个 图标，单击该图标，将弹出一个该搜索词的信息菜单，比如可以查看百度指数、来路 URL 以及历史趋势等信息，如图 8.30 所示。

图 8.30　查看关键词其他信息

（3）单击其中的一个链接后，将跳转到相应的网页或者弹出一个对话框来显示具体的数据，例如单击"来路 URL"之后，将弹出一个对话框显示来路 URL 列表，如图 8.31 所示。

了解到这些与自己网站具体的流量来路，比如来自 PC 端百度、移动端百度，还是 360 或者搜狗，对我们有方向的优化工作具有较强的意义，进而可以从搜索引擎获取更多更优质的流量。

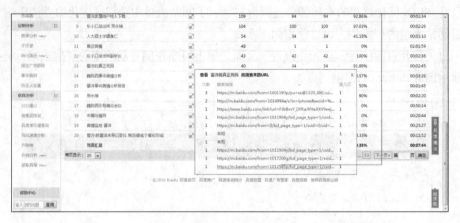

图 8.31　查看相关热门搜索词

8.2　站长管理工具

8.1 节主要介绍了如何使用百度统计这个工具对网站进行 SEO。相对于其他三方工具来说，百度在很多细节数据上更为权威，因此作为数据分析及优化的主要参考工具存在。这一节介绍与百度统计相似的另一个工具：百度站长管理工具。通过使用该工具，可以对指定的站长网站进行全方位的管理。

8.2.1　站长管理工具对 SEO 的影响

1. 移动适配

对于专门制作有移动站点或自适配的网站来说，移动适配是很重要的一项功能，目的在于帮助搜索引擎更好识别对应的移动页面，并为用户呈现更利于用户体验的移动结果。从站长角度来说，设置了自适配的站点在移动排名方面将更具优势。具体的添加自适配规则的方法参照官方文档（网址：http://zhanzhang.baidu.com/college/courseinfo?id=267&page=20#h2_article_Title4）。

2. 索引量

索引量查询工具（见图 8.32）可以帮助站长很直观地通过线状图和数据表了解到每日的索引上升下降数据，按常规来说总体呈增长态势，中间偶而索引下降都属正常现象，但是如果出现陡增陡降、索引较长时间无变化或索引极少就需引起站长重视，并通过日志和其他站长工具一起综合分析出现异常索引量变化的原因，并做出调整。还可以定制某栏目或者某频道的收录，这对于站长想了解站内哪些频道跟栏目索引量较好、哪些较差具有现实意义，以此来决定如何安排栏目、频道建设计划。具体可参考官方文档（网址：http://zhanzhang.baidu.com/college/courseinfo?id=267&page=6#01）。

索引量	变化情况	日期
229,024	-86 ↓	2016-06-03
229,110	0	2016-06-01
229,110	6 ↑	2016-05-31
229,104	78 ↑	2016-05-30
229,026	91 ↑	2016-05-29
228,935	0	2016-05-28
228,935	14 ↑	2016-05-27
228,921	-323 ↓	2016-05-26
229,244	41,469 ↑	2016-05-25
187,775	0	2016-05-24

图 8.32　索引量查询工具

3. 链接提交

链接提交工具是官方推出的一项针对更新较频繁、内容优质站点的实用工具，目的是加快蜘蛛发现新网址、新内容，并爬取、索引等。对于站长来说，当然希望网站更新的内容尽快被收录、展现，进而获得排名和流量，提高 KPI 绩效。百度提供了四种链接提交方式（摘自官方文档，见图 8.33）。

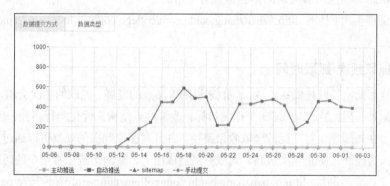

图 8.33　提交后的数据显示图

（1）主动推送：最为快速的提交方式，推荐您将站点当天新产出链接立即通过此方式推送给百度，以保证新链接可以及时被百度收录。

（2）自动推送：最为便捷的提交方式，请将自动推送的 js 代码部署在站点的每一个页面源代码中，在每次被浏览时部署代码的页面链接都会被自动推送给百度。可以与主动推送配合使用。

（3）Sitemap：可以定期将网站链接放到 Sitemap 中，然后将 Sitemap 提交给百度。百度会周期性地抓取检查提交的 Sitemap，对其中的链接进行处理，但收录速度慢于主动推送。

（4）手动提交：一次性提交链接给百度，可以使用此种方式。

官方文档参考网址：http://zhanzhang.baidu.com/college/courseinfo?id=267&page=6#01。

4. 死链提交

死链提交可以促进百度更快的将它索引数据库中已收录的死链（造成这些死链的原因可能是网站改版、页面删除及网站被黑等）清除，这是一种对搜索引擎及用户友好的做法。网站死链一般采用服务器返回 404 页面的方法进行友好化处理。过多的死链存在于百度搜索结果中，对用户来说十分不友好，长时间存在的大量死链也会造成搜索引擎对站点质量评分的降低，负面影响可想而知。官方提供死链提交工具的目的在于，帮助站长提供更好体验的网站，同时也帮助搜索引擎节省资源。

官方文档参考网址：http://zhanzhang.baidu.com/college/courseinfo?id=267&page=4#h2_article_Title10。

5. Robots

Robots.TXT 文件放置于网站根目录下，其目的是告诉搜索引擎哪些可以抓取，哪些不能抓取，相当于给蜘蛛赋权。对 SEO 来说，有几方面的好处：第一，将有限的蜘蛛资源分配给具有展示价值、商业价值的页面，即帮助搜索引擎识别有价值的内容；第二，蜘蛛的抓取会对服务器造成压力，屏蔽不必要的抓取，可以有效地节约服务器资源、降低服务器压力，从而对其他访客的访问体验提升有所帮助。

官方文档参考网址：http://zhanzhang.baidu.com/college/courseinfo?id=267&page=12#h2_article_Title28。

6. 抓取频次/抓取时间

此工具帮助站长监控蜘蛛抓取，一般来说随着站点的发展，抓取的频次会越来越高，时间会越来越长，因此这也是 SEO 工作的目标：改善站点结构，优化爬行路径，创造并组织优质内容，在外部建设更广泛的爬取收录路径。并且对抓取频次的观察可以通过 Robots.txt 文件进行人为控制，防止频次过高，对服务器造成压力，从而影响正常用户的访问体验。

官方文档参考网址：http://zhanzhang.baidu.com/college/courseinfo?id=267&page=11#01。

7. 抓取诊断

对于站长来说，可以通过抓取诊断直观地看到蜘蛛如何抓取及抓取是否正常，可诊断出服务器通信是否正常、网页结构是否有问题等。注意，每个站点每周只有 200 次抓取机会，要合理使用。返回的信息如下。

```
提交网址：http://www.xinhuapo.com/
抓取网址：http://www.xinhuapo.com/
```

```
抓取 UA: Mozilla/5.0 (compatible; BaiduSpider/2.0; +http://www.baidu.
com/search/Spider.html)
抓取时间: 2016-06-05 10:35:46
网站 IP: 118.244.192.28 报错

下载时长: 0.03 秒
返回 HTTP 头:

HTTP/1.1 200 OK
Server: nginx
Date: Sun, 05 Jun 2016 02:35:50 GMT
Content-Type: text/html
Transfer-Encoding: chunked
Connection: close
Vary: Accept-Encoding
Content-Encoding: GZIP
```

以下是百度 Spider 抓取结果及页面信息（只展现前 200KB）。

```
<!DOCTYPE html>
<!--[if lt IE 7 ]> <html lang="zh-CN" class="ie6 ielt8"> <![endif]-->
<!--[if IE 7 ]>    <html lang="zh-CN" class="ie7 ielt8"> <![endif]-->
<!--[if IE 8 ]>    <html lang="zh-CN" class="ie8"> <![endif]-->
<!--[if (gte IE 9)|!(IE)]><!--> <html lang="zh-CN"><!--<![endif]-->
<head>
    <Meta charset="UTF-8">
    <Title>中国舆情网</Title>

    <Meta name="Keywords" content="舆情,舆情监控,网络舆情,舆情监测,舆情分
析,中国舆情网,网络舆情监测,舆情信息网,舆情信息,网络舆情监控,舆情管理,网络舆情分析,舆
情在线,互联网舆情,网络舆情信息,舆情发布,舆情预警" />

    <Meta name="Description" content="中国舆情网是由新华通讯社新华多媒体主
管、新华频媒主办的舆情门户网站。该网站依托新华社，借助新华多媒体舆情大数据平台，为全国
各地乃至全球提供网络舆情监控发布、在线监测以及舆论引导服务等。同时联合新华网、人民网、
中国搜索等共同打造一个了解网络民意，舆情预警、监测以及分析研判的重要舆情门户网站。" />

    <!-- 别忘记此处的 Meta 标签，确保 IE 都是在标准模式下渲染 -->
    <Meta http-equiv="X-UA-Compatible" content="IE=edge,chrome=1" >
```

官方参考文档网址：http://zhanzhang.baidu.com/college/courseinfo?id=267&page=9#1。

8. 抓取异常

抓取异常是对以上抓取诊断失败的结果显示，分为网站异常和链接异常。在站长工作中，抓取异常可以及时反馈服务器通信情况、站点程序运行是否正常、是否受到攻击，以及死链接的存在情况，方便我们及时做出反应和调整，以防止损失。

官方参考文档网址：http://zhanzhang.baidu.com/college/courseinfo?id=267&page=8#h2_article_Title26。

9. 站点属性

它含有站点类型、站点 LOGO、行业类型、客服电话，这些都是为了让搜索引擎更好更充分地在展示结果里显示用户所需要的信息，比如站点类型选择 PC 站、移动站、PC/移动站，会帮助搜索引擎针对不同设备如何显示，站点 LOGO 会在结果中简介左侧展示，对站点来说是一次很好的品牌展示和强化，让访客对站点形成较强的品牌识别，而客服电话如果展示在结果中能带来更高的咨询量，并且给人以信任。

10. 站点子链

站点子链工具目前是试用版，鼓励网站管理员将网站内优质子链提交给百度，这些信息能在百度搜索结果中以"站点子链"的形式展现，提升网站的权威性，帮助用户浏览您的网站，提升网站的流量和用户体验。若要申请此功能，请积极参与站长平台运营活动或社区活动（摘自官方文档，见图 8.34）。

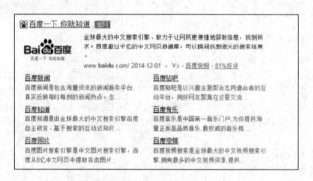

图 8.34　站点子链

官方参考文档网址：http://zhanzhang.baidu.com/college/courseinfo?id=267&page=17。

11. 数据标注/结构化数据

数据标注目前只针对软件、电影、小游戏，是为了让访客在搜索结果页面能一目了然地了解到该信息是否符合自己的搜索预期，从而降低选择成本和时间成本，功能正在内测中。结构化数据已支持四类结构化数据提交：通用问答、在线文档、资料下载、软件下载，后续会开放更多类别。目的基本同数据标注。

官方参考文档（结构化数据）网址：http://zhanzhang.baidu.com/wiki/197#01。

12. 流量与关键词

该工具分为 PC 搜索和移动搜索，提供了今日、昨日、最近 7 天、最近 30 天及任意日期的点击量、展现量图、热门关键词、热门页面点击量、展现量、点击率、排名等信息。对于 SEO 来说，该工具可以发现网民搜索规律、可优化的词、优化顺序、热门高频关注、搜索引擎流量的贡献趋势等。在站长工具移动端新增了关键词影响力工具。而移动页面的流量清晰地标示出转码页、PC 页、移动页、适配页各自的流量贡献，对站点选择采用什么样的方式在移动端展示也具有很强的参考意义。

官方参考文档网址：http://zhanzhang.baidu.com/college/courseinfo?id=267&page=7#3。

13. 链接分析

链接分析工具包括死链分析和外链分析，前者又分为内链死链、链出死链和链入死链。内链死链：在您网站上发现的链接到您网站的死链。链出死链：在您网站上发现的链接到其他网站的死链。链入死链：在其他网站上发现的链接到您网站的死链。（定义来自官方文档。）链接分析对诊断一个站点的链接健康情况具有重要意义。外链分析提供了百度收录并能对站点权重、排名等产生影响的外部链接，这对站点建设中的外链建设具有重要的指导价值。

官方参考文档网址：http://zhanzhang.baidu.com/college/courseinfo?id=267&page=19#h2_article_Title3。

14. 网站体检

网站体检工具主要是对网站安全性的官方检查，包括网页恶意内容、网站环境、攻击风险。对于经营网站的站长来说，定期安全检查也是很有必要的，但是对于大多不懂服务器或程序的站长来说，简单的安全检查工具的确是个必要的功能。防止网站挂马或者被黑造成损失。

15. 网站改版

可以说百度作为搜索引擎当之无愧的老大，很多细节的确做的不错，网站改版是很多站长会经历的事情，一旦改版，就会造成大量的链接改变，以前的收录全部或部分成为死链，造成以前工作全部或部分白费，权重丢失，流量丢失，非常得不偿失。网站改版工具正是为解决这个问题而生，目的在于告诉搜索引擎改变前后的对应链接规则，方便百度尽快且精确地进行权重转移，降低因改版导致的链接无法访问、权重流量丢失等。

官方参考文档网址：http://zhanzhang.baidu.com/college/courseinfo?id=267&page=5#h2_article_Title15。

16. 闭站保护（摘自官方说明）

（1）若网站一段时间内不能访问，使用闭站保护可以使百度停止对该网站的网页抓取并屏蔽已收录网页；网站恢复访问后，使用闭站恢复可以解除对已收录网页的屏蔽并恢复抓取。

（2）站点关闭后应及时申请闭站，否则从站点关闭到闭站保护生效期间内抓取的链接不会得到保护。

（3）支持两种闭站方法，即全站 HTTP 状态码设置为 404 或者切断电源关闭服务器，不支持使用 DNS 方法闭站。

闭站保护是告诉搜索引擎该站点因某种原因暂时无法访问，以此为依据百度不显示抓取的该站的结果，对用户是体验友好的做法，从而反映出站点及站点经营者的体验友好的态度，在搜索引擎眼里是加分的。

官方参考文档网址：http://zhanzhang.baidu.com/college/courseinfo?id=267&page=18#h2_article_Title1。

17. 搜索代码/站内搜索（摘自官方说明）

（1）百度向网友开放免费下载百度搜索代码，将代码加入网页中，您的网站即可获得同百度搜索引擎一样强大的搜索功能。

（2）网页搜索：将代码加入您网页中，搜索结果将会跳转到百度网页搜索。

（3）多类型搜索：将代码加入您网页中，搜索结果将会跳转到百度并可切换到多种类型的搜索结果，如新闻、网页、音乐等。

（4）指定站点搜索：将代码加入您网页中，搜索结果将会跳转到百度并只展现您所指定的网站内容。

搜索代码工具是搜索引擎提供一段搜索功能代码，站长简单地将此段代码加入站点适当位置便可以使站点拥有强大的搜索功能，其作用在于为用户提供更加友好的访问体验，获取信息更加便捷，另一个作用便是促进搜索引擎对站点的抓取、索引及排名展示。

官方参考文档网址：http://zhanzhang.baidu.com/college/courseinfo?id=267&page=18#h2_article_Title1。

18. 百度分享

社会化分享在 2012 年左右就开始被加入排名算法当中，添加分享按钮可以促进内容传播，同时为搜索引擎判断网页质量提供更多的依据。当前社会化分享不仅只有百度一家，还有 jiathis、bshare。当然使用百度分享的潜在好处是可以让网站更多地被百度光顾、喜欢并分配更高的信任权重。在 http://share.baidu.com/获取代码并添加到页面适当的位置，方法类似于统计代码的添加，只是适用的页面不太一样，百度分享提供了页面分享、图片分享、划词分享等众多选择。

以上即是站长工具各子功能分别对 SEO 工作的帮助及影响，熟练掌握并善用各工具，对提升 SEO 水平及工作成效影响巨大，一定要重视。

8.2.2 添加站点到百度站长管理工具

类似于百度统计，使用百度站长工具也需要具有百度站长账号，然后将自己的网站添加到百度管理工具网站列表中。百度站长工具支持添加一个或多个网站，每个网站都可以分别进行管理。为了添加网站到站长管理工具，需要先用账号登录，在我的网站的站点管理页面将自己的网站添加到站长工具的网站列表中。添加网站到百度站长管理工具的步骤如下所示。

（1）打开浏览器，在地址栏中输入网址 http://zhanzhang.baidu.com/，进入到百度站长首页，如果还没有一个百度站长平台账号，单击右上角的"立即注册"链接，将会进入百度站长注册页面，如图 8.35 所示。

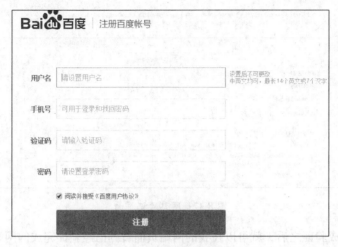

图 8.35　注册一个百度账号

（2）百度站长的注册非常简单，输入注册信息后，单击"注册"按钮，将会向注册的邮箱（如果是用邮箱注册）发送一封确认邮件，进入邮箱确认后，就成功地完成了注册。拥有了账号后，就可以使用新注册的百度站长账号进行登录了。登录成功之后，将会进入到百度站长管理工具页面，如图 8.36 所示。

图 8.36　百度站长管理工具页

（3）如果没有添加过网站，在欢迎页面底部文本框中输入所要监控的网站，输入完成后单击"添加网站"按钮，接下来将进入网站验证页，用于确保网站属于当前用户所有，如图 8.37 所示。

验证方法有 3 种，可能比较简单的就是文件验证，单击"下载验证文件"链接，将下载到一个验证文件，然后将这个文件上传到网站的根目录下。在完成上传工作后，单击"完成验证"按钮，即可完成验证工作。

图 8.37　网站验证页面

（4）在完成验证之后，就可以在我的网站页面看到已经验证完成的网站，如图 8.38 所示。

图 8.38　已经验证的网站列表

百度统计是用于网站统计分析的，关注于网站分析相关的流量、访客数以及页面浏览数等信息。百度站长管理工具是一组工具用来以搜索抓取的视角来分析网站，因此可以查看抓取错误，了解百度抓取如何与站点交互并显示其内容等信息。

8.2.3　添加百度站点地图

站点地图是网站上所有链接的容器，主要用来向搜索蜘蛛告知网站的架构，以便蜘蛛可以方便地抓取网站的页面。站点地图一般是存放到网站根目录下的 Sitemap.html 或 Sitemap.xml 文件，主要用来为搜索引擎蜘蛛当引路人的作用，例如在笔者博客上的站点地图文件网址为 http://www.sf-ding.com/Sitemap.html，这个文件显示的是本网站的所有链接，页面如图 8.39 所示。

图 8.39　百度站点地图文件

当在百度站长工具上单击"数据提交 | Sitemap"链接时，可以看到这个页面并没有将自己网站的站点地图提交到百度的提交框，如图 8.40 所示。

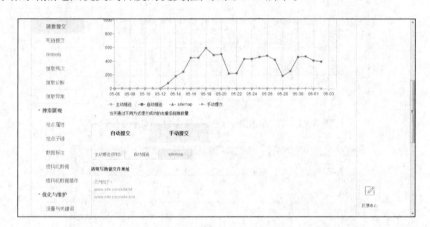

图 8.40　百度的 Sitemap 页面

不过可以使用站长工具里面的"结构化数据插件"，将这些插件安装到 WordPress 或者是 Discuz!之类的网页上（见图 8.41）。

这个页面的结构化数据插件提供了很多自动化的方法，比如可以自动生成站点地图文件，并自动提交更新到百度网站。在笔者的 WordPress 中安装了 Baidu Sitemap Generator，用来自动根据网站生成 Sitemap 文件，同时安装了百度官方的百度 Sitemap，如图 8.42 所示。

百度官方的百度 Sitemap 1.0 可以自动提交站点地图，比如笔者的站点地图提交历史如图 8.43 所示。

图 8.41　下载结构化数据插件

图 8.42　在 WordPress 上已经安装的插件列表

图 8.43　百度 Sitemap 站点地图提交历史

对于自己创建的网页，可能没有相应的插件机制可以安装，那么可以手动创建一个 Sitemap.html 文件，放到网站根目录下，然后在 Robots.txt 文件中添加如下代码来通知搜索引擎本网站 Sitemap 文件的放置位置。Robots.txt 的语法格式如下。

```
Sitemap:<Sitemap_location>
```

例如，笔者的 Robots.txt 中就包含了 XML 格式和 HTML 格式的 Sitemap 文件：

```
User-agent: *
Disallow: /wp-
Disallow: /feed/
Disallow: /comments/feed
Disallow: /trackback/
Sitemap: http://sf-ding.com/Sitemap_baidu.xml
Sitemap: http://sf-ding.com/Sitemap.xml
```

当搜索引擎开始读取网站的 Robots.txt 文件时，就可以发现站点地图文件，从而更清晰地了解到网站的层次结构，方便抓取。

8.2.4 向百度提交 URL

对于新建的网站，搜索引擎没有收录时，可以通过百度站长工具中的提交 URL 将网站提交到百度搜索引擎。网站被提交后，会使得搜索引擎可以尽快发现并收录自己的网站。并不是一提交 URL 网站就会被立即收录，百度搜索引擎需要一定的时间来发现并收录自己的网站，一般要几天或者更长时间后才能被收录。

进入到百度站长管理工具，单击"链接提交"链接，将进入图 8.44 所示的 URL 提交页面。

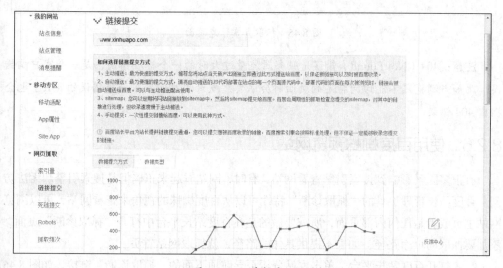

图 8.44　百度提交 URL

在文本框中输入自己的网站域名，比如 www.baidu.com 这样的域名格式，然后单击"提交"按钮将完成提交工作。百度 URL 提交也提醒用户，提交只是让搜索引擎更容易发现网站，但是并不一定能确保网站会被收录，所以站长们应该继续保持网站内容的更新频率以及网站内容的原创性，做好关键词优化等 SEO 工作才能确保网站尽快被收录。

8.2.5　检查蜘蛛无法抓取的错误

百度站长工具最重要的一个特性是帮助你查找和跟踪抓取错误。当搜索引擎蜘蛛抓取网站并索引时，可能会找到错误或问题让蜘蛛无法正确抓取。这些错误可能是页面丢失或者是爬虫无法访问。而且，百度站长工具能够显示与网络运营商相关的一些错误。

要查看抓取异常，可以单击"站长工具"页的"抓取异常"链接，将显示如图 8.45 所示的抓取异常页面。

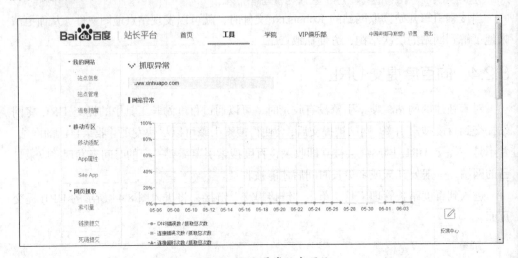

图 8.45　抓取异常信息页面

注意： 404（Not Found）错误是服务器流量过大时的一个标准错误，是一个客户端错误。比如当浏览器不能访问特定的页面时会触发，或者用户输入了一个错误的 URL 也会抛出 404 错误。

8.2.6　使用百度蜘蛛预览网站

有很多因素影响到搜索引擎查看网站，有时，网站看起来正确但是搜索引擎却无法访问。百度站长管理工具的"抓取诊断"特性可以从百度蜘蛛的视角来查看网站，可以浏览网站主页或者是任何内部页面，所需要做的是在百度站长平台中打开"抓取诊断"页面，添加要抓取的页面路径，如果不提供具体的路径，就抓取网站首页。

（1）打开百度站长平台，单击网站分析页导航项下面的"抓取诊断"链接，如图 8.46 所示。

（2）在文本框中输入网站的具体抓取地址，如果不输入具体页面，就将抓取网站首页，然后单击"抓取"按钮。百度站长平台提供了 200 次/周抓取限制，实际使用中一般也不会达到这个上限。抓取成功后，在抓取状态栏中会看到"抓取成功"的标志，单击这个链接，将进入抓取详情页面，如图 8.47 所示。

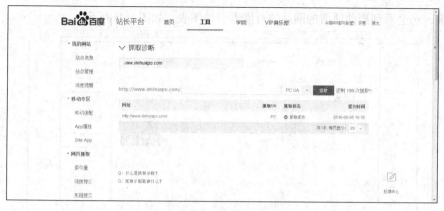

图 8.46　抓取诊断页面

图 8.47　抓取诊断页面

（3）在抓取诊断页面可以看到百度蜘蛛浏览网页的具体信息，可以预览到蜘蛛抓取的具体代码，百度蜘蛛仅抓取前 200KB 的内容，超过部分不予抓取。通过这前 200KB 的源代码，可以观察到百度蜘蛛是否正确地抓取到了网站的内容。

通过检测百度蜘蛛抓取的代码，可以了解到以百度蜘蛛的视角预览的网页内容，这样对于网站进行优化来说非常有用。

8.2.7　查看百度蜘蛛的页面抓取数量

百度索引量是百度蜘蛛抓取的网站页面数量，是百度显示的已经被其收录的页面数量。百度索引量的查询是 SEO 人员非常关注的一个功能，通过这个功能可以查看网站被百度蜘蛛收录的数量。网站被收录得越多，在搜索引擎关键字查询的结果页中出现的可能性就越大，同时网站的权重也在逐渐增加，表示网站的 SEO 优化进行得比较正常，反之 SEO 优化人员就要思考为什么网站无法被搜索蜘蛛索引了。

在百度站长工具网站中，单击网站分析栏下面的"百度索引量"链接，进入百度索引量页面，将会看到当前注册的网站的百度索引量图表，如图 8.48 所示。

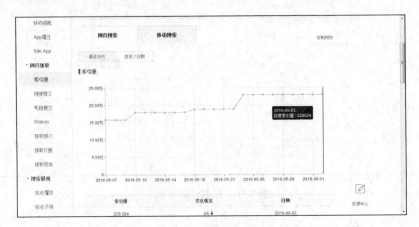

图 8.48　百度索引量页面

默认情况下，百度索引量会显示最近 30 天的索引收录情况。通过图表可以直观地了解网站被百度索引收录的趋势。如果图表呈下行趋势，就要思考网站是否出现了性能或者是其他不良内容等问题，导致百度收录下降，向下拉动滚动条，可以看到百度收录的详细信息，如图 8.49 所示。

	索引量	变化情况	日期
站点子链	229,024	-86 ↓	2016-06-03
数据标注	229,110	0	2016-06-01
结构化数据	229,110	6 ↑	2016-05-31
结构化数据插件	229,104	78 ↑	2016-05-30
优化与维护	229,026	91 ↑	2016-05-29
流量与关键词	228,935	0	2016-05-28
链接分析	228,935	14 ↑	2016-05-27
网站体检	228,921	-323 ↓	2016-05-26
网站改版	229,244	41,469 ↑	2016-05-25
闭站保护	187,775		2016-05-24
网站组件	187,775	53 ↑	2016-05-23
搜索代码	187,722	105 ↓	2016-05-21
站内搜索	187,827	41 ↑	2016-05-20
百度分享			

图 8.49　百度索引量详细信息

通过这个图表，可以看到最近的收录上升或下降的具体情况，了解到最近一段时间被索引的具体信息。

百度索引量与百度 site 关键字查询有什么区别？

在百度搜索页中通过 site：网站地址也可以查询到网站的收录情况，百度索引是搜索引擎收录的页面数，而 site 关键词显示的数据是搜索引擎放出的页面数，二者之间的数量会有一些差别。搜索引擎会先收录网站文章，然后再对搜索内容进行审核，审核通过后会抛出显示，否则会进行隐藏，因此往往百度索引量比 site 结果要多，不过 site 有时候显示的是一个近似的数字，百度正在改进 site 的语法。

8.3 其他工具

8.1、8.2 节介绍了百度官方为 SEO 工作提供的系列实用工具的使用方法，对 SEO 工作产生的好处及影响。除此之外，还有很多工具可以帮助我们更好地进行网站优化工作，比如关键词工具、HTTP 查询工具、站点历史表现工具、外链工具、Sitemap 制作工具、Robots.txt 制作工具等官方未涉及或者不够细化的三方工具。本节将针对常用的一些三方工具做一介绍。

8.3.1 站长之家

站长之家的站长工具（以下称站长之家工具）是 SEO 人员最常用的工具之一。从事网站行业的人几乎都知道这个工具，之所以被人熟知，是因为它具有方便、准确、功能全等特点。

站长之家工具是一个线上工具，主要以在线查询工作为主，网址为 http://tool.chinaz.com/。站长工具的查询功能十分丰富，常用来查询网站权重、PR、收录、快照等几乎所有的网站数据。图 8.50 所示为站长之家站长工具导航地图。

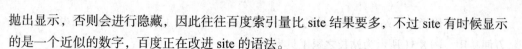

图 8.50 站长之家工具导航地图

从站长之家工具的导航地图来看，站长之家工具功能包括网站信息查询、搜索优化查询、域名 IP 类查询、加密解密、编码转换、HTML 工具、js 工具、其他查询工具和测试工具等，工具新功能和使用率使用不同的颜色进行区分。

站长之家工具的优势如下。

（1）功能丰富。从上面的图例可以看出，站长之家工具功能超过 60 多种，几乎涵盖了网站的各个部分，是非常全面的网站优化工具，功能十分丰富。

（2）数据准确。站长之家工具查询的数据通常比较新，尤其在网站权重、PR、收录等数据上，更新速度相比于其他工具更快，也更准确。

（3）使用简单。站长之家工具的界面简单，各种常用的工具都在导航的列表中，非常方便易用。图 8.51 所示为站长之家工具界面。

图 8.51　站长之家工具界面

站长之家工具比较实用，对于 SEO 来说，也有很多必须使用的常用工具。

（1）网站 PR、收录、快照等查询。自身网站优化效果和他人网站的查询，尤其是交换友情链接的时候，使用频率非常高，而站长之家工具更准确，所以被大量使用。图 8.52 所示为站长之家工具查询 PR、收录等信息。

图 8.52　站长之家工具查询 PR、收录等信息

（2）网站百度权重查询。主要查看网站的全部关键词排名，以便于关键词优化策略的调整，以及网站优化效果的监测。图 8.53 所示为站长之家工具查询百度权重。

（3）关键词排名查询。与前面百度权重不同的是，关键词排名查询是针对某一具体关键词和网站的查询，是 SEO 人员查询检查日常工作效果的工具，站长之家工具只提供百度的关键词查询。图 8.54 所示为站长之家工具查询关键词排名。

图 8.53　站长之家工具查询百度权重

图 8.54　站长之家工具查询关键词排名

（4）网站历史数据查询。通常要分析网站的历史走势、是否遭受搜索引擎惩罚，可以通过分析历史数据得出结论。站长之家工具的数据十分准确，并且使用图表的形式展示，可以非常直观地判断网站的变化。图 8.55 所示为站长之家工具查询历史数据。

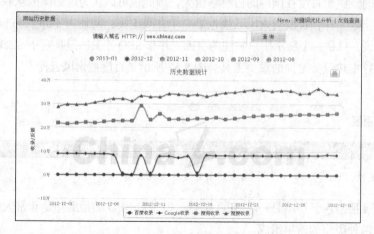

图 8.55　站长之家工具查询历史数据

（5）反链查询。反链是网站排名的重要影响因素，而反链的锚文本则直接影响网站的关键词排名。站长之家的反链查询更不同的是，能选择查询固定锚文本的外链，对于分析竞争对手的关键词外链有很大的帮助。图 8.56 所示为站长之家工具查询固定锚文本外链。

图 8.56　站长之家工具查询固定锚文本外链

　　站长之家工具的数据比较准确，功能齐全。从网站 SEO 的前期分析，到中期操作，最后到效果分析监测，几乎所有的查询、监测工作都可以使用站长之家工具，并且很多工具可以灵活使用，起到其他的作用。

8.3.2　百度指数

　　百度搜索风云榜是百度搜索的风向标，是用户搜索关键词的热度排行榜。榜单是根据关键词的搜索指数以及指数的增长率进行排名。百度搜索风云榜展示了近段时间内百度用户关心的方向，由于百度在国内的占有率很大，因此也可以认为这是国内互联网的热点。

　　和百度指数一样，百度搜索风云榜也是一个在线工具，网址为 http://top.baidu.com/。对于百度来说，只是一个展示用户关注的页面，并非 SEO 工具。但是对于 SEO 人员来说，这却是一个挖掘热点关键词的重要工具。图 8.57 所示是百度搜索风云榜。

图 8.57　百度搜索风云榜

　　虽然百度搜索风云榜不是一款 SEO 工具，但是对 SEO 的帮助却是非常大的。百度搜索风云榜由两种类型的榜单组成。

　　（1）实时排行榜。实时排行榜是过去 24 小时或者最近 7 天内用户热点关注的新词，按搜索指数上升率排名在实时排名榜中包含了各个行业的关键词，现在这些热词和微博热词有很大联系，与人们关注的热点有直接关系，而关注热点的人群往往会从搜索引擎中获取更多的相关信息。实时排名榜中的关键词也是网站优化关键词的重要来源，因为热点关键词的排名不限于权重高的网站，有时低权重网站同样能排名靠前，获得的点击量甚至超过网站其他所有关键词的点击量。图 8.58 所示是百度搜索风云榜实时排行榜。

图 8.58　百度搜索风云榜实时排行榜

（2）行业排行榜。在百度搜索风云榜中，还有一项展示近期各行业的关键词排行榜。行业排行榜以关键词近期的搜索量为排名依据，在各行业的榜单中，又分为多种更小的类别排名，无论是对普通用户还是对 SEO 人员来说都有很大的帮助。图 8.59 所示是百度搜索风云榜行业排行榜。

图 8.59　百度搜索风云榜行业排行榜

百度搜索风云榜是百度提供给用户查看国内互联网热点信息的平台。可以说是百度掌握主动权，提高用户黏性，巩固百度成为网民进入互联网的入口地位。从用户的角度来说，风云榜让更多人知道了网络的动态，也给网站从业者一个抓住用户需求的工具。

8.3.3　Google 趋势

Google 趋势也称 Google Trends，在 2006 年推出，是 Google 公司的产品之一，也是一款关键词热度查询工具。原理是分析一部分 Google 网络搜索，以计算用户输入的关键词搜索量，并将其与搜索引擎搜索总量相对比。然后 Google 用图表向用户显示按线性比例绘制的搜索量图表结果。

Google 趋势是一款在线查询工具，网址为 http://www.Google.com/trends/。从 Google 趋势的特点来看，和百度指数并不一样，Google 趋势是查询关键词搜索量占总搜索量的比重。而且 Google 趋势通过用逗号分隔每个字词，可以最多查询比较五个关键词，而百度指数只能同时查询一个关键词。图 8.60 所示为 Google 趋势。

图 8.60　Google 趋势

Google 趋势查询可实现多种对比，还可以使用各种精确匹配查询，能实现多种功能的关键词趋势查询。

（1）要比较最多 5 个搜索字词，应用英文半角逗号隔开，如游戏、小游戏、单机游戏、网络游戏、网页游戏。查询结果为如图 8.61 所示的 Google 趋势 5 词比较。

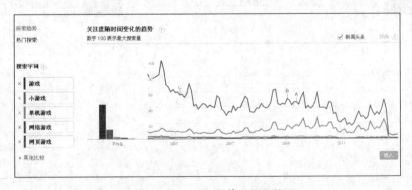

图 8.61　Google 趋势 5 词比较

（2）查找多个字词中的任意一个应用加号隔开，如游戏+新闻。图 8.62 所示为 Google 趋势查询任意一个词。

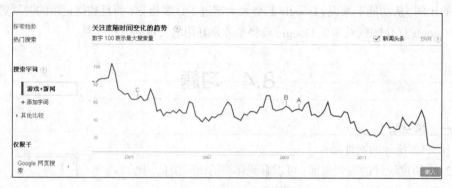

图 8.62　Google 趋势查询任意一个词

（3）要查询精确词的趋势，可在精确匹配词组前后加上英文半角引号，如"小游戏"。图 8.63 所示为 Google 趋势查精确词。

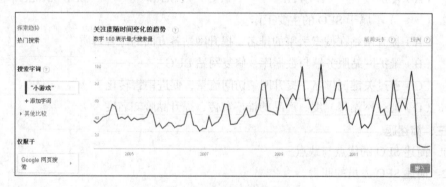

图 8.63　Google 趋势查精确词

（4）要查询某词而且不包含另一次的搜索趋势，可以在排除的字词前面加上减号，如小游戏-女生。图 8.64 所示为 Google 趋势查不包含结果。

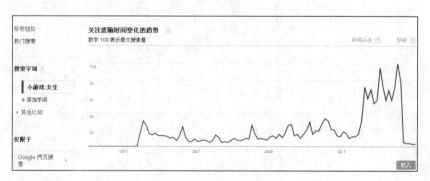

图 8.64　Google 趋势查不包含结果

　　Google 趋势也提供有地区关注度和相关字词,它们的作用和前面讲到的百度指数中地区分布和相关关键词的意思相同,都是表示不同地区搜索该字词的比例,以及相关关键词搜索的比例。从功能上来说,Google 趋势大大超过了百度指数,而且数据记录的时间更长。针对 Google 优化的网站来说 Google 趋势是非常好用的关键词分析工具。

8.4　习题

一、填空题

1. 百度统计的网址是:_____。

2. 在百度统计的报表页面,可以看到详细的访问信息,比如_____、_____、_____以及_____等信息。

二、选择题

1. 百度统计的代码是一串(　　　)代码。

　　(A) ASP　　　　　(B) PHP　　　　　(C) VBScript　　　　　(D) JavaScript

2. (　　　)不属于 SEO 的主要工作。

　　(A)提升网站在搜索引擎的排名,提升网站各方面的综合素质

　　(B)维护网站服务器与数据库,修复网站 BUG

　　(C)通过关键词排名,提升网站访问流量,促进销售转化

　　(D)通过网站曝光度、产品的推广宣传,提升品牌知名度

三、简述题

1. 简述 SEO 的优点与缺点。

2. 简述 SEO 人员的职责。

3. 简述 SEO 的基本步骤。

CHAPTER

第9章
完整的 SEO 策略实战

本书通过前 8 章向读者比较系统地介绍了 SEO 方面的各种知识与技能，但要熟练掌握这些技能必须要通过实践的检验。本章就将前 8 章的内容进行整理，模拟一个完整的 SEO 策略实战流程。从实战的角度来学习一个网站从建站初期到建站过程以及站点搭建完成后内容和链接的优化等方面的内容。通过本章的学习，将会使读者对完整的 SEO 策略有一个系统性的认识。

本章主要内容：

- 分析网站制定优化目标
- 制定网站优化策略
- 选择合适的域名
- 选择高速稳定的服务器
- 建设搜索引擎友好的网站
- 网站关键词的分布
- 原创有价值的内容
- 增加外部链接
- 网站的日常检测

9.1 分析网站制定优化目标

任何网站在创建之前必须事先有一个明确的目标，比如，要建成什么类型的网站、网站的关键词是什么、有什么推广目标、所要面对的客户群体等。这些都需要通过前期的网站分析工作来完成。任何 SEO 人员在拿到需要优化的网站时都会对网站进行一系列的分析，然后确定网站的优化目标。尤其是希望做大做强的网站，更会在前期对网站进行大量的分析，前期分析得出的优化目标越详细，后面的优化操作就越明确。

分析网站和制定优化目标是 SEO 优化的第一步，只有分析准确，并据此制定相应的优化目标，才能进行下一步的网站优化策略的制定。所以分析网站并制定目标，决定着网站未来的走势和效果，应找准方向，认真做好。

分析网站的具体方法在第 3 章已经详细介绍了。这里我们要做的是将这些零散的分析知识融合整理为一个网站的分析及定位的流程。本节先来介绍制订网站优化的目标的相关内容。

9.1.1　网站的市场定位

曾经在部分从业者中有一种错误的认识：网站的市场定位与 SEO 无关。为什么说这是一种错误的认识？因为网站的市场定位与 SEO 息息相关，它决定着网站的优化目标和计划的确定，决定着最终的 SEO 效果与预期是否相符，是非常重要的 SEO 因素。

大多数人都清楚网站市场定位的作用，但是很多公司，特别是中小公司对网站市场定位并不重视，导致网站后期优化目标不明确，SEO 效果无法保证。

那么什么是网站的市场定位呢？市场定位是企业及产品确定在目标市场上所处的位置，网站的市场定位就是网站及产品确定在目标市场上所处的位置。在做网站的市场定位时需要注意以下问题：行业市场前景、行业市场的容量、网站自身潜力、网站的最大投入、网站竞争对手等（见图 9.1）。

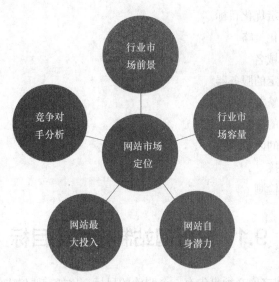

图 9.1　网站的市场定位详解图

- 行业市场前景是决定网站在行业中最大的发展限度和是否有必要长期优化。如果

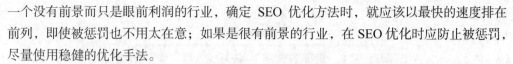

一个没有前景而只是眼前利润的行业，确定 SEO 优化方法时，就应该以最快的速度排在前列，即使被惩罚也不用太在意；如果是很有前景的行业，在 SEO 优化时应防止被惩罚，尽量使用稳健的优化手法。

- 行业的市场容量影响着网站的最低发展限度，也就是需要达到什么水平才能分得一块蛋糕而不被行业淘汰。这就要求网站制定的优化目标必须要达到行业的市场容量的最低要求，但是通常会高于这个要求，因为没人希望做最差的，都希望能领先于行业。
- 网站自身潜力是网站的竞争力体现，也就是网站自身能为用户提供什么，有何特色，比其他网站好在什么地方。这些都是网站的自身潜力，是网站发展高度的重要因素。这不仅影响着网站 SEO 优化的侧重点，比如需要优化何种关键词才能利用网站本身的特点进行转化。另外，网站的自身潜力也决定着网站能否领先行业。
- 网站的最大投入包括对网站人力、物力的投入。网站的投入是网站发展规模的最大影响因素，在目前的互联网行业内没有巨大投入的小站是很难与大站竞争的。所以如果网站的投入有限，那么尽量避免与大站的竞争，也就是在制定网站目标时，防止直接与大站的竞争。
- 网站竞争对手分析，不用说，即使忘记了前面所有的因素，都不会忘记这一点。网站竞争对手分析是根据竞争对手的情况更好地制定自身的网站目标，也就是常说的知己知彼百战不殆。因为竞争对手的分析涉及的内容比较多，所以在下一节还会详细介绍。

根据上述因素，可以大致分析出网站的市场定位，从而得出网站的推广目标。推广的目标包括 SEO 优化的目标和其他营销方式，这些方式共同组成网站发展的手段。

9.1.2　分析竞争对手的情况

在 9.1.1 小节介绍了网站的市场定位，在介绍这部分内容中提到在进行网站的市场定位时一个必不可少的环节，即需要分析网站竞争对手的情况。分析竞争对手有两方面作用，其一可以吸取对方网站的优点；其二可以利用竞争对手的不足做自己的特色。

普通公司的竞争对手往往分析对手的产品服务、经营状况、财务状况、技术力量等。而对于网站而言，更多的是分析对手网站的用户状况、网站质量等。而网站质量是网站在搜索引擎表现的重要条件，是搜索引擎优化的重要部分。

分析竞争对手网站和分析自身网站基本一样，包括网站中各数据的状况，如网站的百度权重、PR、收录数量、外链数量、关键词排名情况、网站大致流量等（见图 9.2）。由于无法获得对方准确的数据，很多分析结果仅为估算值，但是通过这些估算值，可以得到竞争对手大体的网站质量。

- 分析对手的百度权重。前面已经说过，百度权重是网站关键词排名流量大小的体现。通过查询网站的百度权重，可以大概知道网站从百度导入的流量。但是这个流量是通过网站关键词排名和该关键词指数按照点击比例估算的一个区间。而且通过分析百度权重的关键词，还可以得出对方关键词的排名情况，对后面筛选网站关键词也有一定帮助。

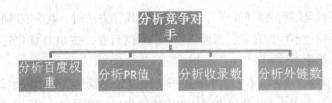

图 9.2　分析竞争对手

- 分析对手 PR 值。PR 是外链质量和数量的表现。通过对手 PR，我们大概能知道网站在 Google 外链的质量以及外链数量。如果对手的 PR 较高，证明网站的外链建设良好，不管是 Google 还是百度，超越的难度都更大。这里需要注意的是，并非是 Google 的 PR 权重值会影响百度排名，而是 Google 重外链，对外链的收录要求较高，如果 Google PR 较高，则说明该网站拥有很多优秀的外链资源。在百度等搜索引擎，这些外链资源也是起作用的，能为网站传递权重。所以 PR 高的网站，在其他搜索引擎通常也会有更好的表现。

- 分析对手网站的收录数量。收录数量是网站权重和内容质量的体现，通常权重越高，网站的收录数量越多。尤其是百度，我们无法通过工具查询出对手网站真正的权重值。通过收录数量，可以了解对手网站的真正权重。另外，内容的质量也是决定收录数量的因素，一个网站即使权重不高，但是有价值的原创内容越多，收录也就越多。所以收录数量多，证明对手网站权重较高，有价值的内容多，超越对手就要原创更多有价值的内容。

- 分析对手的外链数量。外链数量是判断对手网站质量和对手对网站建设力度的重要因素。通过外链查询，要注意两方面内容：首先是网站的外链数量为多少，外链为首页的数量等；其次是对手在哪些网站建设了外链、质量如何等。但是如果使用 Domain 来查询网站外链数量，我们知道这两个命令查询结果都不准确，以前可以使用 Open Site Explorer 和 cmn.ahrefs.com 以及 zh.majestic.com。

- 关键词排名情况的分析是对竞争对手全面的了解。通过查询出对手关键词排名，可以了解对手主要是针对哪些关键词做的优化、整体优化状况等。这些关键词及指数数据也可以列入自己的关键词计划中。

- 网站大致流量分析是对竞争对手市场价值和占有率的判断。分析几个大的竞争对手流量，可以了解每个竞争对手的市场比例，哪些是主要竞争对手，他们的实力又是多大。不过遗憾的是没有统计工具能统计他人的网站流量，所以只能估算一个大致数据。目前估算网站流量时可以参考 Alexa 流量数据、百度关键词流量、Google 流量、360 搜索流量估值等几个数据。通过这些数据的综合，可以估算出网站的大致流量。不过需要注意的是，由于查询结果是理想状态，所以通常结果会略高于网站真实的搜索引擎关键词流量。

　　竞争对手分析是 SEO 过程中非常重要的一环，也是必不可少的一个步骤。通过分析竞争对手，可以形成一个主要竞争对手的分析表格，用于辅助制定自身网站的优化策略。

9.1.3 确定网站关键词排名目标

经过 9.1.1 小节的市场定位与 9.1.2 小节的竞争对手的分析，可以确定一个网站的大致优化目标计划。计划中至少应包含网站的优化目标、优化方法、优化监测、问题解决、效果预估等，而优化目标中又以网站关键词排名目标最为重要。

网站做 SEO 的根本体现是网站关键词在搜索引擎的排名提高，并提高网站流量。其中，第一步就是确定网站关键词的排名目标，然后根据需要排名的目标关键词进行相应的优化工作。

制定网站关键词排名目标是一个筛选关键词的过程，通常可以将网站关键词筛选在排名目标表格中，并对关键词进行相应的统计，如关键词、关键词的指数、关键词排名靠前的网站、自身网站对应关键词的网页、网站关键词当前排名、网站目标关键词排名、预计周期等项目。图 9.3 所示为网站关键词排名目标计划表示例。

	A	B	C	D	E	F	G
1	目标关键词	关键词百度指数	关键词竞争网站URL	自身网站关键词URL	当前排名	排名目标	预计周期
2	seo	6279	http://seo.chinaz.com/	http://www.seowhy.com/bbs/	3	2	3月
3	seo工具	840	http://seo.chinaz.com/	http://tool.seowhy.com/	3	1	3月
4	站长工具	14482	http://tool.chinaz.com/	http://tool.seowhy.com/	26	5	6月
5							

图 9.3 网站关键词排名目标计划表示例

制定好网站的关键词排名目标表格，通常还会对关键词进行一个筛选，根据关键词排名的难易程度及关键词的指数等情况进行一个分时间段的优化工作，即网站内部页面关键词的优化与外链锚文本的优化。而关键词优化的先后顺序，通常是先对主要目标关键词进行优化推广，然后对流量大非目标词优化。

也就是说，按时间划分网站关键词排名的排名目标，包括总目标、年目标、季目标、月目标等。不过由于按照正规的优化手法，通常年目标与总目标已经很接近了，所以很多时候用总的网站关键词目标代替了年目标。而制定最多的也是关键词的季目标和月目标，一个网站只要按照关键词排名目标表优化，每个季度，甚至每个月关键词都会上升很多，然后不断增加新的或者其他关键词进行优化。

网站关键词排名目标以表格的形式总结出来，可以使优化过程变得有序而且有计划。通常每个月或者每个季度，都可以根据网站的关键词排名目标表制定网站关键词的优化计划，也是考核 SEO 团队绩效的很好手段。

9.1.4 网站关键词转化的要求

在网站的优化目标方面，不同的网站对于网站关键词转化的要求是不同的。对于流量站来说，网站转化的要求不高，只要有大量的流量就可以赚钱。但是针对产品销售，或者需要增加用户量的网站来说，网站转化则是至关重要的。

对于大多数网站来说，网站转化是一个非常重要的优化指标。因为所有网站的目标都是能让更多的访问者成为网站的老用户。如果一个网站做了很多年，还是只有极少的老用户，那这样的网站就是不成功的，而且十分脆弱。只要网站出现被惩罚或者资金断链，那么前面的努力就功亏一篑了。

因此，除非网站的定位十分特殊，不考虑网站的长期效益，其他都应该在网站的目标中，加入网站转化的要求分析，提高网站转化率，转化更多的老用户和成交用户。

网站转化率是展示网站将新访客转化为老用户和成交用户的比例，是非常重要的网站目标。较高的网站转化率可以在流量不变的情况下提高回访用户和成交用户的数量；而较低的网站转化率则不能带来更多的固定用户和成交用户。提高网站转化率，对增加流量也是有帮助的，因为网站的固定用户一直在不断增加，网站的流量也会相应提高。

所以在制定网站优化目标时，应同时确定网站的关键词转化目标。比如网站转化率达到多少、网站注册会员达到什么规模、网站销售数量达到多少等。通过一定的转化需求，在网站优化中就应考虑使用转化高的优化方法，而不单单是网站流量。

网站目标关键词应以有转化效果的词为先，这样的关键词在产品销售网站最突出。例如，液晶电视、液晶电视原理、液晶电视价格等关键词。如果以流量来判断，"液晶电视"这个关键词无疑是最大的，仅从 SEO 的角度来说，将"液晶电视"这个关键词优化上前几位，能带来大量的流量。但是优化这个词的难度非常大，而且对于销售液晶电视的厂商来说，这个关键词虽然指数大，但所带来的实际销售并不比"液晶电视价格"这个词多。所以这里选择"液晶电视价格"这个词作为网站优先优化关键词更合理。

网站需要提高转化效果，还应该对关键词着陆页面进行优化。访客通过搜索引擎进入网站内的任何一个网页。如果网页不能对访客产生吸引力，那么访客很可能会直接跳出。这一点可以从网站的 IP 数与 PV 数的比例看出，通常 PV 与 IP 差距不大（见图 9.4），说明用户访问页面很少就跳出了，实际转化很少。要避免这样的现象，应提供更多有价值的内容，不能有标题党；提供该主题相关内容链接；将注册或购买页面的链接放置在明显的位置等。

图 9.4　IP 与 PV 的差距

不光在关键词选取和内部优化时以提高网站转化为指导。在网站外部优化时，通过有针对性的优化方法同样能提高网站的转化。例如，外链优化时，选择相关性高的外链网站；问答平台推广；外链文章提供咨询电话、联系方式等。

网站关键词的转化是对大多数网站优化的要求。不管在建设网站时是否形成书面形势的网站关键词转化需求，都应该将转化需求考虑到优化目标中，从而形成有更好转化的优化方案。

9.1.5　网站品牌推广目标

网站品牌的推广也是网站优化的一个目标，因为作为网络营销的一种方式，SEO 也具有推广网站品牌的作用。从 SEO 的实际效果来看，推广品牌的效果并不亚于网络广告等其他营销形式。

但是由于很多人对 SEO 的片面认识，认为 SEO 就只能带来流量，其实这种说法不准确。很多网站通过 SEO 推广，不止获得了流量，也树立了品牌。不能简单地将品牌推广和 SEO 分开，SEO 的品牌营销更直接和容易接受，而且更有针对性。

网站品牌推广和上一节的网站转化有一定联系，让用户来到网站，并成为会员或者购买产品，这无形中就相当于推广了网站或产品的品牌。这是最常见的通过 SEO 技术进行的网站品牌的推广。

因此，网站品牌推广目标也是网站优化目标的一部分，而且对于长期利益的网站来说更加需要注意。

SEO 中的网站品牌推广不同于微博营销、网络广告、竞价排名等推广方式。SEO 的品牌推广是以 SEO 技术为条件，利用搜索引擎的结果来对用户推广品牌的方式，也就是用户即使不知道网站或产品的品牌，通过搜索引擎认识了这个品牌。

例如，用户需要找一个游戏，但是不知道什么游戏好玩，就搜索"最火的网络游戏"（见图 9.5），如果能将这样的关键词优化上前几名，那么这款游戏肯定会被更多的人知道。其他网站或产品也是相同道理，类似询问式的产品搜索词，对于推广品牌都有一定意义。

图 9.5　最火的网络游戏 SEO 品牌推广

如果不能将自己网站优化到这些词的前几名，也可以通过排名前列的各种百科、问答平台进行相应的品牌推广并导入到自己的网站。

网站品牌推广是优化关键词的注意事项，也是网站 SEO 目标的一个因素，做品牌的网站应该在网站初期对网站品牌推广有所认识，并在网站 SEO 优化目标中提出网站品牌推广的目标。

9.2　制定网站优化策略

通过分析网站，确定了网站的优化目标后，可以根据网站的优化目标和网站的现状，制定相应的网站优化策略。网站优化策略是网站优化的大纲、网站优化的整体方案。通过制定网站优化策略,有针对性地按照网站优化策略进行优化工作,能很好地掌控网站优化的进度和效果,也是专业化网站优化团队的规范管理操作。尤其对于大网站来说,这是非常重要的。下面将从网站内部优化和外部优化策略等方面进行介绍(见图9.6)。

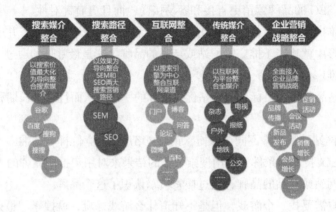

图 9.6 网站优化的大纲

9.2.1 内部优化策略

网站内部优化是两部分网站优化中自身能够完全控制的一个。尤其对于面向百度的网站,做好内部优化,网站效果非常好。要做好内部优化,就应在分析完网站后形成内部优化的策略(见图9.7)。

图 9.7 内部优化策略

网站内部优化策略应包含网站结构策略、内容策略、内链策略、关键词策略等。它们是网站内部需要优化的各个部分,需要根据网站分析的结果对网站的这些部分进行一个合理的规划。这个规划就是内部优化的策略,也是在接下来网站内部优化工作开展的依据。

结构策略是确定网站的最终结构，选择最利于优化的网站结构，避免出现不利于优化的因素。但是需要注意的是，有的网站如服饰、饰品、装饰等公司的网站，为了突出视觉效果要求使用 Flash 来制作。可以做一个链接导向 HTML 网页，对搜索引擎排名是更有利的。

内容策略，首先我们要确定各板块各二级目录的具体内容、网站页面的内容布局，以及网站内容采用全原创还是伪原创，或者哪些板块原创、哪些伪原创。当然最重要的是内容的布局，即重要的内容应放在首页可显示的板块中，一些只为增加收录、丰富网站内容的可以使用伪原创或者放置在二级目标中，以及策划一些专题内容页面等。

内链策略是内部优化的枢纽，网站的内容和关键词都是依靠内链来联系的。内链是否合理往往影响着网站的收录、权重的传递、用户体验等。在制定网站内链策略时，应以网站的收录和权重传递为基本要求，使网站每个网页的链接点击次数不超过 4 次，对重点内容应该以首页直链的形式增加权重和收录。相关内容互链的形式可以增加用户体验。这些都是最基本的内链策略，在实际的操作中还可添加更多的方法，完善内链的形式，促进收录、提高权重。

关键词策略是内部优化策略中至关重要的一项，SEO 的目标是通过关键词获得流量，关键词是网站流量的直接影响。关键词策略是集合选择关键词、优化关键词两方面内容，其中选择关键词应包括挖掘关键词、筛选关键词、使用长尾关键词的策略；优化关键词则应确定关键词的布局、关键词锚文本内链、内容关键词的优化策略。

内部优化策略制定的主要目的是将实际优化工作的优化方案总结出来，包括内部优化的大致流程和方法。按照内部优化策略进行内部优化，也可作为指导团队优化开展内部优化工作的方案。

9.2.2　外部优化策略

外部优化是与内部优化并列的网站优化项目，而目前被很多人认为，外部优化是决定网站排名的最重要因素。制定外部优化策略就是为了有计划地进行外部优化，使外部优化更规范、更有针对性。

广泛的外部优化策略是外部带来搜索引擎流量的策略，而单纯的外部优化策略是网站外部链接的优化策略（见图 9.8）。

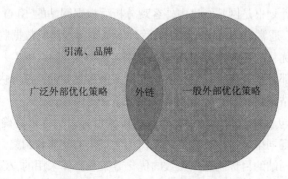

图 9.8　广泛与一般优化策略的异同

首先，我们要清楚一个概念，广泛外部优化策略和单纯外部优化策略有不同。简单地说，就是单纯的外部优化只包括外链的优化；而广泛外部优化不只包括外链优化，还包括互联网内广告等营销所带来的搜索引擎流量。例如，在问答平台做的品牌推广，由于难以制作链接，但是通过网站品牌或者网站关键词的推广并引导用户搜索来到网站。通常关键词应是网站排名最好的关键词，以准确地使用户能到达网站。

所以网站的外部优化策略可以在外链优化的基础上对其他关键词做外部推广优化。和外链优化相同的是，这种关键词优化都需要筛选合适的关键词；不同的是，需要选择排名最好的关键词，可以是网站品牌或者目标关键词，以让用户能通过搜索来到自己网站，而非其他网站。

不过，这种优化方式不能说是纯粹 SEO 技术，但是最终能达到 SEO 的效果，所以外部优化应以外链优化为主、品牌关键词推广为辅。

以外链建设的目标为根据，制定外链的建设方案，包括外链关键词筛选策略、外链平台选择策略、外链内容策略、外链建设注意事项等。

- 外链关键词筛选策略应以关键词目标为依据，以自身网站的特点确定网站要优化的关键词及分阶段关键词策略。
- 外链平台选择策略是根据网站自身特点（如网站的行业、网站的目标等因素）进行的外链平台筛选。
- 外链内容策略根据外链平台筛选的结果制定不同的外链内容建设，如软文的内容要求、软文中外链的分布、广告语怎么使用等。
- 外链建设注意事项是网站外链建设中经常出现问题的总结，对实际优化工作是一个警示作用，防止出现类似的外链问题。

外部优化策略和内部优化策略一样，都是以前期网站分析结果和网站目标为基础，制定的外部优化大纲和具体方案。通过外部优化的策略，能大致明确网站外部优化的工作，并按照外部优化策略进行实际优化操作。

9.2.3　制定优化方案计划书

网站优化方案计划书是网站经过内外客观分析后根据网站的 SEO 目标制定的网站优化阶段性执行步骤。通常是网站优化团队的管理者依据客观分析数据制定的网站优化工作计划方案，是网站优化的整体把握和指导书。

前两小节内外部优化策略就是优化方案计划书中最重要的两部分内容，但是优化方案计划书还应包括网站优化目标、优化策略、优化监测等内容。

网站优化目标包含网站的最终目标和各阶段的目标，目标最好确定到网站各数据的值，并做出网站关键词排名目标的表格，以便优化工作的使用和调整。

优化策略根据网站的目标制定出大致的优化方案和具体采用的方法，包括内部优化策略和外部优化策略。通过具体的优化策略，能使优化工作有序地开展，并提高优化团队的工作效率，而不是盲目地分配和开展工作。

优化监测是网站优化过程中效果的评估和问题的解决措施。通过制定周期性和日常性的监测计划对网站优化的效果进行评估，并针对优化效果和进度对优化策略进行细节调整。而优化监测还应包括对网站优化中可预见的问题总结，并针对问题提出解决方法等。

网站优化方案计划书是开展网站优化工作的前提，也是 SEO 人员对网站优化的操作依据。优化团队管理者利用优化方案计划书开展优化团队的具体优化工作，管理优化工作。

一般大网站都必须制定优化方案计划书，因为大网站不会盲目地进行一项工作，任何事都需要有计划有准备地进行。网站优化方案计划也是一些公司面试中考验 SEO 人员综合能力的方法，因为要制定出网站优化方案计划书必须具有网站分析能力、优化操作能力、问题解决能力、团队管理能力等。这是一个 SEO 人员全方面能力的体现，也是检验 SEO 人员优化工作是否规范的标准之一。

9.3　选择合适的域名

通过前面分析和制定的计划，就应该开始真正的网站优化工作了。通常情况下，SEO 人员都是拿到网站做优化，其实这样的观念是错误的。网站优化的最终结果好坏会受到很多因素的影响（见图 9.9、图 9.10、图 9.11 的示例说明），其中就包括网站域名、网站服务器、网站本身的程序等因素影响。但是如果是一个现成的网站做优化，那么这些因素都是 SEO 人员难以控制和改变的，因此优化的结果可能就有一定的不可预见性。

正面因素

1 关键词 关键词在网站TITLE上的使用
2 外部链接 外部链接的锚文字
3 网站品质 网站的外部链接流行度、广泛度
4 网站品质 域名年龄（从被搜索引擎索引开始计算）
5 页面质量 网站内部链接结构
6 网站品质 网站的外部链接页面内容与关键词的相关性
7 网站品质 网站在主题相关的网站群中的链接流行度
8 关键词 关键词在网页内容上的应用
9 外部链接 外部链接页面本身的链接流行度
10 网站品质 网站新外部链接产生的速率
11 页面质量 导出链接的质量和相关性
12 外部链接 外部链接页面的主题性
13 外部链接 外部链接页面在相关主题的网站社区中的链接流行度
14 关键词 页面内容和关键词的相关性（语义分析）
15 页面质量 页面的年龄
16 关键词 关键词在H1标签中的使用
17 网站品质 网站收录数量
18 外部链接 链接的年龄
19 网站品质 用户查询的关键词与网站主题的相关性（防止Google bombing）
20 外部链接 链接的周围文字
21 关键词 关键词在网站域名中的使用
22 页面质量 页面内容的质量
23 关键词 关键词在页面URL中的使用
24 关键词 关键词在H2、H3等Headline标签中的使用
25 页面质量 网站的结构层次

图 9.9　影响 SEO 的正面因素 1

26 网站品质 用户行为
27 外部链接 同域名下外部链接页面的链接流行度
28 关键词 图片的关键词优化
29 网站品质 Google的人工授予权重
30 网站品质 域名的特殊性（.edu .gov等）
31 网站品质 新页面产生的速率
32 外部链接 外部链接的创建和更新时间
33 外部链接 外部链接网站域名的特殊性
34 外部链接 外部链接网站的PR值
35 关键词 关键词在Meta Description中的使用
36 网站品质 用户搜索网站的次数
37 页面质量 URL中"/"符号的出现次数
38 页面质量 拼写和语法的正确性
39 页面质量 HTML代码是否通过W3C认证
40 网站品质 网站是否通过Google Webmaster Central的认证
41 关键词 关键词在Meta Keywords中的使用
42 权重标签 strongheading标签在页面内容中的使用
43 nofllow标签nofollow标签在页面链接及meta中的使用。
44 针对百度的SEO优化

图 9.10　影响 SEO 的正面因素 2

负面因素
1服务器经常无法响应
2 与Google已经收录的内容高度重复
3 链向低质量或垃圾站点
4 网站大量页面存在重复的META标签
5 过分堆砌关键词
6 参与链接工厂或大量出售链接
7 服务器响应时间非常慢
8 网页主要META更改频率过高
9 非常低的流量，用户行为反映差；

图 9.11　影响 SEO 的负面因素

　　所以说拿到网站直接做优化不是 SEO 人员的错，而是大多数人对 SEO 的片面理解。合格的 SEO 人员应该知道从网站建设、域名选择、服务器选择开始都属于影响 SEO 的范畴。SEO 工作也是从这里开始的，而不是现成的网站。

9.3.1　选择便于记忆的域名

　　如果说网站的名字相当于人的名字，那么网站域名就相当于人的住址。只知道人的名字是不方便找到对方的，如果知道了住址就容易找到对方了。

　　域名是找到网站的主要方式，很多人说可以通过搜索引擎搜索到网站，但是网站的名字是允许相同的。如果别人的网站权重高，搜索相同名字时，就可能排在自己的前面。而域名则是唯一的，每个网站都不同。因此在推广网站时，通常使用的是域名，配合网站名称（品牌）进行推广，以免用户进错网站，造成不必要的分流。

　　既然使用域名能使用户准确地进入自己网站，那么域名越简单易记就越有利。例如，在 http://www.yougou.com/和 http://www.52xiechw.com/两个域名中，很明显前一个域名更便于记忆。

简单易记的域名有两个最重要的好处。第一，方便用户输入和记忆，用户看到网站域名后，能轻松地记住网站，并能快速准确输入浏览。第二，非常重要的一点，简单易记的域名给用户更高的信任度，因为现在域名趋于饱和，简单易记的域名通常年龄较长，信任度更高，对建立品牌十分有利。而低质网站通常不会购买价格较高简单易记的域名或经营网站很久，所以简单域名给用户更权威的感觉。

挑选简单易记的域名，通常根据网站需要和资金预算，用户在选择时需要注意以下 3 个问题。

● 域名简短，通常简短的域名更容易被记住，输入错误的概率也更低。例如，腾讯门户网站域名 http://www.qq.com/ 和 http://www.tencent.com/ 相比，前者更简短，用户更容易记忆。

● 域名与网站名最好相同，通常用户最容易记忆的应该是网站名称，域名对应使用网站名（品牌名）的拼音或者英文、全称或者缩写形式。对增进相关性、加强品牌传播及 SEO 都是非常有利的。例如，乐淘网域名 http://www.letao.com/。但是网站名称可能也同时被他人使用或者盗用，而域名则不存在相同的问题，若网站名称对应的所有常见后缀（.com，.cn，.net，.org 等）域名全称或缩写的拼音、英文都已被注册，则可考虑谐音或其他联系紧密的域名。

● 域名与网站行业性质相关，与上一个方面不同的是，域名并非与网站名称相同。而是与网站的行业性质相关，让人能通过行业联系记住网站的域名。相同的是，域名可以含有行业的拼音或者英文。例如，某旅游签证网站域名 http://www.lvyou2.com/，采用旅游拼音，网站名不是旅游网，但代表了其行业性质，也很容易被人记忆。

域名将长期伴随着网站，并且在网站 SEO 优化和其他营销推广都起着非常重要的作用。选择一个便于记忆和传播的域名对网站的长远发展是非常有利的。

9.3.2　选择利于优化的域名

如果说便于记忆的域名主要是基于其他营销推广方式，那么利于优化的域名则完全是针对 SEO 的选择。

利于优化的域名和便于记忆的相同之处主要是由于搜索引擎判断网站质量时会参考用户对网站域名的感受，作为搜索引擎排名的算法因素。但是由于两者出发点不同，针对用户和搜索引擎的域名选择也会有所不同。

因为搜索引擎是机器和软件的组合，远远超过人的记忆水平，所以搜索引擎不会出现记忆的难易程度问题，而针对搜索引擎对域名的喜爱程度来判断利于优化的域名是更为准确的。

利于优化的域名通常是以下 4 个要素。

● 域名简短。和便于记忆一样，简短的域名也更受搜索引擎的喜爱。当然不是因为简短容易记忆，而是一般简短的域名价格高，且使用年限一般较久，连投带罚，希望做长久的网站才会选择。这样网站更注重网站的质量和用户的体验，所以搜索引擎通常设定简短域名的信任度更高。

- 悠久的域名年龄。域名年龄越久，搜索引擎信任度越高，相比之下，给予的权重越高。大部分的老域名都积累了长久的搜索引擎信任度，而新域名由于没有经过长时间搜索引擎的考验，所以信任度也就相对较低。但是在选择老域名时有个问题，有的老域名曾经被很多网站使用过，并在搜索引擎有不良记录。那么这样的域名就需要和新域名相同，甚至更长的考察期。这里提示一下，可以查询域名在搜索引擎的收录、外链、权重值以及站长工具的历史记录等来判断域名是否被搜索引擎惩罚过。

- 权威的域名后缀。按照搜索引擎给予信任度排序，最高的是.edu、.gov 等后缀的域名；其次是.com、.net 和以国家名为后缀的域名；信任度较低的是.cc、.in、.biz、.mobi、.info等域名。通常.edu、.gov 等后缀的域名只能是教育和政府机构才能注册，所以搜索引擎给予更高的权重和信任度。而.cc、.in 等后缀的域名注册管理最松，因此被很多不法网站使用，通常搜索引擎给予的信任度也是域名中较低的。

- 域名与关键词相关。域名和关键词相关是最直接的 SEO 排名因素。域名中含有关键词能获得更好的排名，在很多搜索引擎中都有这一影响因素，只是影响的程度不同。其原始目的在于帮助搜索引擎更方便的识别相关。但由于 SEO 利用这一因素进行排名作弊，各搜索引擎因此降低了域名匹配关键词在排名中的地位，同时加进了更多其他影响因素。当前搜索引擎的趋势是降低各类人为操纵和影响排名的因素，加进更多不确定性，尤其机器学习的深入，让搜索引擎越来越智能化，排名的因素也越来越复杂多变。

利于优化的域名对网站有一定的影响。选择好的域名对排名优化有帮助，但是并不是网站的全部，更多的还是要把网站的整体质量提高。

9.4　选择稳定高速的服务器

服务器是衡量网站表现的重要因素，不止影响着用户的浏览体验，而且是搜索引擎衡量网站整体质量度的重要因素。高速稳定的服务器能为用户和搜索引擎提供较好的浏览体验，网站就能获得更多的认可。但是网站如果经常打不开或者打开速度很慢，即使网站内容再有价值，用户和搜索引擎也会对网站失去兴趣。因此，选择一个稳定高速的服务器是建设优质网站的基础条件。

9.4.1　选择权威的服务器提供商

由于现在网站量急剧增加，服务器提供商也不断增加。竞争大了，服务器的价格也不断下降，但是随之而来的问题是，价格下降了服务器的质量却难以保证。

在这种服务器质量参差不齐的环境下，选择一个好的服务器提供商是网站建设的最基础条件，往往决定着网站整体的质量。有的服务器商当服务器出现问题时不能给予及时准确的解决，还给用户推销其他更贵的服务器，或者借各种原因推脱责任。这是很多个人站长或者小网站经常遇到的情况，鉴于资金原因，他们只顾价格较低的服务器商，而忽视了服务器商是否权威，能否提供优质的服务。

选择权威的服务器提供商，能享有更好的服务。无论是服务器的质量、售后问题的解决、增值业务等问题，都可以看出服务器商的权威性。

我们在选择服务器提供商时，要特别注意权威性。服务器的利润是非常高的，也就吸引了很多质量低下的服务器商加入到竞争中来。因此，不能完全听信服务器商客服的吹捧，应对服务器商进行综合对比，如服务器质量、售后服务、增值业务等方向进行选择。

这里提供给大家一些挑选服务器商的小技巧：①使用 IDC 评测网站，查询用户对服务器商的评价。但是很多 IDC 评测网的评测并不准确，因为有水军专门捧或者黑某些服务器商，也有服务器商自建 IDC 评测网来推销自己的 IDC 产品。用户最好选择客观的第三方 IDC 评测网，如 http://www.idc123.com/等。②在搜索引擎中搜索服务器商是否有不良记录，其他网站有相关的服务器评论文章，了解服务器商的具体情况。③到服务器论坛、社区、问答、QQ 群等咨询其他用户对某服务器商的评价。

通过这几个小技巧选择权威的服务器商，不但能得到更好的服务，还不容易因为服务器商问题而导致网站质量低下。

9.4.2　选择稳定的服务器

服务器问题是令很多站长头痛的问题，因为通常服务器不是自有的，不受自身控制。服务器质量无法保证，而且出现问题也不好解决，对网站的影响是非常巨大的。

我们都知道，质量较差的服务器经常打不开或者打开速度很慢，这使得用户和搜索引擎对网站的体验很差，也就很难得到他们的认可。尤其以国外服务器为甚，经常会由于出口或者 DNS 问题导致网站打开速度很慢或无法打开。发生这样的情况对 SEO 的伤害很大，网站权重上去了，但是又会掉，快照也不更新；通常用户也不会喜欢，尤其在竞争激烈的互联网，一个经常打不开或者打开很慢的网站很可能丢失用户。

目前国内用户使用最多的是大陆服务器、香港服务器、台湾服务器，以及国外的服务器，如韩国服务器、美国服务器、欧洲服务器等。

就网站备案而言，大陆服务器都必须网站备案才能接入。其他服务器都无需备案，或者备案政策宽松。

从服务器速度对比，大陆网站使用大陆服务器最快，然后是中国香港、中国台湾等服务器，速度相对较慢的是美国服务器和欧洲服务器。

从服务器稳定性上看，大陆网站使用大陆服务器最稳定，由于网络出口问题，其他地区服务器都不是特别稳定。尤其是美国服务器和欧洲服务器，如果白天网站出现问题，而欧美处于晚上，服务器问题很多时候不能及时解决，很影响网站的访问。

从价格而言，大陆服务器费用最高，然后是中国台湾、中国香港服务器等，美国服务器较便宜。

需要注意的是，并非境内所有网站使用大陆服务器就稳定快速，这要根据网站针对的地区，如果网站本身针对美国用户，那么使用美国服务器就是最好的选择。

9.4.3 购买合适的主机套餐

通常我们所说的网站主机是指虚拟主机、VPS、独立主机、云主机等，并不是针对硬件而言的那台主机。因为一台主机划分为多个虚拟主机和VPS，而云主机又由多个主机构成，所以简单地说，网站主机是指存储有网站源文件并提供访问和传输的那部分。

根据网站的需要，通常按照主机类型选择虚拟主机、VPS主机、独立主机、云主机等。另外，按照服务器的数据量选择主机配置、存储空间大小、月流量、带宽等。

首先，根据网站的发展和资金投入情况，选择主机类型。如果是个人网站可使用虚拟主机，价格便宜，但是速度较慢、管理也不方便；VPS适合一些小型公司网站，价格不高且有独立操作系统，能独立管理；独立主机一般是资金充足或者大型网站使用，可以自己购买，也可以代管。独立主机完全自由，管理方便，速度更快更安全；云主机比VPS主机的价格高，但是云主机的效率更高、速度更快、数据恢复更方便，很多大型网站也在建立自己的云主机。它们的功能与价格对比如图9.12所示。其中，箭头代表主机的性价比，角度越大性价比越高，云主机的性价比是最高的。

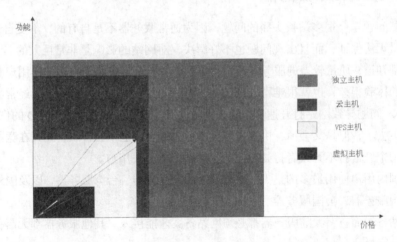

图 9.12 主机类型对比

根据网站需要的服务量选择主机的数据量。

（1）主机的处理器质量、内存大小等是主机的硬件质量，质量越好速度越快，但相应价格也会越高。

（2）网站需要的物理存储空间大小，即网站主机的硬盘空间大小，也可能是虚拟主机的空间大小。空间越大价格自然越高，根据网站的大小选择空间的大小，一般网站都不是特别大，除非需要存储大量文件。主机空间需要特别大，可选择独立主机。

（3）每月流量多少，是指网站通过主机被访问的下载流量。如果网站的数据交换量很大，一定要选择一个流量充足或者不限制流量的主机。

（4）主机带宽也是影响网站访问速度的重要因素，当用户访问量很大时，如果主机带宽过小，将会使用户等待或者无法访问，这将直接影响网站在用户和搜索引擎的表现。对于避免 DDOS 攻击也更有利，因为主机带宽大，需要攻击的肉鸡就要更多，攻击难度就更大。

通过上述因素对主机进行综合的评比，并非越贵的就越好，价格合理并适合自身网站需求的主机才是对网站最好的。如果是个人网站，就没有必要选择独立主机或者云主机了，那就是资源和资金的浪费；而大型网站也不应该选择虚拟主机或者 VPS 主机，因为网站的稳定和快速才是最重要的。

9.4.4　注重服务器的安全性

服务器的安全性对于一般用户而言极少关注，也因为安全意识不强，出现很多网站被攻击的问题，进而影响到网站的安全。

服务器常见的安全问题有以下 3 种情况。

• 服务器本身的安全，包括服务器系统漏洞、系统权限、网络端口管理等，这是服务器基础条件的安全问题。有了安全的服务器基础条件，网站安全才会得到保证。

• 服务器应用的安全，包括 IIS、Apache、主机配置、权限等，这将直接影响网站的安全性。

• 服务器外部的安全，包括网络环境、数据库服务、FTP 等，这些也会危及服务器的安全性，并影响网站的安全性。

如果在这几方面出现安全漏洞被黑客利用，就会出现各种服务器问题，这反应在网站上通常是网站打不开、打开速度很慢或者网站直接被人篡改删除，将对网站产生十分严重的后果。

最常见的网站黑客攻击如 DDOS 攻击、挂马、潜入服务器窃取及删除信息、作为肉鸡攻击其他设备等。

DDOS 攻击是最常见的使服务器瘫痪的手段，黑客利用大量傀儡机攻击服务器，使服务器超过处理能力而无法正常访问。挂马是黑客利用服务器权限、端口漏洞、FTP 漏洞等将木马或者其他非法内容上传到服务器，当用户访问网站时，就可能受到木马程序的威胁。窃取或删除重要信息是黑客利用服务器漏洞对网站进行重要信息的窃取甚至删除重要信息，如果网站信息未备份将会损失巨大。利用服务器攻击其他服务器也是黑客攻击的方式，使用服务器作为肉鸡能更隐蔽，难以抓住黑客。

从这些安全问题和黑客攻击方式来看，一个安全的服务器应该具有以下特点。

• 修补服务器系统漏洞。

• 服务器设置合理的系统权限。

• 关闭暂时不用的网络端口。

- IIS 权限设置正常。
- 服务器备份程序。
- 防止 DDOS 攻击系统。
- 服务器安全软件。
- 运营商定期检查维护。

通常能做到以上几点，服务器安全性就非常高了，不容易被黑客攻击成功。这也在一定程度上保护了网站的安全稳定，选择服务器时应特别注意。

9.5　建设搜索引擎友好的网站架构

在选择服务器之前，我们通常已经将网站建设完成，网站架构这些都已完成，但是为了连贯性，放在这里和网站优化部分一起介绍。

在实际工作中，网站建设通常是在选择服务器之前，或者有的网站已经上线需要 SEO 人员进行优化。因此，网站优化部分从这里开始，第一部分就是网站的架构。网站架构就像人的骨骼，是支撑整个网站的框架。如果框架出现问题，就好比人得了骨质疏松或者骨折了，将无法正常工作，网站就没有好的用户体验，也不利于 SEO。作为网站最基础的优化部分，应该予以更高的重视。好的网站架构将使网站优化事半功倍。

9.5.1　优化建站系统

对于很多资金不够充足的公司或者个人来说，现成的建站系统是十分经济快速的途径。但是现成的建站系统并不能完全满足所有公司的需要，而且很多也不完全利于网站的优化，所以会对建站系统进行优化。

建站系统通常包括网上免费的建站源码，以及其他公司出售的建站系统。这些系统大部分是一个完整的网站系统，有前台页面和后台管理页面。但是前后台页面为了更好地适用大多数网站，功能并不能完全满足特定网站的需要，尤其是前台页面几乎要更换大部分架构。

根据网站的需要，建站系统前台页面的优化相当于设计一个新站的前台页面，也就需要重新设计网站的架构。

一般建站系统前台页面优化有以下两个方面内容。

- 添加网站的其他特殊功能，如网站需要展示的重要内容、投票项、专题优化等。另外，前后台的连接以及后台对前台的控制界面都需要进行一定的优化。
- 修正前台页面不符合 SEO 的内容，如导航结构不合理、采用了不利于 SEO 的结构等。

建站系统优化都是通过添加网站的功能项或者修改原来模板的形式来完成，应以利于优化、不采用不符合 SEO 的网站架构为原则。

优化建站系统是利用现有的网站系统进行适合自己的改进，SEO 人员可与程序员共同完成。

9.5.2　使用友好的网站结构

任何网站（包括使用建站系统或者按自己要求建设的网站系统）系统的网站架构都应该有利于 SEO，以为后期的内容优化做好铺垫。

网站架构包含网站使用的结构、代码的形式、内容的布局等因素，因此对 SEO 友好的网站架构应注意以下一些规则。

- 网站的结构通常不使用框架结构。搜索引擎无法抓取完整的框架结构的网页内容。由于框架结构的网页是由多个含有部分内容的网页组成，每个网页的内容都是不完整的，搜索引擎不能获得网页的具体内容，因此很多时候搜索引擎都对框架结构的网站避而远之。到目前为止，搜索引擎都还没有完全解决框架结构收录的问题（见图 9.13）。

图 9.13　不能抓取框架实例截图

- 避免使用 js 导航或超链接。虽然搜索引擎对 js 代码已经有一定的辨别能力，但是仍然不能完全信任搜索引擎的 js 抓取能力。偶尔一些简单的 js 能被搜索引擎读懂，并不代表搜索引擎能抓取所有的 js 内容、js 导航导致网站收录不理想的重要原因。所以最保险的方法就是避免使用 js 导航或超链接。

- 尽量不使用 Flash 作为网站整体架构。Flash 是超越框架结构、js 导航最严重的 SEO 缺陷。因为框架结构、js 导航都是网页代码形式内容，搜索引擎可能识别其中的内容；而 Flash 则是富媒体形式，搜索引擎是无法识别其中的内容的。使用 Flash 则是将搜索引擎拒之门外，收录数量会出现很大的问题。

- 尽量使用 DIV+CSS 页面控制。DIV+CSS 是最简单便捷的页面形式控制方法，比其他形式的代码更受搜索引擎的喜欢。DIV 的代码通常规律性强、内容灵活、控制简单，搜索引擎能很好地识别，所以目前大多数网站都使用 DIV+CSS 形式来控制网站页面的布局。

- 首页与内容页最好在 4 次点击内能到达。网站的层次过深，影响最大的将是网站的收录，收录的两个重要影响因素是通达的内页链接和内页的权重。保证首页与内容页在

4次点击内，能让链接次数更少，通达性更好，内页获得的权重也更高，更有利收录。

- 网站重要页面的布局应合理。页面的布局应该以突出重点内容为原则，通常首页应该是最重要的内容展示，让最重要的内页在首页展示将大大提高重点内容的收录和排名。

网站架构是一个网站最重要的基础条件，是网站搜索引擎良好表现的基础。以上的规则只是最常见的网站架构注意事项，只有做好这些最常见的内容，网站才能沿着一个正确的轨道发展。

9.5.3　精简的代码

网页代码也是网站的最基础条件，对网站在搜索引擎的表现也有一定的影响。尤其是建设网站的程序员，通常对 SEO 并不十分熟悉，只是根据程序和网站的方便性来设计网站的代码。这样就难免产生一些冗余代码，甚至是不利于 SEO 的代码。

精简的代码是网页快速反应的条件，也是对搜索引擎友好的因素，对于网站的收录有一定帮助。无论是自己公司建设的网站，还是购买的网站，代码冗余是常见的问题。要避免这些问题的产生，我们需要明确什么样的代码才算精简。

精简的代码需要注意以下 3 个方面。

- 整体代码简单规范，无多余空格、重复代码、复杂代码、无意义内容等。很多网页包含大量的空格，而且所占的比例非常大，通常检查和清理的方法就是使用编辑软件直接消除。而重复代码一般是可写可不写的代码，如 align="left";target="_self"等，可以省略代码。复杂代码如<strong></strong>可写成<b></b>等简单写法。而无意义内容通常以注释型文字为主，这些内容是给建设者核查修改所用，但是对于搜索引擎却毫无用处，反而会增加网页大小，最好删除。

- Meta 标签及内容样式应简洁，无意义的 Meta 标签，如网站的版本、建设者、允许搜索引擎抓取等，这些代码并没有实际的用处，所以最好省略不写，以减小网页的大小。内容中的样式等也应尽量减少，最好调用外部 CSS 样式。

- 将 js 和 CSS 外置。这样做有很多好处：首先，可以减少网页的重复代码，例如同个网页多个地方使用，只需要调用样式名即可；其次，多个网页可调用相同的 js 或 CSS 文件，减少网站所占空间；最后，调整或修改网站样式时，只需要调整修改外部 js 或 CSS 就行了。

精简的网站代码是网站的基础，也是网站搜索引擎优化的基础条件，如果能在网站代码的细节上做好，就能得到长远的效果。例如，列表页、内容页等。随着网站内容的大量增加，精简的代码将使网站所占空间小很多，另外网站整体收录也会更好。

9.6　网站关键词的分布

在网站架构完善好后，就开始对网站进行内容的填充，而对于搜索引擎优化来说，内容的填充应以关键词为依据。而搜索引擎给网站带来的流量，也是通过关键词的形式导入，因此关键词优化是网站搜索引擎优化中最重要的一部分内容。网站关键词的布局就是关键词优化的前提，也是关键词优化的第一步。本节的关键词布局将结合 9.1 节确定的关键词目标，完成从网站主要关键词到长尾关键词的布局以及网页内关键词的布局。

9.6.1　网站关键词布局到各级网页

在网站建设时，SEO 人员通常参与的是辅助建设利于 SEO 的网站结构和代码。另外，还有的工作就是网站关键词的挖掘，就形成 9.1 节的关键词目标表。

结合网站关键词目标表，就可以很轻松地将各级关键词布局到首页、栏目页、内容页中。

网站关键词的布局以网页的权重为主要依据。通常距离首页越近的网页权重越高，也就是网站的关键词重要程度与权重相对应。也就是重要的目标关键词布局在首页，次要关键词布局在主题页面、栏目页面、列表页面等，而长尾关键词布局在内容页面。这样布局的一个重要原因就是利用首页的高权重让重要的目标关键词排名更好。

网站关键词布局时，相近关键词应布局在相同页面。这样做的目的是增加网页的关键词相关性，并且不会产生关键词的竞争和冲突，更有利于网页的所有关键词排名。例如，笑话网短信笑话栏目的关键词为短信笑话、搞笑短信、经典短信、幽默短信，相近关键词布局在同一个页面上。

网站关键词目标表上计划的关键词并非全部要在网页的 Meta 标签中写出来，但是也应与网页进行对应。利用外部链接优化也可以提升网页上该关键词的排名，不过这些未写出来的次级关键词可以在网页主要关键词排名提升后再进行优化。

网站关键词布局大致规则如图 9.14 所示。

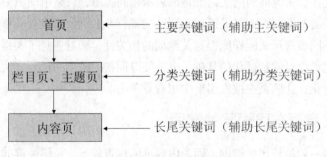

图 9.14　网站关键词布局图

网站关键词的布局是对网站关键词的分配，将网站的所有目标关键词与网页进行对应填充，以便于后面内外部优化工作的开展。

9.6.2　页面关键词的优化

页面关键词优化是布局关键词后关键词的实际优化操作，也是 SEO 人员最熟悉的优化工作。

简单地说，页面关键词优化是对关键词的出现位置、数量、表现形式等进行符合搜索引擎规范的修改操作，也是网页上关键词使用技巧，使页面上的关键词能更符合搜索引擎的要求，从而获得更好的排名。

页面关键词优化主要从以下3个方面入手。

- 关键词的出现位置。网页内有很多地方都需要出现关键词，这些关键词是搜索引擎判断网页相关性的重要条件。首先在网页中 Meta 标签中，Title、Keywords、Description 都应含有关键词。搜索引擎检索网页时，最先读取的是 Meta 标签中的信息，以明确网页的主题；正文中关键词通常会选择最突出的位置，如导航、正文内容、底部优化专题等，如果是文章页，关键词可以使用 h 标签、加粗加黑等。

- 页面上关键词数量和频率。这也是判断关键词相关性的因素，在 SEO 界公认的关键词频率为 2%～8%。低于这个标准，关键词的相关性较弱；高于这个标准，出现优化过度问题。但是不必太紧张，因为这并不是绝对的搜索引擎数据，只是经过大量数据统计的结果。在实际网页中，排名较好的关键词频率有的只有 1%或者高达 20%。所以在看网页关键词时，还应把握关键词的具体数量，不要因为达到一定频率而堆积几十个相同的关键词，如果内容多，最多十多个，内容少，几个主关键词就行了。

- 关键词的表现形式。为了增加关键词相关性，同一个网页会多次出现关键词。但是如果多次重复出现相同关键词，可能会被认为关键词堆砌的作弊行为，所以网页上布局的关键词至少有几个。即使有几个也不能以同一个形式出现，最好的办法是利用关键词的不同形式。关键词的不同形式通常包括关键词、关键词的拆分、关键词的同义词、关键词的同类词等。关键词的拆分就是网页中出现关键词拆分出的几个词，如搜索引擎优化拆分为搜索引擎和优化；关键词的同义词就是都表示相同意思，只是用词不一样，如搜索引擎优化和 SEO；关键词的同类词是关键词相同范畴或行业的词，如搜索引擎优化和关键词排名。关键词的不同表现形式同样能提高关键词的相关性，而且避免了关键词的堆砌。

网页关键词优化是网站优化的基础，也是关键词获得排名的重要方法。做好关键词优化，防止过度优化，让网页在搜索引擎中更有竞争力。

9.6.3 在文章页布局长尾关键词

网站内容页一般推长尾关键词，因为内容页的权重较低，长尾关键词的竞争较小，长尾关键词才能有更好的排名。

长尾关键词布局与首页、栏目页的关键词有所不同，首页和栏目页布局的关键词很少变动，网页可经过多次优化；而长尾关键词布局的文章页每天都会大量增加，二次优化的可能性很小，所以需要一次性将网页优化好。

网站的关键词目标表里收集的长尾关键词就是用于文章页。收集长尾关键词方法很多，可以通过关键词软件筛选、竞争对手长尾词、问答平台问题、社区微博话题、热门搜索词等途径挖掘大量的长尾关键词（用于文章页）。

在页面布局长尾关键词时，优化方式与普通关键词优化相同，如页面 Meta 标签、内容中的关键词拆分变式、关键词加粗等。但是要注意避免关键词堆砌问题，因为文章页是堆砌关键词的重灾区，这也是导致很多网页不收录的原因。

由于文章页数量巨大，通常不会进行页面的多次优化，但是有时候网页上出现错误，而搜索引擎已经收录网页，这时是否再去修改呢？小的错误是可以修改的。首先，搜索引擎有记忆特性，网页发生变化，搜索引擎并不会马上更新，仍会维持一段时间；其次，搜索引擎更青睐时常更新的网页，修改错误相当于网页上的更新，搜索引擎会给予网页更高的权重。

增加的长尾关键词内页最好用长尾关键词为锚文本，从首页相关栏目项有链接指向，这样文章页能快速被收录，并且长尾关键词有稍好的排名。

9.7　原创有价值的内容

对于网站是否坚持原创一说，大部分人认为应该坚持原创，因为搜索引擎希望提供给用户更多的选择；而认为大部分网站可以转载有价值的内容，因为搜索引擎希望有价值的内容能传播更广。

这里推荐大家以原创为主，而且要原创有价值的内容，只有原创内容才是信息进步的推动力。没有原创内容，互联网信息就严重同质化，相同内容过多，浪费大量资源的同时，还不能给用户更多的选择。搜索引擎更倾向于原创内容的需要注意是原创有价值的内容，而不是随意拼凑的无意义内容，如软件生成的关键词文章、乱码网页等，这些没有用户会需要，通常搜索引擎是不会收录的。

9.7.1　网站内容的原创性

网站内容的原创度越高，网站在搜索引擎中获得的信任度越高，对网站收录和关键词排名都有一定影响。

网站内容通常分为原创内容、伪原创内容、转载内容，这是三种不同的网站内容更新方式，它们在效果和难易程度等方面有所不同，也使得不同网站会选择不同的更新方式。

当然原创内容的收录和排名要优于其他两种，但是原创内容需要的时间更长，无法达到伪原创和转载的更新速度，这是大网站的要求，因为有充足的人力资源；伪原创是很多中小网站常采用的内容更新方式，能提高网站内容更新的速度，也在一定程度上保证网页的收录；转载内容或者抄袭内容，这些与搜索引擎已有内容高度重复的内容，被收录的可能性很低，除非网站有比较高的权重，才有可能被收录。通常收录也难以获得好的排名，这是很多新站为了快速增加网站网页数量而进行的一种方法，例如常见的网站采集。

这里推荐大家多写原创内容，少转载和伪原创。经过实验发现两个相同的网站程序

（一个原创内容，另一个转载内容）中原创内容收录速度由开始很慢逐渐变为越来越快；而采用转载采集的内容，开始的收录量甚至超过了原创内容的网站，不过经过一段时间后，收录基本都掉了，最后只剩下极少的网页结果。

如果希望网站长远并不断壮大，最好少转载或者抄袭其他网站内容，尤其不要采集，这样两个网站的重复率太高，很容易受到搜索引擎的惩罚。坚持以原创为主才是网站做大做强的根本动力。

9.7.2 有价值的网站内容

原创内容并不代表一定能得到搜索引擎的支持，网站内容的价值高低也是搜索引擎收录与否的重要因素。

网站内容的价值就是内容对用户是否有帮助，帮助越大，价值就越大；网站内容与搜索引擎已索引内容重复度越低，也就是相同内容越少，网站内容价值就越大。

以上两点可以总结为原创对用户有帮助的内容有利于网页收录和排名。

对于网站内容是否有价值、价值多少，这个很难量化，搜索引擎也不可能规定一个值来判断网站内容的价值。搜索引擎只能通过其他方法判定网站内容的价值，比如检查内容是否只是关键词堆砌的内容、乱码拼凑的内容、索引数据库中存在相同内容的数量等来判断网站内容的价值，只有满足最基本的要求，才能被搜索引擎收录。网站如果安装有搜索引擎的统计系统，搜索引擎也能知道网站是否被大多数用户认可。用户量越大，网站内容价值就越高。如果没有安装统计系统，搜索引擎可以通过用户点击搜索结果后的行为判断网站内容是否满足用户的需求，如果用户在一段时间内未进入其他结果，说明网站的价值很高，这也会促进网页排名的提高。

搜索引擎通过很多方法判断网站的价值，这个过程也影响着网站的排名。因此，在网站目标关键词范围内增加有价值的网站内容才是网站更新的标准。

9.7.3 内容真实可靠

网站更新内容的真实性是网站长期生存发展的保证。

内容真实可靠的网站才能得到用户的信任，用户数量才会不断增加。编造虚假信息的网站也许能在一时获得流量，但是不能获得老用户，甚至臭名远扬。例如，用户非常痛恨的标题党，如果整个网站大部分内容都是标题党，用户是不可能再相信该网站的，最终的结果就是用户的流失。

原创网站内容时可能会因为某些条件限制而导致内容真实度下降。这时一定要站在用户的角度考虑，尽量让用户感觉不到网站的可信度不高，可以注明条件限制使内容不够全面等。让用户感觉到网站为用户考虑，而非只为吸引用户的点击，千万不能让用户产生上当受骗的感觉，这会直接将用户推出网站。

通过分析可以知道网站内容真实可靠有两个要求：①网站内容真实有根据。网站内容就相当于公司的产品，内容不真实就是不合格产品，不能给用户带来价值。②网站内容与标题无偏差。用户不希望受骗，如果用户因为某一标题进入网页，但是内容与标题根本无关，这是谁也无法忍受的。

做好这两个方面，确保提供给用户想要的真实内容，网站才能不断积累用户量。

9.8　增加外部链接

前面对网站内部优化过程和注意事项做了分析，与此同时，网站外部优化工作也要开展。

在外部优化中，以增加外部链接为主。外部链接是搜索引擎判断网站质量的重要标准，被很多人认为是最重要的因素，虽然没有得到搜索引擎的证实。但是从实际经验来看，目前外部链接仍决定着网站排名的高低。外链的具体作用是多方面的，增加蜘蛛来源、提高网站权重等是对网站最大的作用。所以应重视外部链接，增加优质的外部链接，遵循外链建设的原则，注意外链建设的问题。

9.8.1　选择重点关键词作为锚链接

网站链接分为锚文本链接、普通超链接、文本链接 3 种。其中，锚文本链接的作用是最好的。锚文本链接不仅能带来蜘蛛、权重，还可以针对准确关键词进行权重传递，提高关键词的排名。

锚文本链接是效果最好的外链形式，但是也是获得难度最大的外链形式。在这种情况下，仅有的锚文本外链显得非常宝贵。在选择锚文本关键词时，应首选计划中的重点关键词，前面的关键词目标表有起到作用了。

在关键词目标表中，关键词是有计划分阶段地进行优化的，这个阶段主要体现在外链优化的阶段性上。首先用于外链优化的是网站目标关键词，以及转化率高的关键词，以主要关键词为主、长尾关键词为辅，这些词就是用于网站外链锚文本。

锚文本选择关键词，对排名的影响是非常大的，有时候网页并没有该关键词，但搜索时却排在前列，这就是由于外链的锚文本造成的。例如很多人在引用外链时会设置锚文本为"点击这里"，结果搜索"点击这里"时就会有好的排名。百度搜索"点击这里"结果网页并无此词，如图 9.15 所示。

外链锚文本选择关键词时，要注意以下两个原则。

- 锚文本必须为目标关键词，只有目标关键词才能带来网站需要的流量，以及转化的用户量。其他行业关键词也能带来流量，但是这些流量并不精准，也不能带来用户转化，在锚文本上应尽量使用网站重点词。

- 锚文本尽量简短，长尾词的搜索量相对更少，一般不选长尾。另外，锚文本过长容易分散词的权重，用户搜索长尾关键词的部分词时，关键词较长就不如优化后的短词排名好。按照用户的习惯，长尾关键词也应精炼简短，所以锚文本相应简短一些。

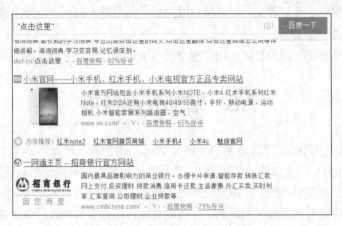

图9.15 搜索"点击这里"结果

遵循外链锚文本的原则，做好锚文本的选择，是提高目标关键词排名的有力保证。

9.8.2 外链要广泛

网站外链的广泛度是网站外链建设的重要指标。随着时间的增加，外链数量会不断增加，但并不代表外链的广泛度也不断提高。如果网站外链偏向于单一网站，那外链的效果就将大打折扣。所以在外链建设时，尽量拓展外链网站的广泛度。

外链广泛度包括网站广泛度和行业广泛度，网站广泛度也就是外链分布的网站数量，行业广泛度就是外链分布网站行业的数量。例如，自身网站属于教育行业的，如果外链在本行业的网站广泛度高，就表示自己网站在本行业内外链多、传播广；如果外链的行业广泛度高，则表示自己网站在各行业外链多、传播广。

从以上两个方面可以知道，增加网站外链的广泛度，需要将外链分布在各行业的更多网站上，就要挖掘更多的外链网站、更多行业的网站。在此基础上，建立以本行业外链网站为主、多行业为辅的外链策略。

外链的广泛度是搜索引擎判断网站流行度的重要根据，流行度是网站质量的重要表现。所以外链建设广泛度可以总结以下内容。

- 不断增加网站的总体外链数量。
- 不断增加本行业网站外链数量。
- 不断增加网站在各行业网站的外链数量。

9.8.3 增加高质量的外部链接

网站建设外链的人力和时间总是有限的，怎样才能利用有限的人力和时间创造出更好的外链效果呢？这就要求网站优化团队的管理者制定高质量外链建设计划，确保外链建设人员建设更多高质量的外部链接。

那么什么是高质量的外部链接呢？

高质量的外部链接是对链接的发出者而言的，对被链网站的提升作用大小就是外链质量，提升作用比较大的就是高质量的外部链接资源。

高质量的外链网站包括如下一些因素。

- 外链网站与被链网站的行业相关性，行业越相关外链质量越高。
- 外链网站的类型，如果是资讯资源型网站，外链质量就高；如果是开放性的论坛、博客，质量则相对低一点。
- 外链的形式，锚文本链接质量最好，其次是普通超链接，质量较差的是文本链接；明链质量较好，暗链质量较差。
- 外链网站的权重 PR 值，权重 PR 值越高，外链的质量越高。
- 外链网站外链导出数量，外链导出越少，外链质量越高。
- 外链网站的快照更新频率，更新越快、快照越新，外链的质量越高。
- 外链网站的行业，教育和政府机构网站质量更好，如.edu、.gov、.mil 等域名的网站。
- 单向链接质量更好，相互链接是交换的，信任度相对低一点。
- 外链代码中无 Nofollow 标签，含有 Nofollow 标签的外链不能被蜘蛛跟踪，是没有效果的。
- 外链的位置，首页的外链质量更高，栏目页次之，内容页质量较低。

满足以上条件数量越多，说明外链网站的质量越高，更适合作为网站的外链资源。在挑选外链网站时，尽量考虑相关性高的外链网站，然后综合网站的自身质量来确定外链网站。质量最好的为权威站点单向首页外链，新闻资讯站点、资源站、B2B 平台、分类信息平台等站点的栏目页或内容面；质量较低的是博客和论坛外链。外链网站的质量高低并非一成不变，它作为一个独立的站点，同样是作为 SEO 的主体在搜索引擎结果里存在着，因此无论索引、排名还是 SEO 相关的数据都是动态变化的。越权威，经营时间越长，资质认证越完全，用户量越大等因素累加在一起，构成了一个优质的 SEO 站，同时也是优质的 SEO 外链资源站。

按照以上高质量外链条件建设高质量的外链，比盲目建设大量质量不高的链接好很多，SEO 工作的效率和质量都更高。

9.9 网站日常监测

在网站内外部的优化过程中，需要对网站优化的效果及网站遇到的问题进行监测，以便及时对网站的优化策略和方法进行调节。网站的日常监测也是 SEO 人员每天或每阶段必做的工作，掌握网站日常监测的事项及方法是每个 SEO 人员必会的技能和优化思想。例如，检查网站的收录、快照、权重、外链、友情链接等内容都是网站日常监测工作的一部分。

9.9.1 网站日志监测寻找网站问题

网站日志是记录 Web 服务器运行状态信息的文件，在网站中以.log 结尾，也可以说是网站服务器日志。

服务器会将接收到的用户访问具体信息、服务器返回状态等内容记录在单独的日志文件中，它们以天为单位保存在服务器中。我们可以通过设置服务器自动保存在网站中，也可以在服务器商控制面板中下载日志到网站中。

网站日志中包含的信息有网站被访问的网页、访问端口、访问的时间、服务器的 IP、服务器返回状态、用户的信息等，各个搜索引擎蜘蛛爬行信息也在其中。某网站日志的几个搜索引擎爬行记录有百度蜘蛛、搜狗蜘蛛、谷歌机器人、搜搜蜘蛛、Bing 机器人、雅虎蜘蛛（见图 9.16）。

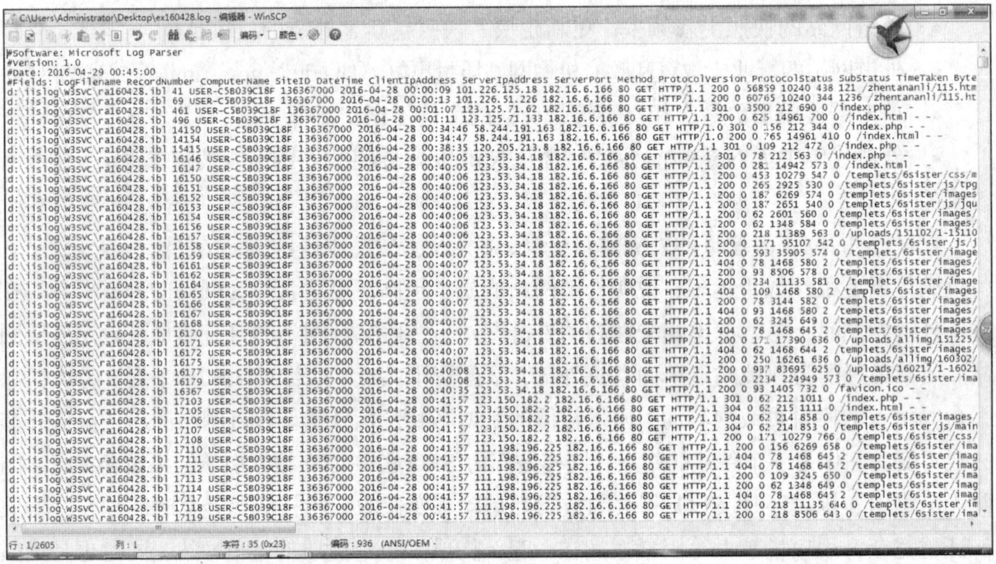

图 9.16　网站日志

由于 7.7.1 节已经对日志的分析方法和软件做了介绍，这里只针对网站日志的监测周期以及一些问题进行分析。

网站日志是以天为单位记录的，在每天工作前可以查看前一天的日志。检查时应注意以下三方面问题。

- 观察网站被目标搜索引擎蜘蛛爬行的次数，看是否有减少的情况。通常使用网站日志分析软件查看目标搜索引擎的数据，如果爬行减少则可能导致网站收录的减少，而原因有可能是网站服务器不稳定、外链减少、网站内容价值过低、网站受到惩罚等。然后通过网站的实际情况判断具体是哪些原因造成蜘蛛爬行减少。如果要看所有搜索引擎的爬行是否减少，不用使用软件，只需要看当天日志文件的大小即可，例如平时文件都是 3MB 左右，而今天只有 1MB，则说明蜘蛛爬行减少了。

- 查看日志中服务器状态是否正常。在网站日志中每行末尾的字符就是状态码，正常的服务器状态码应该是 200 或者 301，但是如果出现其他的代码，则表示服务器未正常给用户返回请求，根据错误代码，可以找到相应的错误网页，以排除问题。

- 查看是否有搜索引擎惩罚监测蜘蛛爬行。在网站受到惩罚之前，通常会有某些 IP 的蜘蛛会爬行网站内容，然后判断是否有作弊等行为，然后进行下一步措施。例如，百度的 123.125.68.* IP 段的蜘蛛爬行，就有可能会受到惩罚。220 开头 IP 的蜘蛛，大部分表示对网页的抓取。

分析网站日志可以提前预知网站是否会出现问题，当然网站出现问题时也可以通过分析网站日志来判断问题的原因。简单地说，网站监测是防止问题产生、产生问题解决的工作，而分析网站日志是预防问题产生的最重要方式。

9.9.2　监测网站流量数据

网站流量是网站优化成效最直接的表现，是大部分网站的目标。监测网站流量数据就是对网站目标的检查。

首先应明确网站的流量数据并不只是网站总流量一项，其中包含很多流量相关的细节信息，这些细节信息是优化效果以及网站问题的判断条件，为网站优化策略的修正提供依据。流量数据是通过网站安装的统计工具查看的，如百度统计、CNZZ 数据专家、51.la、GoStats 等。图 9.17 所示为百度统计界面。

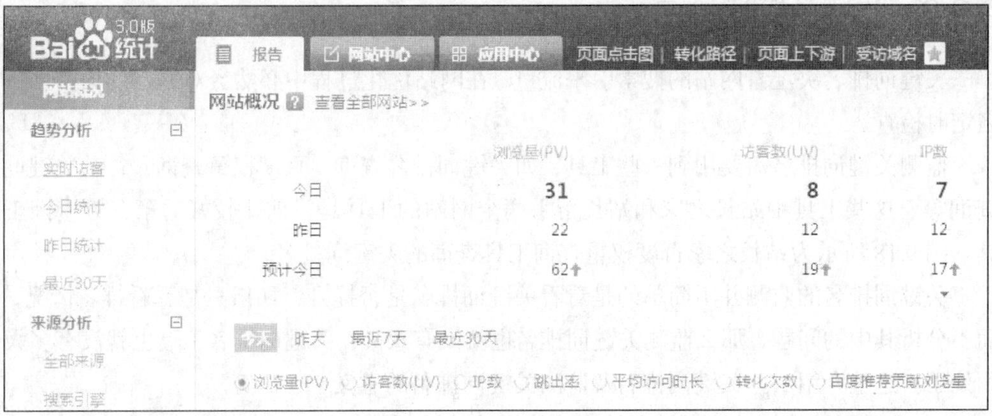

图 9.17　百度统计界面

网站流量数据监测按照网站统计的数据可以分为日 IP、日 PV、跳出率、各搜索引擎数量、关键词流量等。这些数据都是 SEO 人员每天接触最多的数据，在前面也都有介绍，这里只分析各项数据监测的作用和注意事项。

- 日 IP 量是网站每天独立 IP 用户的访问数量。从日 IP 量的变化监测网站的优化效果，以判断网站是否达到预期；若网站的日 IP 不断下降，则网站遇到了比较大的问题，极可能是网站受到了搜索引擎的惩罚，导致关键词排名普遍下降、网站流量减少。

- 日 PV 量是网站每天用户访问网页的数量。PV 值代表用户浏览了网站多少个网页，数量越多，表示网站受用户关注的内容越多。通常，PV 和 IP 的比值越大，说明网站内容的质量越高，当然跳出率也会降低。从日 PV 量的监测可以大致了解网站内容建设的合理性、网站内容是否满足用户的需求。

- 跳出率是用户浏览相关网页后直接退出网站与总浏览者的比例。跳出率和 PV 值有一定联系，PV 值高的网站通常跳出率低，这是和用户浏览的数量相关的。跳出率高的网站是内容建设不够好的，用户进入网站后，发现网站内容质量差，也没有其他内容可以吸引他们，就选择退出网站。所以监测跳出率，是对内容建设好坏的判断基础。

- 各搜索引擎流量是每个搜索引擎带来的用户浏览量。大网站通常会针对多种搜索引擎优化，能从各种搜索引擎获得流量。而绝大部分网站针对的用户群体不同，只针对某一个搜索引擎优化，在监测时只需要对单一搜索引擎的流量分析。但这并不绝对，例如近段时间 360 综合搜索推出后，很多网站流量来自于 360 综合搜索，就使得很多 SEO 人员开始研究 360 综合搜索的优化技巧。

- 关键词流量就是各个关键词给网站带来的流量。网站关键词流量是搜索引擎优化的要求，分析网站关键词流量，确定哪些是网站主要关键词、哪些是需要提升的关键词。

网站流量数据还有很多细节，在实际的数据监测分析中，根据各项数据的意义对网站进行前后对比、与目标对比、总结问题和成效、修正网站的优化策略和方法。

9.9.3　监测关键词排名

关键词排名决定着网站的搜索引擎流量，在网站优化过程中必然会对网站的关键词排名定时检查。

监测关键词排名需要用到一些工具，如关键词排名查询、百度权重查询、谷歌关键词查询等。这些工具中站长之家和站长帮手两个网站的工具是目前比较好的第三方查询工具。图 9.18 所示为站长之家百度权重查询工具查询的关键词排名。

关键词排名的监测并不简单的是看看关键词排名是否提升，如果只是看看排名情况，而不分析其中的问题，那么监测关键词排名也就没有意义，关键词排名工具也就没有多大用处了。这里介绍一些关键词排名及监测关键词排名的意义。

- 查看网站整体关键词排名情况。将网站关键词计划与监测结果进行对比，找出达到目标的关键词效果差距，以及计划外的关键词排名。判断哪些关键词还未达到目标，应加强继续优化。另外，还需要注意，如果发现网站整体关键词排名有一定下降，极可能是被搜索引擎惩罚，检查网站是否有作弊及不利于优化的行为并修正。

序号	关键字	指数	排名	网页标题	⊕ 添加新词
1	站长之家	1718	1	**站长之家** - 中国站长站 - 站长资讯 | 我们致力于为中文网站提…	
2	root教程	705	1	安卓手机root权限获取 一键root软件使用**教程** - 站长之家	
3	站长网	675	1	**站长**之家 - 中国站长网 - **站长**资讯 | 我们致力于为中文网站提供…	
4	ipad越狱教程	504	1	**ipad教程** iOS 5.1.1完美**越狱**详细图文攻略 - 站长之家	
5	chinaz	485	1	站长之家**chinaz**.com	
6	iphone5评测	453	1	**iPhone5**详细**评测** 告诉你**iPhone5**到底怎么样 - 站长之家	
7	蜂窝数据设置	415	1	iPhone**蜂窝数据设置**教程 怎么设置iPhone**蜂窝数据** - 站长之家	
8	mysql 管理工具	353	1	资源推荐 五个常用MySQL图形化**管理工具** - 站长之家	
9	错误3194	292	1	iOS系统恢复固件遭遇**3194错误**解决办法 - 站长之家	
10	站长站	290	1	**站长**之家 - 中国**站长站** - 站长资讯 | 我们致力于为中文网站提…	

图 9.18　站长之家百度权重查询工具

- 关键词与目标网页是否对应。有时候关键词的排名并非完全受控制，排名高的关键词并不完全是优化这个词的页面，可能优化的页面并没有排在这个关键词的前列，当然这种问题主要出现在未规范优化的网站，通常这些网站关键词布局都不明确才产生这些后果。通常出现这种问题是不愿意看到的，因为专门为这个词在的优化页面可能更针对这个词做转化或者用户体验，但是其他页面排在前面，效果显然没有针对性优化页面好。如果发生这种情况，最好的办法还是继续优化该关键词的目标网页，争取排名靠前。

- 在关键词排名中，筛选出有上升空间的长尾词。在网站目标中没有对长尾关键词设定目标，在监测的关键词排名中找出指数较高、排名可以上升到前几位的长尾词。并在后面的优化中加强外链的优化工作，以提高排名、获得额外的流量。

- 关键词 11 位等问题。关键词监测还可能发现一些独特的现象，比如关键词 11 位。这是搜索引擎对网站的警告惩罚，将有作弊嫌疑的网站关键词都放在结果第 11 位，也就是第二页首位，也可能是其他固定的排名。这是对作弊网站的警告，例如大量购买外链、优化过度等行为都会受到此警告。遇到这种情况，分析网站有哪些作弊的行为，调整以后过不了多久就会有机会恢复。

9.9.4　外链优化效果监测

外链优化是网站优化的重要组成部分，其效果监测就成了必不可少的工作。

通过对外链优化的工作检查，了解外链优化中哪些还没有做好，以不断修正优化的策略、提高网站关键词的排名、防止优化问题产生。

和其他监测工作一样，外链优化效果监测也包含很多细节内容。

- 网站的外链总数。每个搜索引擎对外链的要求不同，收录同一网站的外链数也就不同。搜索引擎都没提供准确的查询外链的途径，通过其管理工具或者高级命令都不能准确查询网站的外链数据。通过 Bing 管理员工具查询的数据也只是相对准确而已，所以只能通过查询粗略地估计，比如百度使用Domain命令、谷歌等搜索引擎使用Link命令，查询得出的结果与Bing管理员工具结合，判断网站外链优化的状态。当外链数量急剧下滑时，需要尽快检查网站问题，防止导致关键词排名下降。

- 首页外链的数量。首页是网站权重最高的网页，首页的外链传递的权重更高，有经验的SEO会查询竞争对手的首页外链数，然后制定自己的优化计划以超过对手。同时注意收集竞争对手比较好的外链资源，然后利用外链资源增加高质量外链。查询的工具可以使用相对准确的Bing管理员工具。

- 相关行业的外链数量。外链优化中最重要的一项代表着网站在本行业的广泛度，比其他行业的外链效果更好，所以检查网站在相关行业中的外链情况对外链优化有指导意义。同样也需要查看对手的相关数据，以更准确、不浪费资源地去优化行业内的外链。查询工具同上。

监测外链优化的效果是为了更好地优化外链，发现外链中的问题，防止网站由于外链问题排名下降、流量减少的情况产生。

9.10　习题

一、填空题

1. 在做网站的市场定位时需要注意以下问题：＿＿＿＿＿＿、＿＿＿＿＿＿、＿＿＿＿＿＿、＿＿＿＿＿＿、＿＿＿＿＿＿等。

2. 分析竞争对手网站包括网站的各数据的状况，如网站的＿＿＿＿＿＿、＿＿＿＿＿＿、＿＿＿＿＿＿、＿＿＿＿＿＿、＿＿＿＿＿＿等。

二、选择题

1. （　　　）不属于网站优化策略。

（A）内部优化　　　　　　　（B）外部优化

（C）选用适当的域名　　　　（D）制定优化方案

2. （　　　）不属于合适的服务器选择标准。

（A）选择境外服务器　　　　（B）选择权威服务器

（C）选择稳定服务器　　　　（D）选择安全服务器

三、简述题

1. 简述网站页面关键词的优化策略。

2. 简述网站选择外链的广泛度要求。

3. 简述网站日常监测的内容。

第 10 章
利用 SEO 赚钱

  SEO 的主要目的是借由更多的目标关键词的排名为网站获取更多的流量和更高的权重，流量被转化为产品或服务的潜在客户资源，或者访问者可以单击网站上放置的广告条和促销链接，更明确地说，要么是通过网站售卖产品或服务，要么通过为其他三方网站或店铺提供广告平台，使站长可以从中获取一定的利润。除此之外常见的几种 SEO 赚钱方式是：利用 SEO 技术和资源做暴利产品或行业关键词排名，收集数据或者转介绍客户赚钱；SEO 培训赚钱；给企业提供 SEO 服务赚钱；充当 SEO 顾问赚钱；利用 SEO 售卖自己产品赚钱；利用 SEO 跟企业合作赚钱；运用 SEO 做淘宝客赚钱；出售 SEO 软件赚钱；自建平台出售外链或者广告位；利用 SEO 技能上班赚钱。

  本章主要内容：

- 利用广告赚钱
- 做暴利产品或行业关键词赚钱
- SEO 培训赚钱
- 提供 SEO 技术服务赚钱
- SEO 顾问赚钱

10.1　利用广告赚钱

10.1.1　广告赚钱的 4 种方式

  一种是包含其他网站或服务的促销插播广告，这些广告可以是广告条、视频、文本链接（见图 10.1）或者是网站上的特定文章（即软文），例如对某产品的介绍。当构建自己的网站时，必须要考虑到如何从网站或博客赚取利润，以及不同类型的广告在网站结构中的位置、良好的规划，可以让站长从网站赚钱、最大限度地提高网站的利润。

图 10.1　推 18 论坛广告示意图

1．单击付费广告 CPC

用户单击一个广告文本链接或者是广告条，比如一张图片、文件或视频时，广告的客户将会为网站用户每一次对于广告商的产品或服务的点击进行付费。CPC 的全称是 Cost Per Click，点击的费用取决于很多因素，比如访问本网站的访问者的类型和网站的竞争对手类型，比如，可以为广告条设置在点击时支付 3 角钱，由广告商支付给站长这笔钱。这种模式并不包含访问者如何与广告商的产品或网站的交互；一旦用户点击了广告条，那么支付处理将立即完成。这种模式适用于绝大多数想通过网站挣取利润的网站。潜在访问可以在自己的网站上单击广告条，也可能潜在的在自己的网站上单击其他的链接。这将会产生可能的收入。广告提供商比如百度网盟（见图 10.2）、阿里妈妈、Google Adsense 以及 Yahoo Publisher Network 和 Facebook。本质上说百度的竞价广告也是按点击付费（见图 10.3），因此这是互联网中被广泛使用的一种广告盈利模式。

图 10.2　百度网盟 CPC 广告

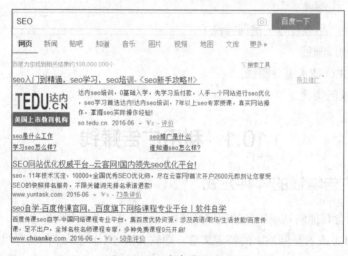

图 10.3　百度竞价广告 CPC

2. 每千次展示广告 CPM

每千人成本 CPM（见图 10.4）的英文全称是 Cost Per Mile，这种模式是指网站广告的显示次数以千次为单位，通常指每一千个人看到这个广告条就会给网站的站长支付广告费用，它是以用户看到这个广告来计价的，是一种基于"印象"的模式。这种模式通常以页面浏览次数为准，无论用户是否单击了广告，也通常称之为广告条印象。这些印象并不包含来自用户浏览器的刷新行为，因此如果 CPM 是 2 元，那么当有 10000 个用户印象时，它将要支付你 20 块钱作为报酬。如果网站具有较大的流量或页面访问量，使用 CPM 广告无疑是最赚钱的，因为可以在页面上放置多个广告来获取利润，可以使用 HTML 的 rotating 广告方法在一个位置显示多个广告，从而赚取利润。CPM 的提供者包含 Facebook 和 BuySellads，可以通过添加其广告到自己的网站上赚取利润。

图 10.4　按千次展现付费 CPM

3. 按行动付费广告 CPA、CPS

所谓按行动付费广告 CPA（见图 10.5），通常用于广告联盟，它是指当网站访问者在广告活动中单击了广告条，然后链接到广告网站，并且产生了一定的处理过程。这个处理过程可能是从广告商店购买了产品，通常称为"每销售成本"，英文全称是 Cost Per Sale，简称 CPS，也可以是完成了表单注册一个服务或信息，或者是完成了一个调查，通常被称为 Cost Per Lead（CPL），中文全称是引导数。大多数的会员营销活动都是基于这个模型，它们仅在访问在购买了产品或完成了表单之后才会付给网站站长费用。如果网站是新的，并且没有太多潜在的流量，将无法从中取得较好的收入，站长必须构建一种访问者的信任机制，以便于它们会单击网站的链接并购买广告上的产品。

图 10.5 按注册、下载安装等付费 CPA 广告

4. 固定价格的广告条 CPT

固定价格的广告条是指广告商支付固定的金额而将广告条放在网站上一段时间，通常是一个月以上，又称 CPT 广告，即 Cost Per Time。本章开篇图 10.1 所有的广告即属于这种广告模式。在这种情况下，会提前支付成本，而不管点击数量或广告条所收到的印象数量。如果广告条具有较多的点击量，那么很有可能广告商会将其广告条放置额外的月份。广告商决定放置其广告到哪个网站上由许多因素决定，比如网站的流量数、网站的分类、每个页面收到的印象数。固定价格模式是最容易的一种广告模式，因为你不需要一个广告联盟并执行。所有需要做的只是联系广告商并邀请他们在自己的网站上放置广告条。有这样的一些联盟，比如 BuySellAds、百度网盟，将帮助站长推广网站广告并为网络广告条提供方便的管理平台。

10.1.2 确定广告条的形式

当要在自己的网站上放置广告条时，站长可以在众多的 Web 广告格式中选择。每种广告格式会对网站访问者具有不同的影响。站长有时可以注意到用户对于某种格式的广告的点击量总是超过其他格式的广告。随后，可以测试各种格式，根据用户的点击和特定格式的广告流量来确定最佳的广告格式。通常，广告格式是一张图片、文本、视频或者是特定的 HTML 页面呈现出网页广告。

1. 文本广告

文本广告是广告商在网站购买的基于文本的链接。当用户单击时，他们将进入广告商的网站。文本广告并不包含图形图像，但是有时可能在主链接下包含一些广告。文本链接是站长通过广告联盟或者是直接出售给广告商的。好 123 首页的所有导航链接只要付费就属于文本广告（见图 10.6）。

2. 图片广告

图片广告（见图 10.7）或显示广告使用图形图像而不是文字链接广告条。图片广告会提供几种标准尺寸（见标准网页广告尺寸规格举例）。虽然可以创建不受这些尺寸限制的广告条，但是建议站长遵循标准的尺寸，以便于创建适用于不同客户的图片，图片广告具有更强吸引目标访客到一个图片所指的广告页面的作用，点击率更高是必然的。

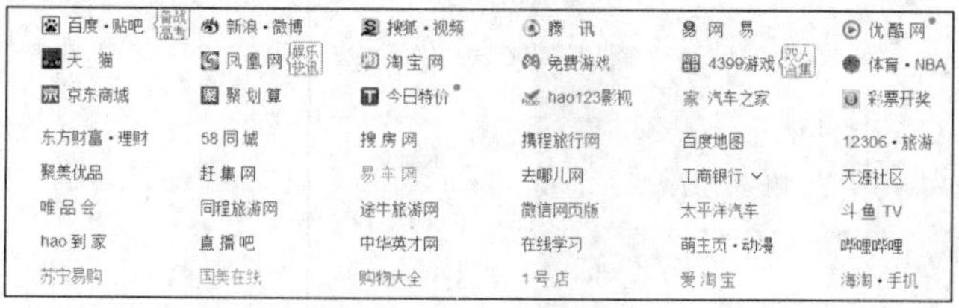

图 10.6 文本广告

图 10.7 图片广告

标准网页广告尺寸规格：

- 120*120，适用于产品或新闻照片展示。
- 120*60，主要用于做 LOGO 使用。
- 120*90，主要应用于产品演示或大型 LOGO。
- 125*125，适于表现照片效果的图像广告。
- 234*60，适用于框架或左右形式主页的广告链接。
- 392*72，主要用于有较多图片展示的广告条，用于页眉或页脚。
- 468*60，应用最为广泛的广告条尺寸，用于页眉或页脚。
- 88*31，主要用于网页链接，或网站小型 LOGO。

3. Flash 广告

Flash 广告（见图 10.8）是指使用 Flash 技术来创建动画广告和动态图形的广告条。Flash 广告比普通的静止图像或文字广告更具吸引力。不过，它们不会出现在不支持 Flash 的智能手机和平板设备，这使得这种格式对于智能手机或平板电脑用户来说不理想。因此有些客户选择使用 HTML5 动画广告来取代 Flash 广告，因为它可以用于智能手机和不支持 Flash 的设备。

图 10.8 腾讯首页 Flash 广告

4. 视频广告

Internet 网速的提高使得更容易在网上使用富媒体视频（见图 10.9），很多广告主制作视频广告来吸引用户，并提供直接的、互动的信息。然而不推荐在一个网站页面上使用多过一个视频广告，这可能导致页面的加载速度变慢，从而流失网站的访问者。

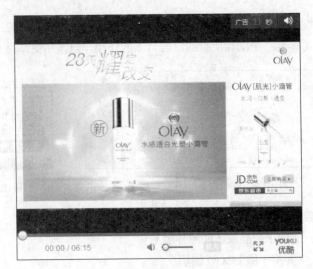

图 10.9　富媒体视频广告

10.1.3　加入百度联盟赚钱

对国内用户来说，百度联盟广告是最常用的广告提供者，可以通过在网站上放置百度联盟的文本和图片广告来赚取利润，依托百度搜索引擎，从而可以获取到最大的访问流量。百度联盟广告显示基于多种因素，比如网站分类和网页内容关键字的呈现，而且也可以在移动应用上使用百度联盟广告。

为了能够在百度联盟使用广告，必须先在联盟中注册一个用户，将自己的网站信息输入联盟中等待审核。

（1）打开百度联盟网页，网址为 http://union.baidu.com/，将进入百度联盟首页，单击页面右上角的"现在加入"按钮，如图 10.10 所示。

图 10.10　百度联盟首页

（2）单击"现在加入"按钮之后，将会进入用户注册页面，需要输入网站的地址以及网站的分类等信息，如图 10.11 所示。

图 10.11　百度联盟网站验证

（3）网站信息填写完成并且网站验证完成之后将会进入创建用户页面，输入自己的联盟用户信息，如图 10.12 所示。

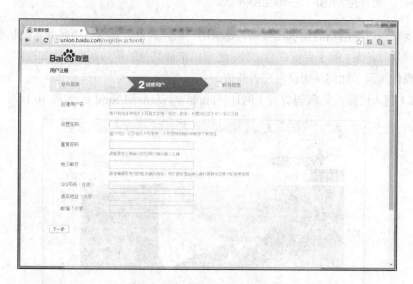

图 10.12　注册百度联盟用户

（4）在注册完用户信息之后，接下来进入财务信息页，在这个页面输入自己的银行卡信息，以便于收取来自百度联盟的收入，如图 10.13 所示。

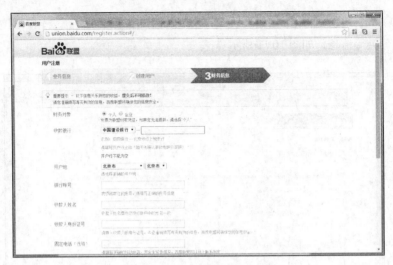

图 10.13　百度联盟的财务信息页

（5）填完财务信息之后，百度联盟会提示注册成功，但是需要一个工作日进行审核，审核通过后，就可以使用百度联盟中的广告来用网站赚钱了。

如何从百度联盟收钱呢？首先确保财务信息填写正确，并且通过了审核。百度联盟要求网站必须备案，并且要具有一定的 PR 值等。百度联盟目前是国内比较稳定的广告联盟提供商。

10.1.4　使用其他广告联盟赚钱

百度联盟对于网站的要求比较高，要求用户必须具有备案号，因此要求站长在注册域名后必须及时备案。除了百度联盟之外，还可以申请其他的广告联盟，比如极限广告联盟。下面的操作演示了如何注册极限广告联盟。

（1）进入极限广告联盟首页（网址：http://www.cnxad.com/），如图 10.14 所示。

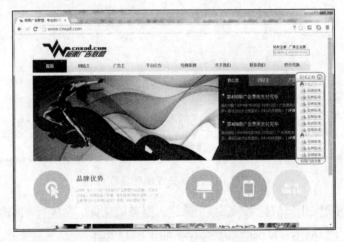

图 10.14　极限广告联盟首页

（2）作为网站站长，选择主导航栏中的"网站主"链接，向下滚动滚动条可以看到加盟流程，单击"立即加入"按钮，将会进入如图 10.15 所示的加盟页面，首先要求输入QQ 号和验证码。

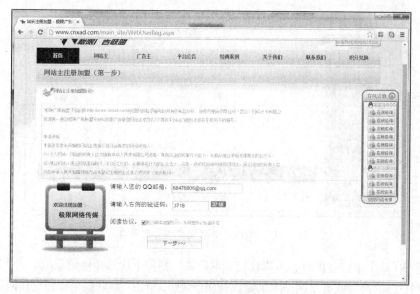

图 10.15　进行邮箱验证

（3）接下来开始进行用户注册，此时要输入账号和密码进行注册加盟，如图 10.16所示。

图 10.16　注册广告联盟

（4）在成功注册极限广告联盟之后，将会进入网站主管理平台，在这个平台上可以获取广告代码、查看收益情况等，如图10.17所示。

图10.17　极限广告联盟广告管理平台

（5）在这个平台管理页，可以在"获取广告"栏位下面选择申请获取广告代码，以便放置到自己的博客或者是网站上来赚钱利润。例如，单击"获取娱乐型弹窗代码"链接，将会进入如图10.18所示的窗口。

图10.18　申请广告窗口

接下来会进行一个工作日的人工审核阶段，在审核通过后，就可以在自己的网站上添加代码、获取利润了。

除以上广告联盟外，站长还可以通过百度输入关键词广告联盟找到很多类似的联盟广告，注册使用并产生收益。

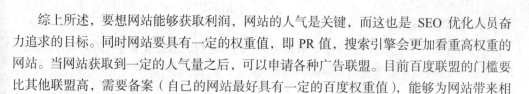

综上所述，要想网站能够获取利润，网站的人气是关键，而这也是 SEO 优化人员奋力追求的目标。同时网站要具有一定的权重值，即 PR 值，搜索引擎会更加看重高权重的网站。当网站获取到一定的人气量之后，可以申请各种广告联盟。目前百度联盟的门槛要比其他联盟高，需要备案（自己的网站最好具有一定的百度权重值），能够为网站带来相较于其他联盟较高的利润。

10.2　做暴利产品或行业关键词赚钱

所谓暴利产品或行业，包括但不限于灰色行业，在此我们并非提倡从事灰色产业，而只是从赚钱的角度提出有这么一种赚钱的方式存在。通常可以是自己提供相关产品或服务；也可以采用跟企业合作的方式，通过获取到相关关键词的排名后，售卖出产品按比例分成，或者提供优化服务，赚取服务费；也可以采用做淘宝客的 CPS 方式，或者按 10.1 节的方式提供广告位，按广告位收费。赚钱方法多种多样，主要看自己的资源及擅长的项目。

10.2.1　暴利产品或行业的定义

暴利产品或行业指的是利润比远高于通常或常规的产品、服务或行业。通常具备这样几个特征，市场刚兴起但潜力巨大，市场已存在但为道德、法律不允许，信息差较大，时效性短，垄断行业，市场需求巨大，门槛高，概念包装及炒作等。

1.　市场刚兴起但潜力巨大

这个规律在任何一个行业都存在，其根源在于竞争小，市场大，供不应求，自然利润高、收益大。随着市场的成熟，各行各业都趋于饱和，竞争激烈，供大于求，利润比普遍降低，此时暴利产品或行业必然是创新产品或者新兴行业，比如微信诞生初期，微商是个高利润的暴利行业，但随着市场的发展，进入人数越来越多，利润越来越薄，渐渐红海一片。而暴利产品同理，比如 2015 年兴起的创意情趣用品，用礼品的概念来重塑情趣用品形象，并结合当下各种新兴的传播渠道，创造了一篇蓝海市场。

2.　市场已存在但为道德、法律不允许

私家侦探行业在国内是不被法律许可的，但需求十分强劲，只有较少的有资源、有人脉的人才能进入，这个门槛导致了从业人数相对较少，竞争相对较小，因而利润较高。在国内，此类行业不在少数，因此便给一部分以 SEO 为业的人创造了机会，当然作为 SEO 从业者一定要有自己的法律和道德底线，不能违反法律法规。

3.　信息差较大

利润空间大还有一个重要因素即信息差，越多人不了解市场行情，则定价空间越有弹性。比如 2013 年左右火热的纳米概念，诞生了很多高价的家用产品、食品。

4. 时效性短

在互联网时代，随着信息流通越来越通畅、越来越快，信息壁垒存在的时效性越来越短，因此产品或行业的暴利期变得越来越短。

5. 垄断/门槛高

另外一种高利润是因为某种原因造成的行业或产品垄断，比如烟草、电力为国家垄断，土豆、大蒜为某个财团垄断，都会造成一定的高利润。而往往垄断的产生是因为门槛高，资源聚集到几个寡头手里造成的。

6. 市场需求巨大

只有供大于求才能产生高利润，市场容量对产品的利润比具有重要的决定作用。巨大的市场需求、较少的竞争者带来的就是高价高利润产品。

7. 概念包装及炒作

高利润产品、服务或行业的另一个原因是概念包装及炒作，进而形成知名品牌和高溢价，比如 Iphone 系列产品。

10.2.2　暴利产品赚钱的方式

利用 SEO 操作暴利产品，一般有以下 5 种形式可供选择。

- 自己提供相关产品或服务：产品渠道来源包括在阿里巴巴或其他 B2B 商城采购，本地厂家采购，或者自己生产、创造等。比如一款价值 29980 元的按摩椅，如果有资金，可选择合适厂家拿下代理权囤货销售；技能培训也是众多暴利赚钱服务的一种，将自己或周边人具备的技能整合起来，通过 SEO 招收学员售卖出去。

- 也可以采用跟企业合作的方式，通过获取到相关关键词的排名后售卖出产品按比例分成：初期合作可采用免费介绍客户或者少量进货的方式，随着排名的提升，流量的增大和咨询量的增多，销量越来越大，再跟企业采用按比例分成的方式帮助产品或服务售卖，赚取利润。

- 提供优化服务，赚取服务费：也有人采取为企业提供优化服务，专注几个主要的转化率、商业价值高的词进行优化，获得排名，按月计费，赚取优化服务费，咨询和成交仍旧由产品或服务提供企业自己把控。

- 采用做淘宝客的 CPS 方式：最普遍的要数阿里妈妈提供的淘宝客平台，由系统完成有广告需求的商家聚合、展示、分发，并对淘宝客站点的广告位进行跟踪，对点击购买的行为进行跟踪，最终按商家设定的佣金价格与淘宝客分成，本质上来说是第 2 种合作方式的网络化，将合作双方的地域扩大了。

- 按 10.1 节的方式提供广告位，按广告位收费：这种方式在 10.1 节有过介绍，做某一行业高流量词排名，建立一个行业高流量站点，然后按 CPC 或者 CPA、CPT 等方式计费赚钱。

暴利产品或行业赚钱的模式是很多从事 SEO 的站长所喜爱的，因为单品利润高，容易赚到较多钱，但同时对站长的眼光、能力、资源、人脉等也是极为重大的考验。

10.3　SEO 培训赚钱

随着搜索引擎的发展，越来越多的企业意识到搜索引擎营销的低成本、精准有效性。于是大量企业上网，但由于对互联网的不了解，导致即便拥有自己的网站也无法产生效益，SEO 行业应运而生，当然这个行业的诞生离不开很多搜索引擎营销从业者的推动，巨大的人才缺口造成了 SEO 培训的火爆，尤其在 2007 年到 2012 年间，当然现在虽然 SEO 培训势弱，但对 SEO 技能、知识的需求依然巨大，这是 SEO 培训有市场空间的前提条件。本节我们介绍一下如何利用 SEO 培训来赚钱。

10.3.1　SEO 培训

对于一个 SEO 从业者来说，需要的技能包括基础的 HTML、CSS、js 知识，内容管理系统如织梦、phpcms 仿站，关键词研究布局，内链布置，营销思维，外链建设，原创伪原创，资源积累，数据分析甚至活动策划等。要成为一个合格的 SEO 从业者，并不如想象中那么简单。无论实现关键词排名还是实现网站流量增长，小企业站或者大型站点，对 SEO 工作技能的要求都是综合性的。

1. 基础网站建设知识

对一个 SEO 来说，不见得要成为专业的前端，但如果不懂网站建设知识，面对网站布局、关键词布局、降噪、内链设置、面包屑导航、代码优化、性能优化等就无从下手了。因此基础建站就是 SEO 培训中非常重要的一块，甚至作为一个独立的培训课程存在。

2. 仿站

仿站涉及后端基础，懂得仿站可以更好地借鉴竞争对手或者其他行业优秀网站在布局、结构上的经验，对内容的组织更具灵活性。而且在 SEO 操作中，站群也是很重要的一种优化排名方法，对仿站的需求更大。因此一个合格的 SEO 一定同时是一个仿站高手。

3. 关键词研究及布局

关键词的研究跟网站定位、市场策略等密切相关，本书前面章节已有讲述，关键词研究决定了之后网站排名、获取流量及带来收益的能力，因此是一门重要学问，同时涉及竞争对手研究、用户消费心理研究等。一般着重短期的小企业站关键词库在几十几百即可，而着眼长期的中大型站点关键词库会上万、几十万、几百万，包括如何拓ן词、使用什么工具、关键词分类，以及首页、栏目页、内容页和其他页面关键词的安排等都是一个 SEO 应该掌握的内容。

4. 内链布置

常规教程都会讲到树形及扁平网站结构、蜘蛛状网站内链布置以及面包屑导航，但若深入内链建设的本质，单单以上所说远远不够，内链的目的在于为搜索引擎蜘蛛和用户搭建起自由的浏览通道，而内链的通达及合理是基于数据分析、对用户行为分析基础上的。

5. 营销思维

除了对用户心理的把握，还需要掌握常规的大众心理需求，比如好奇心理、贪图便宜心理、从众心理。在 SEO 实战中，处处都需要融入营销思维才能创造出更有价值、生产力更高的网站。一些细节部分依旧依赖数据分析。

6. 外链建设

外链建设是 SEO 工作中重要的一环，培训中一般能教到外链存在的价值、对排名的影响及原理，还有各类外链平台及建设的思路等。真正落到实处，什么链接有效、什么平台链接的价值最大、如何换取优质友情链接、如何获得高质量外链等更需在实战中积累。

7. 原创伪原创

一般小企业的 SEO 除了承担 SEO 的工作，同时还是网站编辑，排名、流量离不开内容，因此掌握内容建设的方式方法也是 SEO 必备的基本技能。作为 SEO 来说，不单单是文章的创作能力，尤为重要的是学会营销型软文的写作，这在 SEO 培训中往往会独立成课程做专门培训，除了写作技巧，更重要的是消费心理、营销思维等。

8. 资源积累

资源积累在 SEO 工作中非常重要，资源越丰富，SEO 的成本就越低，并且在获取排名和流量上更具优势，作为职业来说，将更具竞争力。无论是资源积累的方式方向，还是资源积累的思维都是 SEO 培训应该提供的。

9. 数据分析

网站的建设、获取关键词排名等依据数据分析的结果进行会更有效率和方向性。一般数据量少的网站无需专门的数据分析师，大型网站往往都有专业岗位来观察分析用户行为，进而对网站进行更好的改进，促使网站质量提升。

10.3.2 SEO 培训赚钱的方式

作为互联网营销的一个分支，SEO 更多存在于线上，因此多数 SEO 培训会以在线方式进行，当然也有结合传统学校开设的线下职业教育科目。

（1）一对多线上培训，借用的渠道有 YY、QQ 群、微信群等，学员上缴一定学费后，获得进入 YY 课堂、付费 QQ 群（见图 10.19）或者微信群的权力，多人一起参与学习。

图 10.19　付费 QQ 群

（2）付费购买电子书教程或者视频教程自学，有问题找老师提问。一般按章节制作完电子书或者视频教程后上传到 QQ 群、微信群或者各云盘，需要学习则付费获取解压密码等。

（3）在线学习平台，付费获得论坛或者在线视频网站的收看资格，在线学习。或者按单节付费学习。很多在线教育平台采用这种模式，比如腾讯课堂（见图 10.20）。

图 10.20　在线付费学习

（4）线下脱产班或周末班，通常采用先学习后付费的模式，价格相比线上要高不少。对于学员来说优势是能够在一个阶段集中精力学习技能，而对于操作 SEO 培训者来说可以更好地保证教学效果，从而产生更好的口碑效应，获取到的信任度相比线上培训更高，但是成本也会更高（见图 10.21）。

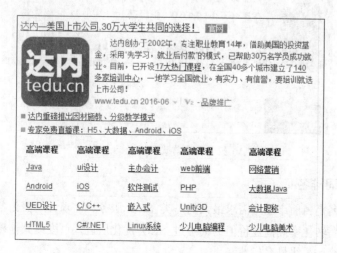

图 10.21　国内 IT 教育龙头达内线下班

10.4 提供 SEO 技术服务赚钱

SEO 作为一个行业独立出来，代表它需要专业技能才能做好，因此在这个行业中经过多年积累掌握了大量实操经验、资源以及思维的专业人士便可以利用手中的技能来为有需求的企业服务。一般有两种方式，一种是提供单关键词的服务、软文写作代发服务、外链代发服务等，一种是提供整站优化服务。通常后者需要更加长时间的经验累积。本节我们从掌握 SEO 技能的人可以为企业提供什么服务及一般的市场行情方面来做介绍。

10.4.1 SEO 服务

在前面章节我们已经讲到 SEO 需要具备的各项技能，如果在这些方面或某一方面具有较多的实操经验及成功经历，便可以以此作为一项专业服务来作为交换赚钱。

1. 建站、仿站

一般小企业站对网站建设的要求不会特别高，功能也较少，专业的 SEO 完全能够胜任相关工作。SEO 建站具有的优势是能够在站点建设之初就将 SEO 的思维融入进去，对上线后的关键词排名具有极为有利的影响。笔者有一个站点（见图 10.22），因为上线前站内的优化工作全部完成，所以上线后无论在收录、排名上表现都优于其他站点。按事先约定价格在站点上线后付费。

图 10.22　上线前优化过的站点举例

2. 关键词排名

关键词排名是目前市场上需求最大的一类 SEO 服务，需求方一般为各类小企业站，通过对特定的高转化率高商业价值的词经过 SEO 优化后进入百度或其他搜索引擎首页甚至前三名。按词按最终排名付费。

3. 代写代发站内外文章

SEO 与内容始终难以分开，无论站内站外，对文章的数量和质量都会有一定要求，由于人员配置或者成本考量，企业可能会选择外包给三方来进行站内更新和站外文章代写代发。这种需求的存在正是掌握这门技能的 SEO 存在价值。

4. 代发外链

SEO 排名与外部链接数量跟质量密切相关，因此也就诞生了对代发外链的需求，一般 SEO 手里都会掌握不少外链平台资源、账号等，并对平台规则熟悉，能较好地保证外链的存活率等。

5. 代做百度系产品

SEO 中一项很重要的工作即百度知道、百度百科、百度地图、百度贴吧、百度文库或 360、搜狗系平台的建设工作，一方面为了外部链接，一方面为了品牌建设，但因为百度平台对广告控制越发严格，带有宣传性质的文案都很难存活，因此也就诞生了以此平台为专业的专业人士提供相关的 SEO 服务。具有相关资源或者技能的人士也可以赚此钱。

6. 代发新闻源

掌握新闻源资源的 SEO 可以通过代写代发文稿赚钱。

7. 提供整站 SEO 优化服务

包括以上所有部分，目的不仅仅是某些词排名提升，而是整站收录、流量等的提升。一般由 SEO 优化团队提供，单人难以承担这样的工作，而且对 SEO 整站服务具有需求的站点具有较长远的规划，因此留给优化团队的操作空间是比较大的。

10.4.2　SEO 服务平台及方式

SEO 服务火爆是在 2007 年到 2012 年间，现在越来越多的公司自建了 SEO 团队，聘请 SEO 人员专职负责网站的优化推广工作。当然仍旧有不少人或公司在提供 SEO 服务，并以此作为主业。本节介绍一下提供 SEO 服务的平台以及提供的方式。

SEO 服务一般通过以下渠道出售或者获取，最常见的是淘宝平台，在 10.4.1 节介绍的所有服务在淘宝平台都有出售，价格各有不同。据笔者了解出售 SEO 服务广泛分布于互联网各个地方。

1. 淘宝 C 店

在淘宝（见图 10.23）出售或者购买 SEO 服务的优势在于双方皆有一定利益保障，对于商家来说不足则是竞争太大，对于客户来说好处还有可以货比三家。服务价格多标为 1 元，原因在于 SEO 服务不是一个标准件，很难定一个确定的价位，同时还可以拉高单品出售的数量，对增进信任也是有好处的。

图 10.23　淘宝 C 店 SEO 服务

2. 威客平台

威客平台比如猪八戒（见图 10.24）、三打哈等，都有 SEO 相关服务提供，该类平台同样得到平台方担保，利益也可以有保障。因此对于服务提供者来说也可作为一个渠道选择。

图 10.24　威客平台猪八戒网站

3. 百度竞价/网盟

在百度投放广告（见图 10.25），网盟或者竞价广告都可以。控制好投入产出比（ROI）即可。

4. 百度知道/贴吧等百度系产品

利用百度知道（见图 10.26）或者百度贴吧做曝光和引流，然后去三方担保支付平台成交，这也是 SEO 服务提供商常用的手段。百度知道和百度贴吧是除搜索外的另一个客户精准、流量超大的平台。2016 年百度公司又对百度知道进行了商业化，增加企业知道产品。

图 10.25　百度广告

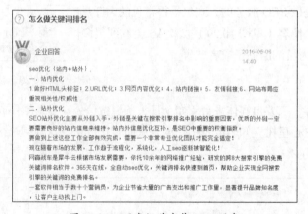

图 10.26　百度知道出售 SEO 服务

5. SEO 自然排名

之所以没将用 SEO 手段（见图 10.27）提供 SEO 服务放在首位，原因在于它没有其他手段直接，通常作为手段之一被使用。几个老牌站长站点通过提供 SEO 工具、SEO 资讯等手段增进网站流量，然后在站内转化为 SEO 付费客户。

图 10.27　SEO 自然排名

6. 新闻源

做新闻源（见图 10.28）从获取流量来说还是 SEO，但是作为新闻源站点本身来说也具有一定的流量跟曝光，新闻源的优势在于获得排名快，缺点是周期短。

图 10.28　新闻源

7. 站长平台发帖/投放广告

这种引流和提供 SEO 服务的方式也是很常见的，打开站长之家、卢松松博客（见图 10.29）或者 A5 会看到很多以宣传 SEO 服务为目的的帖子或者广告。

seo优化　百度排名
最快1-7天　上首页
不修改网站非点击

图 10.29　站长平台广告接单

8. 自媒体

通过独立博客，三方自媒体平台（如今日头条、微信公众号）创作或者搜集整理干货文章，在潜在用户心里树立知名度及信任度，从而转化成交。这种例子很多，比如卢松松博客（见图 10.30）。

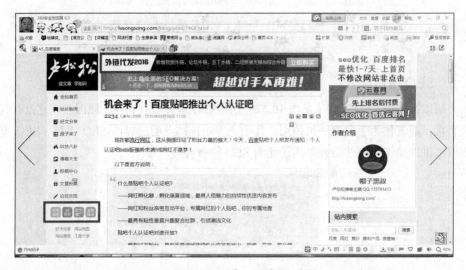

图 10.30　卢松松博客

9. QQ 群/微信群

通信工具平台可以根据关键词及地域进行精准定位，而且已经存在很多以合作为目的的QQ 群/微信群，有项目的，找人才的，被聚合在一起，多互动即可产生合作（见图 10.31）。

这里先列举以上 9 种方法及平台供参考，其他平台及方法还有很多，可以在实战中挖掘。

图 10.31　QQ 群/微信群

10.5　SEO 顾问服务赚钱

使用这种方式赚钱的 SEO 一般是经历过很多实战后具有了比较宏观及整体的优化思维，对于企业或者网站所存在的问题能够有较全方位的认识，能认得清用户，把得准市场脉搏，并基于历史数据做出合理诊断，从而进行资源优化配置，给企业创造利益。合格的 SEO 顾问服务在如今市场上并不多，其他最多称得上 SEO 兼职或者提供 SEO 技术服务。本节将介绍 SEO 顾问服务相关的知识。

10.5.1　SEO 顾问服务

在本节引言里已经说明了作为 SEO 顾问所应该具备的条件，对于大型的 SEO 顾问来说，一般是以团队形式存在的，包括市场研究、竞争对手研究、关键词研究、用户行为研究、营销策略研究、网站架构研究、内链策略、外链策略、内容策略、人力配置及实施计划等，是一个系统的工程。下面介绍 SEO 顾问服务包括哪些方面（以下服务内容摘自知名 SEO 服务商搜外网站）。

1.　基础架构重构

行业网站通常会因为框架结构不合理导致网站收录不理想、网站快照更新滞后、权重传递不合理的现象。通常而言，我们首先会对网站基础框架进行调整，主要包括代码精简、目录层级优化、URL 结构优化、链接结构优化、页面展示内容优化等。通过对网站基础框架重构，更利于搜索引擎蜘蛛对链接的抓取，确保网站优质内容页面可以快速获得权重。

2.　数据释放和收录

无论是大型网站还是中小型网站，都或多或少因网站收录量而感到困惑。网站收录量少，除网站基础框架问题因素外，另一个重要因素是网站前端数据的展示、聚合数量。

通常而言，我们会根据用户的搜索习惯，对网站后端数据库进行数据的优化，以确保网站前端展示的数据既可以满足唯一性，在某种环境需要下又可以保持多样性。最终在搜索引擎蜘蛛的光顾下，让她在有效的停留时间内"满载而归"。

3. 关键词权重提升

关键词没有权重就不能为网站带来自然搜索流量。网站收录问题解决后，重点需要提升单页面关键词权重，以获得优质的搜索结果页面排名。

通常而言，首先，我们会根据页面关键词类型重点提升各页面、各标签的关键词密度，以便搜索引擎蜘蛛访问各页面时可以快速定位页面关键词，赋予关键词权重；其次，我们会为不同类型关键词匹配相应的内部及外部链接，进一步为关键词进行加权。

4. 关键词搜索流量提升

关键词有权重但不一定会为网站带来自然搜索流量。相应的，自然搜流量=∑[（关键词排名权重*点击率）*搜索基数]，其中搜索基数受到整体行业的影响，不同行业会产生不同的搜索基数。我们的主要工作是提升关键词排名权重及相应点击率，在撰写单页面 Meta 标签时，通过描述性、促销性以及特殊字符等形式区别于其他网站，吸引用户眼球，以博取用户及时点击。

5. 基础数据监测与分析

网站后端数据直接反映出页面整体收录趋势、排名趋势以及流量趋势等。同时，网站日志详细记录了搜索引擎蜘蛛在网站上的爬行轨迹。保持对 SEO 数据的敏感性，有利于提早发现网站的 SEO 问题。通常而言，伴随着项目的启动，我们会开始一系列的数据收集与数据分析工作，最终汇总成数据报表，基于此报表制定蜘蛛爬行轨迹、调整 SEO 策略、预估关键词排名、预估 SEO 流量等。

10.5.2　国内 SEO 顾问服务提供商

在 SEO 顾问服务方面，爱站、A5、搜外、SEO 每日一贴几位老牌站长站点在业内较为知名，口碑良好（以下简介源自百度百科）。其他依靠竞价或其他广告手段提供 SEO 顾问服务的商家只能靠自己去亲自感受或测试。

1. 爱站（guwen.aizhan.com）

爱站网成立于 2009 年，是一家专门针对中文站点提供服务的网站，主要为广大站长提供站长工具查询。丰富的为站长服务的经验让他们有了更权威和更系统的 SEO 顾问能力。

2. A5（www.admin5.cn/SEO/guwen/）

A5 站长网成立于 2005 年 6 月，是目前国内最大的站长信息和服务中心、最火爆的交流和交易信息平台。目前国内有超过一百万的个人站长、三百万的中小网站。正是这些站长和网站编织了整个互联网，成为互联网的中流砥柱和创新的源泉。A5 站更加偏重站长行业的资讯提供，对 SEO 相关的资讯了解深度无人可及，同时掌握了大量的人脉、资源，作为 SEO 顾问值得推介。

3. 搜外（guwen.SEOwhy.com/）

SEOWHY 是目前国内较大的 SEO 学习交流基地，汇集了全国很多实战派的 SEO 专家讲师，因此在提供 SEO 顾问服务方面具有人才优势。

4. SEO 每日一贴（www.SEOzac.com/services/）

SEO 每日一贴的作者是 zac（昝辉），SEO 行业的先驱，掌握 SEO 的精髓，且行业影响力巨大，因此在 SEO 界的权威度人所共知。

除以上详细介绍的手段方法外，利用 SEO 卖产品、出售 SEO 软件、与企业合作分成、做淘宝客、上班，或者做知名度写书卖书等都是 SEO 赚钱的途径。因此只要手头掌握了 SEO 技能，赚钱的途径就非常多，SEO 的本质即通过优化排名的思维及实操掌握流量，而流量是任何产品及服务变现的第一要素。

10.6　习题

一、填空题

1. 广告赚钱的 5 种方式分别为：_____、_____、_____、_____、_____。

2. 常用的广告条形式分别为：_____、_____、_____、_____、_____等。

3. 其他常见的 SEO 赚钱方式有：_____、_____、_____、_____等。

二、选择题

1. （　　）在创建百度联盟时不需要提供。

（A）网站地址　（B）网站分类　　（C）用户银行卡　（D）用户手机号

2. （　　）是百度联盟的网址。

（A）http://tongji.baidu.com/　　　　　　（B）http://union.baidu.com/

（C）http://jingyan.baidu.com/　　　　　（D）http://open.baidu.com/

三、简述题

1. 简述如何注册并使用百度联盟。

2. 简述如何使用广告赚钱。

3. 简述极限广告联盟的使用方法。

4. 简述如何利用 SEO 做暴利产品或行业关键词赚钱。

5. 简述如何利用 SEO 培训赚钱。

6. 简述如何提供 SEO 技术服务赚钱。

7. 简述 SEO 顾问如何赚钱。

第 11 章

SEO 实战：大型网站发展初期的 SEO

之前的 10 章我们已经基于 SEO 很多细节做了详细的论述，相信大家已经较好地掌握了一个合格的 SEO 人员应该做的各方面工作。本章我们将模拟一个大型网站发展初期的环境来实际对一个网站进行 SEO 操作，从接手站点开始就应对网站形成一个整体的、阶段性的规划，然后针对网站站内、站外包括服务器等方方面面的问题细致查找、诊断，制定出阶段性的可实施性强的改进方案，一步步推进直到达成目标。

本章主要内容：

- 从头开始 SEO
- 制定网站规划
- 网站诊断及执行

11.1 制定网站发展规划

一个大型站点发展初期面临着方方面面的困难、障碍，但只要有一个长期清晰的网站发展规划，从 0 到日 IP 10 万或者 100 万都是可以预见的事情。大型网站跟小企业网站等在优化策略及操作手法上有很大差别，最重要的是大型站点需要覆盖词的数量远超小企业网站，同时意味着需要远超小企业网站的页面来支撑这么多的关键词，站内结构、链接结构、内容组织等方面便会随之不同。因此网站的初期整体规划十分必要，能够促使操盘网站优化的人更深刻地了解企业及行业特征，更合理地利用企业资源，更有的放矢地去推进每一步优化工作，站内内容上从 PGC 到 UGC 以及 OGC 的一个衍生转变，站外链接上从主动传播到被动扩散，逐渐形成良性循环及裂变效应。

注意：用户生产内容（User-generated Content，UGC）网上内容的创作又被细分出专业生产内容（Professionally-generated Content，PGC）。UGC 和 PGC 的区别是有无专业的学识、资质，在所共享内容的领域是否具有一定的知识背景和工作资历。PGC 和 OGC 的区别相对容易，以是否领取相应报酬作为分界，PGC 往往是出于"爱好"，义务地贡献自己的知识，形成内容。视频、新闻等网站中 OGC 是指以提供相应内容为职业（职务），如媒体平台的记者、编辑，既有新闻的专业背景，也以写稿为职业领取报酬。

本章舆情门户站——中国舆情网为例，谈谈网站规划、站内外诊断及推进方案。

11.1.1 网站发展规划概述

网站发展规划是指基于市场定位、用户分析、竞争分析、自身资源而制定出的网站阶段性成长计划（见图 11.1），通常有月度、季度、年度计划。

市场定位是指网站为自身所处的市场及在市场中的位置给予一个清晰设定，并以此为目标持续努力，最终达成目标。以中国舆情网为例，市场定位为舆情这个垂直行业第一的门户网站，意味着站点应围绕各行各业、全国各地以及相关热门关键词的舆情信息来组织内容。

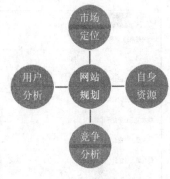

图 11.1 网站发展规划

- 用户分析是指对网站的服务对象进行分析，清晰的用户分析可以更明确网站在为谁服务，从而建设更为合乎这个群体需求的网站布局、链接结构、内容以及外部链接等。

- 竞争分析是指对要经营的网站所在的这片市场中的其他网站进行分析了解，取长补短，进而先人一步，获得更大市场份额及利润。

- 自身资源是指给予运营网站提供的人力资源、资金资源、技术资源、外部合作资源、用户资源等能促进网站发展的所有资源集合。

一句话，明确定位，知己知彼，方可百战百胜。这就是规划的意义所在。

11.1.2 以中国舆情网为例分析

1. 市场定位

中国舆情网做出这种市场定位的原因在于，在舆情行业尚没有一家专业的舆情综合门户，而对专业舆情信息的需求是巨大的，多起负面事件的传播，比如魏则西事件、雷洋事件，带来了极坏的负面影响，让政府及企业对及时掌握舆情走向有了更切实及迫切的需求，从这个切口切入市场选点极准。其他任何一个行业都可以找准一个点切入相应市场，分得一杯羹。

无论通用行业还是垂直细分行业，都会存在"赢家通吃"的现象，因此只有做市场第一才能赢得足够发展空间，中国舆情网在当下具备这样的机会和条件。另外，市场容量是否能留给一个门户足够的空间也是市场定位中必须要考虑的。据统计，中国全国县级以上行政区划共有：23个省，5个自治区，4个直辖市，2个特别行政区；50个地区（州、盟）；661个市，其中：直辖市4个；地级市283个；县级市374个；1636个县（自治县、旗、自治旗、特区和林区）；852个市辖区。总计：省级34个，地级333个，县级2862个。据国家统计局数据，全国大中型企业，截至2014年，大型企业9893个（见图11.2），中型工业企业55408个（见图11.3）。这些人群将是中国舆情网所服务的20%的核心用户，剩下的80%即为普通网民。

指标	地区	数据时间	数值	所属栏目	相关报表
大型工业企业存货(亿元)	全国	2014年	47426.81	年度数据	相关报表
大型工业企业存货(亿元)	全国	2013年	45154.92	年度数据	相关报表
大型工业企业单位数(个)	全国	2014年	9893	年度数据	相关报表
大型工业企业单位数(个)	全国	2013年	9806	年度数据	相关报表
大型工业企业产成品(亿元)	全国	2014年	14864.05	年度数据	相关报表
大型工业企业产成品(亿元)	全国	2013年	13654.75	年度数据	相关报表
大型工业企业实收资本(亿元)	全国	2014年	70445.38	年度数据	相关报表
大型工业企业实收资本(亿元)	全国	2013年	66511.33	年度数据	相关报表
大型工业企业累计折旧(亿元)	全国	2014年	120526.01	年度数据	相关报表

相关结果约 30972 条　　筛选栏目：--全部--　刷新

图 11.2　大型企业统计数据

指标	地区	数据时间	数值	所属栏目	相关报表
中型工业企业存货(亿元)	全国	2014年	24637.28	年度数据	相关报表
中型工业企业存货(亿元)	全国	2013年	23834.10	年度数据	相关报表
中型工业企业单位数(个)	全国	2014年	55408	年度数据	相关报表
中型工业企业单位数(个)	全国	2013年	55708	年度数据	相关报表
中型工业企业产成品(亿元)	全国	2014年	10102.88	年度数据	相关报表
中型工业企业产成品(亿元)	全国	2013年	9236.82	年度数据	相关报表
中型工业企业实收资本(亿元)	全国	2014年	47259.40	年度数据	相关报表
中型工业企业实收资本(亿元)	全国	2013年	43926.95	年度数据	相关报表

相关结果约 31027 条　　筛选栏目：--全部--　刷新

图 11.3　中型企业统计数据

2．用户分析

中国舆情网不单单是舆情信息服务提供商，更重要的是围绕舆情信息衍伸出来的舆情监测、舆情分析、舆情预测及舆情引导相关的服务。面对的用户群体核心是各级政府、企事业单位、各种行业协会、其他非政府组织领导层及各单位宣传公关部门等，明星及经纪团队、新闻同行、意见领袖、普通网民。用户分析最重要的是用户画像、性别、年龄、使用设备、兴趣标签、上网浏览习惯、浏览入口等，这些对网站栏目设置、内容安排、外部建设等具有直接影响，因此从优化角度来看地位十分重要（见图 11.4）。用户分析的数据只有基于尽可能精确的历史数据才能得出准确的分析结果，但对于刚起步的网站来说没有这些数据该如何做？可以结合主观认识及小范围的调查、竞争对手分析、行业公布出的数据、百度指数、360指数、搜狗指数、微指数等公开数据确定网站架构、栏目设置及内容，在运营一段时间后根据后台积累的数据进行调整，使网站更能符合目标用户需求，促进网站发展。

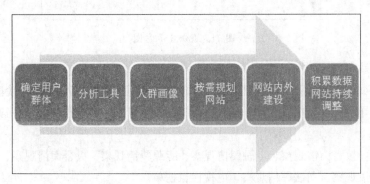

图 11.4　用户分析与网站规划

3. 竞争分析

分析竞争对手的目的在于取长补短。在舆情资讯行业，中国舆情网所面对的竞争对手有人民网舆情频道、新华网舆情频道、天涯舆情、中青在线舆情频道、中国网中国舆情、和讯网舆情频道、大众网舆情频道等 100 多家。其中，有门户级站点运营的舆情频道，也有地方新闻站运营的舆情栏目，权威性、专业度及资源多寡各有不同。需要针对这些竞争对手在网站结构、布局、内容组织、外部链接、其他 SEO 数据各方面进行统计与比较。这里以人民网舆情频道为例进行说明。

（1）网站结构

① 物理结构：全站内容采用树形结构，栏目页静态页面全部放置在 GB 文件夹底下（见图 11.5），再按程序设定的命名规则命名文件夹，并放置这些静态页面。内容页则全部放置在 n1 文件夹底下（见图 11.6），按年月日命名文件夹放置对应日期内容页静态文件。物理放置路径采用树形结构在互联上被广泛使用，对页面维护是有利的。针对特别需要优化排名的短位关键词进行路径的特殊处理还是有必要的，目的在于从网址的语义化上增进相关性。

> http://yuqing.people.com.cn/GB/392839/index.html

图 11.5　静态文件放置在 GB 文件夹

图 11.6　静态文件放置在 n1 文件夹

② 逻辑结构：同样采用树形结构，在首页除了重点推荐的内容页文章、广告页等外，其他都是最新几篇文章页的首页入口，这些在首页的内容页点击一次即可到达，但对于多数内容页来说需要通过首页栏目点击两次甚至因为时间较长被折叠到分页需要多次点击才能到达（见图 11.7）。栏目页指向其他栏目内容也需借助副导航点击至少两次到达。

1	2	3	4	5	6	下一页

图 11.7　分页示意图

（2）网站布局

频道首页、栏目页采用自适配技术，无论 PC 端还是移动设备，访问体验都比较友好。

频道主导航：人民在线、政务指数排行榜、舆情专家、舆情报告、《网络舆情》杂志、关于我们。

副导航：教育舆情观察、金融舆情观察、能源舆情观察、央企舆情观察、医药舆情观察、环保舆情观察、司法舆情观察、电视栏目榜单。

其他栏目：分析师专栏、新媒体观察、政务舆情、企业舆情、舆情研究及两会专题。

人民在线指向一个舆情产品营销站；政务指数排行榜是与新浪微博合作的一款政务微博榜单产品，服务于政府，这个创意属于独创，会造成一定影响力；舆情专家指向人民在线专家栏；舆情报告发布相关行业研究报告；《网络舆情》杂志推送人民舆情主编的一款电子杂志；副导航则分别聚合相关行业的舆情新闻等。主导航设置符合权重分配策略，即站点核心产品及服务；而副导航的作用是信息聚合，满足访客对某一类信息的需求。从首页到内页的访问通道畅通，除了首页副导航给出的访问入口外，还有旅游舆情观察、环保舆情观察等栏目被折叠在政务舆情底下。首页入口有限，这样的展示策略也是可以的，至少给到首页访问及搜索引擎收录入口，以防部分内页成为信息孤岛。

（3）内容组织

人民舆情的定位是服务于党政机关及央企、国企，提供形象营销、舆情监测、声誉风险管理及相关行业全产业链服务，整体信息组织比较符合其定位。在内容组织方面，人民舆情做得不是十分细致，这可能跟其只针对党政机关和央企、国企的定位有关，没有过多关注各行各业的舆情状况，比如科技、农业等，也没有具体的各省地市的舆情信息聚合整理。作为门户站来说，利用大量的关键词来聚合内容，将不同的人引向不同的栏目，可有利于提高访问深度，增强用户黏性。另外，围绕热门事件所做的信息聚合、专题解析、跟进报道、趋势预测等内容的组织很少，与其更加注重宏观有较大的关系。

门户网站的信息除了部分来源于网站自身的采编原创之外，还有很大一部分来自转载。这些内容形成的网站大多数页面为网站贡献了站外搜索流量及站内上下游内链访问流量，除此外相当一部分关键词聚合带来的短尾词流量也不可忽视，因此内容的科学合理组织既是获得更多流量也是增强用户体验和黏性的一个手段。

（4）外部链接

在 tool.chinaz.com 站长工具提供的数据中，62 个外部链接（见图 11.8）指向站内，链接分布较广泛，以舆情网、新闻网、地方政府网站等为主，相关性、权威性及外部链接质量很高。

导出数据

序号	标题	反链域名	权重	PR	反链数	链接名称	带nofollow
1	舆情频道 | 胶东在线	www.jiaodong.net/yuqing	8	6	≈1969	人民网舆情频道	否
2	大象舆情_映象网	www.hnr.cn/news/yuqing	6	5	≈516	人民网--舆情频道	否
3	舆情服务平台-中国警察网	www.cpd.com.cn/n15737398/index.html	5	7	≈699	人民网舆情	否
4	人民网	www.people.cn	3	9	≈190	舆情	否
5	中国轻工业网	www.clii.com.cn	2		≈250	人民网舆情监测室	否
6	住我那 - 全国首家公寓预定网站	www.zhuwona.com	2	3	≈9	图片链接	否
7	琼珍灵芝官网商城—琼珍灵芝"林中灵"®—高...	www.qiongzhen.com	2		≈3	图片链接	否
8	雅森国际--专注汽车后市场展览	www.yasn.com.cn	1	4	≈9	北京国际食品安全检测设备...	否
9	中国当代新闻网	www.zgddxww.com	1		≈4	人民网-舆情频道	否
10	舆情_环球网	yuqing.huanqiu.com	1		≈25	人民网舆情	否
11	人民网	forum.0898.net	1		≈2	舆情	否
12	人民网	nkb.0898.net	1		≈0	舆情	否

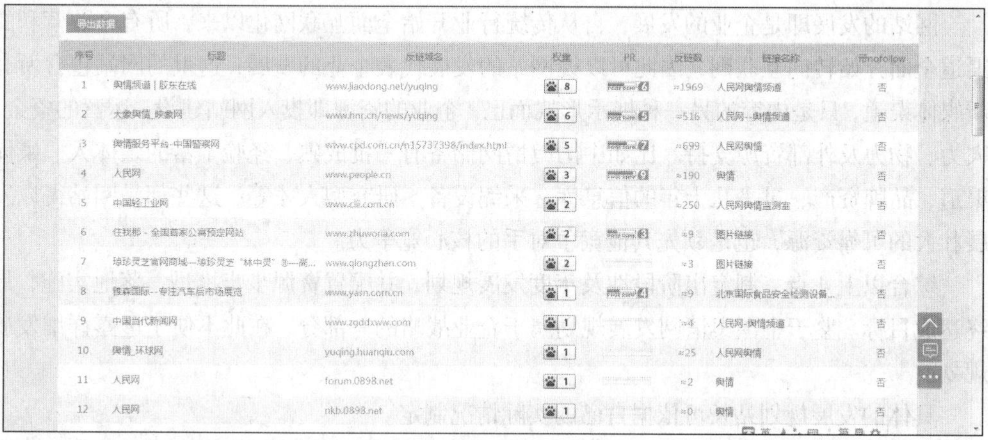

图 11.8　人民舆情外部链接

（5）其他 SEO 数据

竞争对手的 SEO 数据包括网站收录、搜索流量、快照、TDK、Alexa 排名、排名关键词等（见图 11.9）。逐一查询制表（见表 11-1），方便跟自己网站对比，进而查漏补缺。

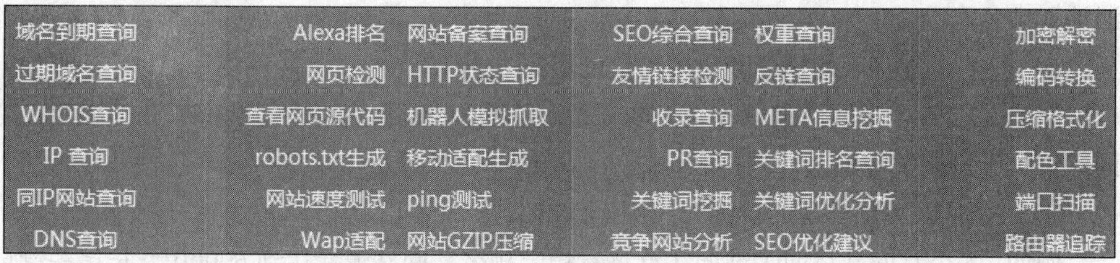

图 11.9　SEO 相关数据

表 11-1　中国舆情网跟人民舆情 SEO 数据对比

网站名	网站收录	搜索流量	快照日期	排名词数	Alexa 排名	BR/PR
中国舆情网	224 143	361	2016.6.2	25	3827549	2/3
人民网舆情	70 553	1889	2016.6.6	1069	9117	4/6

从表 11-1 中的数据可看出，中国舆情网收录超越人民网舆情 3 倍，但搜索流量却低至 1/6，证明前者虽有收录但排名不好，事实是实际存在的页面不到 2 万，其他收录是在改版之前留下的历史收录，已经打不开，成为死链。快照日期迟于人民舆情，这是网站友好性及权威性的一个直观反映。排名词数只有人民舆情的 1/40，相对 Alexa 排名则在 300 万名之外。与竞争对手的 SEO 数据对比，中国舆情网可以很明显地看到自身网站的问题在哪，这给网站的优化提供了可靠的方向，为制定网站发展规划也提供了依据。

4. 自身资源

网站的发展即是企业的发展，自从传统行业开始全面互联网化以来，所有企业营利的渠道全面开始转向互联网，因此可以说网站的发展代表企业的发展，这里的网站包含所有新媒体渠道，只是内容的另一种展示形式而已。企业的资源即投入网站建设、运营的资金、人力、物力及外部资源支持。比如中国舆情网储备有一批成熟、经验丰富的媒体人、媒体渠道、品牌资产、过去几十年的信息库、采编设备、研究型人才等。这些都是网站得以发展壮大的可靠资源，也是领先其他竞争对手的核心竞争力。

综合以上 4 点，制定出阶段性及年度发展规划，并配置资源步步推进，落地实施，最终达成目标。鉴于中国舆情网发展规划属于企业战略的一部分，在此不便于透露详细发展规划。

具体的发展规划站长可依据自己的实际情况制定。

举例（摘自 SEO 自学网）如下。

① 0～1 月预实现的目标和应用操作的步骤

例如，0～1 个月网站文章收录 2000 条、外链 800 条、挖掘长尾 500 条。

② 2～3 个月预实现的目标和应用操作的步骤

例如，2～3 个月网站文章收录 6000 条、外链 3000 条、挖掘长尾 1500 条，热点关键词计划排名。

③ 3～6 月预实现的目标和应用操作的步骤

例如，3～6 个月网站文章收录 10000 条、外链 8000 条、挖掘长尾 3000 条，固定关键词（仅次于目标关键词）计划排名。

④ 6 个月以后预实现的目标和应用操作的步骤

例如，6 个月网站目前关键词在首页有稳定排名，网站流量达到 6000IP，长尾关键词挖掘超过 5000 条记录，收录超过 20000 条记录。

11.2 网站诊断

11.1 节介绍了如何进行网站的整体规划，确定网站发展方向及阶段性发展规划，本节将介绍基于 SEO 思维的网站诊断方法技巧及使用的各种工具，为将发展规划落地提供具体的执行方案。网站诊断涉及的内容繁多而琐碎，因此 SEO 优化不单单是技术活，更是细致的手工活。

本节将从访问速度及稳定性、网站代码、网站物理/逻辑结构、导航/面包屑导航/次导航、页面布局、页面降噪、页面权重分配及传递（热点词）、关键词挖掘筛选、关键词竞争度分析、关键词部署、关键词分词研究、内链建设、TDK、内容策略（转载/伪原创/原创/用户创造/接受投稿）、网站日志、站内品牌策略、Robots、网址标准化、SITEMAP、404 页面、导出链接、301 重定向、移动站及适配、预设访问路径、基于热点的内容组织等方面执行站内诊断。诊断需要借助的工具包括百度统计、百度站长工具、360 统计、站长工具等。

11.2.1 访问速度及稳定性

对于 SEO 来说，网站访问的速度和稳定性对收录、排名的影响极大。360 旗下的奇云测（ce.cloud.360.cn）网站可从全国 25 个省份的 57 个监测点 7 个不同的 ISP 对网站发起访问，可检测网站速度、网站评分、ping 检测及 DNS 检测。

注意：互联网服务提供商（Internet Service Provider，ISP）是向广大用户综合提供互联网接入业务、信息业务和增值业务的电信运营商。7 个 ISP 分别是电信、联通、速博电讯、移动、香港新世界、电信通、教育网。

1. 网站速度

网站测速：结果可显示 HTTP 返回状态码、访问总耗时、解析时间、连接时间、下载时间、下载速度、HTTP 报头。用不同颜色标示出访问速度快慢，绿色最快，红色最慢，如图 11.10 所示。且用表格的形式详细列出全国 25 个省 57 个市区监测数据供站长参考，如图 11.11 所示。

平均速度排行		
名次	省份	平均速度(KB/s)
1	北京	3,251.36
2	天津	1,209.81
3	河北	1,166.77

北京					
监测点	运营商	总耗时/ms	解析时间/ms	连接时间/ms	下载时间/ms
北京市	电信	45.89	28.04	2.49	15.36
	电信	44.34	28.35	2.16	13.83
	联通	43.92	28.36	2.57	13
	移动	6262.64	84.03	1576.64	4601.97
	联通	14.02	0.62	2.89	10.51
	教育网	57.25	28.2	4.99	24.06
	联通	49.11	28.49	3.14	17.48
	电信	418.7	28.01	154.66	236.04
	电信	90.66	27.87	5.07	57.72
	电信通	56.84	43.54	0.89	12.4
	电信	429.28	28.7	151.81	248.77

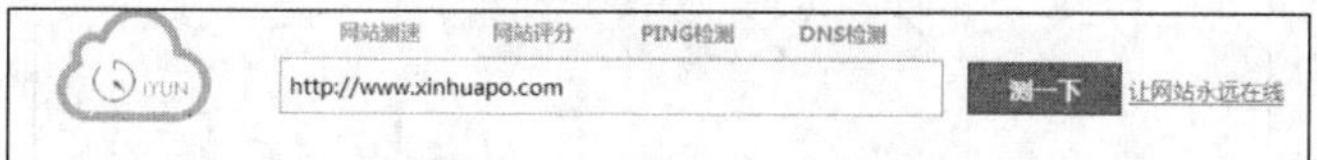

图 11.10　图示网站测速

省份	监测点	ISP	解析IP	归属地	HTTP状态	总耗时
共25个	共45个点	共6个	共1个独立IP	共1个独立节点	200	1149.52ms
贵州	黔西南布依族苗族自治州	电信	182.16.2.18	香港特别行政区	200	1057.25ms
山西	晋城	联通	182.16.2.18	香港特别行政区	200	1733.05ms

图 11.11　表格网站测速

2. 网站评分

网站评分是从访问请求词数、使用长连接、设置页面内容具有缓存性、开启 GZIP 压缩、把 js 置于底部、精简 CSS 和 js 文件、避免 404 错误、减小 Cookie 体积及使用 CDN（外链）9 个维度加以评判（见图 11.12）。奇云测给出的最终得分是 72 分，我们看看哪些地方存在问题，可能造成什么影响。官方声明检测是通过模拟浏览器请求得到并进行评分，并不能完全说明网站的优劣。检测结果具有参考价值，但并非一定要按结果改正。

注意：CDN 的全称是 Content Delivery Network，即内容分发网络。其基本思路是尽可能避开互联网上有可能影响数据传输速度和稳定性的瓶颈和环节，使内容传输得更快、更稳定。CDN 是在网络各处放置节点服务器所构成的在现有的互联网基础之上的一层智能虚拟网络，CDN 系统能够实时地根据网络流量和各节点的连接、负载状况，以及到用户的距离和响应时间等综合信息，将用户的请求重新导向离用户最近的服务节点上。其目的是使用户可就近取得所需内容，解决 Internet 网络拥挤的状况，提高用户访问网站的响应速度。

图 11.12　网站评分

【指标 1：减少请求次数】

指标描述：合并图片、CSS、js，改进首次访问等待时间。

评分规则：js、CSS 文件越少，分数越高，最好一个 js 文件、一个 CSS 文件，小图片尽可能拼在一起（见图 11.13）。

奇云测检测结果正确，中国舆情网的确存在 CSS、js 冗余及其他代码冗余情况，将在后面代码诊断一节做详细说明，固定小图片未使用 CSS Spites 技术进行优化。

```
<head>
        <meta charset="UTF-8">
    <title>河南舆情频道_中国舆情网</title>

    <meta name="keywords" content="河南舆情" />
    <meta name="description" content="河南舆情" />
            <!-- 别忘记此处的meta标签,确保IE都是在标准模式下渲染 -->
    <meta name="viewport" content="width=device-width, initial-scale=1.0, mini
    <meta http-equiv="X-UA-Compatible" content="IE=edge,chrome=1">
        <meta property="qc:admins" content="456361774760160510763750" />
        <meta name="360-site-verification" content="89e0370e560677b07820df27dd
    <link rel="shortcut icon" href="http://hn.xinhuapo.com/favicon.ico" />
        <link rel="stylesheet" href="http://hn.xinhuapo.com/css/common.css">
        <link rel="stylesheet" href="http://hn.xinhuapo.com/css/head.css">
        <link rel="stylesheet" href="http://hn.xinhuapo.com/css/index.css">
```

图 11.13　CSS、js 及图片未优化状态

注意：CSS Sprite 也叫 CSS 精灵，是一种网页图片应用处理方式。它允许你将一个页面涉及的所有零星图片都包含到一张大图中去，这样一来，当访问该页面时，载入的图片就不会像以前那样一幅一幅地慢慢显示出来了。对于当前网络流行的速度而言，不高于 200KB 的单张图片所需的载入时间基本是差不多的，所以无需顾忌这个问题。

【指标 2：使用长连接】

指标描述：服务器开启长连接后针对同一域名的多个页面元素将会复用同一下载连接（SOCKET）。

评分规则：服务器返回了"Connection: Keep-Alive"http 响应头元素占总元素的百分比即为此项得分。

注意（百度百科）：短连接是指通信双方有数据交互时就建立一个连接，数据发送完成后则断开此连接，即每次连接只完成一项业务的发送。

长连接多用于操作频繁、点对点的通信，而且连接数不能太多。每个 TCP 连接都需要三步握手，这需要时间。如果每个操作都是短连接，再操作的话处理速度会降低很多，所以每个操作完后都不断开，下次处理时直接发送数据包就 OK 了，不用建立 TCP 连接。例如，数据库的连接用长连接，如果用短连接频繁通信就会造成 SOCKET 错误，而且频繁的 SOCKET 创建也是对资源的浪费。

而像 Web 网站的 HTTP 服务一般都用短链接，因为长连接对于服务端来说会耗费一定的资源，而像 Web 网站这么频繁的成千上万甚至上亿客户端的连接用短连接会更省一些资源，如果用长连接，而且同时有成千上万的用户，每个用户都占用一个连接，可想而知。所以并发量大，但每个用户无需频繁操作情况下用短连较好。

【指标 3：设置页面内容具有缓存性】

指标描述：CSS、js、图片资源都应该明确地指定一个缓存时间，避免了接下来的页面访问中不必要的 HTTP 请求。

评分规则：如果有静态文件没有设置缓存，将会得到警告，并给出了存在问题的链接（见图 11.14）。

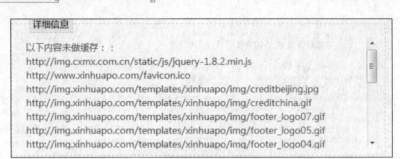

图 11.14　设置页面内容具有缓存性

注意： 网站中往往包含大量的页面组件，比如图片、样式表文件、js 脚本文件和 Flash 动画。这些组件的变化频率非常低，尤其是那些构成网站基本框架的组件，几乎不会发生变化。我们可以将这些变化率很低的组件看作静态内容，并且通过 max-age 或 expires 标识设置缓存过期的时间，以便下次更快地访问，节约带宽资源，节省服务器资源、提高用户体验等（来自百度知道）。

【指标 4：开启 GZIP 压缩】

指标描述：仅检查文本类型("text/*","*JavaScript*")。

评分规则：服务器是否返回了"Transfer-encoding: GZIP"响应头。全部压缩就是满分，否则未作压缩的文件越多得分越低。同指标 3 给出问题链接（见图 11.15）。

图 11.15　开启 GZIP 压缩检测

注意： HTTP 协议上的 GZIP 编码是一种用来改进 Web 应用程序性能的技术。大流量的 Web 站点常常使用 GZIP 压缩技术来让用户感受更快的速度。这一般是指 WWW 服务器中安装的一个功能，当有人来访问这个服务器中的网站时，服务器中的这个功能就将网页内容压缩后传输到来访的电脑浏览器中显示出来.一般对纯文本内容可压缩到原大小的40%。这样传输就快了，效果就是你单击网址后会很快地显示出来。当然这也会增加服务器的负载。一般服务器中都安装有这个功能模块。

【指标 5：把 js 置于底部】

指标描述：把 js 文件置于页面底部，防止 js 加载对之后资源造成阻塞。

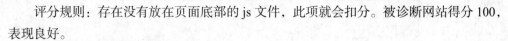

评分规则：存在没有放在页面底部的 js 文件，此项就会扣分。被诊断网站得分 100，表现良好。

【指标 6：精简 CSS 和 js 文件】

指标描述：去除 CSS 和 js 文件中不必要的字符，减少文件大小从而节省下载时间。

评分规则：CSS 和 js 文件中非必要的字符越多得分越低。被诊断网站得分 40，存在较多优化空间。

【指标 7：避免 404 错误】

指标描述：使用 http 请求来获得一个 404 页面是完全没有必要的，它只会降低用户体验。

评分规则：不存在 404 页面即为满分，反之为 0 分。中国舆情网得分 95 分，存在一个错误链接。

【指标 8：减小 Cookie 体积】

指标描述：保持 Cookie 尽可能小，以减少用户的响应时间十分重要。

评分规则：Cookie 体积越小，得分越高。目标网站评分 100，表现优秀。

【指标 9：使用 CDN（外链）加速】

指标描述：使用 CDN（Content Delivery Network，内容分发网络）或外链可以优化网站访问速度。

评分规则：如果静态文件全部使用 CDN 就是满分，存在没有使用 CDN 的静态文件扣分。使用外链也有可能提高网站访问速度，原理同 CDN（前提是外链速度比本站快）。

3. ping 检测

可从全国 25 个省份（包括贵州、山西、湖南、辽宁、黑龙江、台湾、广西、重庆、天津、河南、上海、江苏、山东、北京、香港、河北、云南、浙江、福建、湖北、安徽、陕西、四川、广东、江西）45 个监测点（黔西南布依族苗族自治州、晋城、长沙、葫芦岛市、哈尔滨市、台北市、南宁市、重庆市 3 处、郴州市、天津市 2 处、郑州市、北京市 8 处、香港、上海市 5 处、常州市 2 处、济南市、南京市、秦皇岛市、昆明市、杭州市、福州市 2 处、武汉市 2 处、合肥市、西安市、成都市、石家庄市、广州市、赣州市）7 个不同 ISP（电信、联通、速博电讯、移动、香港新世界、教育网）对网站发起访问，对发送、接收、丢弃数据包个数，最大、最小相应时间，平均响应时间，数据包大小 7 个维度检测访问质量。用地图明确标示出全国 25 个省的访问情况，从绿色最佳到红色最差，一目了然（见图 11.16）。并且用表格标示出具体数据（见图 11.17）。

4. DNS 检测

属于域名及 IP，会检测出是否异常，并通过全国 25 个省份 57 个监测点 7 个 ISP 进行检测，结果显示出所有 DNS、解析时间、状态等（见图 11.18、图 11.19），对我们了解网站在全国访问内访问是否正常具有帮助。

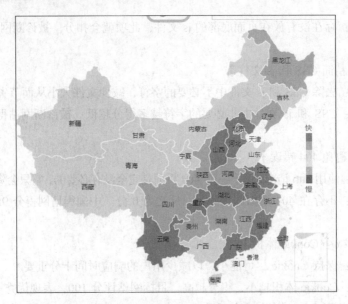

图 11.16   图示 ping 检测结果

省份	监测点	ISP	解析IP	解析IP所在地	发送	接收
共25个	共45个点	共6个	共1个独立IP	共1个独立节点	5	4.51
贵州	黔西南布依族苗族自治州	电信	182.16.2.18	香港特别行政区	5	5
山西	晋城	联通	182.16.2.18	香港特别行政区	5	5
湖南	长沙	联通	182.16.2.18	香港特别行政区	5	5

图 11.17   表格 ping 检测结果

图 11.18   DNS 检测结果

省份	监测点	ISP	所用DNS	解析时间
共25个	共45个点	共6个	共6个	201.46ms
贵州	黔西南布依族苗族自治州	电信	101.226.4.6	52.18ms
山西	晋城	联通	101.226.4.6	102.83ms
湖南	长沙	联通	101.226.4.6	250.45ms
辽宁	葫芦岛市	联通	101.226.4.6	93.61ms

图 11.19　DNS 检测表示结果

除奇云测外，还使用 Webscan.360.cn 对网站的安全性进行检测。服务器及网站程序的安全也是关乎到网站正常顺利发展的一个重要因素，因此定期检测十分必要（见图 11.20）。

图 11.20　网站安全检测结果

使用百度统计及站长工具给出的检测工具进行检测。百度统计同样给出了优化建议（见图 11.21、图 11.22），提供了连接网络、下载页面、打开页面三个维度共计 11 项检测结果，合并域名、合并 js、合并 CSS、合并相同资源、去除错误连接、使用 CSS Sprite、图片大小声明 11 项。

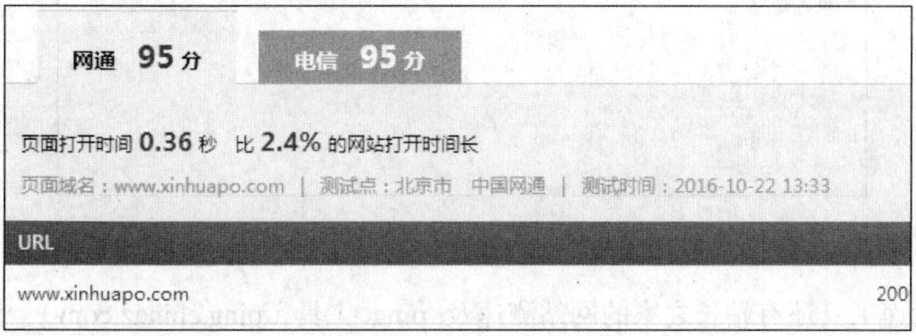

图 11.21　百度统计访问速度检测结果

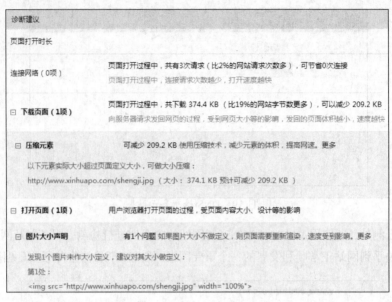

图 11.22　百度统计访问速度检测结果

站长工具给出的网站体检结果（见图 11.23）。

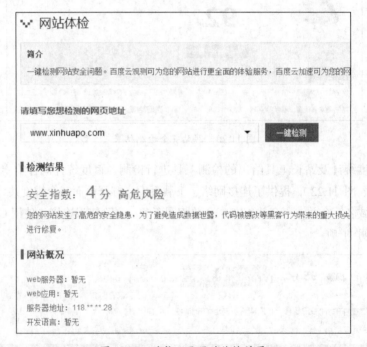

图 11.23　站长工具网站体检结果

其他测速工具还有站长之家的网站测速及 ping 工具（ping.chinaz.com）、卡卡测速工具（http://www.Webkaka.com/WebCheck.aspx）等。

11.2.2　网站代码

网站代码的诊断在 11.2.1 节已经通过检测工具部分诊断出来，CSS、js 代码需合并，尽量减少不必要的服务器请求，使用 CSS Sprite 合并不常改动的图片，js 放置到页面末尾增进页面加载速度，出现在正文中的 CSS 代码合并到 CSS 表中，改进对 HTML 盒子的大小定义等方面，代码优化可以增进访问速度、减轻服务器访问压力、减少服务器占用空间及下载带宽等。本节以中国舆情网首页为例针对此问题做详细介绍（参考标准：W3C 规范 http://www.w3.org/Consortium/siteindex.html#technologies ）。

1.　合并 CSS/js 代码

遵循 W3C 代码规范，前端 HTML 结构标签、CSS 样式层叠表、js 应该尽量保持分离，方便代码阅读管理，同时对搜索引擎抓取友好，有意识的降噪，可以帮助搜索引擎更高效识别 HTML 文档关键内容。

合并 CSS 代码包括对 HTML 文档中用 LINK 及@IMPORT 引入的 CSS 样式层叠表，页面内部样式表，行内嵌入样式表。每一次 LINK 或@IMPORT 引入都会对服务器进行一次资源请求，无论从用户访问、搜索引擎抓取还是服务器负荷等角度来说，合并 CSS 文件都是必要的。假如同一时间并发 10 万访问，一个页面引入一个 CSS 文件跟引入 10 个 CSS 文件，对服务器的请求词数则相差 10 倍，可能造成访问阻塞或者服务器宕机等。

注意： LINK 跟@IMPORT 这两种方式都是为了加载 CSS 文件，存在细微的差别。

（1）老祖宗的差别。LINK 属于 XHTML 标签，而@IMPORT 完全是 CSS 提供的一种方式。LINK 标签除了可以加载 CSS 外，还可以做很多其他事情，比如定义 RSS、定义 rel 连接属性等，@IMPORT 就只能加载 CSS 了。

（2）加载顺序的差别。当一个页面被加载的时候（就是被浏览者浏览的时候），LINK 引用的 CSS 会同时被加载，而@IMPORT 引用的 CSS 会等到页面全部被下载完再被加载。所以有时候浏览@IMPORT 加载 CSS 的页面时开始会没有样式（就是闪烁），网速慢的时候还挺明显。

（3）兼容性的差别。由于@IMPORT 是 CSS 2.1 提出的，因此老的浏览器不支持，@IMPORT 只有在 IE 5 以上的才能识别，而 LINK 标签无此问题。

（4）使用 DOM 控制样式时的差别。当使用 JavaScript 控制 DOM 去改变样式的时候，只能使用 LINK 标签，因为@IMPORT 不是 DOM 可以控制的。

@IMPORT 可以在 CSS 中再次引入其他样式表，比如可以创建一个主样式表，在主样式表中再引入其他的样式表，如：

```
main.CSS
————
    @IMPORT "sub1.CSS";
    @IMPORT "sub2.CSS";
```

```
sub1.CSS
————————
p {color:red;}
sub2.CSS
————————
.myclass {color:blue}
```

这样更利于修改和扩展。

大致就这几种差别了，其他的都一样，从上面的分析来看，还是使用 LINK 标签比较好。标准网页制作加载 CSS 文件时还应该选定要加载的媒体（media），比如 screen、print 或者全部 all 等。

注意： 这样做有一个缺点，会对网站服务器产生过多的 HTTP 请求，以前是一个文件，而现在却是两个或更多文件了。服务器的压力增大，浏览量大的网站还是谨慎使用。有兴趣的可以观察一下新浪等网站的首页或栏目首页代码，他们总会把 CSS 或 js 直接写在 HTML 里，而不用外部文件。

注意： 行内样式就是代码写在具体网页中的一个元素内，比如：

```
<div style="color:#f00"></div>
```

内嵌式就是写在 </head> 前面，比如：

```
<style type="text/CSS">.div{color:#F00}</style>
```

外部式就是引用外部 CSS 文件，比如：

```
<LINK href="CSS.CSS" type="text/CSS" rel="stylesheet" />
```

js 代码也会跟 CSS 一样（见图 11.24），根据不同的功能分成若干文件，目的在于便于后期代码维护，但过多的 js 或 CSS 切割又会增加服务器单次访问的负担，因此把握好中间的平衡十分有必要。

```
<link rel="stylesheet" href="http://img.xinhuapo.com/templates/xinhuapo/css/common.css">
<link rel="stylesheet" href="http://img.xinhuapo.com/templates/xinhuapo/css/head.css">
<link rel="stylesheet" href="http://img.xinhuapo.com/templates/xinhuapo/css/footer.css">
<link rel="stylesheet" href="http://img.xinhuapo.com/templates/xinhuapo/css/index.css">
<script type="text/javascript" src="http://img.xinhuapo.com/js/config.js"></script>
<script src="http://img.xinhuapo.com/templates/xinhuapo/js/jquery-1.8.2.min.js"></script>
<script src="http://img.xinhuapo.com/templates/xinhuapo/js/gotop.js"></script>
<script type="text/javascript" src="http://img.xinhuapo.com/templates/xinhuapo/js/jquery.cookie.js"></script>
<script src="http://img.xinhuapo.com/templates/xinhuapo/js/semonLib.2.03.js"></script>
<script src="http://img.xinhuapo.com/templates/xinhuapo/js/common.js"></script>
<script src="http://img.xinhuapo.com/templates/xinhuapo/js/index.js"></script>
<script src="http://img.xinhuapo.com/templates/xinhuapo/js/getDate.js"></script>
```

图 11.24　需合并 CSS 及 js 文件示例

2. CSS Sprite

CSS 精灵技术的目的也在于合并不常改动的网站图片到一张大图上去，减少服务器请求次数，比较常见的是对按键小图标、标题前小图标、LOGO、确定、取消等图片合并成一张。我们以新浪网为例进行说明（见图 11.25）。

1. js 引入或页内 js 放置到 HTML 文档末

由于 js 是可执行文件，因此有可能会存在需要较长时间才能执行完一个函数的情况，如果放置在页面前部分，就会阻塞 js 文件后面的页面加载，导致页面只有部分被加载进客户端容器，影响用户体验。因此提倡将外部引入 js 或页内 js 放置页面末端获得更好的访问及蜘蛛抓取体验。此处就涉及 js 的同步、异步及延迟加载，目的依旧在于考虑用户及蜘蛛的访问体验，起到更好的优化效果。

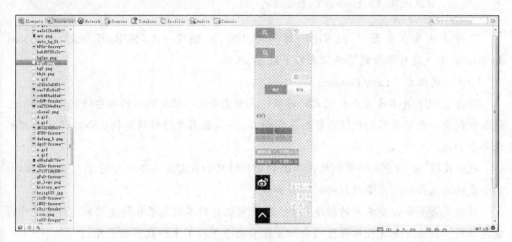

图 11.25　CSS Sprite

注意：

（1）同步加载

在介绍 js 异步加载之前，先来了解 js 同步加载的定义。人们平时最常使用的就是这种同步加载形式：

```
<SCRIPT src="http://XXX.com/script.js"></SCRIPT>
```

同步模式又称阻塞模式，会阻止浏览器的后续处理，停止了后续的解析，因此停止了后续的文件加载（如图像）、渲染、代码执行。一般的 SCRIPT 标签（不带 async 等属性）加载时会阻塞浏览器，也就是说，浏览器在下载或执行该 js 代码块时，后面的标签不会被解析，例如在 head 中添加一个 SCRIPT，但这个 SCRIPT 下载时网络不稳定，很长时间没有下载完成对应的 js 文件，那么浏览器此时一直等待这个 js 文件下载，此时页面不会被渲染，用户看到的就是白屏。以前的一般建议是把 <SCRIPT> 放在页面末尾 </body> 之前，这样尽可能减少这种阻塞行为，而先让页面展示出来。

（2）异步加载

它允许无阻塞资源加载，并且使 ONLOAD 启动更快，允许页面内容加载，而不需要刷新页面，也可以根据页面内容延迟加载依赖。

常见异步加载举例如下。

```
（SCRIPT DOM Element）
[js] view plain copy
<strong>(function() {
```

```
    var s = document.createElement('SCRIPT');
    s.type = 'text/JAVASCRIPT';
    s.async = true;
    s.src = 'http://yourDOMain.com/SCRIPT.js';
    var x = document.getElementsByTagName('SCRIPT')[0];
    x.parentNode.insertBefore(s, x);
})();</strong>
```

这种方法是在页面中<SCRIPT>标签内，用 js 创建一个 SCRIPT 元素并插入到 document 中。这样就做到了非阻塞的下载 js 代码。

（3）延迟加载（Lazy Loading）

有些 js 代码并不是页面初始化的时候就立刻需要的，而是稍后的某些情况才需要。延迟加载就是一开始并不加载这些暂时不用的 js，而是在需要的时候或稍后再通过 js 的控制来异步加载。

也就是将 js 切分成许多模块，页面初始化时只加载需要立即执行的 js，然后其他 js 的加载延迟到第一次需要用到的时候再加载。

特别是页面由大量不同的模块组成，很多可能暂时不用或根本就没用到。就像图片的延迟加载，在图片出现在可视区域内时（在滚动条下拉）才加载显示图片。

2. 减少 HTML、CSS、js 文档冗余，压缩文档

（1）HTML 文档非必要的常见冗余包括 Meta 元标签，如作者、版权等声明（<Meta name="author" content="江天"/>），搜索引擎验证代码（<Meta name="360-site-verification" content="89e0370e560677b07820df27dd1b172e" />），分割开的 js、CSS 引入代码，注释，多余空格，无用的 js、CSS 或者隐藏的 HTML 无任何功能的标签，重叠的 CSS 样式，非必要的标签嵌套，过多的统计代码、分享代码、推荐代码等三方代码。

（2）CSS 文档里与默认样式一样的代码（如 height:auto），组合样式中多余的 CSS 代码，没有必要出现的样式（如前后无浮动干扰时使用 clear:both），不起作用的单样式，HTML 文档中的样式标签应被 CSS 样式替代，注释，多余空格等（学习文档：http://www.2cto.com/kf/201403/284408.html）。

（3）js 文档常见的冗余，包括书写冗余（不必要的注释及空格等）、逻辑冗余、多余执行的冗余和代码数量的冗余等，需要依靠前端程序员协助进行代码重构，以提高代码执行效率、压缩占用空间等。

注意：多余执行的冗余：如在某段程序的函数中出现的语句，在对返回的参数没有任何影响，但是又执行了多次即为多余执行。此冗余是对 CPU 的消耗，应该杜绝这种冗余，注释掉。

代码数量的冗余：主要是代码中太多的注释或者一些没有使用到的变量、函数存在程序中，这种冗余会让代码的可读性降低。

（4）检查删除不使用的 HTML、CSS、js 及图片、Flash 文件、视频等，减少不必要

的服务器空间占用。开启 GZIP 压缩对 Web 文件进行压缩处理，减少空间占用和加快下载速度。

3. xhtml 检测

xhtml 检测地址为 http://validator.w3.org/，如图 11.26 所示。检测结果示例如图 11.27 所示。

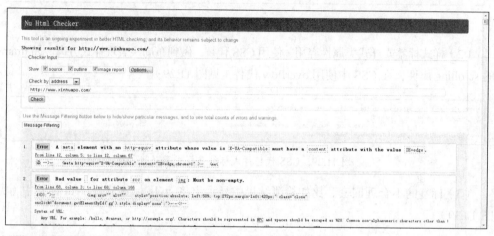

图 11.26　检测 HTML/HTM/SHTM 文档

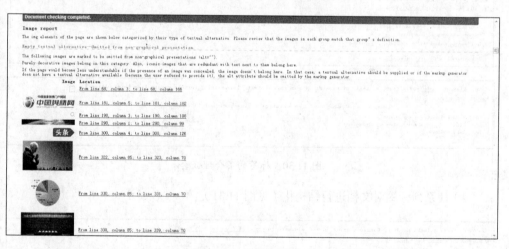

图 11.27　检测结果图示

虽然符合 W3C 规范搜索引擎官方并没有给出一定优先对待或重视的明确表示或承诺，但是符合规范的文档无疑对用户及搜索引擎是友好的，基于 SEO 思维来说，构建更符合 W3C 规范的 HTML 文档是必要的。

（1）图片 alt 属性不要留空，对图片进行说明方便搜索引擎理解，同时在图片无法加载的时候用文字默认显示，以方便访客理解占位的图片是什么。alt 属性在 SEO 中被用来嵌入相关关键词、增加页面关键词密度及图片的关键词相关性，以增加在图片收录及排名中的优势（见图 11.28）。

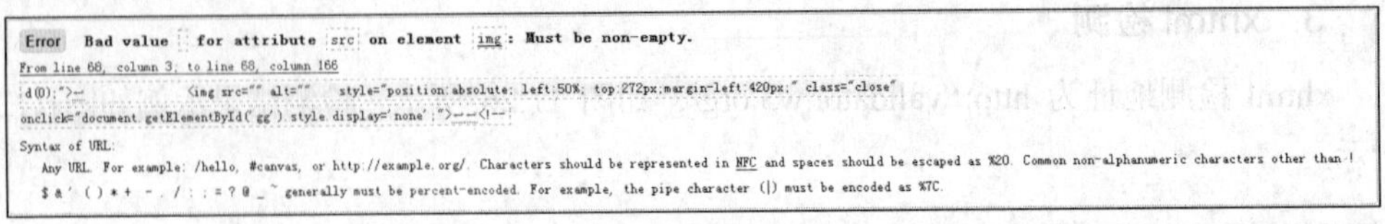

图 11.28　空的 alt 标签

（2）样式标签或样式类属性弃用，使用 CSS 代替，做到布局跟表现样式分离。如 iframe 的 scrolling 属性，在 CSS 中使用 overflow 代替（见图 11.29）。

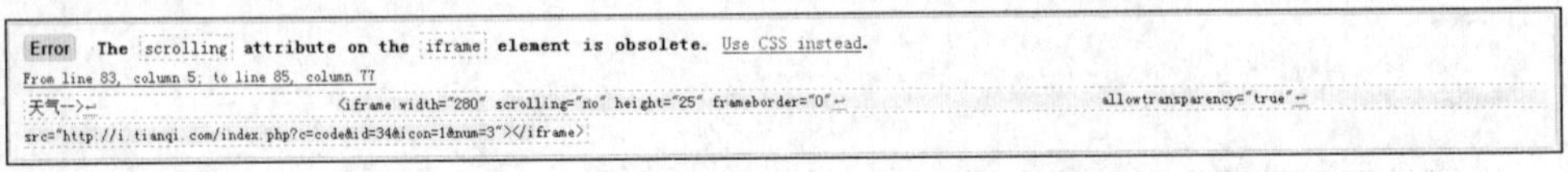

图 11.29　CSS 代替样式标签及样式类属性

（3）标签的不合理嵌套，比如检测结果中显示出将 style 标签放置于 ul 标签中（见图 11.30）。

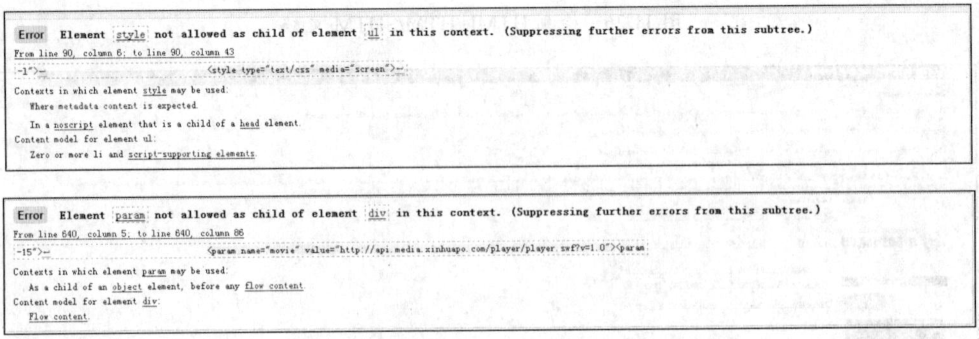

图 11.30　标签的不合理嵌套

（4）H 系列标签对文档进行结构化（见图 11.31）。

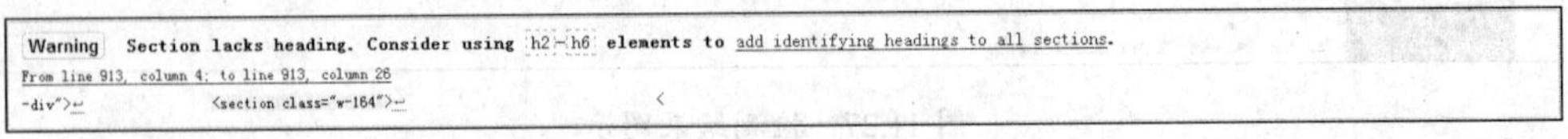

图 11.31　H 结构化标签

4．CSS 检测

CSS 检测地址为 http://jigsaw.w3.org/CSS-validator/。

CSS 有三种检测办法：直接输入 CSS 地址、上传 CSS 文件及输入 CSS 代码检测。检测示例如图 11.32 所示，按照检测结果进行相对应的优化，更正语法错误，去除冗余代码等。

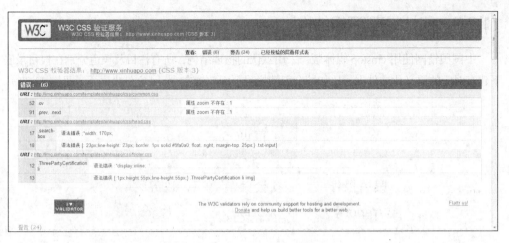

图 11.32 CSS 检测结果

5. 语义化标签结构化文档

在代码优化中，非常重要的一点，即理解所有 117 个 HTML 标签各自代表的语义，在正确的位置使用它，以使网页结构能够非常清晰且快速地被搜索引擎理解并抓取、索引。这是对搜索引擎友好的重要表现。不单单是我们常见的 Title 标签表示页面标题，Keywords 标签表示页面关键词，Description 标签表示描述，H 标签表示从 heading 到章节各层级，strong 标签是强调，其他所有标签也都有各自的适用范围，混用滥用即会造成结构混乱，不易理解。例如，全页面使用 div 进行布局，就会增加搜索引擎对页面各个部分的理解难度。

6. 其他代码优化

所有属性必须用英文状态引号""括起来，把所有<和&特殊符号用编码表示，给所有属性赋一个值，所有的标记都必须要有一个相应的结束标记，所有的标记都必须合理嵌套。在 form 表单中增加 label，以增加用户友好度，单标签使用/闭合（如<img />）。以上所罗列的都是 HTML 规范写法，目的在于减少网页显示错误，利于搜索引擎高效抓取，无论从用户体验还是 SEO 角度都有有益而无害的。

- nofollow 的适当使用，对不参与排名的站内页面人为控制抓取。

- 适当使用 h 系列标签，strong、b 标签及其他语义化标签，使结构变清晰，提供给蜘蛛更便捷的爬取路径。

- 移动语义化帮助搜索引擎识别出移动页面。例如，URL 尽量含有通用已成趋势的移动命名，例如 "m./wap./3g./mobi./mobile./mob/wml/"，可以在子域名等方面体现。具体参考 http://www.SEOzixuewang.com/post/2535.html。

- 少用 iframe 及 frameset，不要给搜索引擎爬取增加障碍。

参考文档：http://www.cnblogs.com/EricaMIN1987_IT/p/3868593.html。

11.2.3　网站物理/逻辑结构

中国舆情网使用 cmstop 媒体版，采用默认的物理结构，所有栏目及频道分别在根目录底下建有对应的语义化文件夹，比如社会舆情栏目页面放置在 social 文件夹底下（见图 11.33）。

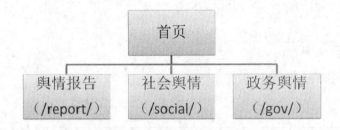

图 11.33　中国舆情网物理结构示例

内容详情页则全部按年月日分别放置，从 SEO 角度来说并不便于为相应栏目加权，从而给栏目页的关键词排名带来好处，不过针对特别需要排名的栏目页面可以改变页面放置规则，比如/report/栏目底下的 http://www.xinhuapo.com/2016/0611/30475.SHTM 这篇文章改变成 http://www.xinhuapo.com/report/30475.SHTM，对搜索引擎友好。目录层级 3 级是利于搜索引擎抓取的，同时对访客友好，便于外部分享及记忆，当然并非说太深的目录层级就无法被抓取，如果这样的页面被放置在权重页面上，其逻辑结构是浅的，权重传递是多的，因此也会较好地被收录。

逻辑结构即链接结构。逻辑结构的主要优化策略如下。

（1）主页链接向所有主频道、重要子频道、重点 tag 页或专题页等。

（2）主页一般不直接链接向内容页，除非是权重页或最新页面。

（3）所有频道主页都链向其他频道主页，若频道下面还有多个子频道，则不链向其他频道。中国舆情网在这一块尚需改进。

（4）频道主页应链接回网站主页。

（5）频道主页也链向属于自己本身频道的内容页。

（6）频道主页一般不链向属于其他频道的内容页。

（7）所有内容页都链向网站主页。

（8）所有内容页都链向自己的上一级频道主页。

（9）内容页可以链向同一个频道的其他内容页。

（10）内容页一般不链向其他频道的内容页。

（11）内容页在某些情况下可以用适当的关键词链向其他频道的内容页。

（12）频道形成分主题。

在某些情况下，很重要的一些页面也可以在首页导航栏做一个链接，这样这些页面就相当于二级页面，它们的权重值也会相应地提升起来。因此整站页面的权重需要在建站之初做好分配，避免不断地更改页面结构，在本章后面小节将对页面权重分配加以介绍。值得注意的是，所有页面要能在三次点击范围内到达，对于层级过深的内容页，比如需要在频道页通过多次分页到达的页面，可以通过不同的 tag 标签、专题等形式再次组织到较浅的访问入口。门户网站由于信息存在时效性，因此过时的一般页面则不需要做额外的优化操作。

11.2.4　导航/面包屑导航/次导航/分页导航

在 SEO 优化中，导航的作用有以下 5 项。

（1）帮助访客更好地获取想要的信息。比如模仿一个通过直接访问进来的访客，他关注的信息是什么？中国舆情网的导航给出的关注顺序是：舆情快报、政务舆情、社会舆情、地方舆情、企业舆情、舆情案例、舆情炫闻、舆情报告、图片、专题、滚动。参考百度统计 30 天页面点击图诊断一下这个顺序是否合乎大多访客需求（见图 11.34）。

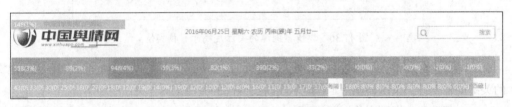

图 11.34　导航点击链接图

从图中可看出舆情快报、政务舆情、社会舆情、地方舆情、舆情案例、舆情报告被访问频次高，因此导航可做适当调整。并且页面社会舆情民生分频道的点击频率页较高，可以考虑在主导航给予入口，方便访客访问（见图 11.35）。

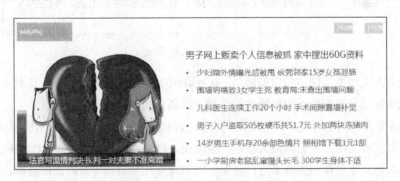

图 11.35　页面"民生"频道

（2）有意识引导访客在站内的访问路径，增进页面黏性。对访客的引导主要体现在实现网站的价值上，提高访客访问深度、降低跳出率，则需要将访客感兴趣的内容放置在更多被关注到的位置，比如页面舆情案例库的关注度高于科技舆情（见图 11.36），应该往上提。

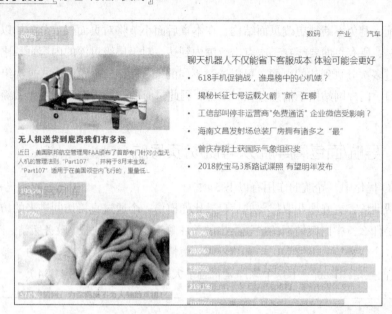

图 11.36　舆情案例库的关注度高于科技舆情

（3）搭建合理路径帮助搜索引擎爬取重点页面及所有页面。重点页面通常结合拓展出的关键词来安排，关键词从一定程度上反映出网民的关注范围、关注顺序等。

（4）帮助用户识别当前浏览的页面与网站整体内容间的关系。图 11.37 所示的文章位于舆情快报频道下，并且可在此页面随意返回舆情快报页面及首页。

图 11.37　面包屑导航

面包屑大大增加了网站的内部链接。在互联网中能自由随意浏览的最基本元素就是链接，因此面包屑导航增加了内部链接的类型，提高访问的流畅度毋庸置疑。

（5）减少返回到上一级页面的点击或操作。合理分配权重，帮助从搜索引擎获取排名。栏目、首页被多次使用关键词锚文本进行超链接，自然不断被累积权重，因此栏目的权重分配一方面也要靠链接的多寡来进行分配。比如首页在全站每个页面都被链接，其权重自然高，而主栏目页只会在首页、主栏目页及主栏目的下级栏目、内容页被指向，其权重就要低于首页，如果要增高某个栏目页权重，可以在其他频道以一种合理的方式被链接到。分页导航在多数情况下仅仅是为了内容组织的方便，并没有实现关键词排名的意义，因此 nofollow 还有利于集权。

基于以上作用，导航尽量少使用 Flash、js，使用图片必须用 alt 给出解释。

11.2.5 页面布局

页面布局着眼用户关注，如著名的 F 型布局。F 型布局（见图 11.38）是一种很科学的布局方法，基本原理依据了大量的眼动研究。一般来说，用户浏览网页的视觉轨迹是这样的——先看看顶部，然后看看左上角，然后沿着左边缘顺势直下。而用户往往不太注意右边的信息。据此，我们习惯性地把重要元素（诸如品牌 LOGO，导航，行为召唤控件）放在左边，而右边一般放置一些对用户无关紧要的广告信息。另外，大段文字、图片或者动画也会更多吸引用户注意力。

注意： 参考文档为 http://www.uisdc.com/understanding-the-f-layout-in-Web-design。行为召唤：在商场超市里，我们经常会看见一些新品上市，会推出免费试用以及低价促销的活动，用以刺激、吸引用户的购买行为。这就是行为召唤中的一种。

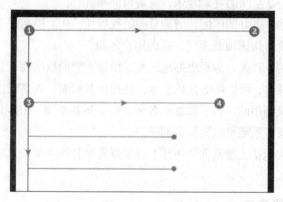

图 11.38 F 型布局

当前中国舆情网首页的点击图分布如图 11.39 所示。布局上并未严格按照 F 型布局来实施，由于大段文字或 js 动画的安排，有效地将注意力朝文字部分集中，从点击图中可以看出文字的点击要优于图片的点击，因此图片产生的吸引力比较弱，且头条的作用并没有发挥出来，相反右上侧的点击比头条要高小少，并且带动页面空白部分的点击率。

图 11.39 中国舆情网首页点击图

对比新浪跟腾讯，会发现新浪将广告放置于页面左侧，而腾讯则将广告集中于右侧，根据以上点击图，注意力会先落在左侧，但是最终注意力会转移到右侧，点击发生在右侧，这也是布局的策略，因此页面布局跟网站的策略有关，也跟访客访问习惯有关。

根据页面点击图显示出来的问题，左侧的图片还有提升空间，舆情案例库的关注度较高，应被提到前面以获取更多关注。页面布局的安排最有力的工具莫过于百度统计的页面热力图和链接点击图，以此作为依据进行调整，有利于获得更多点击。

11.2.6　页面降噪

页面降噪是指降低蜘蛛抓取或工具采集时，页面中非核心内容部分的比例。页面噪音多数指非主要导航、版权声明，以及调用的广告、添加的各种应用、最新新闻、RSS 订阅、关注微博等，比如 QQ 空间的背景音乐，就是页面噪音。

降噪有两个目的：更好的匹配，增加页面的权威性，从而提高权重，达到排名靠前的目的；降低代码长度，快速加载速度，提高用户体验。

降噪有两个目的：首先，为了更好地匹配，增加页面的权威性，从而提高权重，达到排名靠前的目的；其次，可以降低代码长度，快速加载页面，提高用户体验。大多数是导航、版权声明，以及调用的广告、添加的各种应用、最新新闻、RSS 订阅、关注微博等，甚至 QQ 空间的背景音乐都可以算作页面噪声。

页面降噪的方法包括去除页面噪声法、视觉降噪、替换降噪、目录降噪、增加匹配性降噪等。

1.　去除页面噪声法

去除页面噪声即去掉不匹配的内容。首先是模拟爬取，使用百度站长抓取诊断工具（见图11.40），然后检查文本里面的确与 Meta 不匹配的内容，比如悬浮式导航、重复的导航、重复的文本段落、非匹配的广告。尽量少用模板，注意模板里面的内容是否与网页编辑区内容匹配。

图 11.40　模拟抓取

拿中国舆情网首页来说，导航底部的省区在目前还没有产生合作，全部空链接（见图 11.41），但从页面点击图上却发现点击较多，要么暂时去掉这一块，提高用户体验，要么尽快完善对应区块建设，降低访问噪声。图 11.42 底部有两处友情链接，显然会造成蜘蛛及访客浏览混乱。

图 11.41　导航底部地区导航

图 11.42　友情链接

2. 视觉降噪

打开网页，看看在视觉上有没有能够引起注意的地方，如果有，就检查下这个地方是不是对用户体验友好，如果不是，则为噪声，请重新设计。比如首屏的广告（见图 11.43），点击还是首页，很显然对于想点击了解相关内容的用户并不是很好的体验。

图 11.43　首屏广告条

3. 替换降噪

替换不匹配的内容，换成和 Meta 有关的一些关键字的锚文本内链、外链——这些内链和外链需要一个很好的着陆，不能打不开，不能不权威，而且也跟父页面一样，很匹配：这些页面相当于需要降噪页面的友链，这些友链要有一定的质量，锚文本是很匹配的。比如社会舆情栏目的民生子栏目，首页使用的锚文本是"民生"，对应栏目的 Title、Keywords、Description 就要以此关键词为中心（见图 11.44），目的在于集权。无论首页、栏目页或者其他用于排名的页面在内部、外部做锚文本链接的时候都要尽力围绕该栏目布局的关键词来做，有效降噪集权。

```
<head>
  <meta charset="UTF-8">
  <title>民生_中国舆情网</title>
  <meta name="keywords" content="" />
  <meta name="description" content="" />
  <!-- 别忘记此处的meta标签，确保IE都是在标准模式下渲染 -->
  <meta http-equiv="X-UA-Compatible" content="IE=edge,chrome=1" />
  <link rel="stylesheet" href="http://img.xinhuapo.com/templates/xinhuapo/css/cmstop.common.css" />
```

图 11.44　替换降噪

4. 目录降噪

同类型的内容放在同一个目录下，给不同的内容创建不同的网站目录。一方面使层次清晰，便于管理；一方面增进相关性，提升排名。

5. 增加匹配性降噪

增加匹配性降噪可以制作专题，专题页面的匹配性是最强的，制作这样的页面有利于提高高匹配页面在网站页面中所占的比例，并且这样的页面往往有很好的排名，可以拉动网站流量；另外就是针对搜索引擎描述（Meta Description）降噪。对于一个网站来说，无论首页、栏目页都无法很好地覆盖所有词，或者不太适合作为栏目词来使用，此时可以新建专题页面或者其他权重页页面来获取一部分特殊关键词的排名。比如最近发生了某一热点，关注度和搜索指数都很高，则可制作专题用于获取相关流量（见图 11.45）。

图 11.45　制作专题增加匹配性

6. 搜索引擎描述降噪

为提高用户体验，搜索引擎在降噪方面做得最好。搜索引擎不一定会按照 Meta 来显示描述语言，而是会显示关键字以及关键字周围的文本，显示跟关键字相关的关键字以及周围文本这两类组合起来的内容。根据这个原理，我们在页面的关键字周围放上希望用户看到的内容。比如发布产品洗发乳，我们可以编辑标题——××品牌洗发水××元，成分为天然薰衣草精华，然后在内容里第一次出现洗发水的时候也用这个标题。这样搜索引擎会抓取这部分信息，并且对用户是最有用的——用户最关心洗发水的品牌、价格、成分。这样用户更容易点击进来。

11.2.7　页面权重分配及传递

对于一个特定的网站来说，一段时间内爬取该网站的蜘蛛是有一定数量的，因此要想合理地利用这些蜘蛛资源，让它们爬取对网站发展来说更有价值的资源，则要做好页面权重分配及传递，同时权重的分配和传递不仅给访客轻重分明的感受，给搜索引擎同样的印象，突出重点，轻重有序。网站页面权重分配及传递形象地说就像排兵布阵，优势兵力守重要关口，劣势兵力负责后勤补给。

网站页面我们可大体分为 4 个层次。

- 第一层次页面搜索流量很大，关键词一旦取得排名，可为网站带来很大贡献。
- 第二层次页面搜索流量一般，但也会经常在统计后台或者站长后台见到这些页面的影子。
- 第三层次页面搜索流量很少，属于长尾页面一级，这种页面数量很大。
- 第四层次页面没有搜索流量，但也是网站必不可少的一部分，比如常见的关于我们、联系我们、营销单页等。

第一层次页面全站必须给锚文本链接，而且建议每个页面主关键词不要超过三个，在全站给予关键词锚文本的时候根据这三个词的竞争热度、指数大小及商业价值等给予不同比例的锚文本超链接，比如中国舆情网首页核心词是舆情、舆论、中国舆情网这三个，舆论指数 607，搜索结果 1 亿，舆情指数 585，搜索结果 8650 万，中国舆情网指数 161，搜索结果 86.7 万，这样看来在全站乃至站外推广的时候就可以更多使用舆论作为锚文本，其次是舆情，最后是中国舆情网，以此达到这三个词的优势排名。除了首页之外，所有栏目页、专题页、重点单页（内容页）都会采用有一定指数的词作为主关键词，对于一级主栏目，其价值几乎等同首页，因此也是全站链接。二级栏目主页是其父级栏目，该父级栏目底下的各子栏目应该互为链接，内容页也应给到所有子栏目链接，这就是一种权重的拆分，其重要性明显会低于主栏目，以此类推（见图 11.46）。

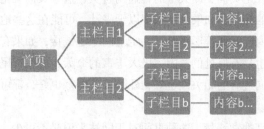

图 11.46　网站层级

首页、重点主栏目、高流量词专题页或其他特殊页面应该对其核心关键词锚文本给予全站链接，在站内使用第一顺位关键词进行超链接，在站内文章提到该栏目的第二、第三顺位关键词的时候可以给予栏目以链接，站外按比例使用核心关键词进行外部链接建设。子栏目1、子栏目2及更多姊妹栏目互相之间链接，并获得所有该主栏目底下内容的链接和主栏目链接，一般以二级主导航的形式存在，当然如果还有更深的子导航则内容2不给予子栏目1以链接，即子栏目1又另外建设独立导航，如图11.47所示。

图11.47　二级栏目主导航

除了首页、栏目页之外，无法成为栏目的词、热点词等可以制作专题页，全站给予入口，一般搜索量高的词意味着信息量大，只能以专题聚合页形式存在，并且需要跟首页、主栏目页给予同样的重视去做外部链接及外部流量导入。

第二层级一般为子栏目，以重点内容页形式存在，形式单一的列表页当前获取排名的能力一般，因此以较为丰富的子栏目、内容详情页的形式去获取排名更有竞争力。在页面建设上按照主栏目及专题的要求去做，但在权重分配及导入上少于核心页面，在上一段有过论述，即只在主栏目以下给予锚文本，而不在全站给予权重导入，重点内容页也一样，该栏目下全部页面给予权重导入，且链接指向应该被固定在所有页面上。比如某重点页面需要获得稳定排名，在该子栏目首页、该子栏目的姊妹栏目及父级栏目底下的所有内容页都要给到锚文本链接，比如内容页中的推荐阅读等。

第三层级一般为长尾页面，即大量的普通内容页，这些页面无论在首页、栏目页等地方都会获得一定时间的曝光，如果更新频率以天来计，可能在这些地方的曝光时间就是一天，当然也会有相关内容推荐等形式给予一定量的稳定链接，如果有精力每篇文章在外部给到少量的外部链接也是有好处的，内容极大丰富的今天，即便长尾词排名能力不特别强也是大量存在的，分词过后的相关性也好，外部推荐多寡也好，都可能让页面不如其他页面排名优秀。

第四层级没有外部搜索流量，这种页面对于网站来说必不可少，但是又不能作为获取流量的页面，因此可以根据需要在全站各页面给到链接，用 nofollow 和在页面中添加<Meta name="Robots" content="noindex" />禁止掉，既不需搜索引擎抓取，也不需要给予权重传递。

关于关键词集权，一个页面在一般情况下最好只使用三个关键词，其他词可由搜索引擎自动匹配，也可另建页面对这些关键词进行重点权重建设，比如中国舆情网首页跟舆情信息、网络舆情等关键词也是紧密相关的，但是其精准性要更高于舆情、舆论，如果竞争过大，舆情信息、网络舆情始终无法用首页获取到排名，就可以另外建设重点栏目来进行排名竞争。

除此还有一点，除了首页、栏目页、专题页会有很多锚文本之外，内容页本身权重不高，不应存在太多锚文本，锚文本过多会降低重点集权页面的页面权重导入，因此无论是首页、栏目页还是内容页，每个锚文本都要经过慎重考虑然后在页面上给予导入。在经过测试后发现页面链接点击很少的可以去掉，用于集权（见图 11.48）。

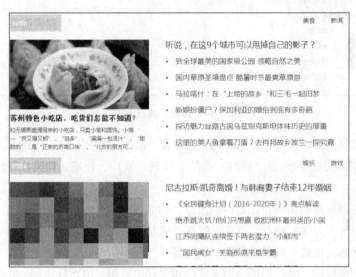

图 11.48 页面点击图

11.2.8 关键词挖掘筛选

一般关键词的挖掘与筛选应该在网站建设之初就全部确定，比如打算建设一个某行业的大型站点，则应该使用软件、人工或者其他三方工具从词根出发，穷尽所有相关词，比如中国舆情网的最原始词根是舆情、舆论，从这两个词出发拓词，然后分门别类，确定各栏目、子栏目、专题及重点页面，并挖掘大量长尾以做备用，真正的长尾不是随意拟定的标题，而是词根与词根的组合。比如年份+月份+城市+属性+舆情，2016 年 5 月大连市政务舆情。

关键词挖掘的方法及使用工具在第 4 章已有介绍，请参阅 4.3 节。以爱站 SEO 工具包为例，词根是舆情、舆论。挖掘结果如图 11.49 所示。爱站 SEO 工具包免费版只能挖掘 100个词，VIP 版可无限挖掘。

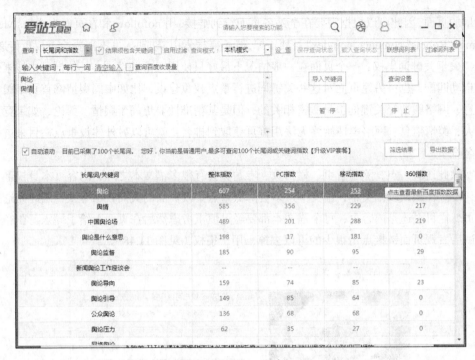

图 11.49　舆论、舆情拓词

通过工具包挖掘可得到以下常见词根：监督、监控、监测、导向、引导、导控、网络、领袖、名人（如关喆）、热点、审判、绑架、反转、管理、环境、危机、宣传、传播、分析等。

使用这些词再进行拓词，比如舆论监督，如图 11.50 所示。再次挖掘出一些词根：案例、作用、制度、方法、特点、定义、解释、机制、法律、新媒体、传统媒体、微博、微信、论坛、博客、形式、现状、原则、研究等。

可以结合地域词、时间词拓展出大量的相关词组，用于覆盖行业词，并围绕这些词来设置栏目、制作专题、创造内容，相关性非常高，自然对排名、流量大有裨益。

在深入拓词的基础上，进行关键词分组及分级，比如舆论监督、网络舆论监督二者有指数，作为一级，舆论监督案例相关的词有舆论监督的例子、焦点访谈舆论监督案例、网络舆论监督案例、舆论监督表哥、舆论监督事件、smg 舆论监督、舆论监督的案例、2015 舆论监督案例、2014 网络舆论监督案例、舆论监督案例分析、东风公司重大索贿丑闻处理结果不了了之望舆论监督。这些词有的具有聚合的属性，有的只能作为单篇文章存在，比如舆论监督表哥指的是原陕西省安监局党组书记、局长杨达才一事，当时资讯很多，可以遴选或者自己创作部分分析文章聚合成一个专题放在该栏目底下。按照这样的思路不但可以让网站内容丰满，而且组织起来轻松有序，对搜索引擎及用户都是体验极好的，而一些不相关的词则予以剔除。

图 11.50　舆论监督拓词

11.2.9　关键词竞争度分析

关键词竞争度分析具体方法可参见第 4 章，这里我们以中国舆情网首页核心词为例，前面我们确定首页使用舆情、舆论及中国舆情网作为首页核心词，一起来看看这些词的竞争度。看竞争度可从指数大小、收录多少、竞价数、主域名数、高权重知名网站数得出（见表 11-2 ）。

表 11-2　竞争度分析举例

关键词	指数大小	收录多少	竞价数	主域名数	高权重知名网站数
舆情	589/233	8650 万	4	1	8
舆论	585/339	1 亿	1	0	8
中国舆情网	159/36	85.9 万	2	3	5

（注：指数左侧为总体指数，右侧为移动指数）

关键词竞争度分析的维度并不止上面 5 个，比如竞价单价，其他网站优化出价单价，比如 Chinaz 提供的关键词优化难易分析工具（ tool.chinaz.com/kwevaluate，见图 11.51 ）。

从以上表格数据可以大体给出一个优化顺序，舆论的页面参与竞争量最大，舆情次之，但舆情在行业内被认为商业价值高，即竞价数多，被截取流量更加厉害，舆论对于着重引流的中国舆情网来说，作为第一顺位进行优化应该是更为合理的选择，其次是舆情，最后是中国舆情网。

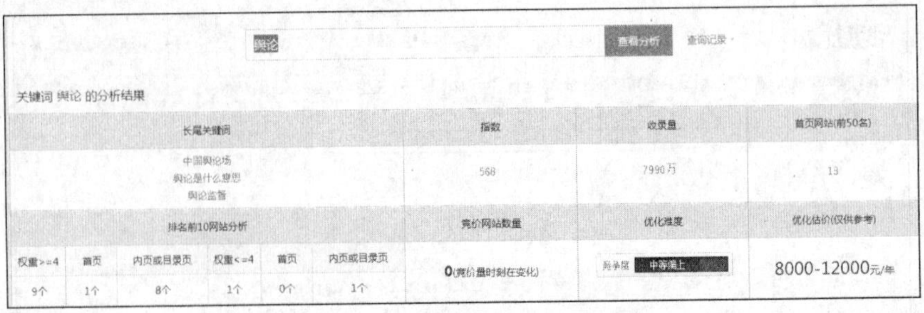

图 11.51　关键词优化难易分析

首页、栏目页、专题页及其他重点页面的关键词必须要做关键词竞争度分析，从而决定整站关键词的优化顺序，也影响到随后建设内容及外部链接建设的优先顺序。除这些词和页面之外，任何一个行业都会存在一批不同行重视，即竞争度不大，但是有一定搜索量的词，只需稍微优化即可获得排名，可利用竞争度分析找出这样的一批词，创造内容并适当优化，获取比较大的流量，这类词有一个特征，即在搜索结果中其他网站提供的内容文不对题、页面质量差或者内容不充分，无法满足用户需求。

11.2.10　关键词部署

在关键词分析及筛选一节已经准备好全站关键词，并且各归其位，剩下的就是对这些关键词进行部署，放置到网页中合适的位置上去，既不显得不自然、堆砌或者作弊，又要达到相应的密度，增强相关性，并且需要用合适的标签对其加以强调和突出，更加提升搜索引擎对这些词及这个页面中心的识别度。

咱们还是以中国舆情网首页为例。前面小节确定首页三个词为舆论、舆情及中国舆情网三个词。按照行业通用做法是保持关键词密度为 2%～5%，这个比例并不是死的，要提高这三个词的相关性，不单单是多布词的问题，还需要对除停止词（网络上公布有 1208个停止词）之外的页面其他词进行降噪处理。

关键词部署的地方如下。

- Title
- Keywords
- Description
- H 标签
- Strong 标签
- alt 属性
- Form 及 a 元素 title 属性
- 页面首尾

传统 SEO 有个著名的"四处一词"理论，SEO 发展到如今，单单注重"四处一词"已经相当粗放了，因此必须从以上八个方面进行关键词部署。关键词部署不单单讲究频率及密度、标签加权的问题，还要讲究出现先后，先后顺序对关键词的加权也是有帮助的，通常 SEO 行业认为页面首尾搜索引擎给予的权重更高，因此作为页面的三个核心词应该在首尾按前面章节讲到的顺序进行布词，不一定同时出现，但都出现在首尾 100 字内对该关键词与该页面的排名权重是有帮助的。

另外，根据观察，以上 8 个地方的权重先后大体为：Title>页面首尾>H 标签>Strong 标签>Description>Form 及 a 元素 title 属性>alt 属性>Keywords。大家可在实际工作中再实践。

11.2.11 关键词分词研究

对于 SEO 来说研究关键词分词是必备功课。搜索引擎在执行一次查询时，如果用户提交的字符串没有超过 3 个中文字，就会直接到数据库索引词汇。超过 4 个中文字的，首先用分隔符（比如空格、标点符号）将查询串分割成若干子查询串。举个例子："什么是百度分词技术"，我们会把这个词分割成 "什么是，百度，分词技术。"这种分词方法叫做反向匹配法。然后再看用户提供的这个词有没有重复词汇，如果有的话，会丢弃掉，默认为一个词汇。接下来检查用户提交的字符串有没有字母和数字。如果有的话，就把字母和数字认为一个词。这就是搜索引擎的查询处理。

分词技术现在非常成熟了，主要分为 3 种。

1. 字符串匹配的分词方法

字符串匹配的分词方法是最常用的分词法，百度就使用此种分词。字符串匹配的分词方法又分为 3 种分词方法。

（1）正向最大匹配法

把一个词从左至右来分词。举个例子："不知道你在说什么"，这句话采用正向最大匹配法是 "不知道，你，在，说什么"。与正向最大匹配法相对应的是反向最大匹配法。

（2）反向最大匹配法

反向最大匹配法来分上面这段是 "不，知道，你在，说，什么"，这个就分的比较多了，反向最大匹配法就是从右至左。

（3）最短路径分词法

就是说一段话里面要求切出的词数是最少的。还是上面那句话："不知道你在说什么"最短路径分词法就是把上面那句话分成的词要是最少的。不知道，你在，说什么，这就是最短路径分词法，分出来就只有 3 个词了。

另外，上面三种可以相互结合组成一些分词方法。比如正向最大匹配法和反向最大匹配法组合起来就可以叫做双向最大匹配法。

2. 词义分词法

这是一种机器语义判断的分词方法。很简单，进行句法、语义分析，利用句法信息和语义信息来处理歧义现象来分词。这种分词方法现在还不成熟，处在测试阶段。

3. 统计分词法

根据词组的统计，发现两个相邻的字出现的频率最多，那么这个词就很重要。可以作为用户提供字符串中的分隔符来分词。比如，"我的，你的，许多的，这里，那里"……这些词出现的比较多，就从这些词里面分开来。

刚刚简单介绍了分词技术，又如何来运用他们为我们的站点获得流量呢？我们可以利用分词技术来增加我们站点长尾词，这样就可以获取流量排名。不但这些分出来的长尾词能够获取一定的排名，而且能够推动站点的目标关键词获取很好的排名。这个原理就是内链原理。例如，舆论监督与新闻纠纷，如何来分？正向最大匹配、反向最大匹配、双向最大匹配、最短链接匹配。

注意：《中文分词基础原则及正向最大匹配法、逆向最大匹配法、双向最大匹配法的分析》，参考网址为 http://blog.sina.com.cn/s/blog_53daccf401011t74.html。《如何把分词运用在 SEO 中？》，参考网址为 http://ask.SEOwhy.com/question/10361。

（1）正向最大匹配："舆论监督，与，新闻，纠纷"。

（2）反向最大匹配："舆论，监督，与，新闻纠纷"。

（3）双向最大匹配："舆论监督，与，新闻纠纷"。

（4）最短路径最大匹配："舆论监督与新闻纠纷"。

"舆论监督与新闻纠纷"可以分词为"舆论，监督，舆论监督，与，新闻，纠纷，新闻纠纷，舆论监督与新闻纠纷。"这些词每个都可做一个主题页使用目标关键词，这些分出来的词可以作为站点的主题页，一旦导入链接权重上来了，竞争力就大了，因为这些页面内部链接起来。用锚链接，指向主页的目标关键词。他能够提升目标关键词排名的竞争力，也同时给站点带来一定流量。分词还有一种好处，那就是提升内页的排名，如果内页不做描述，那么百度就会定义一个描述或者从页面捕获一个描述。在捕获描述的时候，如果知道它会捕获哪段，那么排名就会上升，因此可刻意创造一段文字帮助匹配排名。

（注：以上内容来自豆瓣，对分词技术描述十分到位，www.douban.com/note/257000518/。）

11.2.12 TDK（Title、Description、Keywords）

在当前的 SEO 工作中，很多人对 TDK 都不太重视了，尤其是 DK，原因是搜索引擎的排名算法中其权重被大大稀释和人为地降低了，原因是在 SEO 发展早期很多 SEO 人员利用在 TDK 中堆砌关键词的作弊手法获取非正常排名，让搜索引擎不得不采取手段予以打击。当然这并不是说这三者就完全失去了作用，尤其 TD 在帮助搜索引擎快速了解该页面内容及建库方面仍然作用不小。本节咱们来介绍一下根据以上挖词、分词后如何拟定 TDK。

1. T——页面标题

T，Title，页面标题。它代表了这个页面的主诉求，网站主要满足访客哪方面的需求。

比如以舆论监督建设一个频道，爱站工具包挖掘的 100 个词（见图 11.52），从中可以读出网民有这样一些需求：案例、新闻（案例、论文、作用）、新媒体、报纸、行政、作用、制度、不同时期、地域、舆论监督类节目、名词解释、法律、民间、形式等。相应的栏目底下就要显著地提供这些内容，方便网民获取信息。

有这样一些词可以作为栏目 Title 备选：舆论监督、网络舆论监督、中国舆论监督网、舆论监督网、中国网络舆论监督网、中国舆论监督、中国舆论监督网首页、中国的舆论监督、中国社会舆论监督网、中国的网络舆论监督、舆论监督栏目、中国人民舆论监督网、中国民间舆论监督网，有搜索指数的词只有舆论监督 185，网络舆论监督 48，中国舆论监督网 8，其他词可以作为外部链接建设时候的锚文本备选，增加锚文本丰富度，防止锚文本过于集中被 K，同时可以获取其他非指数词的长尾流量。

如何来确定栏目 Title？很显然，舆论监督更具概括性，但是在指向该栏目的链接 a 标签 Title 中可使用附加说明，比如中国舆论监督网、舆论监督、网络舆论监督权威平台。Title 也可以采用舆论监督、网络舆论监督、中国舆论监督网_中国舆情网这样的 SEO 写法，也可以直接使用舆论监督_中国舆情网，然后在 Keywords、Description 及页面中将其他词布进去。Title 一定能最大程度概括页面的核心内容。Title 一般不要超过 80 字符。

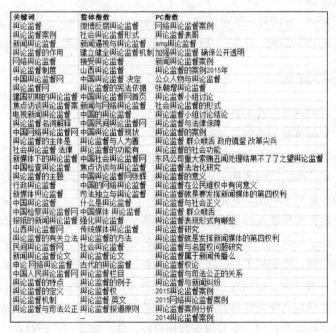

图 11.52　舆论监督挖掘出 100 词

2. K——关键词

K，Keywords，关键词。早期，Keywords 是来帮助搜索引擎更好地理解页面使用的，这跟学术论文中页首提炼出的几个关键词一个道理，帮助人快速识别信息，但随着作弊的猖獗，搜索引擎不得不降低其作用。但是作为页面的基础标签，写上比不写更有利一些，但是Keywords一定不要太多，3个就好，目的在于集权。其他的搜索指数不高的竞争度不大的相关词可以使用外部链接增强其相关性，商业价值高竞争较高但是搜索指数不高的词也可以适当出现在 Keywords 当中，切忌将所有相关词都放进去，不但起不到正面作用，还有可能处罚搜索引擎作弊机制。因此舆论监督这个页面的 Keywords 写成舆论监督、网络舆论监督、中国舆论监督网即可。其他词如果有个别需要强化的，可以加入并在页面适当增加几个词。

3. D——描述

D，Description，描述。描述显示于搜索引擎结果中，相当于每篇文章的摘要，一般不超过 200 字符，描述的写法采用融入 Keywords+关键信息点+广告语的写法，描述起到的作用在当网民搜索关键词时该条结果展示出来，提供摘要信息，帮助缩短筛选信息时间，另一个即通过短短几秒时间让他有点击进入查看的欲望。因此关键信息点必须涵盖。比如舆情监督这个页面，通过以上解读，会提供的信息包括案例、新闻（案例、论文、作用）、新媒体、报纸、行政、作用、制度、不同时期、地域、舆论监督类节目、名词解释、法律、民间、形式等，在描述中必须摘要列出部分重要信息。

比如我们这样写：

中国舆论监督网，业内首家舆论监督、网络舆论监督专业网站，提供各地方传统媒体、新媒体、民间舆论监督案例、论文、法律、监督形式等全面的舆论监督信息。

11.2.13　内链建设

在前面已经讲到内链存在的各种形式，本节我们再做更进一步的细化，为各位站长在实际的优化操作中提供更为有的放矢的操作方法。

内链的好坏决定蜘蛛能否通畅到达，页面得到充分收录；决定访客能否方便地各处浏览，并被充分满足；决定站内各种页面能否担负起它应该担负的责任；决定权重的分配是否合理，能否最大化资源利用，获取排名和流量。

网站的主导航、次导航及面包屑导航很好地将全站按页面重要性串联起来，这一步大多网站在站点上线之前就已经完成，后续需要做的是调整栏目，将权重低但是重要的页面提升在网站中的位置，比如从子栏目提升到主栏目以获取全站链接支持，或者对主栏目降权到子栏目或者一般页面，原因在于获取流量及点击一般，对站点的贡献与其位置不符。这一步的调整需要根据后续的统计数据及市场策略来决定如何调整。比如站点上线后中国舆情网没有舆论监督这个栏目，但是根据数据分析，这一需求点广泛存在，那么需要增设这个栏目，并给予全站内链。

首页指向栏目及内页的链接，作为一个站点权重最高的页面，除了可以给予链接入口以增进收录之外，权重支持会带动内页的权重及排名提升，因此首页链入链接应有所甄别，比如首页主导航及次导航已经有链接链入的栏目在第二次出现的时候给予链接方便网民点击访问，但应该使用 nofollow 告诉蜘蛛别去爬取以免浪费蜘蛛资源。另外，首页并非要将内部所有栏目及所有内页都要展示出来，那样会造成首页非常冗余、拖沓而主次不清。除了必需要在首页提供给访客的信息之外，其他都应该折叠到对应的主栏目甚至子栏目底下去，首页展示的主诉求应该是该行业最被关注的几个关键信息点。比如中国舆情网，首页舆论、舆情相关词如图 11.53 所示。

图 11.53 舆论、舆情相关词

从中可以看出，出现频率高的有监督、监控、监测、导控、传播、引导、分析、制度、媒体、反转、社会等。在首页可将这些信息按搜索频次高低给予内链入口。一些不重要的、无流量但访客有需要获取的比如关于我们、版权声明等页面可使用 nofollow 全部禁权重传递。

栏目页、专题页都可采用首页相同的策略，页面只展示必须要展示的内部链接，其他全部一概折叠，这样做的好处是将权重集中到重要页面上去，让他们获取到更强的排名能力，同时对于访客来说也降低了获取信息的成本。

内页除了必要的导航之外，应该有常见的相关信息、热门信息等基于访客获取信息意图的页面路径搭建，或者其他网站主意图获取更多流量及排名的重点页面。而文章内部应设置更多锚点指向相关信息页面，比如对某个陌生词的解释，或者雷同于新浪在提到名人的时候给予的微博链接等基于站点访客自然需求的链接，或者提到关键信息的时候指向对应的页面。

11.2.14 内容策略

一般认为 Web 2.0（论坛、博客为代表）和 Web 3.0（社交平台、微博客为代表）的相继流行，UGC功不可没。随着移动互联网的发展，网上内容的创作又被细分出PGC和OGC，甚至有UGC、PGC和OGC。

在建设网站内容的时候，不可避免地会遇到谁来创造内容的问题。无论是专业还是职业生产内容，产量都不会太高，一个企业如果雇佣大批专业或职业者做内容生产，成本一定不低。但UGC用户生产内容又会存在内容参差不齐的问题，但是内容却有可能呈现爆炸性增长，尤其在博客、论坛、微博兴起之时。

目前网络上大多站点尤其企业站点都算不上严格的PGC、OGC，这跟内容创造者的属性相关，因此出现了SEO时代很多名词，比如原创、伪原创、转载等。伪原创的方法很多，机器采集、人工掐头去尾等，原创内容质量也不尽相同，这跟网站投入有关，转载广泛存在于互联网中，也有使用扫描纸质书籍或者转语音视频为文字的转载方法或者假原创。

对于内容型网站来说，初期可采用转载、转音视频或纸质书籍为文字的假原创、部分真原创结合的办法，发展到一定阶段接受用户投稿或者开放发布文章权限，即UGC，在发展阶段则可采用PGC、OGC约稿付费或者采用某种机制比如今日头条、微信公众号的流量主、打赏等变现方式。

另外，很重要的一点是对以上内容的组织产生出新的页面，比如各种专题，也可增加无数页面进而在搜索引擎中获取竞争力。比如知乎将每个答案结合标题即SEO中的长尾词构建出无数的页面，从而获取大量长尾词排名。

11.2.15 站内品牌策略

无论什么类型的网站，长远发展的必经之路都是品牌化。品牌化才能少依赖外部平台，比如搜索引擎或者外链平台，从而获得稳定的流量，而担心外链突然消失或者搜索引擎算法调整。

站内的品牌策略简单来说即在每个访客经过的路径自然地植入品牌，反复进行品牌强化，以让他在网站4分钟或者更短时间的浏览中较深地记住这个品牌，当下次再想关注相关信息的时候，可以直接搜索品牌词，比如"中国舆情网"或者在地址栏直接输入网址。

常规的使用是每个页面都有LOGO，或者利用js将LOGO和搜索栏或者导航集成后浮动显示，比如蘑菇街（见图11.54）。

图11.54　浮动显示

在页面中多次植入品牌词，比如凤凰网（见图 11.55）。

图 11.55　多次植入品牌词

还比如 58 同城在每个页面都会注明如图 11.56 所示的信息。

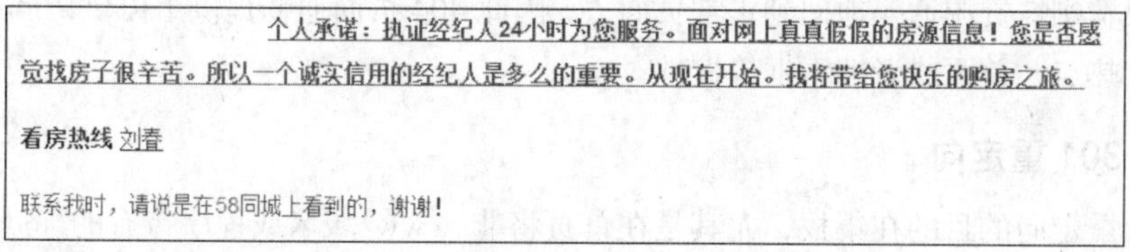

个人承诺： 执证经纪人24小时为您服务。面对网上真真假假的房源信息！您是否感觉找房子很辛苦。所以一个诚实信用的经纪人是多么的重要。从现在开始，我将带给您快乐的购房之旅。

看房热线 刘壹

联系我时，请说是在58同城上看到的，谢谢！

图 11.56　58 同城的页面品牌策略

以上稍做列举，目的在于最大化每个访客的价值，并为网站本身不断沉淀忠诚访客。

11.2.16　Robots、SITEMAP、404 页面、301 重定向及网址标准化

全面的站点建设优化必然会有 Robots、SITEMAP、404 页面、301 重定向及网址标准化等内容。这些细节目的都在与给搜索引擎更有好的访问、抓取体验，辅助其更好地工作，因而才能给网站更好的权重、排名及流量。二者相辅相成。

1. Robots

Robots 是一个文件。对于站点来说，后台文件肯定全部要禁止掉，网站所需要的元素都应该对搜索引擎开放，无论是静态、动态文件还是 CSS、js 及图片、音视频文件等。其

他需要禁止抓取的文件比如容易造成蜘蛛陷入黑洞的动态文件，或者搜索结果页面、打印页面等，我们看一下 58 同城的处理方法（见图 11.57）。

```
User-agent: *
Allow: /shoujidaquan/*
Disallow: /*?*
Disallow: /sou/*Q*
```

图 11.57　58 同城 Robots 文件

2. SITEMAP

SITEMAP 文件有三种，XML 格式、TXT 格式、HTML 格式。HTML 格式除了可以给蜘蛛看之外还可以给访客看，作为访问站点的指南针；TXT 格式因为简洁便于蜘蛛爬取站点链接；而 XML 格式可以显示页面权重、时间等信息，给予搜索引擎更多信息，以决定站点页面的重要性。SITEMAP 文件的目的在于作为站点结构、内链之外的一种方便搜索引擎蜘蛛爬取的补充，更好地让蜘蛛遍历全站而不担心陷入黑洞。

3. 404 页面

404 页面的目的在于当蜘蛛或访客访问到不存在的页面时，能有更友好的访问体验，并且不浪费蜘蛛资源通畅地回到正常页面去，因此 404 页面通畅提供了可供访问的页面链接，比如热点、首页或者搜索框等控件。

4. 301 重定向

301 重定向的目的在集权，尤其是在首页将非 www 域名或程序带有的 index.html、index.shtml 等页面重定向到 www.×××.com 上去发挥了很大作用。在网站改版或者动态页面指向相对应的静态页面上也有很大作用，比如给 tag 页面专门生成了 HTML 静态文档，但是原动态链接仍旧可以访问，此时用 301 永久定向到静态文档，无论对集权还是对节约搜索引擎蜘蛛资源等各方面都有好处。网址标准化的另外一种做法即使用<base>标签，在前面章节已有介绍，可参照使用。

11.2.17　导出链接、外链建设、移动站及适配

导出链接一般以友情链接、广告链接或者文章页的参考文章、来源等形式存在。如果是转载其他文章，给予来源链接是一种合乎道德的做法。但是一个内页面不能给予太多链接导出，由于其本身权重就不高，如果给予过多链接导出尤其是站内链接导出，不但有碍观瞻，而且作用不大。

首页及栏目页的友情链接或者其他外部链接的导出约定俗成的做法是不多于 30 个链接，虽然过多的链接导出对页面本身并无太大影响，但是在链接维护的时候还是比较麻烦的，而如果导出链接指向的是站内页面，过多的链接导出是在分散权重，跟上面讲到的内链是一样的，一个页面无论内链外链导出，都会降低每个链接的价值。

外链无论在搜索引擎什么阶段，无疑都是非常重要的，这是互联网存在的基础。假如外链全部去除，一个个网站全成了信息孤岛，一点价值都没有了。但并非任何外链都是有价值的，SEO 发展之初任何群发外链、论坛签名外链、博客留言外链都可以带来权重提升，并对排名造成较好的影响，但如今这些外部链接已基本失去效用，再加上三方网站对发布广告、链接等的管控日益严格，导致外链难做。这就导致外链建设的途径只能是，好内容造成转发、转载，充分利用免费外链平台，比如新浪博客、天涯博客、凯迪论坛、地球城博客等收录及权重还不错的免费平台进行质量内容及外链建设，模仿自然转发，这就涉及对用户外部转发规律的探究，过于规律的锚文本使用或者过于规律的链接位置放置都不是好的外链扩散策略。外链建设注重以下 4 点。

- 好内容
- 养平台
- 尽力扩展平台多样性
- 内容、外链、锚文本、链接位置、链接形式多样性

移动站及适配的方法在前面章节已有论述，此处不赘述，但在移动互联网大潮越来越高涨的情况下，建设移动站不仅对访客、对搜索引擎也是友好的，这意味着它可以提供更加优质的资源和更好的访问体验给访客。在建站初期就应该同步做好。

11.2.18 网站日志

网站日志既可使用工具，也可直接查看。直接查看源文件（见图 11.58），信息会更加完整。网站日志是记录 Web 服务器接收处理请求以及运行时错误等各种原始信息的以 ·log 结尾的文件，确切地讲，应该是服务器日志。

网站日志最大的意义是记录网站运营中空间等的运营情况，被访问请求的记录。通过网站日志可以清楚地得知用户在什么 IP、什么时间、用什么操作系统、什么浏览器、什么分辨率显示器的情况下访问了你网站的哪个页面，是否访问成功。

网站日志的很多信息在百度统计、百度站长工具等都已经数据化或者图表化，比如访客访问了哪些文件、蜘蛛抓取哪些文件显示 404 等。

网站日志数据分析解读如下。

（1）访问次数、停留时间、抓取量

从这三项数据中可以得知：平均每次抓取页面数、单页抓取停留时间和平均每次停留时间。平均每次抓取页面数=总抓取量/访问次数，单页抓取停留=每次停留/每次抓取，平

均每次停留时间=总停留时间/访问次数。从这些数据可以看出蜘蛛的活跃度，网站对蜘蛛的亲和度，以及抓取深度等，总抓取量、总访问次数、平均抓取量、总停留时间、单页抓取停留、平均停留时间等指标越高，通常表明网站友好性越好，站点质量越高，越受搜索引擎喜欢。而单页抓取停留时间表明网站页面访问速度、时间越长，表明网站访问速度越慢，对搜索引擎抓取收录较不利，我们应尽量提高网页加载速度，减少单一页面停留时间，让爬虫资源更多地去抓取收录。另外，根据这些数据我们还可以统计出一段时间内网站的整体趋势表现，如蜘蛛访问次数趋势、停留时间趋势、抓取趋势。长期观察这些数据，可以起到对优化效果进行评估的作用，并及时发现哪些页面及目录表现好，哪些表现不好，更贴近搜索引擎，也可及时发现异常变动，做好应对。

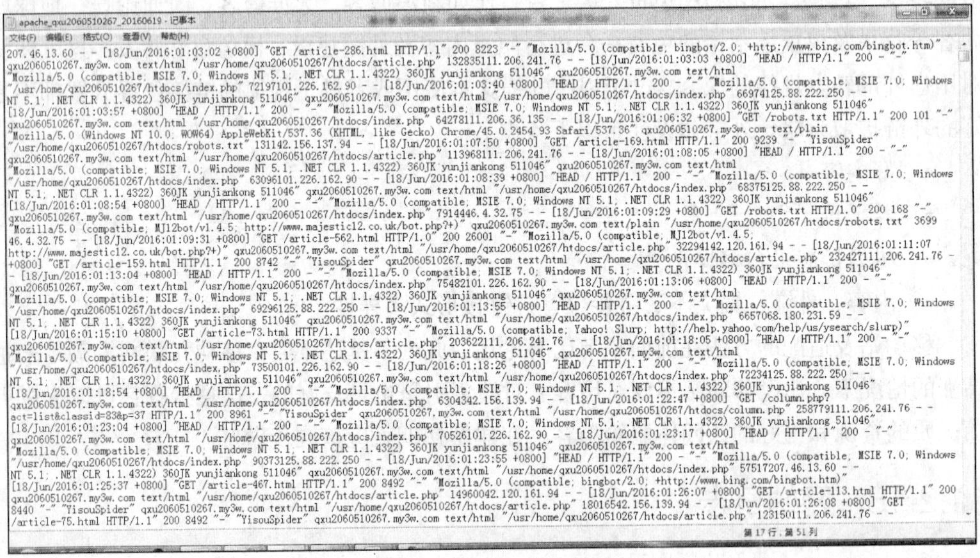

图 11.58　网站日志源文件

（2）目录抓取统计

通过日志分析我们可以看到网站哪些目录受蜘蛛喜欢、抓取目录深度、重要页面目录抓取状况、无效页面目录抓取状况等。通过对比目录下页面抓取及收录情况，我们可以发现更多问题。对于重要目录，我们需要通过内外调整增加权重及爬取；对于无效页面，在Robots.TXT 中进行屏蔽。

另外，通过多日日志统计，我们可以看到站内外行为给目录带来的效果，优化是否合理，是否达到了预期效果。对于同一目录，以长期时间段来看，我们可以看到该目录下页面表现、根据行为推测表现的原因等。

（3）页面抓取

在网站日志分析中，我们可以看到具体被蜘蛛爬取的页面。在这些页面中，我们可以分析出蜘蛛爬取了哪些需要被禁止爬取的页面、爬取了哪些无收录价值页面、爬取了哪些重复页面 URL 等。为充分利用蜘蛛资源，我们需要将这些地址在 Robots.TXT 中禁止爬取。

另外，我们还可以分析未收录页面原因，对于新文章，是因为没有被爬取到而未收录抑或爬取了但未放出。对于某些阅读意义不大的页面，可能我们需要它作为爬取通道，对于这些页面，我们是否应该做 Noindex 标签等。

（4）蜘蛛访问 IP

通过蜘蛛的 IP 段和前三项数据来判断网站的降权情况，IP 分析的更多用途是判断是否存在采集蜘蛛、假蜘蛛、恶意点击蜘蛛等，从而对那些访问来源进行屏蔽、禁止访问处理，以节省带宽资源及减轻服务器压力，留给访客及蜘蛛更好的访问体验。

（5）访问状态码

蜘蛛经常出现的状态码包括 301、404 等。出现这些状态码要及时处理，以避免对网站造成坏的影响。

（6）抓取时间段

通过分析对比多个单日蜘蛛小时爬取量，可以了解到特定蜘蛛对于本网站在特定时间的活跃时段。通过对比周数据，可以看到特定蜘蛛在一周中的活跃周期。了解这个对于网站内容更新时间有一定指导意义，而之前所谓小三大四等均为不科学说法。

（7）蜘蛛爬取路径

在网站日志中我们可以跟踪到特定 IP 的访问路径，如果我们跟踪特定蜘蛛的访问路径就能发现对于本网站结构下蜘蛛的爬取路径偏好。由此，我们可以适当地引导蜘蛛的爬取路径，让蜘蛛更多地爬取重要、有价值、新更新页面。其中，爬取路径中我们又可以分析页面物理结构路径偏好以及 URL 逻辑结构爬取偏好。通过这些，可以让我们从搜索引擎的视角去审视自己的网站。

确定好在网站前期需要开展的 SEO 工作之后，剩下的即调配所需人力、物力，并制定推进方案一步步完善各个优化细节，并跟踪监控优化效果，最终一步步达成收录、流量、关键词排名及网站 Alexa 排名目标。一个好的 SEO 方案不仅仅是知道该干什么，更重要的是将需要做的事情按部就班地推行下去，执行力尤为最要。本节咱们来介绍一下如何将以上优化工作推动落实到位。最好的办法是将所有 SEO 工作分解细化，然后逐一落实到人去执行。

11.3 习题

一、填空题

1. 网站发展规划是基于_____、_____、_____、_____而制定出的网站阶段性成长计划。

2. 网站诊断及执行是在_____、_____、_____、_____、_____、_____、_____、_____、_____、_____、_____、_____、_____、_____、_____、_____方面实施的。

二、简答题

1. 网站代码可以在哪些方面进行 SEO 优化？

2. 试述怎样的逻辑结构才是符合 SEO 的。

3. 如何进行页面降噪处理？

4. 关键词一般部署在页面哪些地方，如何部署？

5. 如何优化页面 TDK？

6. 试简述网站日志该如何分析、对网站诊断有何作用。

附录

SEO 术语一览

1. 关键字、关键词和关键短语（keyword、keyterm 和 keyphrase）

关键字、关键词和关键短语是 Web 站点在搜索引擎结果页面（也称为 SERP）上排序所依据的词。根据站点受众的不同，您可以选择一个单词、多个单词的组合或整个短语。为简化起见，本文将使用关键词这个术语表示所有这三种类型。例如，一个小说网的标题为：小说网，免费小说网。其中这包含的就是关键词。

2. 关键词密度（keyword density）

关键词也被称为搜索项密度（term density），是关于特定搜索请求的项在网页上所有项中的比率。例如，如果你想要的 200 个词的网页就是关键词"失眠症"被找到，而你的网页上这个词出现了 12 次，你网页上这个词的关键词密度是 6%（12/200）。搜索引擎通常认为有 5%～7%关键词密度的网页是很高质量的网页。

3. 引擎蜘蛛（Spider）

爬行器在 Web 上漫游，寻找要添加进搜索引擎索引中的列表。爬行器有时也称为 Web 爬行榜（Webcrawler）或机器人。针对有机列表优化页面，也就是为了吸引爬行器的注意。

4. 网站目录（Directory）

目录是由人为编辑的搜索结果。大多数目录依靠的是人为提交而不是爬行器（spider）。

5. 竞价排名（bid）

为每个搜索引擎引荐向搜索引擎支付发费用，用以保证在付费搜索结果的排名。其最简单的形式，付费搜索结果显示出价最高一方的网页链接在结果列表的顶端，并且竞标方每次在访客点击竞标方的链接时付钱给搜索引擎。

6. 链接农场（Link farm）

在 SEO 术语中，链接场是指一个充满链接的页面，这些链接其实没有实际作用，它们只作为链接存在，而没有任何实际的上下文。那些采用运用黑帽 SEO 方法的人利用链接场在一个页面中增加大量链接，希望能通过这种方式使 Google 误认为这个页面很有链接的价值。

7. 交互链接（reciprocal link）

也称作双向链接，是对一个网页不光有超文本链接，同时对应有和原始网页的链接。

8. 有机列表（Organic listing）

有机列表是 SERP 中的免费列表。有机列表的 SEO 通常涉及改进 Web 站点的实际内容，这往往是在页面或基础架构级别进行的。

9. PageRank（PR）

PageRank 是迷恋 Google 的人们用来测试其站点在 Google 中排名的一种度量标准。SEO 和搜索引擎营销（SEM）专家也使用这个术语描述网页在 SERP 中的排名以及 Google 根据排名算法给予站点的分数。无论如何定义，PageRank 都是 SEO 的重要部分。

10. 付费列表（Paid listing）

顾名思义，付费列表就是只有在付费后才能列入搜索引擎的服务。根据搜索引擎的不同，付费列表可能意味着：为包含于索引之中、每次点击（PPC）、赞助商链接（sponsored link）或者在搜索目标关键词和短语时让站点出现在 SERP 中的其他方式而付费。

11. 排名（Ranking）

排名是页面在目标关键词的 SERP 中列出的位置。SEO 的目标是提高 Web 页面针对目标关键词的排名。

12. 排名算法（Ranking algorithm）

排名算法是搜索引擎用来对其索引中的列表进行评估和排名的规则。排名算法决定哪些结果是与特定查询相关的。

13. 搜索引擎营销（Search Engine Marketing，SEM）

SEM 这个术语可以与 SEO 互换使用，但 SEM 常常是指通过付费和广告向搜索引擎推销 Web 站点，同时应用 SEO 技术。

14. 搜索引擎优化（Search Engine Optimization，SEO）

SEO 就是根据对搜索引擎的吸引力和可见性来优化内容，从而使 Web 页面能够被搜索引擎选中。SEO 主要用来提高有机列表的排名。这里使用 SEO 这个术语描述推荐的技术，但是其中许多技术也可以归入 SEM 的范畴。SEM 就是通过搜索来进行的所有技术，SEO 只是其中的一部分。现在很多广告商或者企业，例如厦门二手网、资讯类、医疗类等通过搜索竞价排名来营销，也就是属于 SEM 的范畴。

15. 搜索引擎结果页面（Search Engine Results Page，SERP）

SERP 是为特定搜索显示的列表或结果。SERP 有时候定义为搜索引擎结果的安排（placement）。根据本系列的目的，将其称为页面，而不是安排。在 SEO 领域中，在 SERP 中取得良好的表现就是一切。

16. 垃圾技术（Spamming）

垃圾技术是一种欺诈性的 SEO 手段，它尝试欺骗爬行器（spider），并利用排名算法中的漏洞来影响针对目标关键词的排名。垃圾技术可以表现为多种形式，但是"垃圾技术"最简单的定义是 Web 站点用来伪装自己并影响排名的任何技术。根据是否采用垃圾技术，SEO 方法可分为黑帽 SEO 和白帽 SEO 两大类。

17. 黑帽 SEO（Black hat SEO）

用垃圾技术欺骗搜索引擎。黑帽 SEO 以伪装、欺诈和窃取的方式骗取在 SERP 中的高排名。

18. 白帽 SEO（White hat SEO）

以正当方式优化站点，使它更好地为用户服务并吸引爬行器的注意。在白帽 SEO 中，能够带来好的用户体验的任何东西也都被视为对 SEO 有益。

19. 隐藏文本（hidden text）

一种作弊技术，通过这种技术，网页上的文字被设计来被蜘蛛程序而不是人看到。文本可以通过用极小的的字号显示而不被看到，或者使用和背景颜色一样的颜色，或者将关键词被图形或者其他网页元素覆盖等。作弊者在网页上堆积关键词来得到高的搜索排名。

20. 谷歌跳舞（Google Dance）

谷歌跳舞这个名词通常用于描述谷歌搜索引擎对搜索结果进行更新、重组的过程。谷歌一般每个月对其搜索数据库进行一次更新。新的网页被加入，无效网页被删除，对收录网站进行全面深度检索，也可能在这期间调整算法。在"跳舞时期"（三到五天内），谷歌的搜索结果会有大幅度的波动，几乎每一分钟都会有变化。这一更新过程可以很容易地通过搜索结果的显著变化来识别。"跳舞"一般持续几天时间，跳舞结束后，Google 搜索结果和网站外部链接数量趋于稳定，直至下一个周期的到来。

21. 搜索结果（search result）

作为对搜索者的搜索请求的响应，搜索引擎返回匹配网页的链接，这些链接就是搜索结果。搜索引擎使用多种技术来断定哪个网页与这个搜索请求匹配，并且根据相关程度来对自然搜索匹配结果进行排名。

22. 站点地图（site map）

一个对蜘蛛程序友好的网页提供了指向网站域里面其他网页的链接。对一个小型网站而言，站点地图提供直接链接到站点上所有网页的链接。中到大型站点使用站点地图链接到域里面主要的中心网页（这些网页会最终依次实现对站点上所有网页的 http://www.seo-service.com.cn/sitemap.asp 访问）。

23. 作弊（spam）

（1）非索要的不合法电子邮件，通常包含商业信息或者欺诈性的主题，未经允许就投递给收信人。

（2）也被称为搜索作弊技术，被网站设计来愚弄搜索引擎的不道德（但是合法）技术，即使其网页对一搜索请求不是最佳匹配，也会得到显示。

24. 超搜索引擎（metasearch engine）

一个搜索引擎将很多搜索者输入的搜索请求发到其他很多搜索，比较每个搜索引擎的结果并显示在单一的结果列表上。

25. 301 重定向（permanent redirect）

301 重定向也被称为永久重定向，是一条对网站浏览器的指令，显示浏览器被要求显示的不同 URL，当一个网页经历过其 URL 的最后一次变化以后时使用。一个永久重定向是一种服务器端的重定向，能够被搜索引擎蜘蛛正确地处理。

26. 02 重定向（temporary redirect）

02 重定向也被认为是暂时重定向，是一条对网站浏览器的指令，显示浏览器被要求显示的不同 URL，当一个网页经历过短期 URL 的变化时使用。一个暂时重定向是一种服务器端的重定向，能够被搜索引擎蜘蛛正确地处理。

27. 权威性站点（Authorit）

网站所被认为的专业水平通常用其向内超链接的网络来衡量。搜索引擎通常对那些从其他人被很好链接的站点获得向内链接的网站给予高度的重视，并对匹配站点主题的搜索请求，将这些站点放在搜索结果的前面。

28. 权威性网页（authority page）

权威性网页就是某个主题有很多链接所指向的网页。

29. 反向链接（back links）

反向链接就是所说的向内链接（inbound link），指的是从一个网页到自己网页的超级链接。从你的站点外链到网页的向内链接，在搜索引擎做链接分析，并根据相关性来对搜索结果排序的时候有很高的价值。

30. 双向链接（tow-way link）

双向链接也被称作相互链接，是对一个网页有超文本链接，同时目标网再链接回原来的网页。

31. 网站日志（web log）

（1）在网站服务器上的一个文件，作为服务器所执行的每个操作的记录。日志文件能够通过很复杂的方法来进行分析，测定网站访客的数量（按照人以及搜索引擎的蜘蛛程序）以及他们所浏览的网页数量。

（2）也被称为博客，是一种在线的个人刊物，一种互联网上的定期栏目。有些博客是回忆往事的私人日记，但另外一些类似杂志专栏，专注在感兴趣的特定主题上。

32. 广告条（banner ad）

广告条也称为广告横幅广告，通常在网页的突出部分出现一个大型彩色长方形，类似出现在报纸和杂志上的广告。点击广告条会将访客带到广告主的网站。

33. 行为模式（behavior model）

对一群人执行某种任务行为的抽象化概括，用来衡量和分析他们在做什么。这个分析能够建议在进行任务后续行动时如何改进流程。

34. 竞价（bid）

为每个搜索引擎引荐向搜索引擎支付发费用，用以保证在付费搜索结果的排名。其最简单的形式是，在结果列表的顶端显示付费搜索结果中出价最高一方的网页链接，并且竞标方每次在访客点击竞标方的链接时付钱给搜索引擎。

35. 竞价差（bid gap）

在付费竞标中两个相邻位置的两个竞价之间明显的差异。例如，竞标方当前排名第 50 美分，而排名第 40 美分，竞价差就是 10 美分。

36. 网络日志（blog，weblog 的简写）

网络日志也被称为博客（blog），是一种在线的个人刊物，一种互联网上的栏目。有些博客是回忆往事的私人日记，但另外一些类似的杂志专栏则专注在感兴趣的特定主题上。例如，点击（click），互联网用户使用他们的鼠标来访问新的网页。网站评测系统程序抓住所有访客的点击进行评测和分析。

37. 点击欺诈（click fraud）

点击付费搜索列表而没有转化意向的不道德行为，只是为了导致收取按点击所付的费用。

38. 伪装（cloaking）

也被称为 IP 发送（IP delivery），一种作弊技术，对同样的 URL，设计一个程序来返回给真实的访客网页，以及一个不同版本——满是关键词的网页，后面这个网页被设计来得到更高的搜索排名。术语"掩饰"来自网站主人访客通过查看 HTML 编码而了解搜索优化机密。

39. 内容（content）

一种互联网术语，指的是网页上的文字和图片。搜索引擎经常一览内容的优化，因此搜索引擎能够更加容易为搜索请求找到相关的网页。

40. 内容编辑（content writer）

外围搜索团队的专业人员之一，负责写作网页上的信息内容，职责与销售产品的人员不同。

41. Cookie

浏览器用来存储网页需要记住信息的方法。例如，一个网页能够在 Cookie 中存储访客名字，这样每次当他们再来的时候，他们的名字就能够出现在该网站的首页上。

42. 文案编辑（copy writer）

搜索营销外围团队的网站专业人员之一，负责写作网页上表达信息的内容，职责与传达信息不同。

43. 按效果所付成本（Cost Per Action，CAP）

按效果所付成本也被称作每次行动成本，是一种收费形式，只有搜索者采取了"行动"时才需要付钱——通常是一次购买产品的行为。其实 CAP 价格主要应用在固定放置或者购物搜索，而不是基于竞价的广告。在所有搜索引擎上价格从 5 美元到 50 美元不等。

44. 爬行（crawler）

爬行就是蜘蛛程序（spider），是搜索引擎的一部分，负责在互联网上定位和索引每个网页，这样就能够响应搜索者的搜索要求。成功的搜索引擎营销依赖于爬在一个网站上找到几乎所有的网页。

45. 串联样式表（Cascading Style Sheet，CSS）

串联样式表，也称为层叠样式表、级联样式表，是对一个 HTML 文件每个标签的一套格式指令，能够被定制，这样同样的标签文件能够被不同的样式表来按照不同的方式排版。

46. 描述标签（description tag）

描述标签是 HTML 的要素，包含了网页的大纲。搜索引擎有时候对页面描述匹配搜索请求，这样提高描述的质量可能是优化网页的好方法。

47. 目标页面（destination page）

依据网页的领结理论，从核心网页链出的网页并不自己链回到核心网页。目标网页通常是高质量的页面，但它们可能是公司网站的部分，更多地有内部链接，而不是外部链接。

48. 目录（directory）

搜索结果中有成百上千个主题的名单，以及与这个主题相关的链接，搜索引擎将这些链接分类成目录。

49. 目录列表（directory list）

目录列表是关于一个特定主题的很多超链接之一。站点的主人发送网页请求被列在目录里面，并且在他们的提交被接受以后会告诉他们有了"目录列表"。雅虎以及放目录是最著名的网站目录的例子。

50. 门户网页（doorway page, gateway page, entry page）

门户网页是一种作弊技术，通过它，一个网页被专门用于得到高的搜索排名，而对站点的访客没有任何价值。和搜索登录页面不同，一个门户网页通常尽量保持对浏览网站访客的隐藏。

51. 外向的链接（external link）

从一个站点链接到其他站点的链接允许访客转换到新的站点上。搜索引擎会认为这些链接是外向链接，是发送这些链接的站点时对收到链接站点的认可。

52. 隐藏的链接（hidden links）

隐藏的链接是一种作弊技术，通过它超级链接用来被蜘蛛访问，而不能被人发现。作弊者从很多高排名的链接到他们想要推进的网页上。

53. 隐藏文本（hidden text）

隐藏文本是一种作弊技术，通过这种技术，网页上的文字被设计来被蜘蛛程序而不是人看到。文本可以通过用极小的的字号显示颜色，或者将关键词被图形或者其他网页元素覆盖等。作弊者在网页上堆积关键词来得到高的搜索排名。

54. 向内的链接（inbound links）

向内的链接也被称为反向链接，指的是从一个网页到自己网页的超级链接。从自己的站点外链到网页的向内链接，在搜索引擎做链接分析，并根据相关性来对搜索结果排序的时候有很高的价值。

55. 索引库（index）

搜索引擎有的网站上所有词的列表，以及每个词在哪个页面上。当搜索者输入了一个搜索请求时，搜索引擎在搜索索引库中寻找搜索请求，并定位含有这些的网页。搜索索引库是搜索引擎的主要数据库，并且没有哪个搜索引擎不具备一个精心设计的索引库。

56. 索引（indexing）

索引是蜘蛛程序存储互联网上每个词以及对应网页位置的过程。搜索索引库是最主要的搜索引擎数据库，并且没有哪个搜索引擎不具备一个精心设计的索引库。有时也称为收录。

57. 内在链接（interior link）

内在链接一般指链接到本页的链接，如类似"返回开篇"的链接。

58. 内部链接（internal link）

内部链接是从本网站上一个网页到另一个网页的链接，使得访客可以转到新的网页上。搜索引擎不看重这些链接。

59. 关键词（keyword）

关键词是一个特定的词或者短语，搜索营销人员希望搜索者来经常输入作为搜索请求。

60. 关键词密度（keyword density）

关键词密度也被称为搜索项密度（term density），是关于特定搜索请求的项在网页上所有项中的比率。例如，如果你想要的 200 个词的网页就是关键词"被找到，而你的网页上这个词出现了 12 次，你网页上这个词的关键词密度是 6%（12/200）。搜索引擎通常认为有 6%～7%关键词密度的网页是很高质量的网页。（更高关键词密度的网页会被怀疑在作弊。）

61. 关键词堆积（keyword loading, keyword stuffing）

关键词堆积是一种作弊技术，通过它关键词被过度使用，仅仅为了吸引搜索引擎。

62. 关键词布置（keyword placement）

关键词布置也被称为术语布置，是一种关于某词语在网页上位置的价值衡量标准。所有的词语在网页上不是平等的。在网页标题或者在段落标题上的词语比在正文段落中的词语更重要——这些词语的所在的位置是关键。

63. 关键词突出程度（keyword prominence）

一种结合术语在网页上布置和位置的衡量指标，表明其对搜索引擎的价值。最突出的关键词位置是网页标题的第一个词，因为标题是在最好的位置。

64. 链接（link）

一套关键词，一个图片或者是图片上的热点，这些被点击后能带用户到另一个网页上，这就是链接。搜索引擎在爬网页的时候特别注意向内的链接。

65. 链接分析（link analysis）

链接分析也被称为链接流行程度，搜索引擎使用的技术，通过检测网页之间的网络链接来决定网页的权威程度。搜索引擎在按相关性排名搜索结果的时候也使用链接分析。

66. 链接工厂（link farm）

链接工厂是一种作弊技术，通过它搜索营销人员建立几十个或者上百个能被搜索引擎爬行的站点。

67. 家族内链接（link within the family）

在两个有相似 IP 地址，或者相似数据库信息，或者锚定文本间网站的链接可能被搜索引擎认为有偏向。搜索引擎会给这些链接降级。

68. 日志文件（log file）

在网络服务器上的文件，记录服务器发生的每次行动。日志文件能够被用很复杂的方式进行分析来判定有多少访客来到你的站点（按照人和按照搜索引擎蜘蛛程序）以及他们所访问的网页数量。

69. 匹配页（match）

一个被搜索引擎建立的响应搜索请求网页。搜索引擎使用不同的技术来决定哪个网页匹配哪个搜索请求，并且按照相关性对网页排序，这样最好的匹配页会最先出现。

70. META 更新重定向（meta refresh redirect）

在 HTML 代码段的 mega 标签，可以指定当前页是刷新还是重定向，指定重定向的代码如：<meta http-equiv="refresh" content="0"; url="www.baidu.com">

不好的是，这种技术通常会被搜索蜘蛛程序忽略，所以尽量避免使用它。

71. 单向链接（one-way link）

链接到一个网页的超链接，而没有相应链接回到原来的网页。

72. 优化内容（optimizing content）

一个搜索营销术语，关于修改网页上的图片和文字来使搜索引擎能够为一个相关搜索请求更容易地找到这个网页。

73. 网页浏览量（page view）

网页评测术语，用来计算站点上有多少网页被个体访客来阅览。如果三个人看一个网页一次，并且两个人看同样的网页两次，这个网页就有了 7 次页面阅览。

74. 付费链接（paid link）

一个链接到目标站点的超链接，是已经向来源网站付钱购买的。

75. 永久重定向（permanent redirect）

也被称为 301 重定向，是一条对网站浏览器的指令来显示浏览器被要求显示的不同的 URL，当一个网页经历过其 URL 的最后一次变化以后时使用。一个永久定向是一种服务器端的重定向，能够被搜索引擎蜘蛛适当地处理。

76. 排名（ranking）

搜索引擎使用技术来拣选匹配网页，生成搜索结果页面。有些搜索引擎是按日期拣选搜索结果，而大部分的搜索引擎是按照相关性排名。决定最终排名执行的软件代码被称为排名算法，并且它是每个搜索引擎公司的核心商业机密。

77. 排名算法（ranking algorithm）

排名算法是用来控制搜索匹配怎样精确地按照顺序排布在搜索结果页面的软件。搜索匹配有时候被按照页面生成的日期来排名，而大多数排名是按照相关性生成的。搜索引擎的相关性排名算法是每个搜索引擎公司的核心商业机密。

78. 排名要素（ranking checker）

一个自然搜索匹配的任何特性都能够被排名算法用来为搜索结果网页的生成拣选匹配。相关性排名算法使用了很多种要素，包括与搜索请求相匹配的网页位置、网页的权威性（基于链接分析）、在搜索请求中的不同词以及它们在页面上的接近程度等。

79. 交互链接（reciprocal link）

交互链接也称作双向链接，一个网页不光有超文本链接，与之对应的还有与原始网页的链接。

80. 相关的链接（relational link）

由于业务关系而请求得到的一个进入到自己站点的超文本链接。这些关系包括公司和供应商、经销商以及顾客的关系。

81. 相关性（relevance）

一个自然搜索与搜索请求相关的程度。一个有极高相关性的匹配是对那个搜索请求排名第一的候选结果。搜索引擎通常使用相关性排名算法，通过匹配来展示搜索结果。相关性排名算法使用多种要素，包括匹配搜索请求内容所在网页的位置、网页的权威性（基于链接分析）、搜索请求中的词语在网页上彼此的接近程度以及更多其他的。

82. 相关性排名（relevance ranking）

相关性排名是一种技术，被搜索引擎利用拣选匹配来产生一系列的自然搜索结果，这些最高的匹配结果与搜索请求的相关性最接近。决定具体相关性排名是怎样执行的软件代码被称为排名算法，并且这些算法对每个搜索引擎而言是其商业秘密。相关性排名算法使用很多种要素，包括匹配搜索请求内容所在网页的位置、网页的权威性（基于链接分析）、搜索请求中的词语在网页上彼此的接近程度以及更多其他的。

83. Robot

对蜘蛛程序不常用的名字，是搜索引擎的一部分，用来定位和索引互联网上每个可能回答搜索请求的网页。通常只在讨论 robots HTML 标签或者 robots.txt 文件的时候使用。

84. 沙盒效应（sandbox effect）

搜索营销专家所使用的非正式名字，用来描述 Google 和其他搜索引擎处理新站点的方法。它们会对那些链接流行度迅速攀升的网站进行冷处理。网页可以展现它要的内容，但会被放在"沙箱"里面，而对任何搜索请求都不会得到最高排名，其后来的流行度经过一段时间还保持不变或者逐渐上升，那么搜索引擎就开始取消冷处理并且给链接流行度更高的权重，使得搜索排名上升。

85. 蜘蛛程序（spider）

蜘蛛程序就是爬行程序，是搜索引擎的一部分，负责在互联网上定位和接收能够响应搜索者的请求。成功的搜索引擎营销取决于爬虫程序在一个网站上找到几乎所有的网页。

86. 蜘蛛程序通道（spider paths）

蜘蛛程序通道是用于站点导航的轻松通道，例如站点地图、分类地图、国家地图或者在关键网页底部的文本链接。蜘蛛通道包括任何能使蜘蛛程序轻松找到网页的方法。

87. 蜘蛛程序陷阱（spider trap）

蜘蛛程序陷阱是阻止蜘蛛程序爬行网页显示的技术方法，这些手段能很好地配合浏览器，但对蜘蛛程序构成了阻碍。蜘蛛陷阱包括 JavaScript 下拉菜单以及有些种类的重定向。

88. 标签（tag）

一种在文件中有明确含义的标记文本的方法，目的是使查询能够更加方便。诸如 HTML 的标识语言允许内容作者通过指明文件要素的标签来标记"作者名字""版权信息"等。

89. 临时重定向（temporary redirect）

临时重定向也就是 302 重定向，是一条对网站浏览的指令，用来显示与浏览器所要求显示的不同网址，当网页网址发生短期的变化时使用。临时重定向是搜索引擎能够正确处理的一种服务器端重定向。

90. 流量（traffic）

网站评测术语，被用来描述网站的访问数量。网站评测会频繁地分析流量的增减，并且通常会评估搜索营销通过搜索引擎来访问的成功。

91. WWW（World Wide Web）

WWW 也称为全球网或者万维网或者简单称为彼此相互链接的网页所形成的网络，这些网页展示内容或者允许网络访客和拥有网站的组织之间彼此发生互动。

92. XML（extensible Markup Language）

可扩展标记语言的缩写，一种标记语言的标准和 HTML 相类似，允许标签被定义来描述任何种类的数据，使得它作为数据源非常流行。